教育部大学计算机课程改革项目规划教材

丛书主编 卢湘鸿

Access数据库技术与应用
（2013版）

陈世红 主编

侯 爽 安继芳 黄友良 编著

清华大学出版社
北京

内 容 简 介

本书包括数据库技术基础、创建和使用数据库与数据表、查询、窗体、报表、宏和 VBA 编程语言以及 Access 数据库应用系统开发实例等内容。全书共分为 9 章，以 Microsoft Access 2013 中文版为平台，以图书管理数据库的创建、管理和应用为主线，通过大量的任务实例介绍了数据库应用系统开发的相关技术。

本书注重易用性和实用性。各章节以实例操作讲解为主，每个实例根据具体内容大多通过问题提出、任务分析、任务解决过程、相关知识点细述、边学边练和请思考几个环节完成，让学生在完成实际操作的同时，也掌握了相关的知识点的内容。便于读者自学也便于教师教学。本书不仅可以作为非计算机专业的数据库教材，也可以作为全国计算机等级考试的二级 Access 的自学用书，还可供从事数据库应用、设计、开发的技术人员参考。

本书提供电子课件以及本书用到的数据库和实验素材，读者可在清华大学出版社网站 http://www.tup.com.cn 下载。

图书在版编目（CIP）数据

Access 数据库技术与应用：2013 版/陈世红主编. —北京：清华大学出版社，2015（2025.9重印）

教育部大学计算机课程改革项目规划教材

ISBN 978-7-302-40376-0

Ⅰ．①A… Ⅱ．①陈… Ⅲ．①关系数据库系统－高等学校－教材 Ⅳ．①TP311.138

中国版本图书馆 CIP 数据核字（2015）第 123894 号

责任编辑：谢 琛 薛 阳
封面设计：常雪影
责任校对：白 蕾
责任印制：沈 露

出版发行：清华大学出版社

网　　　址：https://www.tup.com.cn, https://www.wqxuetang.com
地　　　址：北京清华大学学研大厦 A 座　　　　　邮　　编：100084
社 总 机：010-83470000　　　　　　　　　　　邮　　购：010-62786544
投稿与读者服务：010-62776969, c-service@tup.tsinghua.edu.cn
质量反馈：010-62772015, zhiliang@tup.tsinghua.edu.cn
课件下载：https://www.tup.com.cn, 010-83470236

印 装 者：三河市君旺印务有限公司
经　　销：全国新华书店
开　　本：185mm×260mm　　　印　张：22.25　　　字　数：542 千字
版　　次：2015 年 9 月第 1 版　　　　　　　　　印　次：2025 年 9 月第 9 次印刷
定　　价：59.00 元

产品编号：064314-02

序

以计算机为核心的信息技术的应用能力已成为衡量一个人文化素质高低的重要标志之一。

大学非计算机专业开设计算机课程的主要目的是掌握计算机应用的能力以及在应用计算机过程中自然形成的包括计算思维意识在内的科学思维意识,以满足社会就业需要、专业需要与创新创业人才培养的需要。

根据《教育部关于全面提高高等教育质量的若干意见》(教高[2012]4号)精神,着力提升大学生信息素养和应用能力,推动计算机在面向应用的过程中培养文科学生的计算思维能力的文科大学计算机课程改革、落实由教育部高等教育司组织制订、教育部高等学校文科计算机基础教学指导委员会编写的高等学校文科类专业《大学计算机教学要求(第6版——2011年版)》(下面简称《教学要求》),在建立大学计算机知识体系结构的基础上,清华大学出版社依据教高司函[2012]188号文件中的部级项目1-3(基于计算思维培养的文科类大学计算机课程研究)、2-14(基于计算思维的人文类大学计算机系列课程及教材建设)、2-17(计算机艺术设计课程与教材创新研究)、2-18(音乐类院校计算机应用专业课程与专业基础课程系列化教材建设)的要求,组织编写、出版了本系列教材。

信息技术与文科类专业的相互结合、交叉、渗透,是现代科学技术发展趋势的重要方面,是新学科的一个不可忽视的生长点。加强文科类专业(包括文史法教类、经济管理类与艺术类)专业的计算机教育、开设具有专业特色的计算机课程是培养能够满足信息化社会对文科人才要求的重要举措,是培养跨学科、复合型、应用型的文科通才的重要环节。

《教学要求》把大文科的计算机教学,按专业门类分为文史法教类(人文类)、经济管理类与艺术类三个系列。大文科计算机教学知识体系由计算机软硬件基础、办公信息处理、多媒体技术、计算机网络、数据库技术、程序设计、美术与设计类计算机应用以及音乐类计算机应用8个知识领域组成。知识领域分为若干知识单元,知识单元再分为若干知识点。

大文科各专业对计算机知识点的需求是相对稳定、相对有限的。由属于一个或多个知识领域的知识点构成的课程则是不稳定、相对活跃、难以穷尽的。课程若按教学层次可分为计算机大公共课程(也就是大学计算机公共基础课程)、计算机小公共课程和计算机背景专业课程三个层次。

第一层次的教学内容是文科各专业学生应知应会的。这些内容可为文科学生在与专业紧密结合的信息技术应用方面进一步深入学习打下基础。这一层次的教学内容是对文科大学生信息素质培养的基本保证,起着基础性与先导性的作用。

第二层次是在第一层次之上,为满足同一系列某些专业共同需要(包括与专业相结合而不是某个专业所特有的)而开设的计算机课程。其教学内容,或者在深度上超过第一层次的教学内容中的某一相应模块,或者拓展到第一层次中没有涉及的领域。这是满足大文科不同专业对计算机应用需要的课程。这部分教学内容在更大程度上决定了学生在其专业中应用计算机解决问题的能力与水平。

第三层次,也就是使用计算机工具,以计算机软硬件为背景而开设的为某一专业所特有的课程。其教学内容就是专业课。如果没有计算机作为工具支撑,这门课就开不起来。这部分教学内容显示了学校开设特色专业课的能力与水平。

这些课程,除了大学计算机应用基础,还涉及数字媒体、数据库、程序设计以及与文史哲法教类、经济管理类与艺术类相关的许多课程。通过这些课程的开设,是让学生掌握更多的计算机应用能力,在计算机面向应用过程中培养学生的计算思维及更加宽泛的科学思维能力。

清华大学出版社出版的这套教育部部级项目规划教材,就是根据教高司函[2012]188号文件及《教学要求》的基本精神编写而成的。它可以满足当前大文科各类专业计算机各层次教学的基本需要。

对教材中的不足或错误,敬请同行和读者批评指正。

卢湘鸿

2014 年 10 月于北京中关村科技园

卢湘鸿　北京语言大学信息科学学院计算机科学与技术系教授,原教育部高等学校文科计算机基础教学指导分委员会副主任、秘书长,现任教育部高等学校文科计算机基础教学指导分委员会顾问、全国高等院校计算机基础教育研究会文科专业委员会常务副主任兼秘书长,30 多年来一直从事非计算机专业的计算机教育研究。

前　言

在信息化社会里,使用计算机对信息处理的能力已经越来越成为现代人的重要能力。社会中的个人对于信息的获取、表示、存储、传输和综合应用的能力已经越来越成为一种基本的能力。社会和专业对大学生计算机方面的能力要求也越来越高。计算机教育在本科各专业培养中成为必不可少的组成部分。

《高等学校文科类专业大学生计算机教学基本要求(2011年版)》将文科计算机教学分为三个不同的层次:文科计算机大公共课程、计算机小公共课程或专业基础课,以及计算机背景专业课程。加强各个专业的计算机教育是十分必要的。

Access数据库具有使用简便、上手快的特点,很多高等院校选择《Access数据库应用》作为文科专业的计算机小公共课程。按照教育部文科教指委的"文科计算机教育的实质是计算机应用的教育,是'以应用为目的、以实践为重点、着眼信息素养培养'的一种教育"的意见,我们这本教材建设也以此为导向,体现出应用性的特点。同时,本教材为适合课程采用翻转课堂教学方法的需要,由浅入深,循序渐进,方便学生课前自学,助力翻转课堂。

本书共分成9章,包括数据库的基础知识、数据库和数据表、查询、窗体、报表、宏、模块、数据库安全和数据库应用系统实例等内容,通过学习可使读者对Access数据库系统设计有一个清晰完整的认识。

本书具有如下特点:

(1) 以实用为目的,全书以一个数据库系统实例为主线,分成各个模块介绍,既有系统性,又体现细节性,方便读者理解与掌握。

(2) 做到真正的"案例先行"。从案例操作展开对知识点的讲解,案例的写作基本是按照:提出问题、任务分析、任务解决过程、相关知识点细述、边学边练和想一想这样几个环节(根据具体案例各环节有相应增减)展开的。遵循从具体到抽象的认知规律。既方便教师授课,也方便学生自学。

(3) 重视应用,但不忽视必要理论的介绍。通过案例揭示数据库设计的实质,不单单是讲述怎样操作,而是通过操作阐述相关的理论知识或规则。

(4) 强调实践,在每个知识点讲解之后,紧跟"边学边练"环节,能够马上促使读者动手实践。边学边练,举一反三,聚合消化新知识,思考促进升华,案例后的思考问题引导学生建立知识点间的联系。每章围绕知识点配有丰富的习题与上机实验题。在实验环节增加完成小型数据库系统的实验,各章节间实验内容前后呼应,通过各章节实验的完成形成一个数据库系统,这种安排与组织方式可以使读者对利用Access设计小型数据库系统的应用有更全面的认识。

　　(5) 本书配有数据库素材和电子课件方便读者自学和温习。

　　(6) 本书既适合作为非计算机专业计算机公共基础课程教材,也适合作为各文科专业学习数据库技术教学的需要,还适合作为全国计算机等级考试(二级 Access)的自学和培训教材,同时还可供从事数据库应用、设计和开发的技术人员参考。

编者

2015 年 6 月

目　录

第 1 章

数据库技术基础

数据库技术是现代信息科学与技术的重要组成部分,是计算机数据处理与信息管理系统的核心。从 20 世纪 50 年代中期开始,随着计算机应用领域的不断扩展,人们对数据处理的要求也越来越高。数据库技术研究和解决了计算机信息处理过程中大量数据有效地组织和存储的问题。数据库系统已经成为现代计算机系统的重要组成部分。

1.1 数据库基础知识

为了更好地学习数据库的有关知识,下面介绍一些数据库技术的有关概念。

1.1.1 数据库是什么

1. 概念

数据库是什么? 简单而言,数据库就是具有关联性的数据的集合。我们大都有去书店买书的经历,书店会将图书分类存放,方便人们购买的时候顺利找到。书店就可以看成一个数据库,图书依据类型不同,存放在不同的位置。

严格地说,数据库是"按照数据结构来组织、存储和管理数据的仓库"。数据库是结构化的,不仅仅描述数据本身,而且对数据之间的关系进行描述。在图书借阅系统中,不仅要描述图书馆的图书、借书人,还要描述借书人何时还书,曾经借了哪些书等相关信息。

2. 特征

一个数据库应该具有如下的特征。

1) 数据结构化

数据库中的数据是以一定的逻辑结构存放的。在描述数据时不仅要描述数据本身,还要描述数据之间的联系。

2) 实现数据共享

数据库中的数据可以供多个用户使用,所有用户可同时存取数据库中的数据而互不影响,减少了数据冗余,大大提高了数据库的使用效率。

3) 数据具有独立性

数据库中的数据独立于应用程序,包括数据的物理独立性和逻辑独立性。对数据结构的修改不会对应用程序产生影响或者不会有大的影响,而对应用程序的修改也不会对数据产生影响或者不会有大的影响。

4) 数据的统一管理和控制

由于多个用户可以使用同一个数据库,同时存取数据库中的数据,因此必须提供必要的数据安全保护措施,包括数据的安全性控制、完整性控制、并发操作控制和数据恢复等。

1.1.2   数据库相关的术语

1. 数据

数据的概念不再仅仅指狭义的数值数据,而是指存储在某一种媒体上能够被识别的物理符号。包括数字、文字、声音、图形、图像等一切能被计算机接收且能被处理的符号等都是数据。数据是事物特性的反映和描述,是符号的集合。

数据是数据库中存储的基本对象,表达时与其语义是密不可分的。例如某人的姓名、性别和出生日期等,就是反映他基本状况的数据。

2. 信息

信息是根据某种目的从相关数据中提取的有意义的数据。数据与信息既有联系又有区别。信息是一个抽象概念,是被处理过的特定形式的数据。

数据经过加工、处理仍然是数据,只有经过解释才有意义,才能成为信息。例如,将认识的朋友的电话号码按照姓氏加以分类,就成为好用的信息。

3. 数据处理

数据处理也称信息处理,是将数据转化成信息的过程。这个过程是利用计算机对各种类型的数据进行处理的,包括数据的采集、存储、分类、排序、检索、维护、加工、统计和传输等一系列操作过程。

数据处理的目的是从大量数据中,通过分析、归纳、推理等科学方法,利用计算机技术、数据库技术等技术手段,提取有价值、有意义的信息,为进一步分析、管理、决策提供依据。

4. 数据库管理系统

数据库管理系统(DataBase Management System,DBMS)是位于用户和操作系统之间用于建立和管理数据库的软件,是数据库系统的核心。具有代表性的数据管理系统有Oracle、Microsoft SQL Server、Access、MySQL 及 PostgreSQL 等。本书所讲的 Microsoft Access 软件就是一种被广泛应用的小型数据库管理系统。

数据库管理系统所提供的功能有如下几项。

◆ 数据定义功能:定义数据库的结构。DBMS 提供相应数据库定义语言(Data Definition Language,DDL)来定义数据库结构,刻画数据库框架,并被保存在数据字典中。

◆ 数据操纵功能:DBMS 提供数据操纵语言(Data Manipulation Language,DML)实现对数据库数据的检索,插入,修改和删除等基本存取操作。

◆ 数据库运行管理功能:DBMS 提供数据控制功能,访问数据库的所有操作都要在这些控制程序的统一控制和管理下进行,以保证数据的安全性、完整性、一致性和多用户的并发使用。

◆ 数据库的建立和维护功能：包括数据库初始数据的输入与数据转换，数据库的转储、恢复、重组织，系统性能监视、分析功能等。

◆ 数据通信功能：DBMS 提供处理数据的传输，实现用户程序与 DBMS 之间的通信，通常与操作系统协调完成。

5. 数据库系统

数据库系统(DataBase System, DBS)是指应用了数据库系统的计算机系统。一个完整的数据库系统应该包括保存数据的数据库、管理数据库的数据库管理系统(DBMS)、保证数据库运行的硬件设备和操作系统以及管理和使用数据库的人员。如图 1.1 所示是数据库系统的一个整体环境。

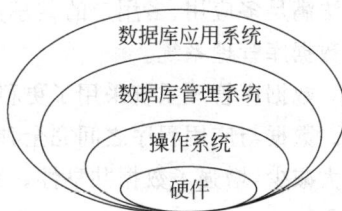

图 1.1　数据库系统的层次结构

1.1.3　数据管理技术的发展

数据管理技术也和其他技术一样，经历了从低级到高级的发展过程。随着计算机硬件技术、软件技术和计算机应用范围的不断发展，大致经历了人工管理阶段、文件系统阶段、数据库管理阶段、分布式数据库系统阶段和面向对象数据库系统阶段。

1. 人工管理阶段

20 世纪 50 年代中期以前，计算机主要用于科学计算，当时硬件的外存储器只有磁带、卡片、纸带，没有磁盘等直接存取设备。软件没有操作系统，没有专门管理数据的软件。数据由程序自行携带，并以批处理的方式加以处理。用户用机器指令编码，通过纸带机输入程序和数据，程序运行完毕后，由用户取走纸带和运算结果，再让下一用户操作。

人工管理阶段数据管理的特点是数据不进行长期保存；没有专门的数据管理软件；一组数据只对应于一个应用程序，应用程序中的数据无法被其他程序利用，无法实现数据的共享，存在着数据冗余；数据不具有独立性。人工管理阶段应用程序与数据之间的对应关系如图 1.2 所示。

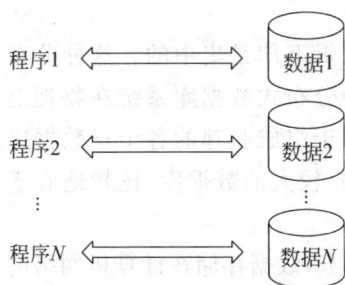

图 1.2　人工管理阶段应用程序与数据之间的对应关系

2. 文件系统阶段

20 世纪 50 年代后期到 60 年代中期，计算机不但用于科学计算，还应用于数据管理。外存有了磁盘、磁鼓等直接存取设备，软件方面出现了高级语言和操作系统。数据管理已不再采用人工管理方式，而是使用操作系统提供的专门管理数据的软件(一般称为文件系统)来管理。

文件系统阶段特点是数据和程序之间有了一定的独立性，数据文件可以长期保存在磁盘上多次存取；数据还是面向应用程序的，文件系统提供数据与程序之间的存取方法；数据的存取在很大程度上仍依赖于应用程序，不同程序很难共享同一数据文件；数据的独立性差,冗余量大。文件系统阶段应用程序与数据之间的对应关系如图 1.3 所示。

3. 数据库系统阶段

20 世纪 60 年代以来,计算机的硬件价格大幅下降,但编制和维护软件及应用程序成本相对增加,其中维护的成本更高。计算机管理的数据量越来越大,关系复杂。文件系统已经无法满足多应用、多用户的共享数据的需求。于是,出现了统一管理数据的专用软件系统,即数据库管理系统。

数据库管理系统采用了更科学和规范的数据存储结构,对所有的数据实行统一规划管理。数据与应用程序之间完全独立,使得应用程序对数据的管理访问灵活方便,数据的冗余大大减少,增强了数据共享性。数据库系统阶段应用程序与数据之间的对应关系如图 1.4 所示。

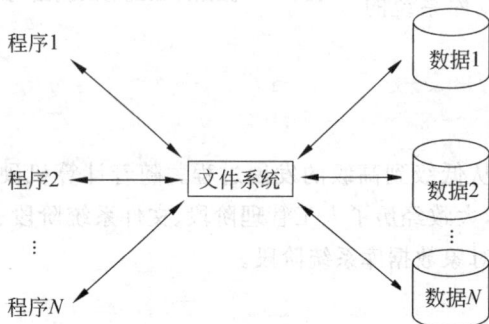

图 1.3　文件系统阶段应用程序与
数据之间的对应关系

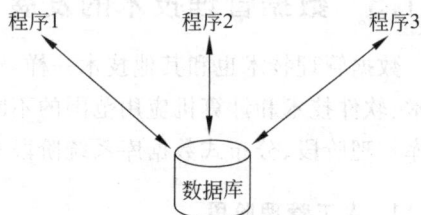

图 1.4　数据库系统阶段应用程序与
数据之间的对应关系

4. 分布式数据库系统阶段

分布式数据库系统是在集中式数据库系统的基础上发展起来的,是计算机技术和网络技术结合的产物。

分布式数据库系统有两种:一种是物理上分布的,但逻辑上却是集中的。这种分布式数据库只适宜用途比较单一的、不大的单位或部门。另一种分布式数据库系统在物理上和逻辑上都是分布的,也就是所谓联邦式分布数据库系统。由于组成联邦的各个子数据库系统是相对"自治"的,这种系统可以容纳多种不同用途的、差异较大的数据库,比较适宜于大范围内数据库的集成。

分布式数据库在逻辑上像一个集中式数据库系统,实际上,数据存储在计算机网络的不同地域的结点上。每个结点都有自己的局部数据库管理系统,它有很高的独立性。用户可以由分布式数据库管理系统,通过网络相互传输数据,图 1.5 为分布式数据库示意图。

5. 面向对象数据库系统阶段

面向对象数据库系统是面向对象的程序设计技术与数据库技术相结合的产物,是新一代的数据库系统。面向对象数据库系统的主要特点是具有面向对象技术的封装性和继承性,提高了软件的可重用性。

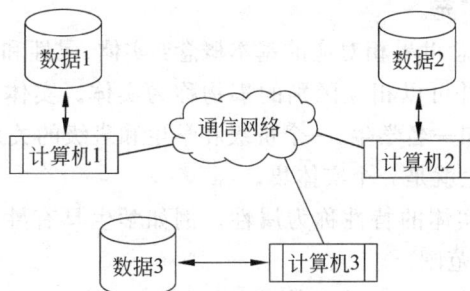

图 1.5　分布式数据库

面向对象的数据库看起来更像是应用程序的延伸而不是对于数据库系统的延伸。面向对象的数据库通常都是一种多层次的实现：后台是数据库，对象缓冲区，客户端程序以及专属的网络协议。

面向对象的数据库还没有十分流行，在当前大多数的开发环境下，人们还是在更多地使用关系数据库。

1.2　数据模型

1.2.1　数据模型的定义

数据管理的一个核心问题就是研究如何表示和处理实体之间的联系。表示实体及实体之间联系的数据库的数据结构称为数据模型。

根据数据模型应用的目的不同，将模型划分为两类。一类模型是概念模型，也称信息模型。它按用户的观点来对数据和信息建模，是独立于所有计算机系统实现的，这类模型完全不涉及信息在计算机系统中的表示，因而又被称作"概念数据模型"。另一种类型为数据模型，它是直接面向数据库中数据逻辑结构的，它按计算机系统的观点对数据建模，主要包括网状模型、层次模型和关系模型等，用于数据库管理系统的实现。

1.2.2　概念模型

1. 基本概念

要实现计算机对现实世界中各种信息的自动化、高效化的处理，首先必须建立能够存储和管理现实世界中信息的数据库系统。数据模型是数据库系统的核心和基础。任何一种数据库系统，都必须建立在一定的数据模型之上。

由于现实世界的复杂性，不可能直接从现实世界中建立数据模型，而首先要把现实世界抽象为信息世界，并建立信息世界中的数据模型，然后再进一步把信息世界中的数据模型转化为可以在计算机中实现的、最终支持数据库系统的数据模型。信息世界中的数据模型又称为概念模型。

概念模型的表示方法很多，最著名、最实用的概念模型设计方法是 P. P. Chen 于 1976 年提出的"实体-联系模型"（Entity-Relationship Approach），简称 E-R 模型。E-R 模型问世以后,经历了很多修改和扩充。

E-R 模型有三个与概念世界相对应的基本概念:实体、属性和联系。

(1) 实体:客观存在并可以相互区别的事物称为实体。实体可以是人、事、物,也可以是抽象的概念和联系,例如一名学生、一个班级和学生和班级的关系。同一类型实体的集合构成实体集,例如全体学生就是一个实体集。

(2) 属性:用来描述实体的特性称为属性。例如学生具有姓名、学号等属性信息。不同的属性会有不同的取值范围。

实体名和各个属性名的集合构成实体型。例如学生(学号,姓名,班级,入学时间)就是一个实体型。

(3) 联系:实体之间的对应关系称为联系。例如学生和课程之间具有选课关系,学生和图书之间具有借阅关系。

2. 实体间的联系

两个实体之间的联系主要有三种类型:一对一联系(1∶1),一对多联系(1∶n),多对多联系(m∶n)。

(1) 一对一联系(1∶1)

实体集 A 中的每一个实体,实体集 B 至多有一个实体与之联系,反之亦然。则称实体集 A 和实体集 B 具有一对一的联系。例如,某商场只有一位总经理,而一位总经理只在一个商场任职。总经理和商场之间具有一对一联系。

(2) 一对多联系(1∶n)

对于实体集 A 中的每一个实体,实体集 B 中有 n 个实体与之联系。反之实体集 B 的每一个实体,实体集 A 中只有一个实体与之联系。则称实体集 A 与实体集 B 有一对多联系。例如,某商场有多名员工,而一名员工只在一个商场任职,员工和商场之间具有一对多联系。

(3) 多对多联系(m∶n)

对于实体集 A 中的每一个实体,实体集 B 中有 n 个实体与之联系。反之实体集 B 的每一个实体,实体集 A 中有 m 个实体与之联系。则称实体集 A 与实体集 B 有多对多联系。例如,一名员工可以销售多种货物,多种货物可以被多位员工销售,员工和货物之间具有多对多联系。

3. E-R 模型的表示

E-R 数据模型提供了实体、属性和联系三个抽象概念。为了直观地表达概念模型,人们常常使用 E-R 图,即实体—联系图来描述。在 E-R 图中,实体用矩形来表达,属性用椭圆来表达,联系用菱形来表达,在各自内部写明实体名、属性名和联系名,并用无向边连接相关的对象。

使用 E-R 图表达的三者之间的关系直观、明了。能够直观地表达数据库的信息组织情况。图 1.6 是 E-R 图的一个实例。其中,教师和课程是两个实体,教师具有教师姓名和年龄属性,课程具有课程号、课程名和学时数属性,讲课是教师和课程间的关系,教师和课程之间是多对多的关系。

根据清晰的 E-R 图,结合具体的 DBMS 的类型把它演变为 DBMS 所能支配的数据模

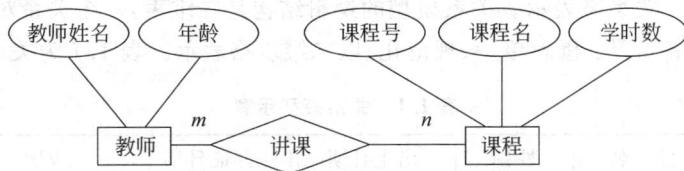

图 1.6   E-R 图的一个实例

型,这种方法已经被普遍应用于数据库系统设计中,成为数据库系统设计的重要步骤。

1.2.3   关系数据模型

数据模型是用户从数据库所看到的模型。数据模型主要有三种:层次数据模型、网状数据模型和关系数据模型。

1. 层次数据模型

用树型结构表示实体类型及实体间联系的数据模型称为层次模型(Hierarchical Model)。层次模型的特点为:有且仅有一个结点无父结点,此结点为根结点;其他结点有且仅有一个父结点。

层次模型树中每一个结点表示一个实体型,结点之间的连线表示实体之间的联系。这种联系适于表达一对多的层次联系,但不能直接表达多对多的联系。图 1.7 为层次模型示意图。

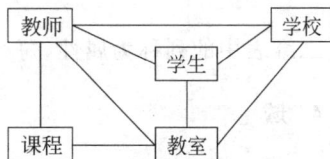

2. 网状数据模型

用网状结构表示实体及其之间的联系的模型称为网状模型(Network Model)。网状模型的特点是:允许一个以上的结点无父结点,并且一个结点可以有多个的父结点。

层次模型和网状模型类似,用每个结点表示一个实体型,结点之间的连线表示实体间的联系。

网状模型能更直接地表示实体间的各种联系,但它的结构复杂,实现的算法也复杂。图 1.8 为网状模型示意图。

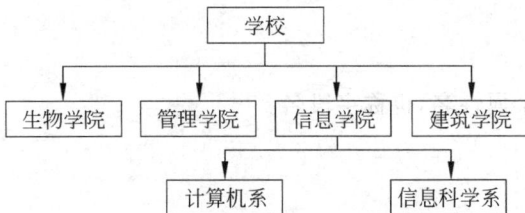

图 1.7   层次模型示意图   图 1.8   网状模型示意图

3. 关系数据模型

用二维表的形式表示实体和实体间联系的数据模型称为关系模型。关系数据模型是以集合论中的关系概念为基础发展起来的。关系模型中无论是实体还是实体间的联系均由单一的结构类型——关系来表示。关系模型的逻辑结构是二维表,一个关系对应一个二维表。

关系模型的特点是:概念单一、规范化、以二维表格表示。表 1.1 为关系模型示意。

表 1.1　关系模型示意

读者编号	姓　名	性别	出生日期	办证日期	VIP	联系电话
2007001	王天依	女	1986-10-26	2007-9-3	TRUE	83668511
2007002	裴志红	女	1986-4-30	2007-9-3	FALSE	83668511
2007003	赵　乐	男	1986-11-24	2007-9-3	FALSE	83668511
2007004	杜　超	男	1986-4-28	2007-9-3	FALSE	83668631
2007005	张寅雪	女	1985-11-15	2007-9-3	FALSE	83668511

关系模型是常用的数据模型,它是一种既能很好地反映现实世界,又能很容易地在计算机中表示的数据模型。目前的数据库管理系统几乎都支持关系模型。本书介绍的 Access 就是一种典型的关系数据库管理系统。

1.3　关系数据库

基于关系数据模型的数据库管理系统被称为关系数据库管理系统。关系数据库已经成为当前的主流数据库系统。

1.3.1　关系术语

1. 关系

一个关系就是一张二维表,每个关系都有一个关系名。在 Access 数据库中,关系名就是数据库中表的名称。

2. 元组

在一个二维表中,表中的行称为元组,每一行是一个元组,也称为一条记录。

3. 属性

二维表中的列称为属性,每一列有一个属性名,也称字段名。

4. 域

属性的取值范围称为域,即不同元组对同一个属性的取值所限定的范围。例如,性别字段的域为"男"、"女"两个值。

5. 关键字

二维表中某个属性或属性的组合称为关键字,其值能唯一地标识一个元组,称为候选关键字。一张表中可能有多个候选关键字,从中选择一个作为主关键字,也称为主键。例如,二维表中学生的学号常常被设为主键,而不是用姓名作为主键,因为姓名可能重名,它不能唯一地标识一个元组。

6. 外部关键字

如果表中的一个字段不是本表的主关键字或候选关键字,而是另外一个表中的主关键字或候选关键字,则这个字段称为外部关键字。

7. 关系模式

对关系的描述称为关系模式,一个关系模式对应一个关系的结构。其格式为:

关系名(属性名 1,属性名 2,…,属性名 n)

在 Access 中关系模式表示表结构,其格式为:

表名(字段名 1,字段名 2,…,字段名 n)

例如,表 1.1 的关系模式为:读者表(读者编号,姓名,性别,出生日期,办证日期,VIP,联系电话)。

8. 关系的特点

(1) 关系中的每个属性必须是不可划分的数据项,表中不能再包含表。

(2) 关系中的列是同质的,即每一列的元素必须是同一类型的数据,来自同一个域。

(3) 在同一个关系中不能出现相同的属性名。

(4) 关系中不允许有完全相同的元组。

(5) 在一个关系中元组和列的次序无关紧要。

1.3.2 关系运算

关系的基本运算分为两类:传统的集合运算和专门的关系运算。传统的集合运算包含并、差和交等,专门的关系运算包含选择、投影和连接等。

1. 传统的集合运算

并运算:如果有两个相同结构的关系 R 和关系 S 进行并运算,则是将关系 R 和关系 S 的所有元组合并,再删去重复的元组,组成一个新的关系。称为 R 与 S 的并,记为 $R \cup S$。

交运算:如果有两个相同结构的关系 R 和关系 S,则 R 和 S 的交的结果是将既属于 R 又属于 S 的元组组成的关系。

差运算:如果有两个相同结构的关系 R 和关系 S,R 与 S 差的结果是由属于 R 但不属于 S 的元组组成的关系。以上这些运算的实例可参考图 1.9。

2. 专门的关系运算

选择:从二维表中选出符合条件的记录。选择是从行的角度对关系进行的运算。例如,从表 1.1 中选择读者性别为男的记录,得到的就只有读者编号为 2007003 和 2007004 两条记录。

R

读者编号	姓名	性别	办证日期
2007001	王天依	女	2007-9-3
2007006	苏秀	女	2007-9-8
2007003	赵乐	男	2007-6-5

S

读者编号	姓名	性别	办证日期
2007004	杜超	男	2007-8-7
2007005	张寅雪	女	2007-6-9
2007006	苏秀	女	2007-9-8

$R \cup S$

读者编号	姓名	性别	办证日期
2007001	王天依	女	2007-9-3
2007006	苏秀	女	2007-9-8
2007003	赵乐	男	2007-6-5
2007004	杜超	男	2007-8-7
2007005	张寅雪	女	2007-6-9

$R \cap S$

读者编号	姓名	性别	办证日期
2007006	苏秀	女	2007-9-8

$R \text{—} S$

读者编号	姓名	性别	办证日期
2007001	王天依	女	2007-9-3
2007003	赵乐	男	2007-6-5

图 1.9　集合运算示例

　　投影：从二维表中选出所需要的列,它是从列的角度对关系进行的运算。例如,从表 1.1 中找出读者的姓名和办证日期,生成的新的关系就是投影运算的结果。

　　联接：它是关系的横向结合,将两个二维表中的记录,按照给定条件连接起来而得到的一个新的关系的运算。

　　自然连接：在连接运算中,按照字段值对应相等为条件进行的连接操作称为等值连接。自然连接是去掉重复属性的等值连接。

　　由于关系数据库是建立在关系模型基础上的,而选择、投影、连接是作为关系的二维表的基本运算,因此,很好地掌握这些基本运算,将有助于实现关系数据库的查询,找到需要的信息。

1.3.3　关系的完整性

　　关系模型的数据完整性是指数据库中的数据的正确性和一致性。数据的完整性由数据完整性规则来维护。当更新、删除、插入一个表中的数据时,通过参照引用相互关联的另一个表中的数据,来检查对表的数据操作是否正确。数据库完整性包括：实体完整性、参照完整性和用户定义完整性。

1. 实体完整性规则

　　实体完整性是指关系的主关键字不能取空值或重复的值,如果主关键字是多个属性的组合,则所有主属性均不得取空值。如果出现空值,那么主键值就起不了唯一标识元组的作用。如表 1.1 将读者编号作为主关键字,那么,该列不得有空值并且不得有重复的值,否则将无法对应某个具体的读者,这样的二维表是不完整的,对应关系不符合实体完整性规则的约束条件。

2．参照完整性规则

参照完整性是定义建立关系之间联系的主关键字与外部关键字引用的规则。即外键要么取空值，要么等于相关关系中主键的某个值。

如果实施了参照完整性，那么当主表中没有相关记录时，就不能将记录添加到相关表中。也不能在相关表中存在匹配的记录时，删除主表中的记录，更不能在相关表中有相关记录时，更改主表中的主键值。

例如：出版社信息表（<u>出版社编号</u>，出版社名称，通信地址，联系电话）

图书信息表（<u>索书号</u>，书名，作者，定价，出版社编号）

其中"出版社信息表"中的"出版社编号"是主键；而图书信息表中的"索书号"是"图书信息表"的主键，"出版社编号"是外键，则图书信息表中的每个元组的出版社编号属性只能取下面两类值：第一类是空值，表示尚未给该职工分配部门；第二类是非空值，但该值必须是出版社信息表关系中某个元组的出版社编号值。简单地说，出版社信息表是主表，图书信息表示从表，向从表中输入一条新记录时，系统要检查出版社编号值是否在主表中已经存在，如果存在，则允许执行输入操作，否则拒绝输入。这充分体现了实施参照完整性。

参照完整性还体现在对主表中数据的删除和更新操作，例如，如果删除主表中的一条记录，则从表中凡是外键的值与主表的主键值相同的记录也会被同时删除，将此称为级联删除；如果修改主表中主关键字的值，则从表中相应记录的外键值也会随之被修改，将此称为级联更新。

3．用户定义完整性

实体完整性和参照完整性是关系模型中必须满足的完整性约束条件，只要是关系数据库系统就应该支持实体完整性和参照完整性。除此之外，不同的关系数据库系统根据其应用环境的不同，往往还需要一些特殊的约束条件，这些约束不是关系数据模型本身要求的，而是为了满足应用方面的要求提出的，这些完整性是由用户定义的，也称为用户定义完整性。

用户定义完整性最常见的是限定属性的取值域，包括说明属性的数据类型、取值范围、是否允许空值等。例如，对于图书信息表（索书号，书名，作者，定价，出版社编号），可以对"定价"这个属性定义必须大于 0 的约束条件。

1.4 Access 开发环境

Access 是 Microsoft Office 办公套件中一个极为重要的组成部分。它是一个功能强大的且简单易用的小型数据库管理系统。一般开发人员将它用作数据库保存数据，其实它也是一款开发工具，可以用来开发各类管理软件，特别适合非计算机专业的人士用较短的时间学会开发与管理数据库。

1.4.1 Access 的启动

Access 2013 是 Microsoft Office 中的一个组件，启动它有很多方法，常规的启动方法是单击"开始"菜单，选择"所有程序"下的 Microsoft Office 2013，执行 Access 2013 命令，即可启动 Access。

　　Access 启动后,界面如图 1.10 所示。单击"空白桌面数据库",如图 1.11 所示,可以在桌面建立一个空数据库文件。单击"浏览"按钮,可以改变创建数据库的位置。创建数据库时,也可以根据定义模板来创建新数据库。

图 1.10   Access 用户界面

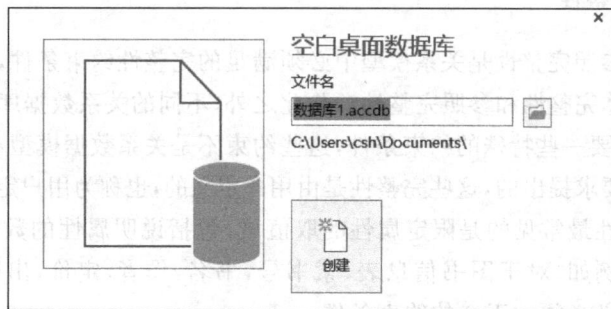

图 1.11   创建空数据库文件

1.4.2   Access 的界面

　　Access 2013 的用户界面相对于 2003 版本发生了很大的变化,但延续了 2007 和 2010 版本的风格,界面如图 1.12 所示。

　　Access 2013 的界面元素包含以下几点。

1. Backstage 视图

　　在打开 Access 但未打开数据库时,可以看到 Backstage 视图,如图 1.13 所示。Backstage 包含很多以前出现在 Access 早期版本的"文件"菜单中的命令,它还包含适用于整个数据库文件的其他命令。

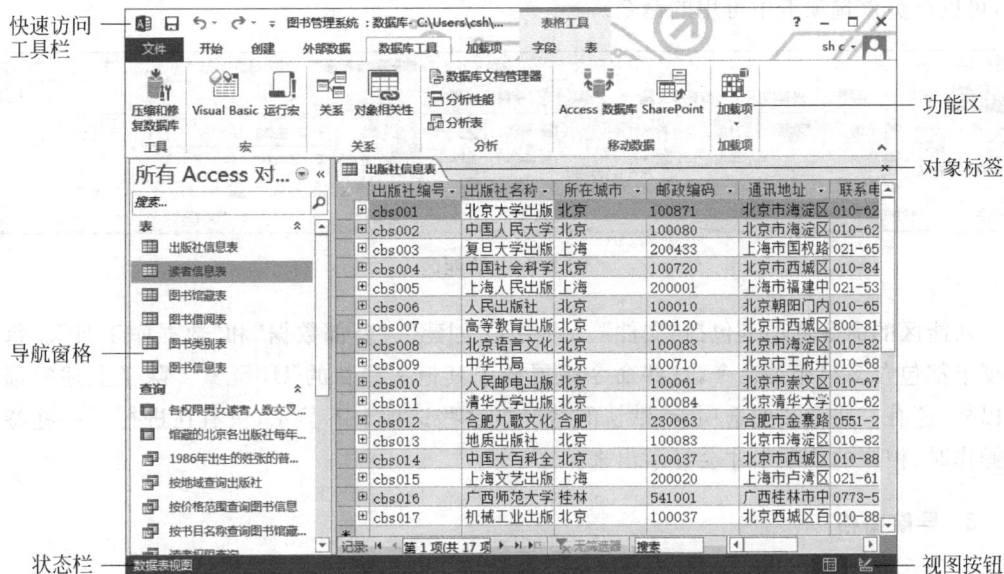

图 1.12 Access 2013 的界面

快速访问工具栏 / 功能区 / 对象标签 / 导航窗格 / 状态栏 / 视图按钮

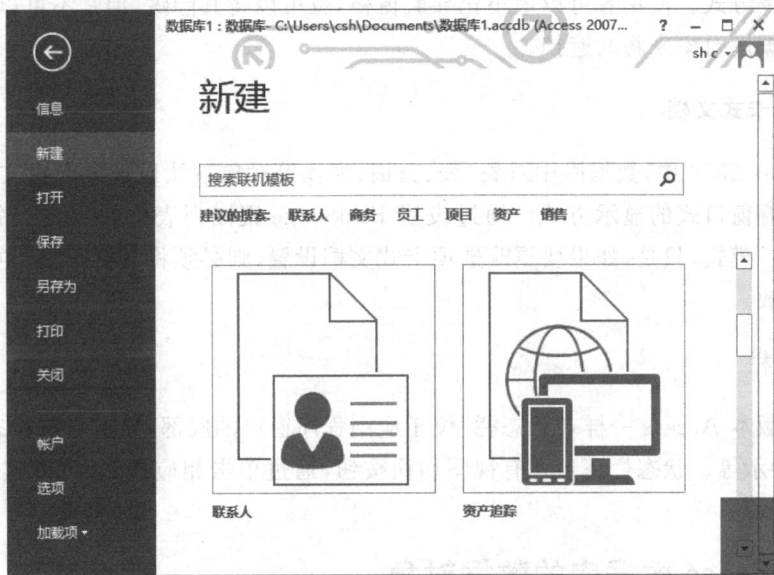

图 1.13 Backstage 视图

在 Backstage 视图中,可以创建新数据库、打开现有数据库、通过 SharePoint Server 将数据库发布到 Web,以及执行文件和数据库维护。

2. 功能区

功能区位于 Access 2013 主窗口的顶部,显示当前活动命令选项卡中的命令,如图 1.14 所示。功能区提供了 Access 2013 中主要的命令,是早期版本中菜单和工具栏的主要替代部分。它由多个包含命令的选项卡组成,每个选项卡上有多个按钮组,选择了命令选项卡之后,可以浏览该选项卡中可用的命令。

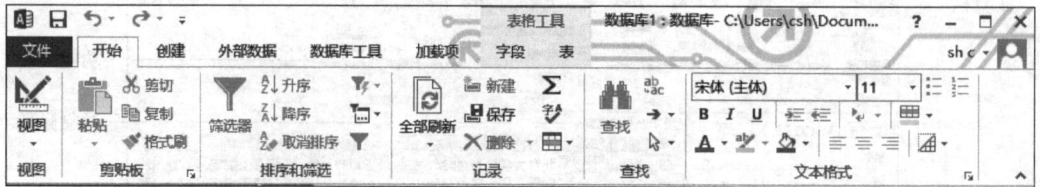

图 1.14 功能区

功能区的命令选项卡包括"文件"、"开始"、"创建"、"外部数据"和"数据库工具"。每个选项卡都包含多组相关命令,这些命令组展现了其他一些新的 UI 元素。除了上述的选项卡以外,还有一些隐藏的选项卡,默认的情况下这些选项卡不显示,只有在进行了一些特定的操作时,相应的选项卡才会显示出来。

3．导航窗格

导航窗格在窗口的左侧,它取代了 Access 2007 之前的 Access 版本中的数据库窗口。导航窗格按类别和组进行组织,可以从多种组织选项中进行选择,是打开或者更改数据库对象设计的主要方式。使用者可以最小化导航窗格,也可以将其隐藏,但是不可以在导航窗格前面打开数据库对象来将其遮挡。

4．选项卡式文档

在 Access 2013 中,数据库中对象,表、查询、窗体等对象默认以选项卡式文档代替了旧版本中的层叠窗口式的显示方式。通过设置 Backstage 视图列表中的"选项"命令,可以启用"层叠窗口"模式,只是,如果要更改选项卡式文档设置,则必须将数据库关闭重新打开,新设置才能生效。

5．状态栏

与早期版本 Access 一样,"状态栏"位于应用程序窗口的底部,显示当前状态消息、属性提示、进度指示等。状态栏还包含有视图切换按钮,通过单击相应按钮,可以实现视图之间的切换。

1.4.3 Access 数据库的数据对象

Access 2013 数据库是由数据表、查询、窗体、报表、宏和模块六大数据对象组成的。下面就分别介绍这 6 个对象。

1．数据表

数据表是数据库的核心与基础,是用来存储数据的对象。数据表对象是由行、列数据组成的二维表。每一列代表某种特定的数据类型,称为字段,字段中存放的信息种类很多,每个字段包含一类信息,可以包括文本、日期、数字、OLE 对象、备注等。每一行则由各个特定的字段组成,称为记录,参见图 1.15。Access 允许一个数据库中包含多个表,可以在不同表中存储不同性质的数据。也可以在表之间建立联系,将不同表中的数据联系起来,从而方便使用,参见图 1.16。

出版社编号	出版社名称	所在城市	邮政编码	通信地址	联系电话	单击以添加
cbs001	北京大学出版	北京	100871	北京市海淀区	010-6275201	
cbs002	中国人民大学	北京	100080	北京市海淀区	010-6251414	
cbs003	复旦大学出版	上海	200433	上海市国权路	021-6564284	
cbs004	中国社会科学	北京	100720	北京市西城区	010-8402945	
cbs005	上海人民出版	上海	200001	上海市福建中	021-5359450	
cbs006	人民出版社	北京	100010	北京朝阳门内	010-6525162	
cbs007	高等教育出版	北京	100120	北京市西城	800-8100598	
cbs008	北京语言文化	北京	100083	北京市海淀区	010-8230365	
cbs009	中华书局	北京	100710	北京市王府井	010-6823124	
cbs010	人民邮电出版	北京	100061	北京市崇文区	010-6712921	
cbs011	清华大学出版	北京	100084	北京清华大学	010-6277696	
cbs012	合肥九歌文化	合肥	230063	合肥市金寨路	0551-284559	
cbs013	地质出版社	北京	100083	北京市海淀区	010-8232451	
cbs014	中国大百科全	北京	100037	北京市西城区	010-8839060	
cbs015	上海文艺出版	上海	200020	上海市卢湾	021-6122910	
cbs016	广西师范大学	桂林	541001	广西桂林市中	0773-584604	
cbs017	机械工业出版	北京	100037	北京西城区百	010-8836106	

记录: 第 17 项(共 17) 无筛选器 搜索

图 1.15 图书管理系统的表选项卡

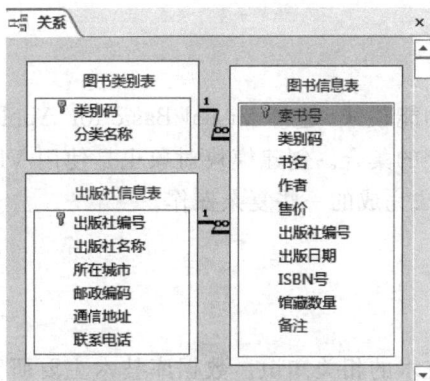

图 1.16 表间关系示例

报表、查询和窗体都从表中获得数据,以实现用户特定的需要,如查找、计算统计、打印、编辑等。

2. 查询

查询对象是基于数据表对象的基础上建立起来的。它是按照事前设置好的条件从一个表、一组相关表或其他查询中选取的全部或部分数据。将查询保存为一个数据库对象后,就可以随时查询数据库中的数据。在查询对象下显示一个查询时,以二维表的形式显示数据。

每个查询只记录该查询的操作方式,但它不会存储数据。每进行一次查询,查询结果显示的都是基本表中当前存储的实际数据,查询可以作为窗体、报表和数据访问页的记录源。

3. 窗体

窗体为数据库和用户之间提供了良好的交互界面,其数据源可以是表或查询中的数据。用户可以通过窗体将数据表或查询的信息直观地显示出来,也可以通过窗体输入或修改数据表中的数据。还可以直接或间接地调用宏或模块,控制数据库程序的流程。利用宏,可以把 Access 的各个对象很方便地联系起来,执行查询、打印、预览、计算等功能。

4. 报表

报表可以将需要的数据进行整理和计算,并将数据按指定的样式打印和输出。用户可以在一个表或查询的基础上创建报表,也可以在多个表或查询的基础上创建报表。利用报表可以创建计算字段,可以对记录进行分组并计算出各分组数据的汇总结果等。创建好的报表可以直接打印输出。

5. 宏

宏对象是一系列操作的集合,其中每个操作都能实现一个特定的功能。对于大量的重复性的操作,使用宏可以使这些操作任务自动完成,从而使管理和维护数据库变得更加简单。

6. 模块

模块是一种可编程的功能模块,是将 Visual Basic for Application(VBA) 中的声明和过程作为一个单元进行保存的集合。创建模块对象也是使用 VBA 编写程序的过程。利用 VBA 编程可完成宏操作无法完成的一些复杂操作。

本章小结

本章主要介绍数据库技术的相关知识。数据库技术主要研究如何存储、使用和管理数据。数据库管理系统是数据库系统的核心软件,数据管理技术经历了人工管理、文件系统和数据库系统等发展阶段,它能够提供数据定义、数据操纵、数据库运行管理、数据库的建立和维护、数据通信功能。

概念模型是现实世界到信息世界的一个中间层次。实体是客观存在并可相互区别的事物。两个实体型之间的联系可以分为三类:一对一联系、一对多联系、多对多联系。

我们常用 E-R 图来描述现实世界的概念模型。数据模型是数据库系统用来表示实体与实体间联系的方法,数据库管理系统所支持的传统数据模型分三种:层次模型、网状模型和关系模型。关系模型是目前最重要的数据模型。专门的关系运算包括选择、投影、连接和自然连接。关系数据库得到了最广泛的应用。

最后,本章介绍了 Access 数据库应用的开发环境,为后续的学习提供基础。

习题 1

一、思考题

(1) 试述数据库、数据库系统和数据库管理系统概念的内涵。

(2) 为什么需要概念模型？

(3) 数据库中的数据是共享的,它会有什么好处和问题？

(4) 关系数据库中,关系的特点是什么？

(5) 关系模型的数据完整性指的是什么？

二、选择题

(1) 数据模型反映的是(　　)。
 A. 事物本身的数据和相关事物之间的联系　　B. 事物本身所包含的数据
 C. 记录中所包含的全部数据　　D. 记录本身的数据和相关关系

(2) 数据库管理系统是(　　)。
 A. 操作系统的一部分　　B. 在操作系统支持下的系统软件
 C. 一种编译系统　　D. 一种操作系统

(3) 下列叙述中,(　　)是错误的。
 A. 关系中的任意两个元组不能相同。
 B. 两个关系中元组的内容相同,但顺序不同,则它们是不同的关系。
 C. 自然联接只有当两个关系含有公共属性名时才能进行运算。
 D. 两个关系的属性相同,但顺序不同,则两个关系的结构是一致的。

(4) 数据库管理系统中负责数据模式定义的语言是(　　)。
 A. 数据定义语言　　B. 数据管理语言
 C. 数据控制语言　　D. 数据操纵语言

(5) 关系数据库的任何操作都是由三种基本运算组合而成的,这三种基本运算不包括(　　)。
 A. 连接　　B. 比较　　C. 选择　　D. 投影

三、填空题

(1) 在数据库技术中,实体集之间的联系可以是一对一、一对多和_____。

(2) 在 E-R 图中,用来表示实体的图形是_____。

(3) 在关系数据库系统中,关系指的是一个_____。

(4) 将两个关系拼接成一个新的关系,生成的新关系中包含满足条件的元组,这种操作称为_____。

(5) 利用 Access 创建的数据库文件,其扩展名为_____。

实验 1

1. 根据微信好友信息创建"微信好友数据库管理系统"的关系数据模型,列出所有的关系模式,画出 E-R 图。

2. 为本班设计一个"班级管理数据库系统"的关系模型,列出所有的关系模式,画出 E-R 图。

3. 根据每月的收入与消费设计一个"个人收支数据库管理系统"的关系模型,列出所有的关系模式,画出 E-R 图。

4. 根据钟爱的某类物品设计一个数据库管理系统的关系模型,列出所有的关系模式,画出 E-R 图。

5. 利用"联系人"模板建立数据库,查看所有的对象及设计效果。

第 2 章

创建数据库和表

Access 软件简单易用、功能强大,常被用来开发中小型关系数据库。为了使开发的数据库应用系统更加严谨科学,必须在建立数据库系统之前进行全面的需求分析与模型设计,然后再根据数据库系统的设计规范创建数据库中的各种对象。其中,数据表及表间关系的设计是最为重要的环节,决定着数据库结构的优劣。

2.1 数据库应用系统的设计

设计一个性能优良、结构合理的数据库,必须针对具体的应用环境,对数据进行有效的归纳与抽象。一般的数据库设计流程包括需求分析、概念结构设计、逻辑结构设计、物理结构设计、建立实施和使用与维护 6 个阶段。在应用 Access 开发数据库系统时,可以将建立具体数据库之前的 4 个阶段归纳为以下几个步骤,如图 2.1 所示。

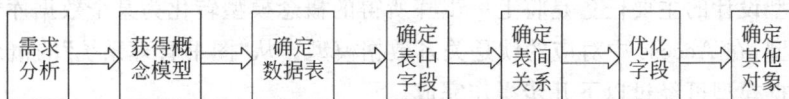

图 2.1 使用 Access 进行数据库设计的步骤

本书以创建应用于图书馆的"图书管理系统"为例,详细介绍数据库设计的各个基本步骤。

2.1.1 需求分析

成功的数据库设计方案始于良好的需求分析,通过与用户讨论,明确建立这个数据库系统的目的和要完成的任务。需求分析的结果是否完整、准确、合理,直接影响着数据库设计质量的高低。通常,需求分析可以从信息需求、处理需求、安全性和完整性需求三个方面进行讨论。

(1) 信息需求,即用户需要使用此数据库存储的信息。本书设计的"图书管理系统"中要管理书籍的信息、书籍馆藏的信息、书籍借阅的信息、读者的信息等。

(2) 处理需求,即用户需要对数据实现的处理功能。对于"图书管理系统",需要具备对书籍基本信息、书籍馆藏信息、书籍借阅信息、读者信息的添加、修改、删除,满足各种要求的查询,各类信息的显示及统计报表等。

(3) 安全性和完整性需求,即用户对数据库中信息的安全保密要求和完整性约束要求。例如,在"图书管理系统"中,必须要保证书籍的借阅信息与书籍的馆藏信息保持一致完整。

2.1.2　概念模型设计

经过需求分析得到了数据库的数据组成及功能要求,接下来需要将其抽象成概念模型,可以用 E-R 图表示。表达"图书管理系统"中各主要实体及实体间联系的概念模型如图 2.2 所示。

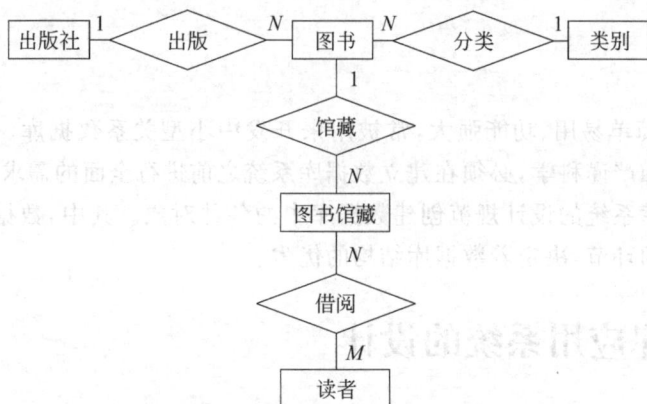

图 2.2　图书管理系统的概念模型设计

2.1.3　数据模型设计

数据模型设计的主要任务是将上一步骤所得的概念模型转化为某个数据库管理系统支持的数据模型,在 Access 中对应的就是关系数据模型。从"图书管理系统"的概念模型到相应的关系数据模型可经过以下几步操作完成。

1. 确定数据表

Access 的关系数据模型是用若干个二维表(即关系)描述各个实体型及其联系的,在转换过程中要遵循"一事一地"原则:

(1) 一个实体型转换成一个关系模式;

(2) 一个 1∶1 联系可以转换为一个独立的关系模式,也可以与任意一端对应的关系模式合并;

(3) 一个 1∶n 联系可以转换为一个独立的关系模式,也可以与 n 端对应的关系模式合并;

(4) 一个 m∶n 联系转换为一个关系模式。

因此,可以将"图书管理系统"的表确定为"图书信息表"、"类别表"、"出版社信息表"、"图书馆藏表"、"读者信息表"和"图书借阅表"。

2. 确定表中字段和主键

Access 数据表是由若干字段描述的,对应于各实体或联系的属性。在确定表的字段的过程中,注意以下原则:

(1) 确保每个字段能够直接描述该表对应的实体型;

(2) 确保同一个表中的字段不重复；

(3) 确保每个字段是最小逻辑存储单元，不能是多项数据的组合。

为了快速找到每个数据表中存储的数据，需要为数据表设定合理的主关键字，Access中每个表的主关键字不能出现重复值也不能为空。

对于"图书管理系统"，各表的字段组成和主键可由如下的关系模式表示：

◆ 图书信息表(索书号，类别码，书名，作者，售价，出版社编号，出版日期，ISBN 号，馆藏数量)

◆ 图书类别表(类别码，分类名称)

◆ 出版社信息表(出版社编码，出版社名称，所在城市，邮政编码，通信地址，联系电话)

◆ 图书馆藏表(图书条码，索书号，馆藏地，架位号，流通状态)

◆ 读者信息表(读者编号，姓名，性别，出生日期，办证日期，VIP，联系电话，照片)

◆ 图书借阅表(借阅编号，图书条码，读者编号，借出时间，归还时间，经手人，说明)

3．确定表间关系

实现多个表中数据的组合需要用到表间的关系，因此，在设计阶段，表间关系的分析也是必不可少的步骤。在 Access 中，表间关系通过主键和外部关键字来体现。"图书管理系统"的表间关系如表 2.1 所示。

表 2.1　图书管理系统的表间关系

	主　表	相　关　表	主键(主表中)	外键(相关表中)
关系 1	类别表	图书信息表	类别码	类别码
关系 2	出版社表	图书信息表	出版社编码	出本社编码
关系 3	图书信息表	图书馆藏表	索书号	索书号
关系 4	图书馆藏表	图书借阅表	图书条码	图书条码
关系 5	读者信息表	图书借阅表	读者编号	读者编号

4．确定其他对象

经过对数据表结构的反复优化之后，就可以着手设计查询、窗体、报表、宏和模块等其他对象，完成对数据库的完整构思。

2.2　数据库的创建

每一个 Access 2013 数据库的所有对象都是集成在一个数据库文件中的，以 accdb 为扩展名。Access 2013 为数据库的创建提供了图形化界面和丰富的向导。

2.2.1　创建空数据库

任务 2-1　创建空数据库

任务实例 2.1：创建空数据库"图书管理系统"，保存在 E 盘 Access DB 文件夹。

任务分析：

◆ 方法：创建空数据库。

◆ 库名：图书管理系统。

任务解决过程：

(1) 启动 Access 2013 程序，进入 Access 模板视图。

(2) 在右侧窗格中单击"空白桌面数据库"命令，如图 2.3 所示，接着在出现的对话框的"文件名"处输入"图书管理系统.accdb"，如图 2.4 所示。

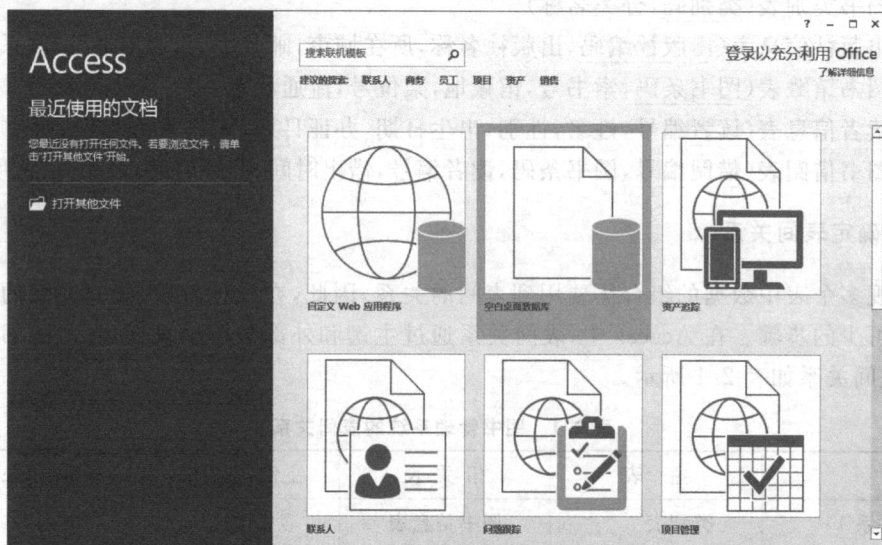

图 2.3　选择数据库模板

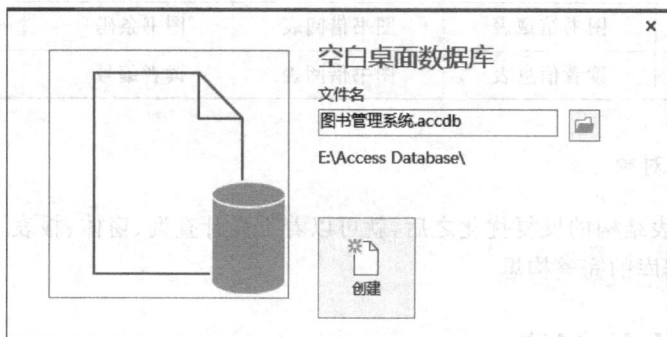

图 2.4　输入数据库文件名

(3) 若要改变新建数据库存储路径，需单击文件名文本框右侧的文件夹图标，在弹出的"文件新建数据库"对话框中选择保存路径，修改文件名，单击"确定"按钮，如图 2.5 所示，然后单击"创建"按钮后进入"图书管理系统"空数据库界面，如图 2.6 所示。

相关知识点细述：

使用上述方法创建的数据库是个空库，在对象列表框中除了自动创建的一个空表外，没有任何其他的数据库对象。运用这种方法建立的数据库，可以更加有针对性地设计符合自

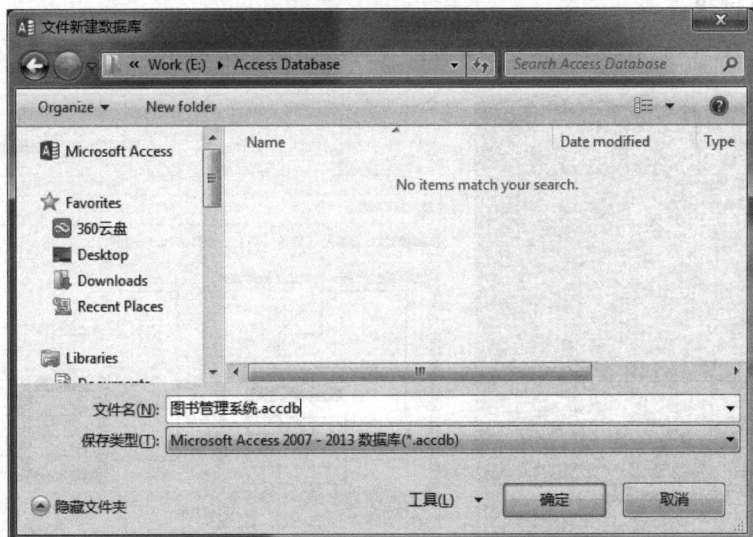

图 2.5 保存数据库路径及文件名

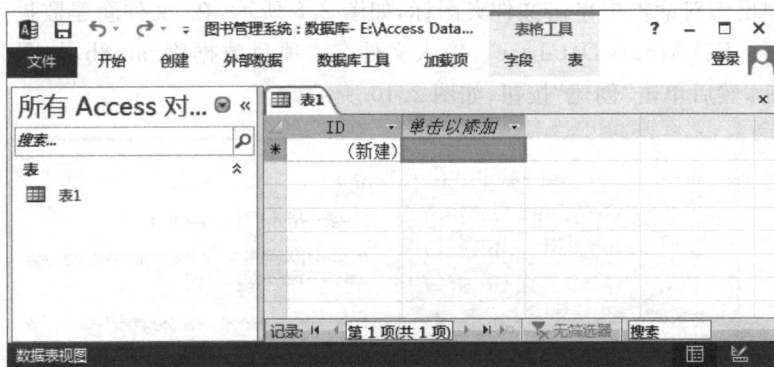

图 2.6 "图书管理系统"空数据库

已要求的数据库系统。

边学边练：

创建一个"教学管理系统"空数据库。

请思考：

如何打开与关闭数据库？

2.2.2 使用模板创建数据库

任务 2-2 使用模板创建数据库

任务实例 2.2：使用"项目"模板创建"项目数据库"，保存在 E 盘 Access DB 文件夹。

任务分析：

◆ 方法：使用数据库模板建库。

◆ 库名：项目数据库。

任务解决过程：

(1) 启动 Access 2013 程序,选择"项目"模板,如图 2.7 所示。

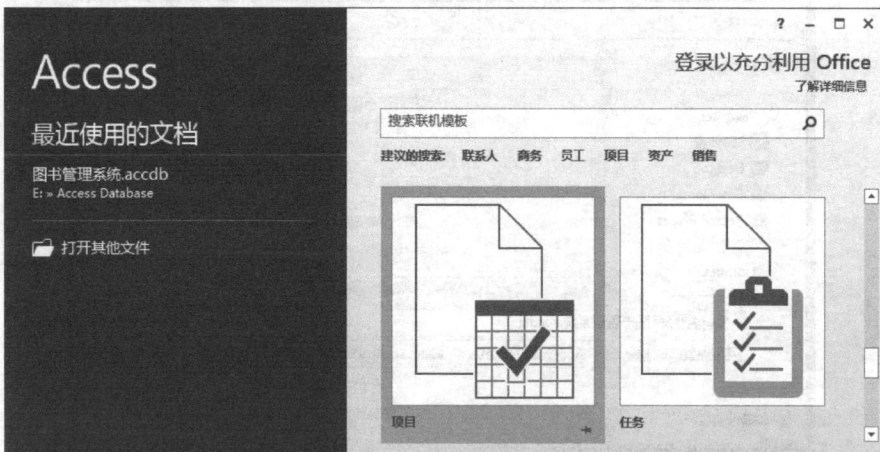

图 2.7   选择数据库模板

(2) 在弹出的对话框中单击文件夹图标,如图 2.8 所示,在"文件新建数据库"对话框中选择保存路径：E:\Access Database\,输入文件名：项目数据库.accdb,如图 2.9 所示,单击"确定"按钮,然后单击"创建"按钮,如图 2.10 所示。

图 2.8   创建项目数据库

(3) 创建的数据库如图 2.11 所示,单击"启用内容"按钮,可以开始使用该数据库。

相关知识点细述：

(1) Access 模板是预先设计的数据库,内置有可立即使用的表、查询、窗体和报表,为用户创建新数据库提供极大的便利。

(2) Access 2013 附带有很多模板,有的可以创建桌面数据库,有的可以创建 Web 应用程序。除了使用本地提供的数据库模板外,也可以使用"搜索联机模板"。

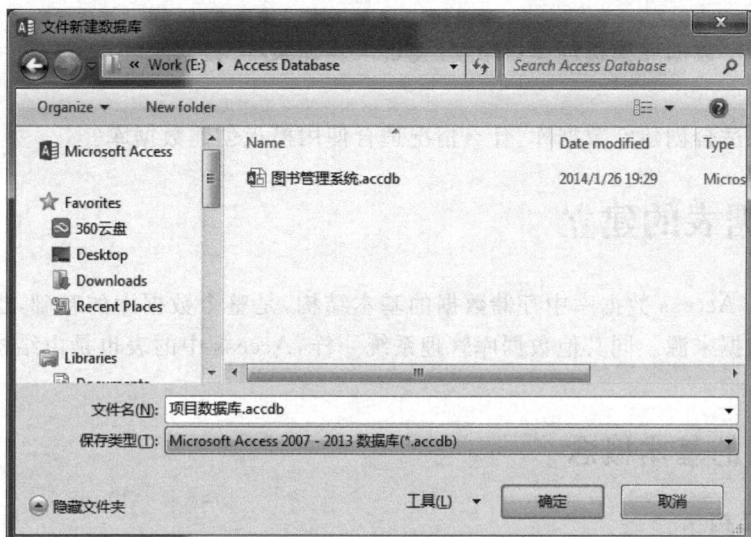

图 2.9 保存数据库

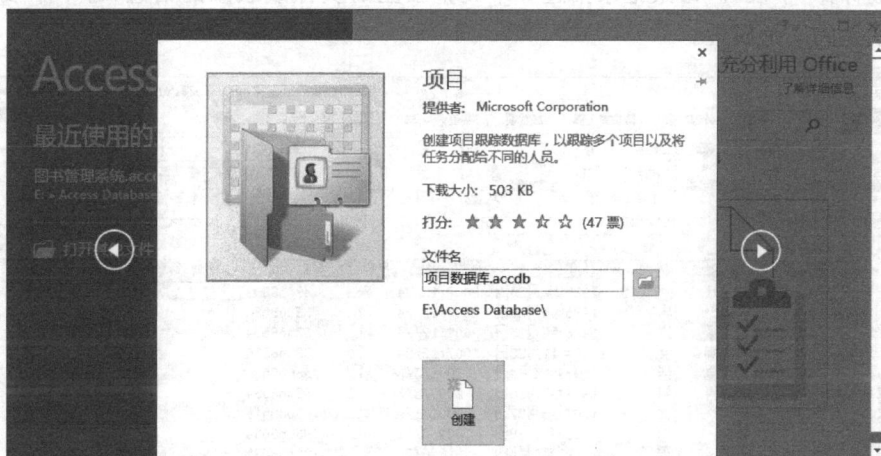

图 2.10 模板基本信息

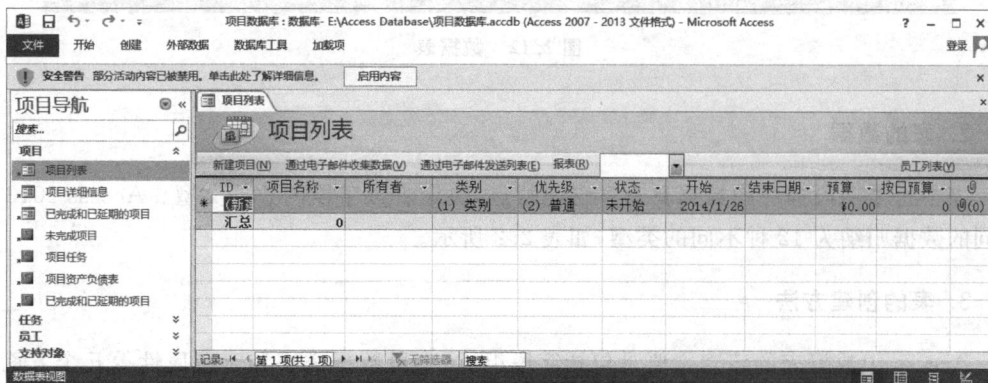

图 2.11 项目数据库

边学边练：

使用"资产"数据库模板创建一个"公司资产管理系统"数据库。

请思考：

什么情况适合创建空数据库，什么情况适合使用模板创建数据库？

2.3　数据表的建立

数据表是 Access 数据库中存储数据的基本结构，是整个数据库的基础，也是数据库中其他对象的数据来源。同其他数据库管理系统一样，Access 中的表也是由结构和数据两部分构成的。

2.3.1　表的基本概念

1．表的结构

Access 中的表都是标准的二维表，由行和列构成，如图 2.12 所示。其中，行被称作"记录"，列被称作"字段"。每条记录描述一个完整独立的实体或联系的信息，每个字段描述实体型或联系的某个属性。

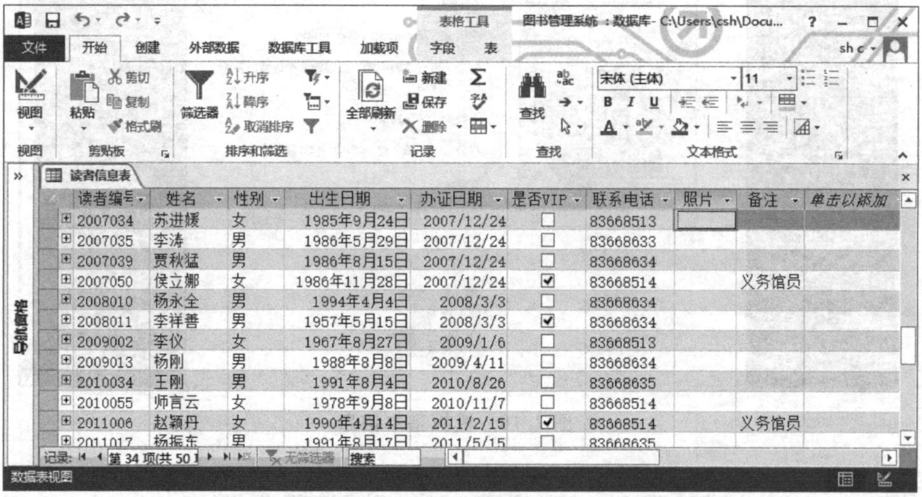

图 2.12　数据表

2．表的数据

表中每个字段描述的数据具有各自的特点，决定着该字段的数据类型。Access 2013 将不同的数据归纳为 12 种不同的类型，如表 2.2 所示。

3．表的创建方法

Access 中数据表的建立主要是包括字段组成、字段数据类型和字段属性等几个方面的设计。在 Access 2013 程序中，选择"创建"选项卡，可以看到"表"命令组中列出了几种创建

表 2.2　Access 中的数据类型

数据类型	大　小	用　途
短文本	最多存储 255 个字符	用于文本或文本与数字的组合,例如姓名、地址;或者用于不需要计算的数字,例如电话号码、零件编号或邮编
长文本	最多存储 1GB,但显示长文本的控件限制为显示 64 000 个字符	用于大量文本或文本和数字的组合。例如注释或说明
数字	存储 1、2、4、8 或 16 个字节	用于将要进行数学计算的数值数据。例如人数、大小
日期/时间	存储 8 个字节	用于存储日期和时间值。例如出生日期、借书日期
货币	存储 8 个字节	用于存储货币值。例如单价
自动编号	存储 4 个字节(ReplicationID 为 16 个字节)	每当向表中添加一条新记录时,由 Microsoft Access 指定的一个唯一的顺序号(每次递增 1)或随机数。自动编号字段不能更新,一般用于主键。例如流水号
是/否	存储 1 位	用于只可能是两个值中的一个(例如"是/否"、"真/假"、"开/关")的数据。不允许 Null 值。例如是否 VIP
OLE 对象	最多存储 2GB(受可用磁盘空间限制)	Microsoft Access 表中链接或嵌入的对象(例如 Microsoft Excel 电子表格、Microsoft Word 文档、图形、声音或其他二进制数据)。例如照片
超链接	最多 8192 个字符(超链接数据类型的每个部分最多可包含 2048 个字符)	用于超链接。Internet、Intranet、局域网(LAN)或本地计算机上的文档或文件的链接地址。例如网址
附件	对于压缩附件为 2GB,未压缩附件约为 700Kb,具体取决于附件的可压缩程度	可以将图像、电子表格文件、文档、图表和其他类型的支持文件附加到数据库的记录。与"OLE 对象"数据类型相比,有着更大的灵活性,而且可以更高效地使用存储空间,不用创建原始文件的位图图像。例如附加文档
计算	取决于结果属性的数据类型。"短文本"数据类型结果最多可以包含 243 个字符。"长文本"、"数字"、"是/否"和"日期/时间"与它们各自的数据类型一致	用于显示根据同一表中的其他数据计算而来的值。可以使用表达式生成器来创建计算
查阅向导	取决于查阅字段的数据类型	用于可以使用组合框或列表框选择来自其他表或值列表的值。选择此条目时将启动一个向导,帮助用户定义简单或复杂查阅字段

表的方式,如图 2.13 所示。

常用的创建表的方法有以下 4 种:

◆ 使用"表模板"创建表。

◆ 使用"设计视图"创建表。

◆ 使用"数据表视图"创建表。

◆ 导入表或链接表。

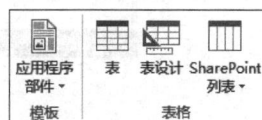

图 2.13　创建表的工具

除了这 4 种方法,用复制表、导出表等方式也能实现在数据库中创建表的操作。

　　另外,在 Access 2013 中,还可以根据 SharePoint 列表创建表,通过单击"创建"选项卡上"表"组中的"SharePoint 列表"命令,也可以使用某个列表模板来创建标准 SharePoint 列表,例如,"联系人"或"活动"。这种方法能够将列表数据存储在服务器中,与存储在台式计算机上的文件相比,可以更好地防止数据丢失。通过 SharePoint 列表,即便未安装 Access 的用户也可以使用列表数据。对于要在其中创建列表的 SharePoint 网站,用户必须拥有足够的权限才能完成相关操作。

2.3.2　创建表

　　通常,若要快速创建表,可用系统自带的表模板或在数据表视图中使用字段模板完成近似设计;若需要完整详细地设计数据表的结构,则需要使用表的"设计视图"来完成相关操作;如果要用到的数据已经存在,但不在本数据库中,可以使用导入或者链接的方法得到相关表。

任务 2-3　使用"表模板"创建表

任务实例 2.3:使用"表模板"的方法创建"批注"表。

任务分析:

◆ 方法:使用"表模板"方法。

◆ 表名:批注。

任务解决过程:

（1）确定方法:打开"图书管理系统"数据库,切换到"创建"选项卡,单击"模板"组"应用程序部件"列表中"批注"选项,如图 2.14 所示。

（2）查看新表:在数据库窗口中,左栏内列出了目前可见的表对象。双击"批注"表名(或在表名上单击右键选择"打开"命令)即可进入数据表视图,如图 2.15 所示,在表名上单击右键选择"设计视图"命令即可进入数据表的设计视图,如图 2.16 所示。

图 2.14　选择表模板选项

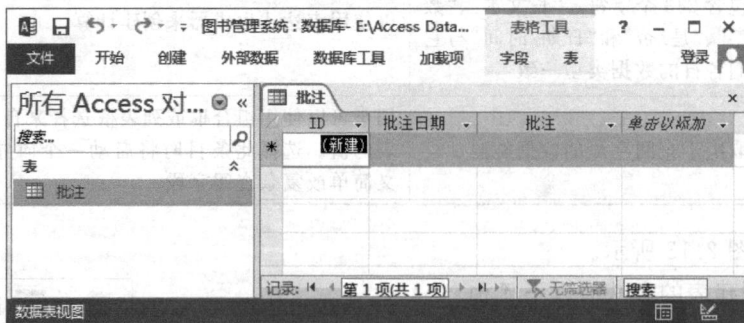

图 2.15　"批注"表的数据表视图

相关知识点细述:

（1）表的视图:常用的数据表的视图有设计视图和数据表视图两种形式。用户通过设计视图来建立或查看表的结构,通过数据表视图来输入或维护表的数据。

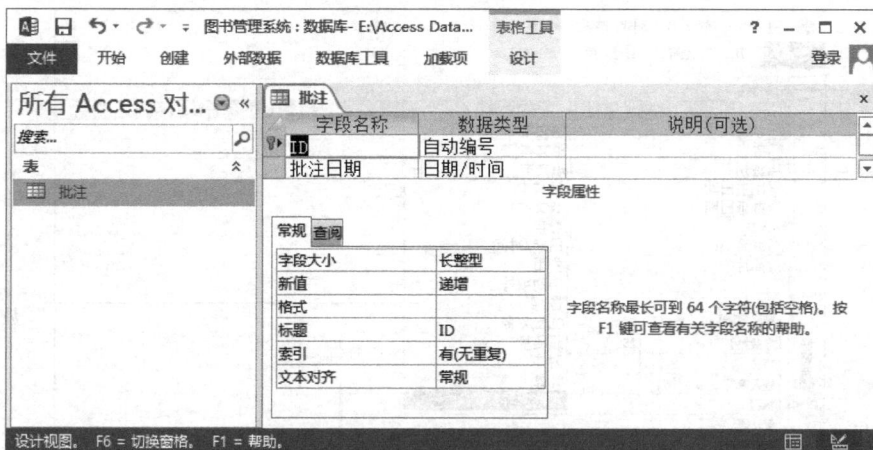

图 2.16 "批注"表的设计视图

（2）表模板：对于一些常见的数据表应用，例如联系人、批注等信息，运用表模板能够方便快捷地创建出近似的表结构，再根据具体要求稍作修改即可使用。有些表模板除了创建想要的表之外，还能附带创建与该表相关的窗体或报表，例如"联系人"表模板。若数据库中已有其他表，在使用表模板创建表时还需要指定新表与其他表间的关系。

任务 2-4 使用"表设计"创建表

任务实例 2.4：使用"表设计"创建"读者信息表"，表结构参照表 2.3。

表 2.3 "读者信息表"结构

字段名称	数据类型	是否主键	字段名称	数据类型	是否主键
读者编号	短文本	是	VIP	是/否	
姓名	短文本		联系电话	短文本	
性别	查阅向导		照片	OLE 对象	
出生日期	日期/时间		备注	长文本	
办证日期	日期/时间				

任务分析：

◆ 方法：使用设计视图。

◆ 表名：读者信息表。

任务解决过程：

（1）确定方法：打开"图书管理系统"数据库，切换到"创建"选项卡，单击"表格"组中的"表设计"按钮，进入表的设计视图界面。

（2）添加字段：在表设计视图的"字段名称"下填写字段名"读者编号"，在"数据类型"下选择"短文本"，在"说明"一栏填写需要对该字段具体说明的信息。按照表 2.3 的内容，依次输入其他字段的信息和相应的数据类型，如图 2.17 所示。

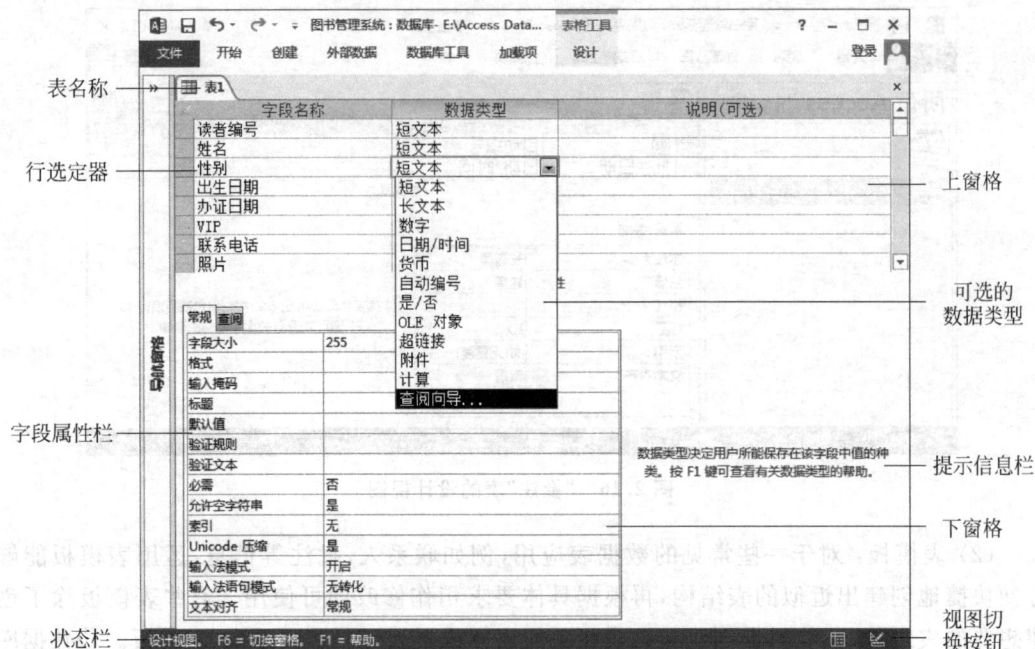

图 2.17　表的设计视图及操作

(3) 设置主键：单击"读者编号"字段行的行选定器，在"设计"选项卡的"工具"组中单击按钮(或右击后选择"主键"命令)，"读者编号"字段前可见主键图标，如图 2.18 所示。

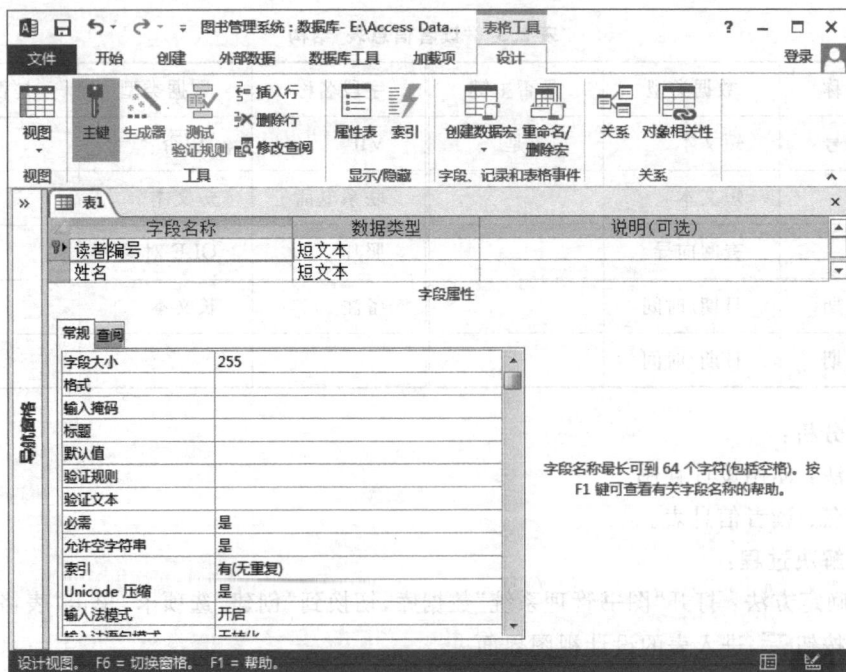

图 2.18　设置主键

（4）保存表：单击保存按钮![保存图标]，在"另存为"对话框填写表名"读者信息表"，单击"确定"按钮后可以在表对象的列表中看到该表，如图 2.19 所示。

图 2.19　新表在表对象列表中

相关知识点细述：

（1）"查询向导"数据类型的设置：当为"性别"字段选择"查阅向导"数据类型时，可以按照向导的指示完成相关操作，如图 2.20 至图 2.22 所示。

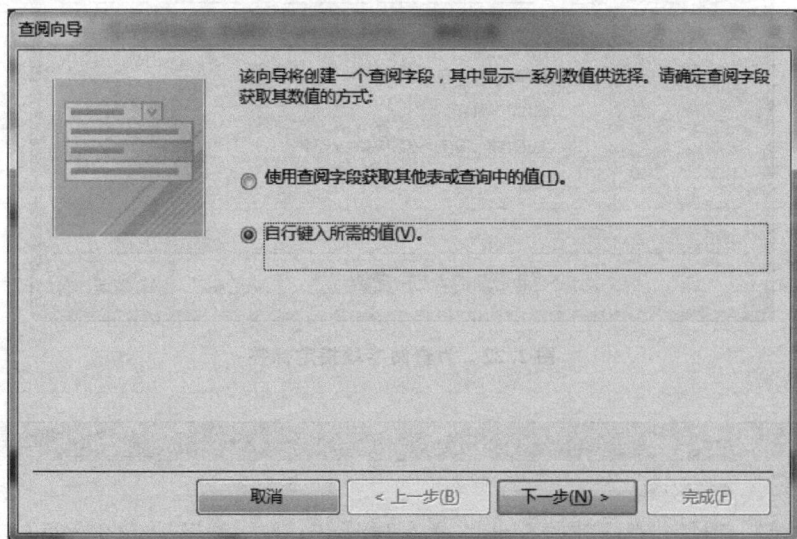

图 2.20　确定查阅字段获取数值的方式

在图 2.18 中，"限于列表"选项意味着允许或禁止向字段中添加列表中不存在的值。如果将该属性设置为"是"，则必须选择列表中的一个值。如果设置为"否"，则可以输入未列出的值。"允许多值"选项意味着是否允许在字段中存储多个值。

（2）自动设置主键：如果编辑完字段后没有设置主键就保存，则会出现"尚未定义主键"的提示信息，如图 2.23 所示，单击"是"之后，系统会为表自动添加主键字段"编号"，数据

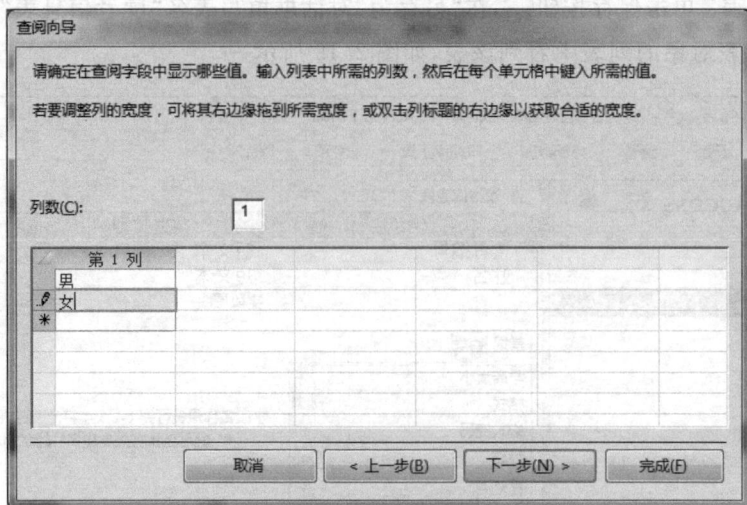

图 2.21　键入查阅字段的值

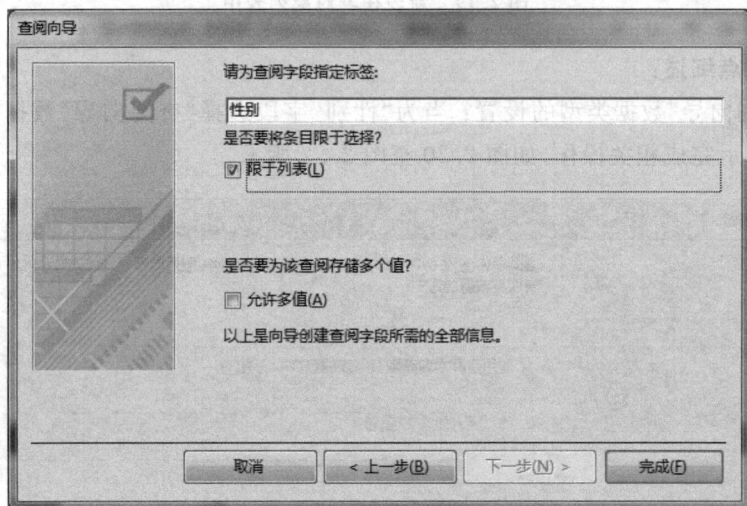

图 2.22　为查阅字段指定标签

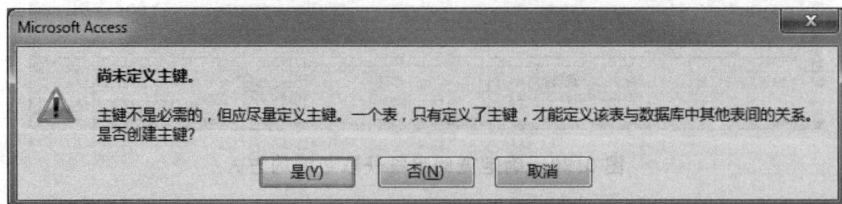

图 2.23　自动设置主键提示

类型为"自动编号",如图 2.24 所示。

边学边练:

在"图书管理系统"中使用"设计视图"创建"图书信息表",如表 2.4 所示。

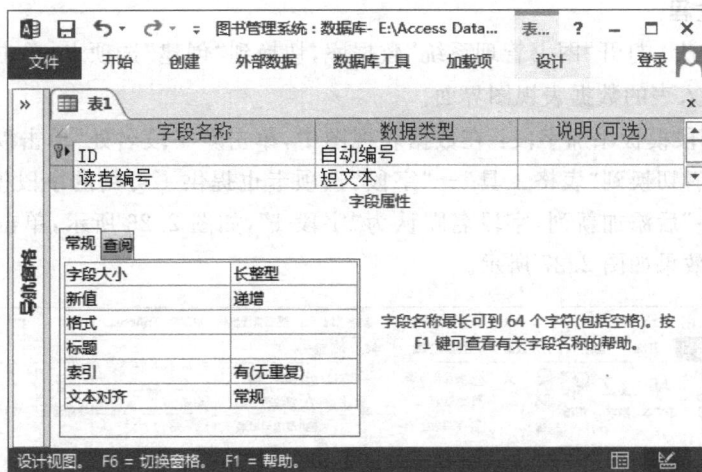

图 2.24　使用自动设置主键后的表设计视图

表 2.4　"图书信息表"结构

字段名称	数据类型	是否主键	字段名称	数据类型	是否主键
索书号	短文本	是	出版社编号	短文本	
类别码	短文本		出版日期	日期/时间	
书名	短文本		ISBN 号	短文本	
作者	短文本		馆藏数量	数字	
售价	货币		备注	长文本	

请思考：

什么样的字段设置为"数字"类型合适，什么样的字段设置为"短文本"类型合适？"身份证号"字段应该用哪种数据类型？

任务 2-5　使用"数据表视图"创建表

任务实例 2.5：使用"数据表视图"方法创建"图书借阅表"，表结构参照表 2.5。

表 2.5　"图书借阅表"结构

字段名称	数据类型	是否主键	字段名称	数据类型	是否主键
借阅编号	数字	是	借出时间	日期/时间	
图书条码	数字		归还时间	日期/时间	
读者编号	短文本		说明	长文本	

任务分析：

◆ 方法：使用"数据表视图"方法。

◆ 表名：图书借阅表。

任务解决过程：

（1）确定方法：打开"图书管理系统"数据库，切换到"创建"选项卡，单击"表格"组中的"表"按钮▦，进入表的数据表视图界面。

（2）使用字段模板添加字段：在数据表视图中，单击新字段名处"单击以添加"，可见字段模板列表，或者切换到"表格工具"→"字段"选项卡也提供了可用的字段模板，如图 2.25 所示，选择"数字"后添加新列，字段名默认为"字段 1"，如图 2.26 所示，单击回车后可继续添加其他字段，效果如图 2.27 所示。

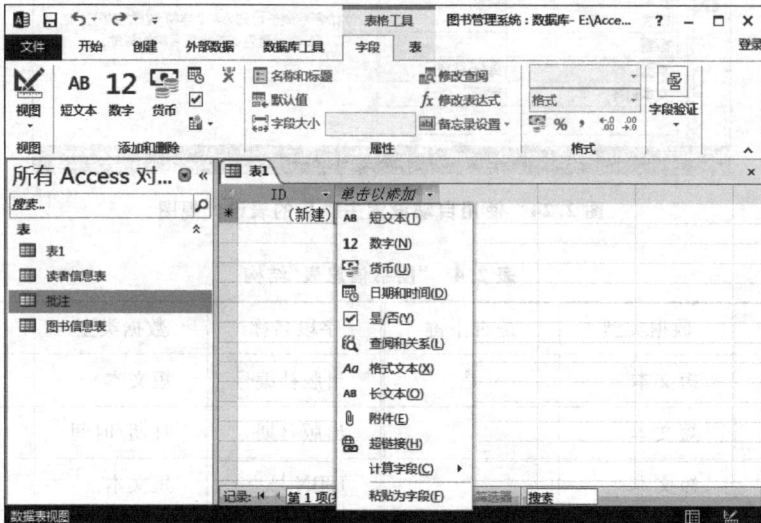

图 2.25　选择字段模板确定数据类型

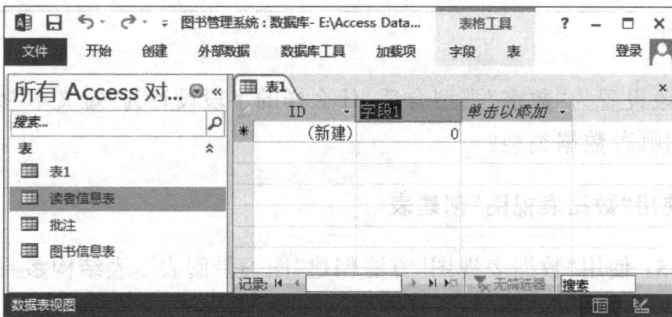

图 2.26　添加新字段

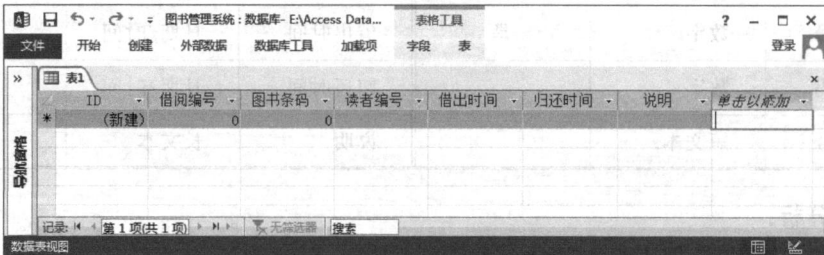

图 2.27　添加所有字段

（3）保存表：单击保存按钮📁，在"另存为"对话框填写表名"图书借阅表"，如图 2.28 所示。

（4）修改主键：打开"图书借阅表"的设计视图，选中"借阅编号"字段，单击右键选择"主键"按钮，将该字段更改为主键。

（5）删除字段：在 ID 字段上单击右键，选择"删除行"命令，删除该字段，结果如图 2.29 所示。

（6）保存表：保存对表的修改，关闭表。

相关知识点细述：

（1）自动主键字段：使用"数据表视图"方法创建新表时，系统会自动添加第一个字段，该字段名为"ID"，"自动编号"类型，表的主键。在数据表视图下无法修改或删除该字段，只有在设计视图下才能改动。

（2）快速入门字段模板：Access 2013 中提供了几种常见字段的快速入门模板，在实例 2.5 中，添加"借出时间"和"归还时间"两个字段时，可以使用该类模板。单击"表格工具"→"字段"选项卡下"添加和删除"组中的"其他字段"按钮，在列表中选择"快速入门"下的"开始日期和结束日期"，如图 2.30 所示，即可立刻添加两个字段，修改字段名为"借出时间"和"归还时间"。

图 2.28　保存表

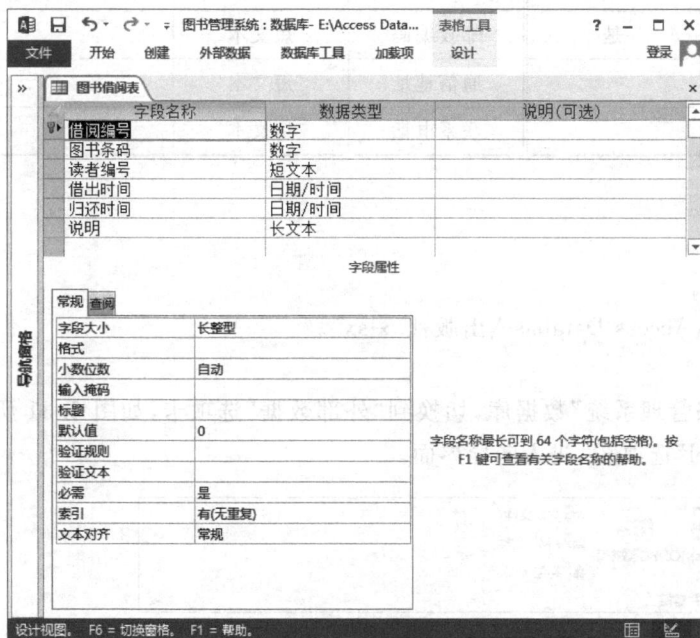

图 2.29　在设计视图中修改"图书借阅表"结构

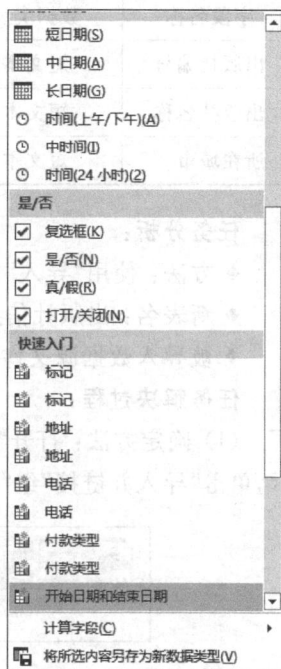

图 2.30　选择"快速入门"字段模板

（3）通过输入数据添加字段：使用"数据表视图"创建新表时，也可以先输入一行记录，系统会根据各数据项内容确定各字段的数据类型，然后再双击字段名处修改字段名称。如果对自动分配的字段数据类型不满意，可进入表的设计视图修改。

边学边练：

用"数据表视图"方法创建"图书馆藏表"，结构如表 2.6 所示。

表 2.6　"图书馆藏表"结构

字段名称	数据类型	是否主键	字段名称	数据类型	是否主键
图书条码	数字	是	架位号	短文本	
索书号	短文本		流通状态	短文本	
馆藏地	短文本				

请思考：

什么情况下使用"数据表视图"创建表更快捷？

任务 2-6　使用"导入"或"链接"方法创建表

任务实例 2.6：使用"导入"方法将"E:\Access Database\出版社.xlsx"文件中"基本信息"工作表的数据导入到"图书管理系统"，建立新表"出版社信息表"保存导入的数据，表结构参照表 2.7。

表 2.7　"出版社信息表"结构

字段名称	数据类型	是否主键	字段名称	数据类型	是否主键
出版社编号	短文本	是	邮政编码	短文本	
出版社名称	短文本		通信地址	短文本	
所在城市	短文本		联系电话	短文本	

任务分析：

◆ 方法：使用"导入"方法。

◆ 新表名：出版社信息表。

◆ 被导入数据源文件"E:\Access Database\出版社.xlsx"。

任务解决过程：

(1) 确定方法：打开"图书管理系统"数据库，切换到"外部数据"选项卡，如图 2.31 所示，单击"导入并链接"组"Excel"选项，进入向导界面。

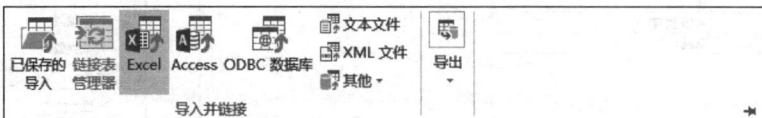

图 2.31　导入和链接命令按钮

(2) 选择导入数据源：在弹出的对话框中单击"浏览"按钮选择被导入数据源文件名及路径，如图 2.32 所示，单击"打开"。

(3) 选择导入目标：在对话框下半部指定导入数据的存储方式和存储位置，本实例选择第一个选项导入新表，如图 2.33 所示，单击"确定"按钮。

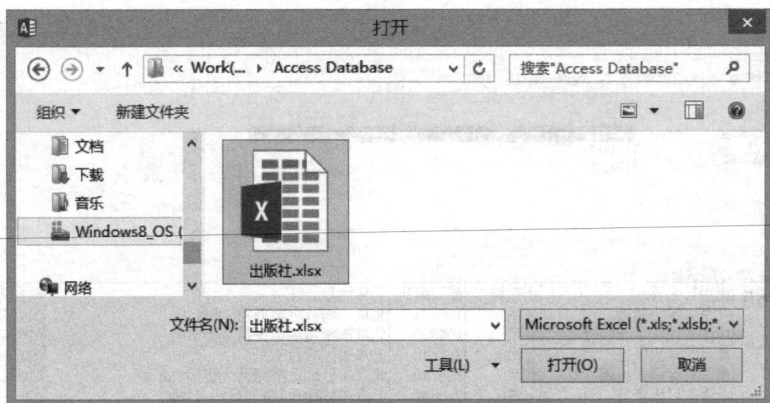

图 2.32 选择导入的数据源

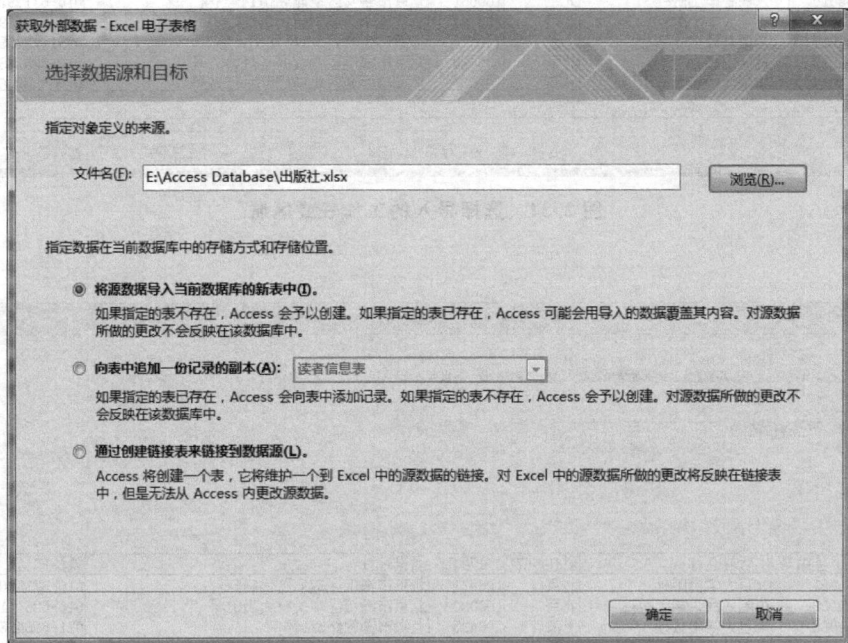

图 2.33 确定导入目标

(4) 选择工作表或区域：在工作表列表中选择"基本信息"，单击"下一步"按钮，如图 2.34 所示。

(5) 指定第一行是否为列标题：选择"第一行包含列标题"，即把 Excel 导入的数据的首行作为 Access 表的字段名称，如图 2.35 所示，单击"下一步"按钮。

(6) 修改字段信息：可以选择某一列，在"字段名称"处填写修改的字段名，在"数据类型"处选择合适的选项，还可以设置"索引"类型，或者不导入某个字段，如图 2.36 所示，本例不做修改，单击"下一步"按钮。

(7) 设置主键：选择"我自己选择主键"，设置"借阅编号"字段为主键，如图 2.37 所示，单击"下一步"按钮。

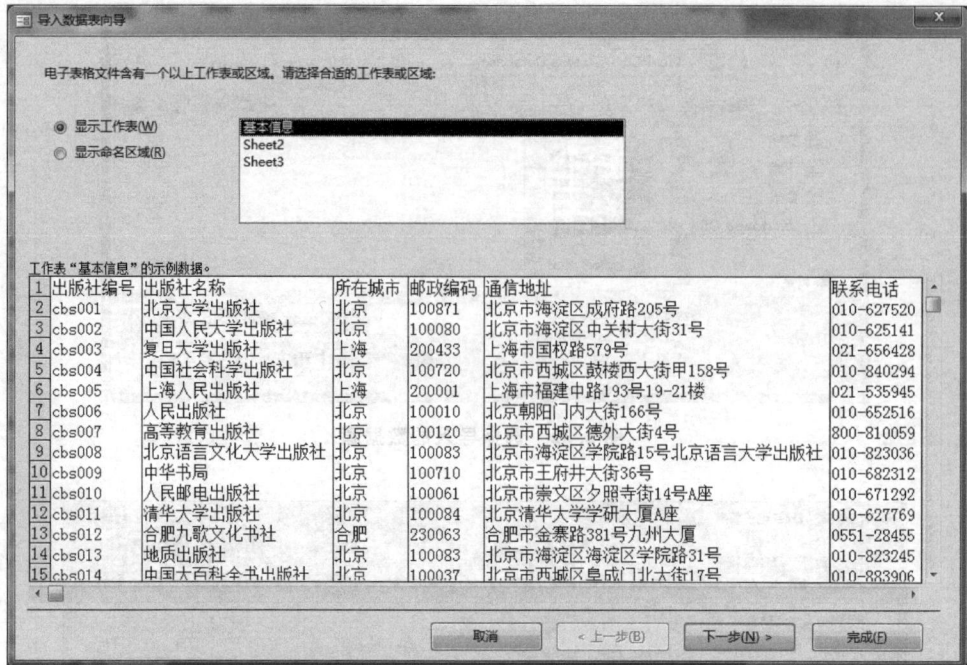

图 2.34   选择导入的工作表或区域

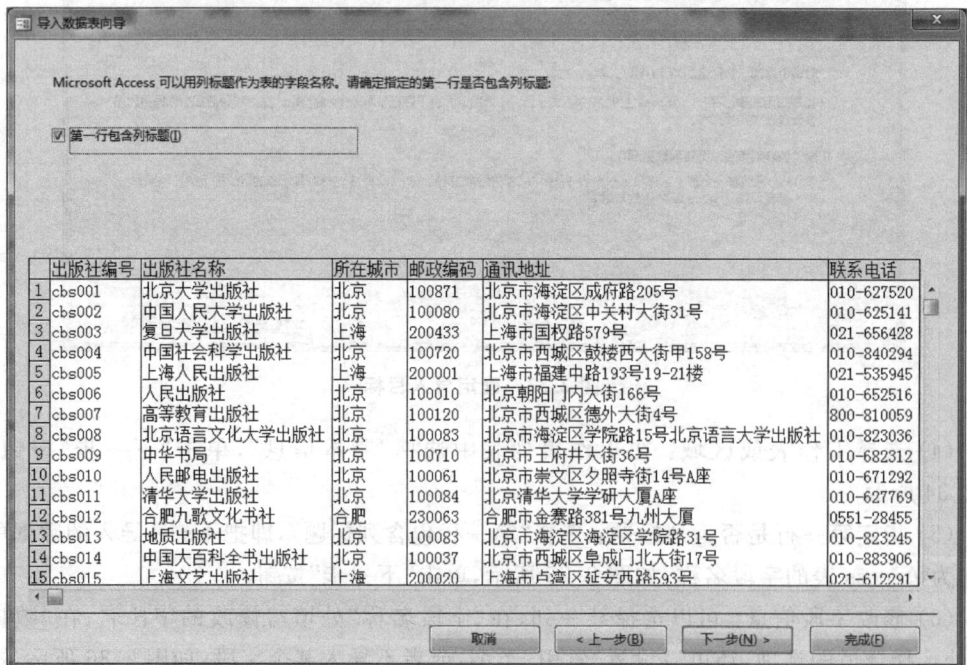

图 2.35   选择"第一行包含列标题"

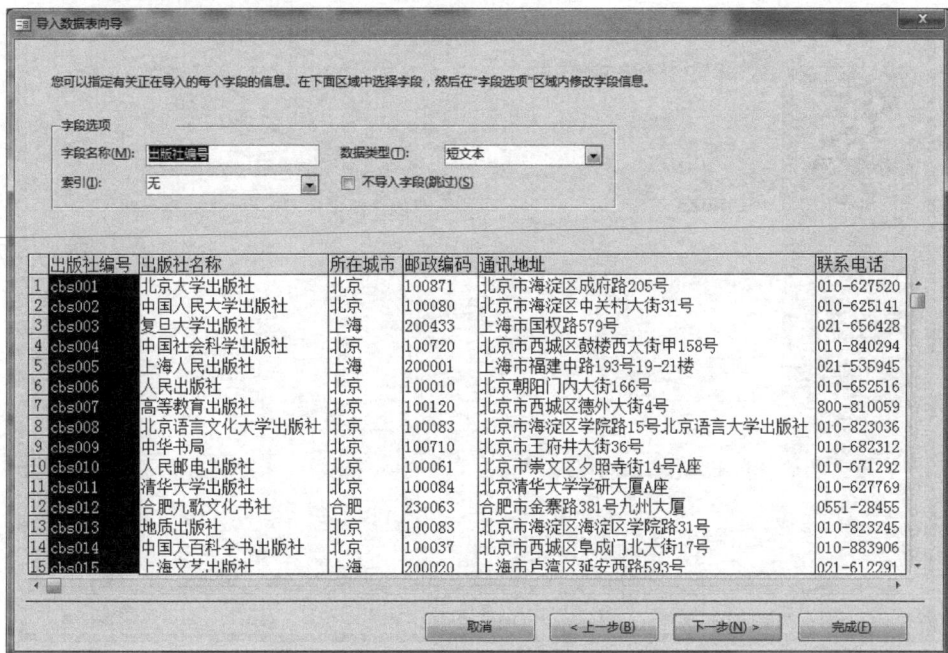

图 2.36 修改字段信息

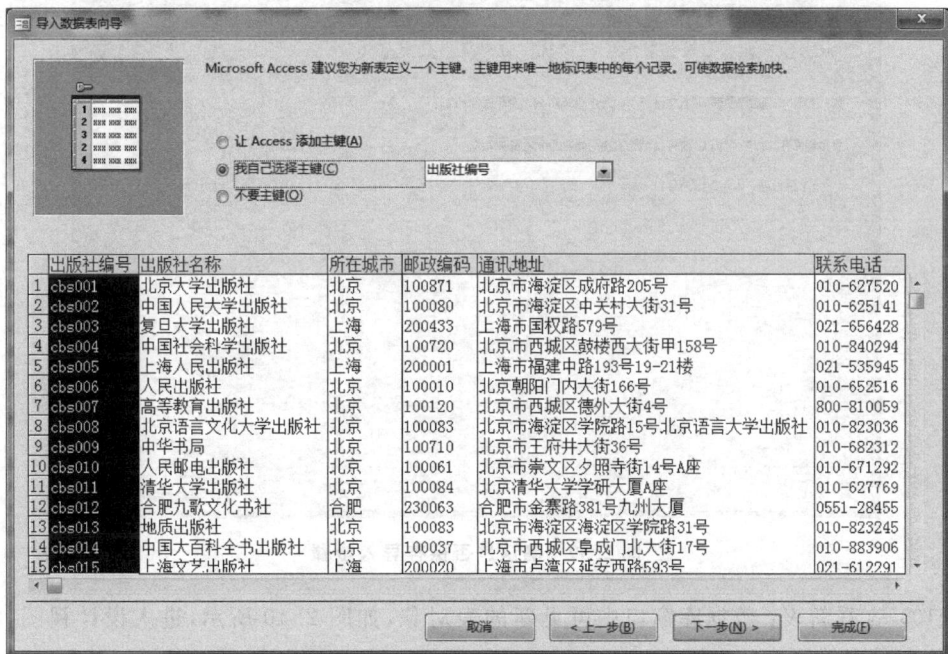

图 2.37 设置主键

（8）设置新表名：保存新表，名为"出版社信息表"，如图 2.38 所示，单击"完成"按钮。

（9）确认是否保存导入步骤：如果需要保存，则选取选项，并填写保存的名称，本例不保存，如图 2.39 所示，单击"关闭"按钮。

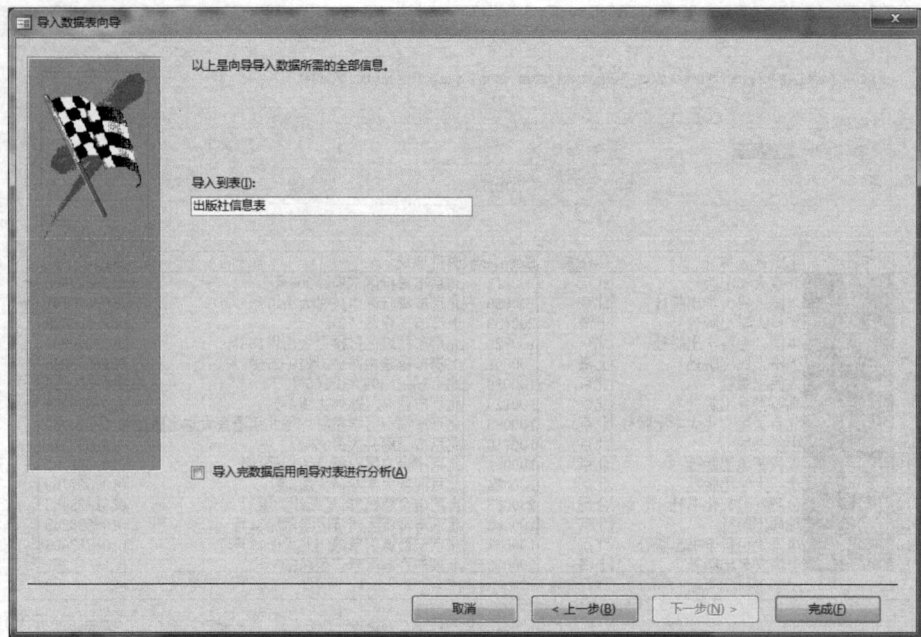

图 2.38　定义新表名称

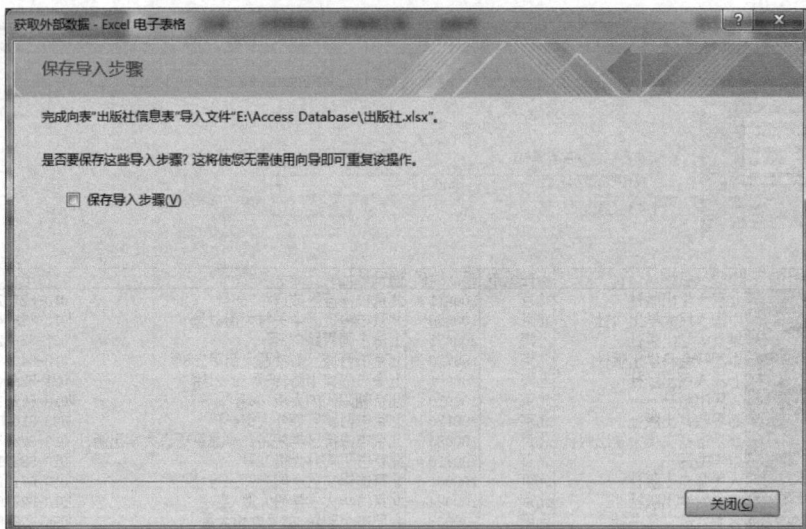

图 2.39　确认是否保存导入步骤

　　(10) 查看新表：数据库窗口中可见新的表对象，如图 2.40 所示，进入设计视图，按照表 2.8 查对表的结构。

　　相关知识点细述：

　　(1) 在 Access 中能够轻松地导入或链接到其他程序中的数据。支持的文件类型包括 Excel 文件、Access 数据库文件、文本文件、XML 文件、HTML 文档、Outlook 文件夹和 SharePoint 列表文件等。根据数据源的不同，导入过程会稍有不同。

图 2.40　查看导入的表对象

表 2.8　"图书类别表"结构

字段名称	数据类型	是否主键	字段名称	数据类型	是否主键
类别码	短文本	是	分类名称	短文本	

（2）导入的数据可以写入新建的数据表，也可以追加进已经存在的某个数据表中，只需在图 2.33 所示界面中选择"向表中追加一份记录的副本"，然后在右侧选择相应表名即可。

（3）"链接表"的方法与"导入"表的方法类似，只需在图 2.33 所示的界面中选择"通过创建链接表来链接到数据源"，效果如图 2.41 所示。

图 2.41　链接表对象

（4）在图 2.35 中，如果不选择"第一行包含列标题"，则系统会将 Excel 工作表的标题行也作为记录写入 Access 表。

（5）如果在图 2.37 中选择"让 Access 添加主键"，则表中会增加一个"自动编号"数据类型的主键字段。

边学边练：

用导入的方法将文件"E:\Access Database\图书类别. txt"中的数据导入到"图书管理系统"，建立新表"图书类别表"保存导入的数据，表结构参照表 2.8。

请思考：

导入的表与链接的表有何差异？源文件中数据的改变是否对它们有影响？

2.3.3 设置字段属性

使用各种方法建立的数据表，系统都会为每个字段指定默认的字段属性，但有时默认的属性并不能满足要求，需要在设计视图中对其进行修改。常用的字段属性有字段大小、格式、输入掩码、标题、默认值、有效性规则、有效性文本、必填字段、索引和文本对齐等。

任务 2-7 设置表的字段属性

任务实例 2.7：请按照如下要求，完成对"图书信息表"相关字段属性的设置。

(1) 设置"索书号"字段大小为 10，"馆藏数量"字段大小为"整型"；

(2) 设置"出版日期"字段"格式"为"长日期"，"馆藏数量"字段"格式"为"常规数字"；

(3) 设置"出版日期"字段的"输入掩码"为"长日期(中文)"；

(4) 将"售价"字段的"标题"属性设为"定价"；

(5) 将"馆藏数量"字段的"默认值"设置为 3；

(6) 设置"售价"字段的"验证规则"和"验证文本"属性，使得该字段不能出现负值，如果输入错误，则提示"请注意，价格不能为负数！"；

(7) 将"ISBN 号"字段设置为"必需"；

(8) 为"出版社编码"字段设置允许重复的索引；

(9) 设置"ISBN 号"字段的文本右侧对齐。

任务分析：

◆ 方法：在表的设计视图中设置字段属性。

◆ 操作对象：图书信息表各字段。

◆ 操作动作：修改字段大小、格式、有效性规则、标题、默认值、有效性规则、有效性文本、必需、索引等字段属性。

任务解决过程：

(1) 打开表：打开"图书管理系统"数据库，打开"图书信息表"的设计视图。

(2) 设置"字段大小"属性：在设计视图的上窗格选定"索书号"字段行，在下窗格"字段属性栏"的"字段大小"处将原来的 255 改为 10，如图 2.42 所示，再选定"馆藏数量"字段行，在"字段大小"下拉列表中选择"整型"，如图 2.43 所示。

(3) 设置"格式"属性：选择"出版日期"字段行，在格式属性下拉列表中选择"长日期"，如图 2.44 所示，再选择"馆藏数量"字段行，在格式属性下拉列表中选择"常规数字"，如图 2.45 所示。

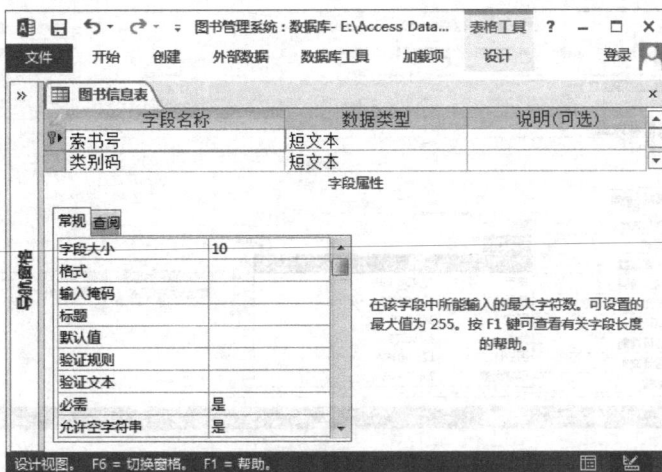

图 2.42　设置"索书号"字段大小属性

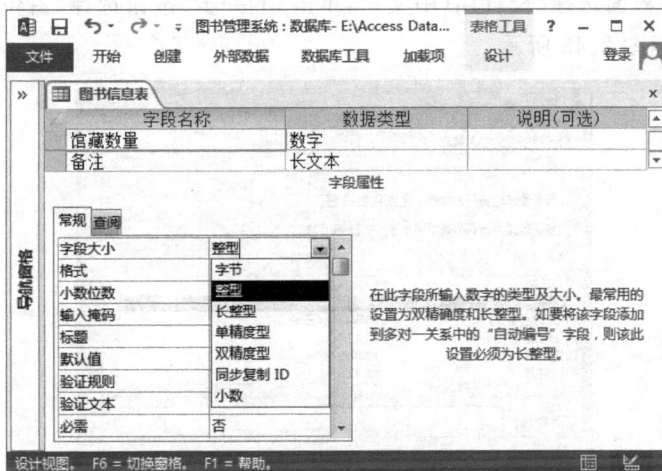

图 2.43　设置"馆藏数量"字段大小属性

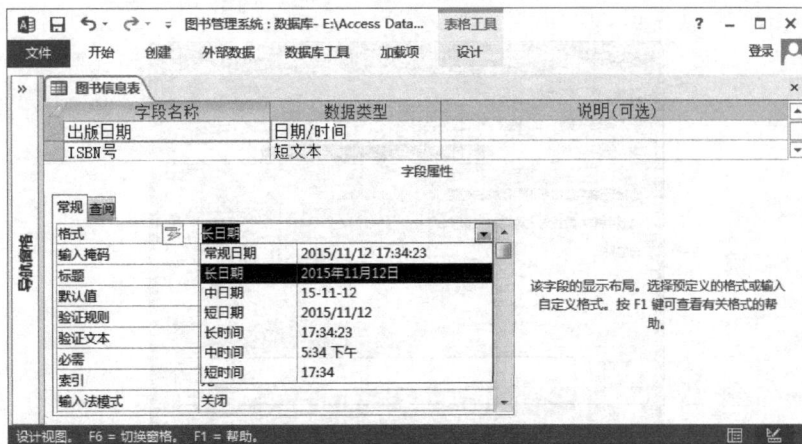

图 2.44　设置"出版日期"字段"格式"属性

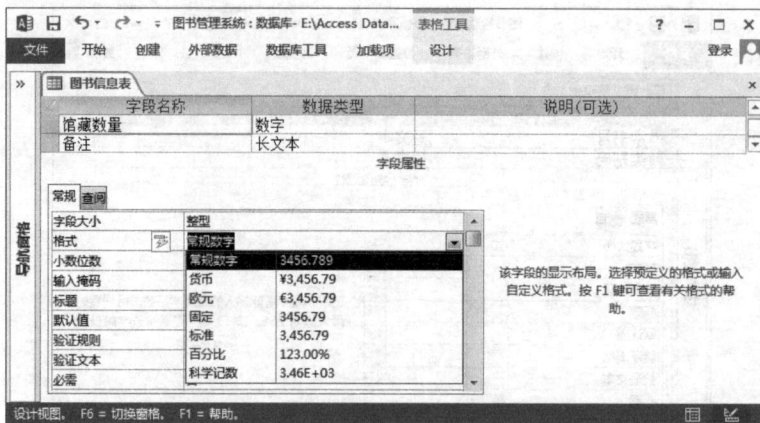

图 2.45　设置"馆藏数量"字段"格式"属性

（4）设置"输入掩码"属性：选择"出版日期"字段行，单击其"输入掩码"处的向导按钮 ，在出现的向导界面选择"长日期(中文)"，单击"下一步"按钮选择"占位符"，单击"完成"按钮，如图 2.46 至图 2.48 所示。

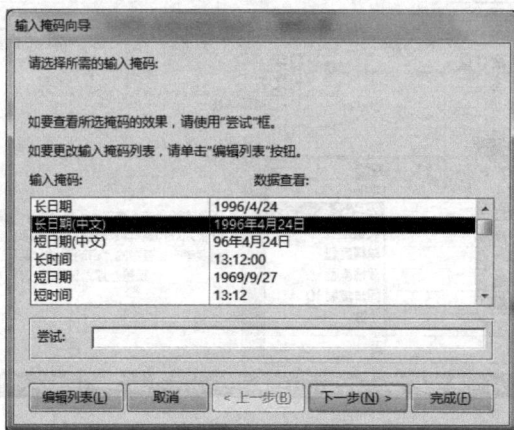

图 2.46　在向导中选择"输入掩码"形式

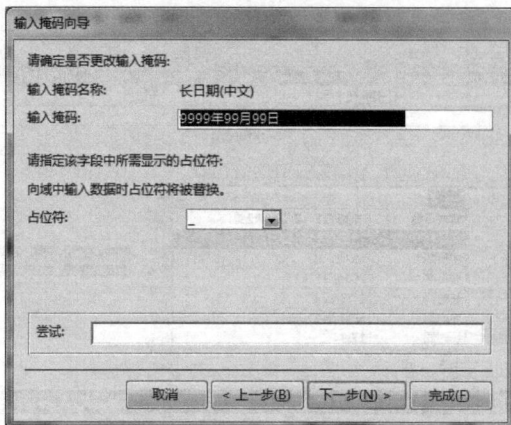

图 2.47　选择"输入掩码"占位符

图 2.48 生成的"输入掩码"

（5）设置"标题"属性：选择"售价"字段行，在"标题"属性处输入"定价"，如图 2.49 所示，保存设置，切换至数据表视图，标题效果如图 2.50 所示。

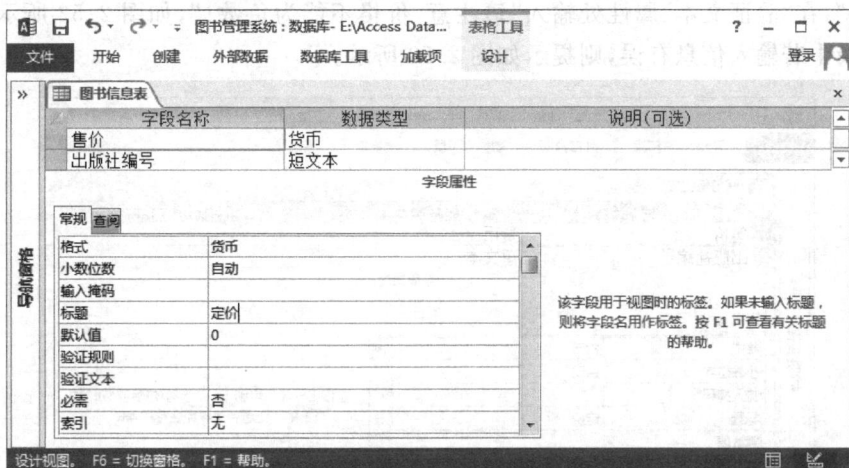

图 2.49 设置"售价"字段的"标题"属性

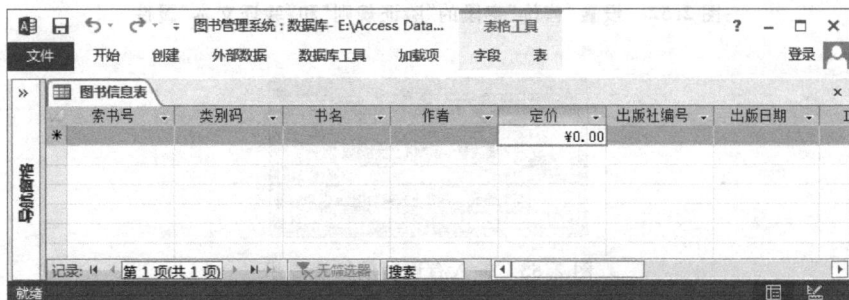

图 2.50 设置"标题"属性后的数据表视图

（6）设置"默认值"属性：选定"馆藏数量"字段行，在"默认值"属性处输入 3，如图 2.51 所示。

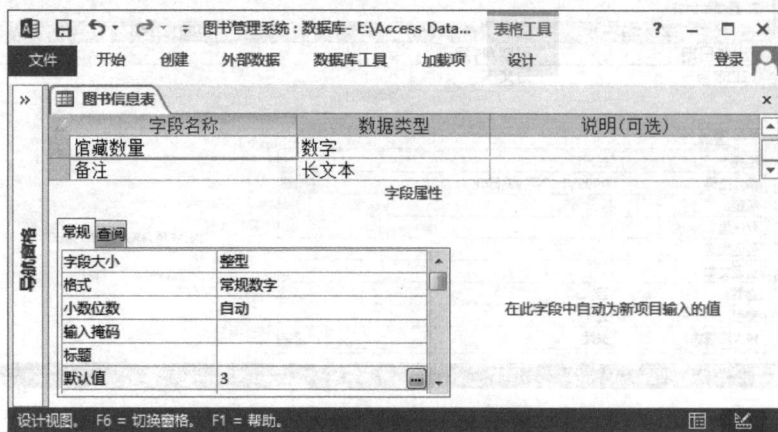

图 2.51   设置"馆藏数量"字段的"默认值"属性

（7）设置"验证规则"和"验证文本"属性：选定"售价"字段行，在"验证规则"属性处输入">＝0"，在"验证文本"属性处输入"请注意，价格不能为负数!"，如图 2.52 所示，保存设置，在记录中若输入信息有误，则提示如图 2.53 所示。

图 2.52   设置"售价"字段的"验证规则"和"验证文本"属性

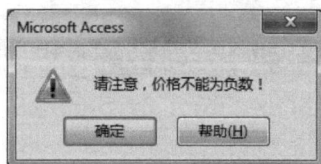

图 2.53   输入有误时的错误提示

（8）设置"必需"属性：选定"ISBN 号"字段行，将其"必需"属性由"否"改为"是"，如图 2.54 所示。

图 2.54 设置"ISBN 号"字段的"必需"属性

(9) 设置"索引"属性：选定"出版社编号"字段行，在其"索引"属性的列表中选择"有（有重复）"选项，如图 2.55 所示。

图 2.55 设置"出版社编号"字段的"索引"属性

(10) 设置"文本对齐"属性：选定"ISBN 号"字段行，在"文本对齐"属性的列表中选择"右"选项，如图 2.56 所示，切换至数据表视图，可见此字段输入的数据靠右侧显示。

相关知识点细述：

(1) 字段的数据类型决定着字段属性的组成，也决定着字段属性的表达。

(2) 使用"字段大小"属性可以设置"短文本"、"数字"或"自动编号"类型的字段中可保存数据的最大容量。短文本型字段"字段大小"可设置的值范围为 0～255 的整数。数字型字段默认的"字段大小"属性值为"长整型"，可选择类型为"字节"、"整型"、"长整型"、"单精度型"、"双精度型"、"同步复制 ID"和"小数"。如果在一个已包含数据的字段中，将"字段大小"设置值由大转换为小，可能会丢失数据。

(3) 格式属性只定义数据的显示方式，不影响数据的存储方式。如果在表中设置了字段的格式属性，那么在窗体和报表上根据该字段创建的新控件也应用这个格式属性。

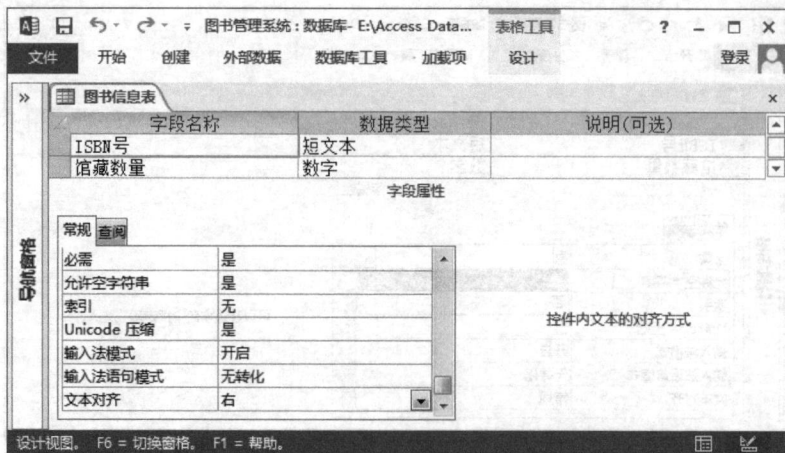

图 2.56　设置"ISBN 号"字段的"文本对齐"属性

(4) 通过"输入掩码"属性可以限定数据的输入格式,在 Access 中,短文本、日期/时间、数字、货币等类型的字段都可以设置输入掩码,但是系统只为短文本型和日期/时间型字段提供向导。如果为同一字段同时定义了输入掩码和格式属性,则格式属性优先于输入掩码。输入掩码也可以使用掩码字符编辑,如表 2.9 所示。

表 2.9　输入掩码字符

字　符	说　　　明
0	数字(0~9,必须输入)
9	数字或空格(非必须输入)
#	数字或空格(非必须输入)
L	字母(A~Z,必须输入)
?	字母(A~Z,可选输入)
A	字母或数字(必须输入)
a	字母或数字(可选输入)
&	任一字符或空格(必须输入)
C	任一字符或空格(可选输入)
. , : ; - /	小数点占位符及千位、日期与时间的分隔符(实际的字符将根据 Windows"控制面板"中"区域设置属性"对话框中的设置而定)
<	将所有字符转换为小写
>	将所有字符转换为大写
!	使输入掩码从右到左显示,而不是从左到右显示
\	使接下来的字符以字面字符显示(例如,\A 只显示为 A)

(5) 使用"默认值"属性可以为新记录的某个字段指定一个初始值,从而提高用户输入效率。

（6）使用"验证规则"属性可以指定对输入到记录、字段或控件中的数据的要求。当输入的数据违反了"验证规则"的设置时，可以使用"验证文本"属性指定显示给用户的提示消息。只能使用表达式描述"验证规则"属性，在"验证文本"属性中只能输入不超过 255 个字符的文本。

（7）"必需"属性可以设置为"是"或"否"，如果该属性设为"是"，则在记录中输入数据时，必须在该字段或绑定到该字段的任何控件中输入数值，而且该数值不能为空值 Null。作为主键的字段不用单独设置"必需"属性为"是"。

（8）索引可加速对索引字段的查询，还能加速排序及分组操作。通过索引能够迅速地找到某一条记录，而不必顺序查找数据库中的每一条记录。索引属性有三种设置，如表 2.10 所示。

表 2.10　索引属性

设　　置	说　　明	设　　置	说　　明
否	（默认值）无索引	是（无重复）	该索引不允许重复
是（有重复）	该索引允许重复值		

不能对"OLE 对象"、"附件"或"计算"等数据类型的字段编制索引。对于其他字段，如果预期会搜索存储在字段中的值，会对字段中的值进行排序，会在字段中存储许多不同的值，则考虑为字段创建索引；如果字段中的许多值都是相同的，则索引可能无法显著加快查询速度。

如果表的主键为单一字段，Microsoft Access 将自动把该字段的"索引"属性设为"是（无重复）"。

边学边练：

请根据下列要求完成各表字段属性的设计。

（1）将所有表中"读者编号"字段大小设置为 10，"索书号"字段大小设置为 10；

（2）将"读者信息表"中的"出生日期"字段"格式"设置为"长日期"，将"办证日期"字段"格式"设置为"短日期"；

（3）设置"图书借阅表"中"借出时间"和"归还时间"字段的"输入掩码"为"长日期（中文）"，设置"出版社信息表"中"邮政编码"字段的"输入掩码"为"邮政编码"；

（4）将"读者信息表"中 VIP 字段的"标题"设置为"是否 VIP"；

（5）将"读者信息表"中"性别"字段的"默认值"属性设置为"男"，将"图书借阅表"中"借出时间"字段的"默认值"设置为系统当前日期（提示：系统当前日期可由函数 Date() 返回）；

（6）设置字段属性，使得"读者信息表"中"办证日期"字段的数据不能在系统当前日期之后，出现有误数据则提示"请注意，办证日期不能晚于当前日期！"；

（7）设置相应字段属性，使得"出版社信息表"中的"出版社名称"字段值不能为空；

（8）为"读者信息表"的"姓名"字段设置允许重复的索引。

请思考：

（1）哪些数据类型的字段可以设置"字段大小"属性？

（2）若要限定"出版社信息表"的"出版社编码"字段的数据必须由 6 个字符构成，前 3

位是字母,后 3 位是数字,那么这个字段的输入掩码应该如何设置呢?

(3) 如果只设置了"验证规则"属性但没有设置"验证文本"属性,那么违反了验证规则时会怎样? 反之呢?

(4) 对某一个数据表来说,创建的索引是否越多越好?

2.3.4   向表中输入数据

建立了数据表的结构并定义了字段属性之后,可以利用"数据表视图"向数据表中输入各条记录,输入过程要符合字段数据类型和字段属性的设置要求。

任务 2-8   向数据表中输入各种类型的数据

任务实例 2.8:请将表 2.11 的记录输入到"读者信息表"中,其中照片路径为"E:\
Access Database\王天依.jpg"。

表 2.11   输入记录

读者编号	姓名	性别	出生日期	办证日期	VIP	联系电话	照 片	备 注
2007001	王天依	女	1986-10-26	2007-9-3	☑	83668511	位图图像	义务馆员

任务分析:

◆ 方法:使用数据表视图。

◆ 操作对象:读者信息表。

◆ 操作动作:输入记录数据。

任务解决过程:

(1) 打开数据表视图:打开"图书管理系统"数据库,双击对象列表中的"读者信息表",数据表视图如图 2.57 所示。

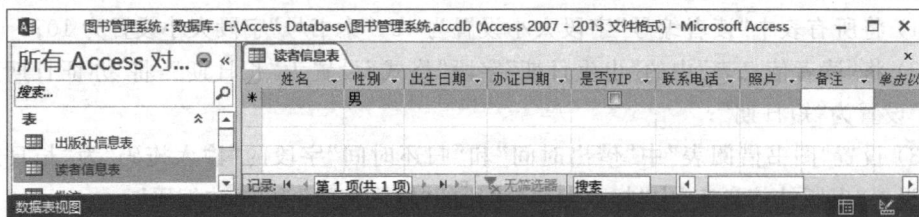

图 2.57   利用数据表视图输入数据

(2) 输入记录:从第一条空记录的第一个字段开始,分别输入各字段的内容。

相关知识点细述:

(1) 不同的数据类型输入数据的方法不尽相同。

① 对于"短文本"、"数字"、"货币"、"长文本"、"超链接"等数据类型字段,直接输入内容即可。

② 对于"自动编号"型字段,无须用户输入任何内容,系统会自动添加信息,如果在自动编号类型的字段属性中设置了"新值"属性为"递增",如图 2.58 所示,则系统会依次为每条记录该字段分配"1、2、3……",如果"新值"属性是"随机",则系统分配的值是一个随机数。

图 2.58　自动编号字段"新值"属性

③ 对于"查阅向导"型字段,数据可以输入也可以从列表中选择,例如输入"性别"字段内容,如图 2.59 所示。

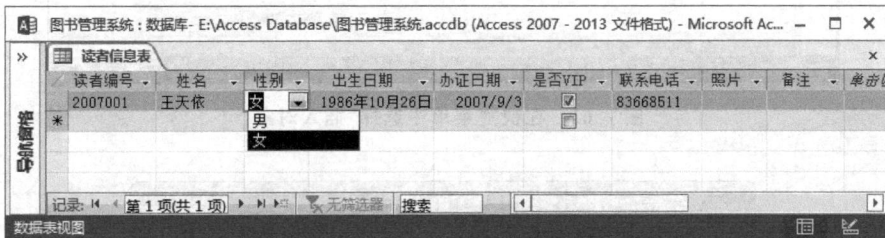

图 2.59　"查阅向导"类型字段数据输入

④ 对于"日期/时间"型字段,输入日期时使用形如"1986-10-26"、"1986/10/26"或"1986年 10 月 26 日"三种形式之一即可,也可以单击单元格右侧出现的"日历控件"按钮选择相应日期,如图 2.60 所示,如果设计了"输入掩码"属性,则按照掩码形式输入。

图 2.60　使用日历控件输入日期数据

⑤ 对于"是/否"型字段,默认内容为复选框□,表示"否",如果要表示数据"是",则需要在复选框□内单击,变为☑。

⑥ 对于"OLE 对象"型字段,以本例"照片"字段为例,输入需经过如下几个步骤。

◆ 在 OLE 对象数据单元格单击鼠标右键,在快捷菜单中选择"插入对象"命令,如图 2.61 所示。

◆ 选择"新建"→"画笔图片"选项,单击"确定"按钮,如图 2.62 所示。

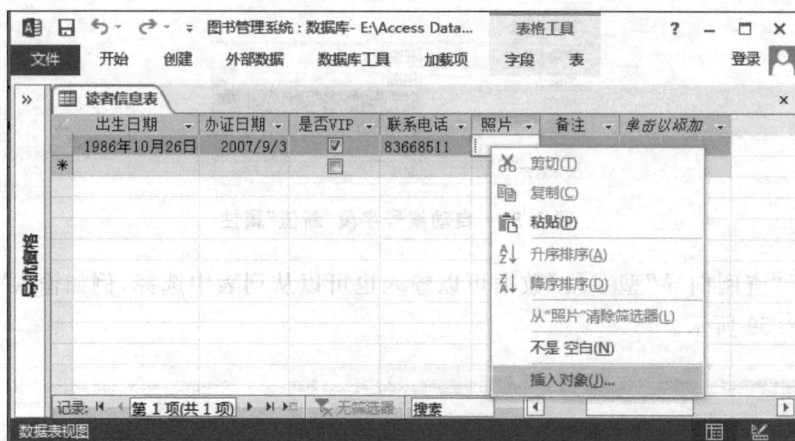

图 2.61　在快捷菜单中选择"插入对象"

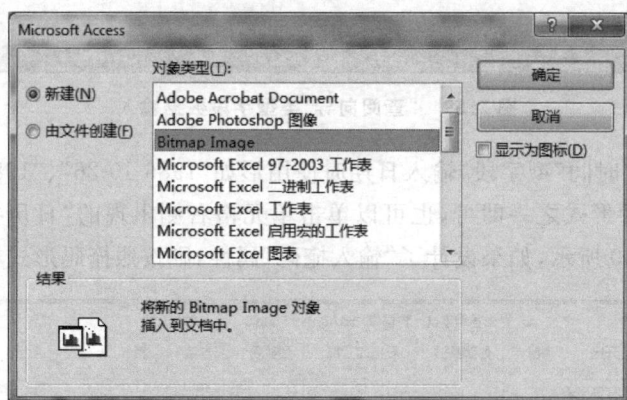

图 2.62　选择新建的对象类型

◆ 在"画图"程序窗口中选择"编辑"菜单下的"粘贴来源"命令,如图 2.63 所示。

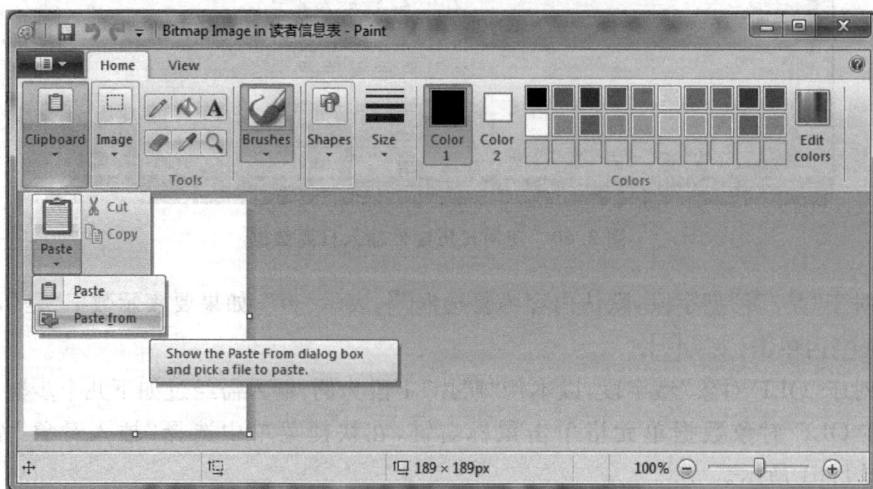

图 2.63　选择"粘贴来源"

◆ 在"粘贴来源"对话框中选择图片,如图 2.64 所示。

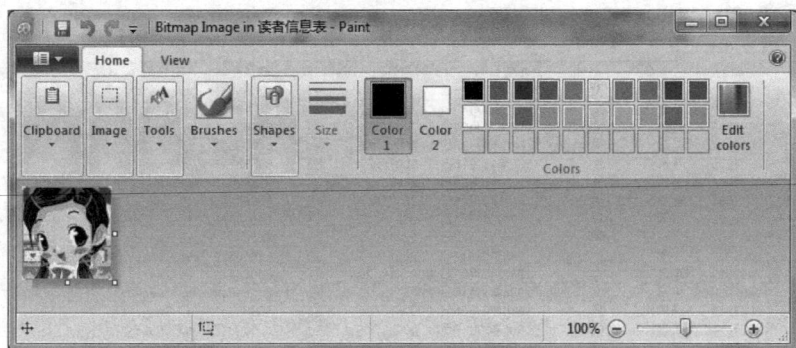

图 2.64 选择图片来源

◆ 关闭"画图"程序窗口,记录添加完毕后的效果如图 2.65 所示。

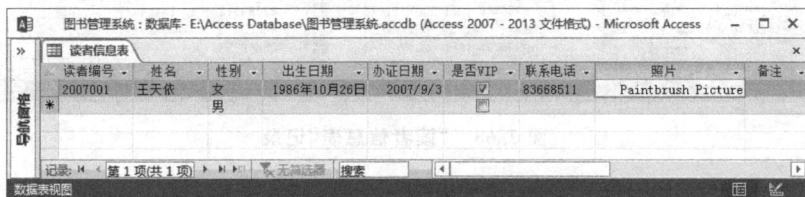

图 2.65 添加记录后的读者信息表

⑦ 对于"计算"型字段,数据是由指定的表达式自动计算出来的,所以无需手动输入,请参考任务实例 2.9。

⑧ 对于"附件"型字段,在输入单元格单击右键,在快捷菜单中选定"管理附件"命令,如图 2.66 所示,在弹出的"附件"对话框中单击"添加"按钮选择附件文件,可添加多个文件,如图 2.67 所示,单击"确定"按钮后可在数据单元格中看到附件型数据 ⓤ(3) 。

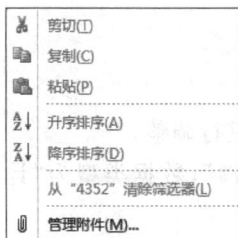

图 2.66 添加"附件"型数据时
选择"管理附件"

图 2.67 在"附件"对话框中选择附件文件

(2) 如果在设计视图某个字段的"说明"栏中有注释信息,则在数据表视图中该字段添加数据时,Access 程序左下角的状态栏会显示出相应的说明信息。

边学边练:

请按照图 2.68 所示在"读者信息表"中填写其他记录。

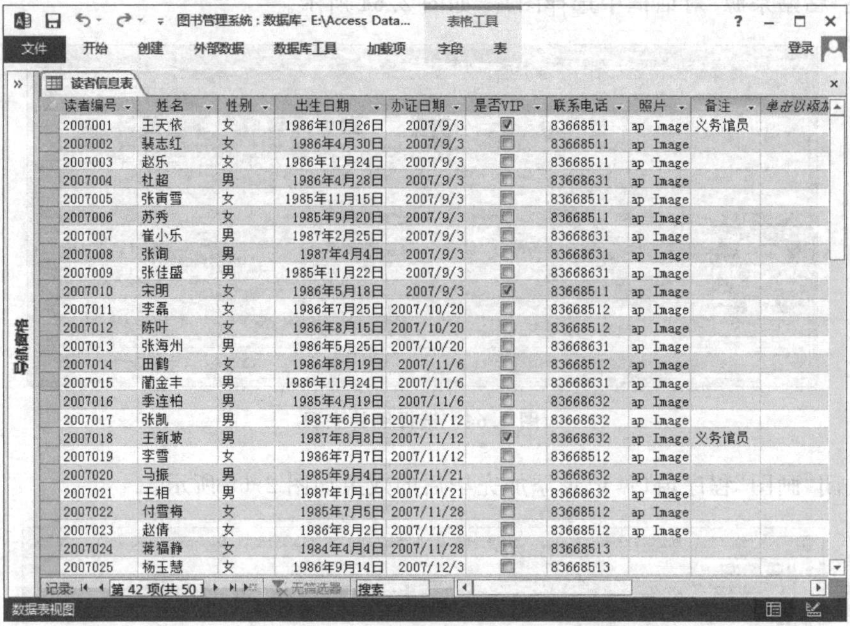

读者编号	姓名	性别	出生日期	办证日期	是否VIP	联系电话	照片	备注	单击以添加
2007001	王天依	女	1986年10月26日	2007/9/3	☑	83668511	ap Image	义务馆员	
2007002	裴志红	女	1986年4月30日	2007/9/3	☐	83668511	ap Image		
2007003	赵乐	女	1986年11月24日	2007/9/3	☐	83668511	ap Image		
2007004	杜超	男	1986年4月28日	2007/9/3	☐	83668631	ap Image		
2007005	张寅雪	女	1985年11月15日	2007/9/3	☐	83668511	ap Image		
2007006	苏秀	女	1985年9月20日	2007/9/3	☐	83668511	ap Image		
2007007	崔小乐	男	1987年2月25日	2007/9/3	☐	83668631	ap Image		
2007008	张询	男	1987年4月4日	2007/9/3	☐	83668631	ap Image		
2007009	张佳盛	男	1985年11月22日	2007/9/3	☐	83668631	ap Image		
2007010	宋明	女	1986年5月18日	2007/9/3	☑	83668511	ap Image		
2007011	李磊	女	1986年7月25日	2007/10/20	☐	83668512	ap Image		
2007012	陈叶	女	1986年8月15日	2007/10/20	☐	83668512	ap Image		
2007013	张海州	男	1986年5月25日	2007/10/20	☐	83668631	ap Image		
2007014	田鹤	女	1986年8月19日	2007/11/6	☐	83668512	ap Image		
2007015	蔺金丰	男	1986年11月24日	2007/11/6	☐	83668631	ap Image		
2007016	季连柏	男	1985年4月19日	2007/11/6	☐	83668632	ap Image		
2007017	张凯	男	1987年6月6日	2007/11/12	☐	83668632	ap Image		
2007018	王新坡	男	1987年8月8日	2007/11/12	☑	83668632	ap Image	义务馆员	
2007019	李雪	女	1986年7月7日	2007/11/12	☐	83668512	ap Image		
2007020	马振	男	1985年9月4日	2007/11/21	☐	83668632	ap Image		
2007021	王相	男	1987年1月1日	2007/11/21	☐	83668632	ap Image		
2007022	付雪梅	女	1985年7月5日	2007/11/28	☐	83668512	ap Image		
2007023	赵倩	女	1986年8月2日	2007/11/28	☐	83668512	ap Image		
2007024	蒋福静	女	1984年4月4日	2007/11/28	☐	83668513			
2007025	杨玉慧	女	1986年9月14日	2007/12/3	☐	83668513			

图 2.68　“读者信息表”记录

2.4　数据表的维护

数据表建成之后必然不会一成不变，在使用数据库的过程中，随着数据的变化，常常要对表的结构和数据进行增、删、改等维护操作。对数据表的维护包括对表结构的维护，对表中数据的维护，对表外观的维护，以及对数据库中表对象的维护等。

2.4.1　修改表结构

对表结构常用的维护操作主要是针对字段进行的，包括插入字段、修改字段、移动字段、复制字段、删除字段以及重设主键字段等。

任务 2-9　修改表结构

任务实例 2.9：请按照下述要求对“图书信息表”的结构进行调整。

(1) 插入字段：在“备注”字段前添加一个新字段“总金额”，数据类型为“计算”，总金额＝单价×馆藏数量；

(2) 修改字段：将“总金额”字段的“结果类型”修改为“货币”；

(3) 移动字段：将“售价”字段移动到“馆藏数量”字段之前；

(4) 复制字段：复制“出版日期”字段，粘贴在表的最后，改名为“入库日期”；

(5) 删除字段：将“总金额”和“入库日期”字段删除；

(6) 重设主键字段：将主键修改为“ISBN号”字段。

任务分析：

◆ 方法：使用表的设计视图修改表结构。

◆ 操作对象：图书信息表。

◆ 操作动作：插入、修改、移动、复制、删除字段，重设主键。

任务解决过程：

（1）插入字段：在"图书管理系统"数据库中打开"图书信息表"的设计视图，选中"备注"行，在"设计"选项卡"工具"栏单击"插入行"命令（或者单击右键，在快捷菜单中选定"插入行"命令），如图 2.69 所示，在空白行添加新字段"总金额"，字段类型设置为"计算"，在弹出的"表达式生成器"对话框中下半部中间栏双击字段名"售价"和"馆藏数量"，如图 2.70 所示，然后选中"《表达式》"，直接键盘输入乘号 ＊，或者在下半部左栏内选择表达式元素"操作符"，中间栏内选择表达式类别"算术"，右栏内双击 ＊，如图 2.71 所示，单击"确定"按钮，插入的新字段如图 2.72 所示。

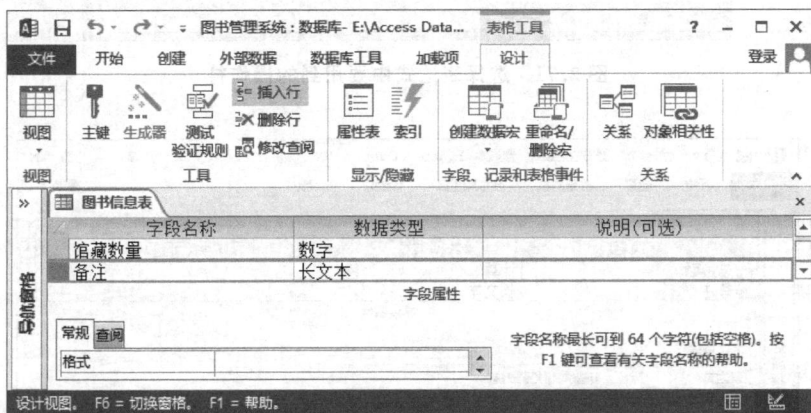

图 2.69　插入行

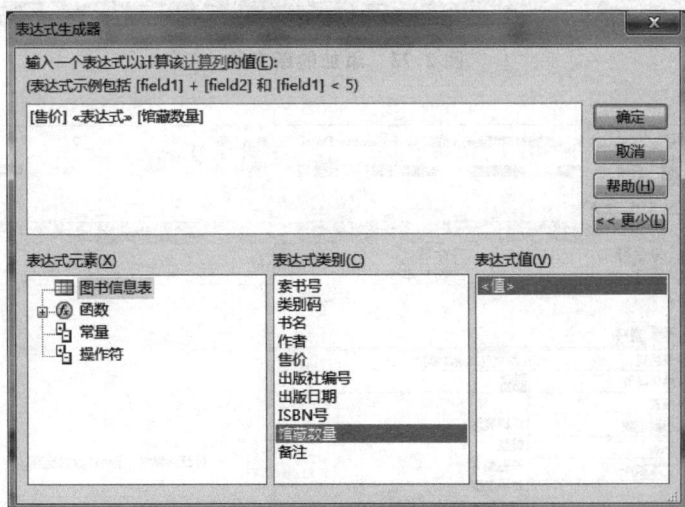

图 2.70　选择表达式中要用到的字段

（2）修改字段：在"图书信息表"设计视图中选定"总金额"字段，在字段属性"结果类型"处选择"货币"，如图 2.73 所示。

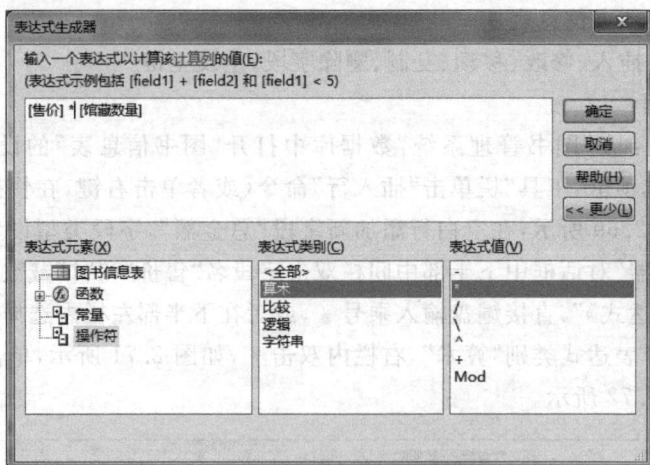

图 2.71   选择表达式中要用到的操作符

图 2.72   添加的新字段

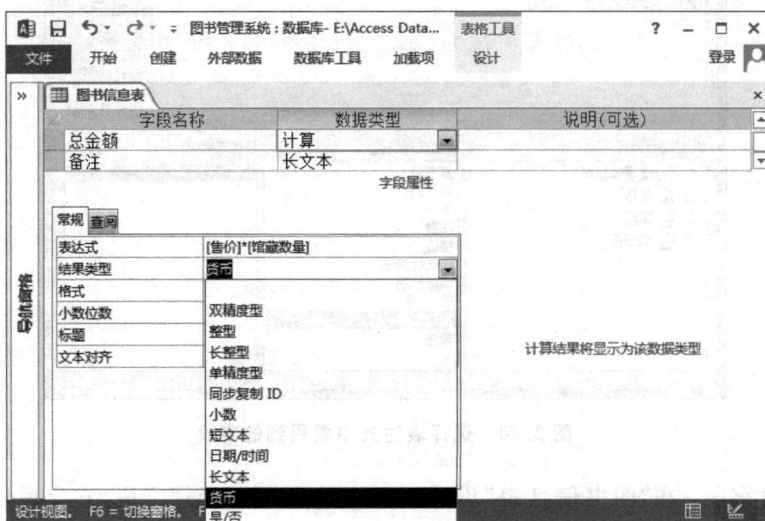

图 2.73   修改"总金额"字段"结果类型"属性

（3）移动字段：选定要移动的"售价"字段行，按住鼠标左键拖动至黑线标识的要移动到的位置，即"馆藏数量"字段之前，如图 2.74 所示。

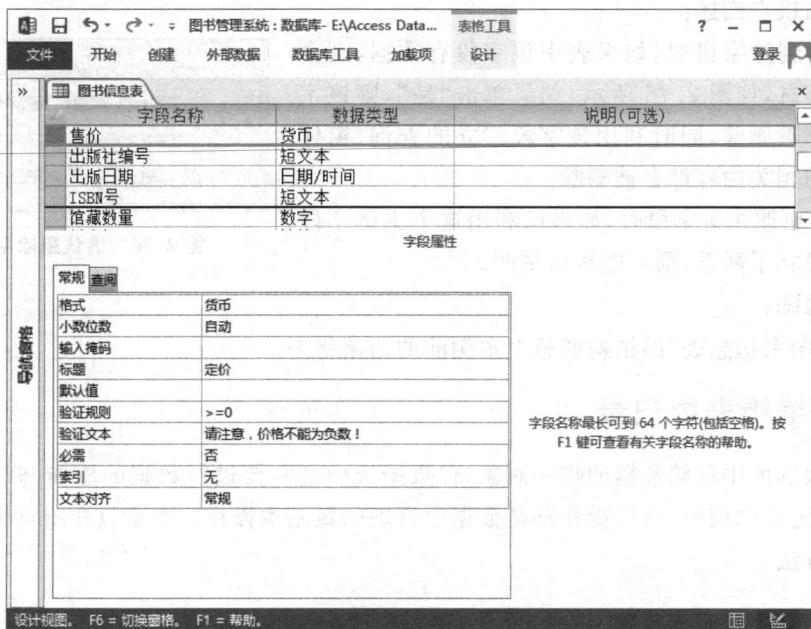

图 2.74　移动字段

（4）复制字段：选定要复制的"出版日期"字段行，选择快捷菜单的"复制"命令，在表最后的空白行选定快捷菜单的"粘贴"命令，然后修改字段名为"入库日期"，如图 2.75 所示。

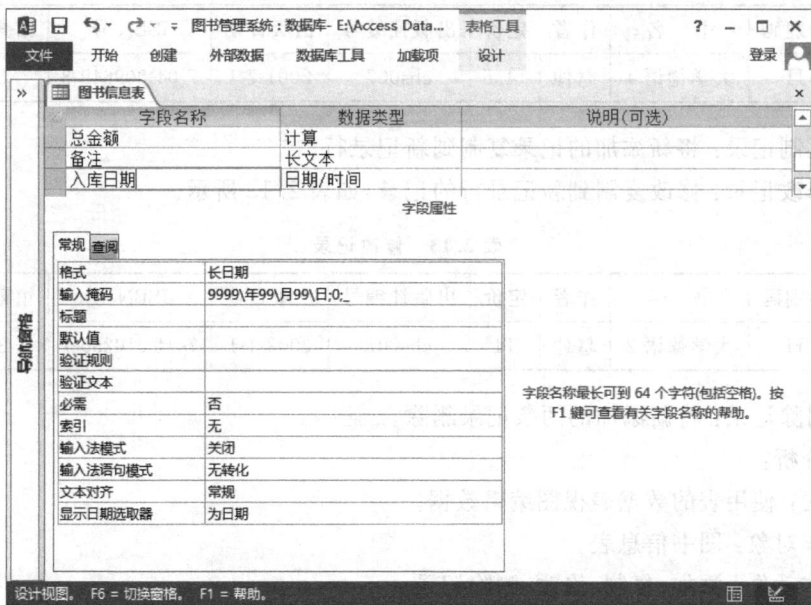

图 2.75　复制字段

（5）删除字段：选择要删除的"总金额"和"入库日期"字段行，单击快捷菜单的"删除行"命令。

(6) 重设主键字段：选定"ISBN"字段行，单击快捷菜单的"主键"命令即可更改主键。

相关知识点细述：

(1) 在删除字段时，如果表中该字段有数据，则会出现提示信息，如图 2.76 所示，如果单击"是"，则该字段和数据都被删除，同时利用该字段建立的查询、窗体或者报表的相关内容都会被删除。

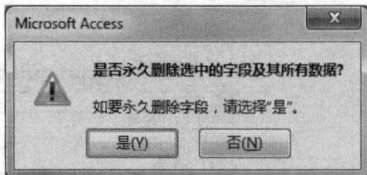

(2) 在更改主键字段时，如果已利用这个主键字段与其他表建立了联系，则不能执行更改。

图 2.76　确认删除字段

边学边练：

请将"图书信息表"的结构调整至本例前的初始状态。

2.4.2　编辑表中记录

表是数据库中存储数据的唯一对象，在数据表中经常要进行数据的添加、修改、删除等操作，即对记录的编辑，这些操作都是数据库管理的最基本操作。本章只介绍直接在数据表中编辑的方法。

任务 2-10　编辑表数据

任务实例 2.10：请按照下述要求对"图书信息表"的数据进行编辑。

(1) 添加记录：添加一条新记录如表 2.12 所示。

表 2.12　输入新记录

索书号	类别码	书　名	作者	定价	出版社编号	出版日期	ISBN 号	馆藏数	备注
H001	H	大学德语 1	赵仲	14.8	cbs007	2001-7-1	7-04-009649-8	3	

(2) 复制记录：将新添加的记录复制到新记录行。

(3) 修改记录：修改复制到新记录行的记录，如表 2.13 所示。

表 2.13　修改记录

索书号	类别码	书　名	作者	定价	出版社编号	出版日期	ISBN 号	馆藏数	备注
H002	H	大学德语 2	赵仲	14	cbs007	2002-1-1	7-04-010230-7	3	

(4) 删除记录：将新添加的两条记录删除。

任务分析：

◆ 方法：使用表的数据表视图编辑数据。

◆ 操作对象：图书信息表。

◆ 操作动作：添加、复制、修改、删除记录。

任务解决过程：

(1) 添加记录：打开"图书信息表"的数据表视图，在新字段行添加记录信息。

(2) 复制记录：选中步骤(1)中所添加的记录行，选择快捷菜单中的"复制"命令，在新记录行处选择快捷菜单中的"粘贴"命令。

（3）修改记录：将光标确定到相应的数据项处修改记录。

（4）删除记录：选中要删除的两条记录，选择快捷菜单中的"删除记录"命令，在确认删除对话框中单击"是"按钮，如图 2.77 所示。

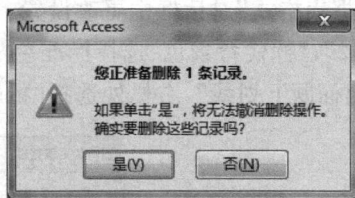

图 2.77　确认删除记录

相关知识点细述：

（1）复制记录时，若粘贴到同一表中，注意主键字段值不能与已有主键值重复。

（2）选定记录时，如果选择连续的多条记录，可以配合 Shift 键选定。

2.4.3　调整表外观

数据表的显示格式可以在数据表视图中进行设置。Access 中支持的数据表外观操作包括设置字体、更改数据表格式、调整字段显示宽度和高度、改变字段次序、隐藏和显示列、冻结列和取消冻结列等。

任务 2-11　调整表外观

任务实例 2.11：请按照下述要求调整"读者信息表"的外观。

（1）设置字体：将数据的字体设置为楷体_GB2312，12 号，深红色。

（2）更改数据表格式：调整数据表背景色为"水蓝 2"，替代背景色为"绿色 2"，网格线颜色为"白色"，调整仅显示垂直网格线，列标题下划线为"稀疏点线"。

（3）调整字段显示宽度和高度：设定行高为 16.5，所有列的列宽为"最佳匹配"。

（4）改变字段次序：将"是否 VIP"列移至"出生日期"列之前。

（5）隐藏列：将"备注"列隐藏。

（6）冻结列：将"读者编号"和"姓名"列冻结。

任务分析：

◆ 方法：使用表的数据表视图。

◆ 操作对象：读者信息表。

◆ 操作动作：设置字体、数据表格式、列宽、行高、字段次序、隐藏列、冻结列。

任务解决过程：

（1）设置字体：在"图书管理系统"数据库中打开"读者信息表"数据表视图，切换至"开始"选项卡，在"文本格式"栏中设置字体"楷体_GB2312"、字号"12"、颜色"深红"等，如图 2.78 所示。

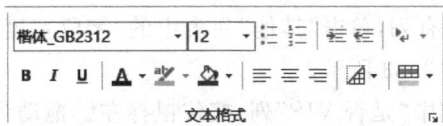

图 2.78　设置文本格式

（2）更改数据表格式：在"开始"选项卡下单击"文本格式"栏的右下角按钮，在"设置数据表格式"对话框中更改设置："网格线显示方式"选择"垂直"，"背景色"选择标准色"水蓝 2"，"替代背景色"选择标准色"绿色 2"，网格线颜色为"白色"，"边框和线型"左栏处选定"列标题下划线"，右栏处选择"稀疏点线"，如图 2.79 所示，表的外观效果如图 2.80 所示。

图 2.79 "设置数据表格式"对话框

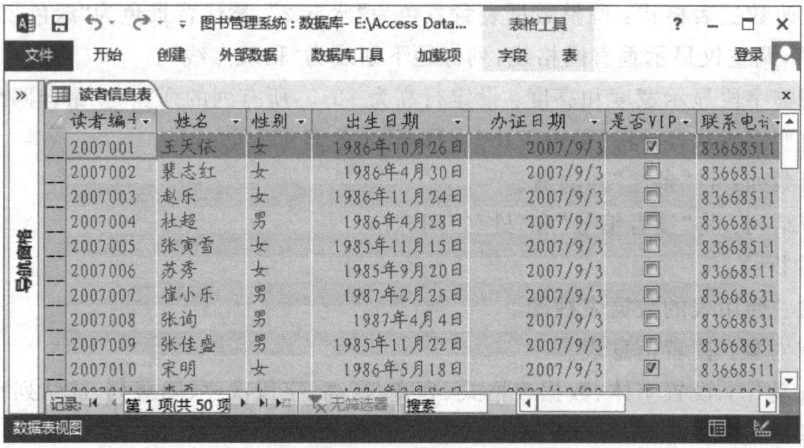

图 2.80 更改数据表格式后效果

(3) 调整字段显示宽度和高度：单击"开始"选项卡下"记录"栏中"其他"按钮 ▦▾，在其列表中选择"行高"命令，如图 2.81 所示，在"行高"对话框中设置行高值 16.5，如图 2.82 所示；选择"读者信息表"的所有列，单击"其他"列表中的"字段宽度"命令，在"列宽"对话框中单击"最佳匹配"按钮，如图 2.83 所示。

(4) 改变字段次序：选中"是否 VIP"列，按住鼠标左键拖动到"出生日期"列前面松开。

(5) 隐藏列：选中"备注"列，单击"记录"栏中"其他"列表下的"隐藏列"命令，如图 2.81 所示，或者在该列的快捷菜单中选择"隐藏字段"命令，在"读者信息表"中即可看到备注列被隐藏，结果如图 2.84 所示。

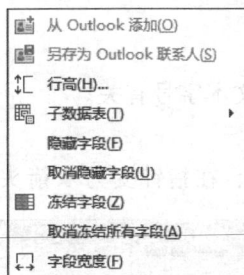

图 2.81 "其他"按钮列表   图 2.82 设置行高   图 2.83 设置列宽

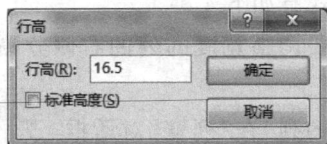

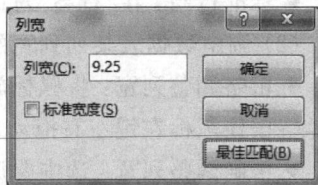

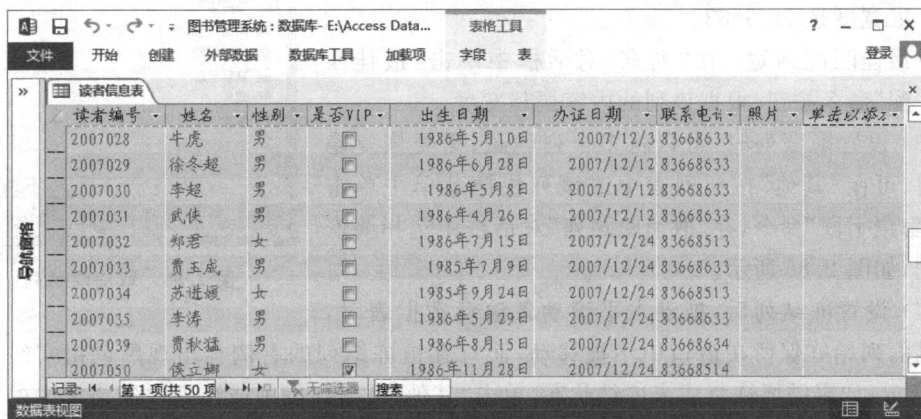

图 2.84 隐藏"备注"列效果

（6）冻结列：选中"读者编号"和"姓名"列，单击"记录"栏中"其他"列表下的"冻结字段"命令，如图 2.81 所示，或者在该列的快捷菜单中选择"冻结字段"命令，结果如图 2.85 所示。

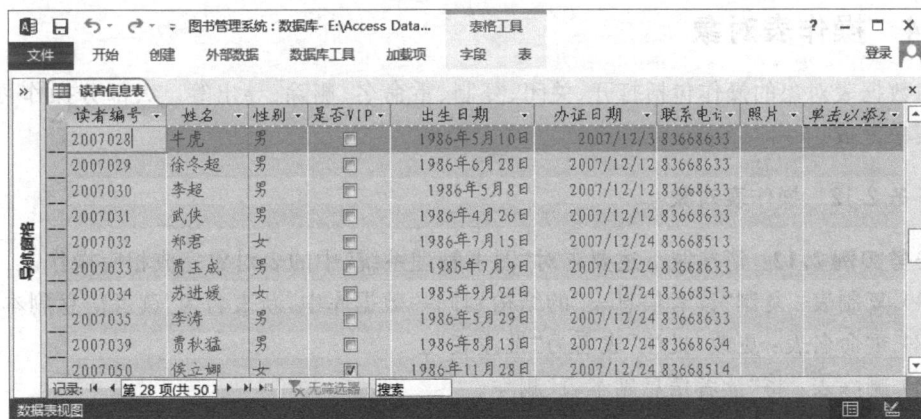

图 2.85 冻结列后效果

相关知识点细述：

（1）调整数据表行高的方式有如下三种。

◆ 粗略调整行高：将鼠标放在表的"行选定器"分隔线上，在指针变为双箭头时按住鼠标左键上下拖动。

◆ 精确调整行高：在"行高"对话框中输入精确的行高值。

◆ 标准行高：在"行高"对话框中选定"标准高度"，具体与内容文本字号有关。

(2) 调整数据表某列列宽的方式有如下 4 种。

◆ 粗略调整列宽：将鼠标放在要调整宽度的列的右侧分隔线上，在指针变为双箭头时按住鼠标左键左右拖动。

◆ 精确调整列宽：选中要调整的列，在"列宽"对话框中输入精确的列宽值。

◆ 标准列宽：在"列宽"对话框中选定"标准宽度"，标准宽度是 11.5583。

◆ 最佳匹配列宽：在"列宽"对话框中单击"最佳匹配"命令按钮，根据该列的内容调整宽度。

(3) 设置隐藏列时，可以将多个列隐藏；需要恢复隐藏列时，可在"其他"按钮列表中或该列快捷菜单中单击"取消隐藏字段"命令，在"取消隐藏列"对话框中选择要恢复的列，如图 2.86 所示。

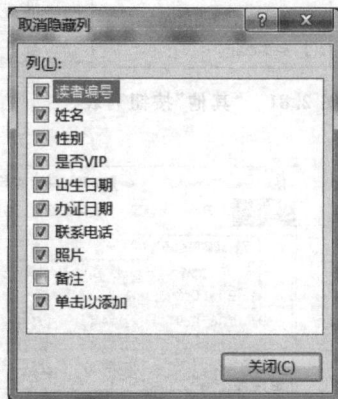

图 2.86　取消隐藏列

(4) 设置冻结列后，拖动水平滚动条滚动数据表时，被冻结的列始终保留在窗口中不被移动，而且在被冻结列的右侧会出现黑色粗实线，如图 2.85 所示；如果需要恢复成未冻结状态，单击"其他"按钮列表中或该列快捷菜单中的"取消冻结所有字段"即可。

边学边练：

请将"读者信息表"的外观效果调整至本例前的初始状态，并将所有表的字号调整为 10。

2.4.4　操作表对象

对数据表对象的操作包括打开、关闭、复制、重命名、删除、导出等。大部分操作可在对象列表中完成。

任务 2-12　操作表对象

任务实例 2.12：请按照下述要求对"图书管理系统"中的表对象完成相应操作。

(1) 复制表：复制"读者信息表"的结构到同一数据库中，新表名为"读者信息副本表"。

(2) 重命名表：更改"批注"表名为"批注表"。

(3) 删除表：将"读者信息副本表"删除。

(4) 隐藏表：将"批注表"隐藏。

(5) 导出表：将"图书信息表"导出到 E:\Access Database 文件夹，导出的文件名为"图书.xlsx"。

任务分析：

◆ 方法：在对象列表中使用快捷菜单命令。

◆ 操作对象：各个表对象。

◆ 操作动作：复制、重命名、删除、隐藏、导出。

任务解决过程：

（1）复制表：在"图书管理系统"数据库对象列表中选中"读者信息表"，单击快捷菜单的"复制"命令，然后单击快捷菜单的"粘贴"命令，在"粘贴表方式"对话框中输入表名称"读者信息副本表"，并选择"粘贴选项"为"仅结构"，如图 2.87 所示，单击"确定"按钮，可在对象列表中看到复制的新表，该表仅有结构没有数据，如图 2.88 所示。

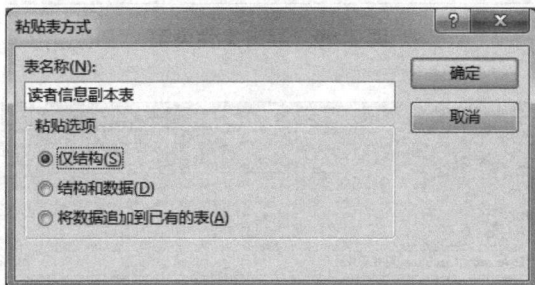

图 2.87 复制表时设置"粘贴表方式"

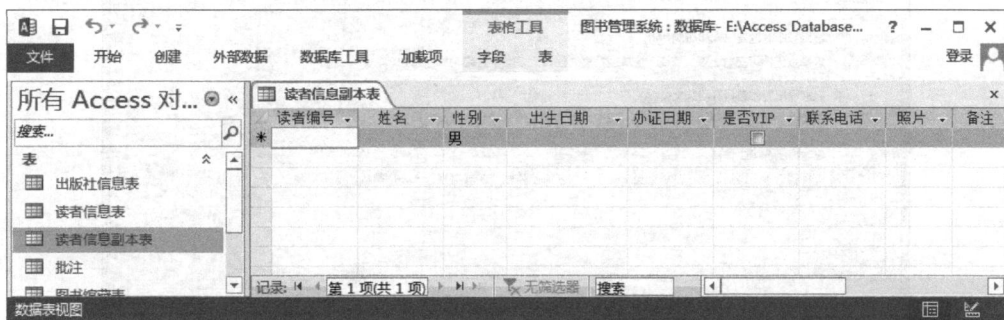

图 2.88 读者信息副本表的数据表视图

（2）重命名表：在对象列表中选中"批注"表，单击快捷菜单的"重命名"命令，填写新的表名称"批注表"。

（3）删除表：选中要删除的"读者信息副本表"，单击快捷菜单的"删除"命令，在提示对话框中单击"是"按钮，如图 2.89 所示。

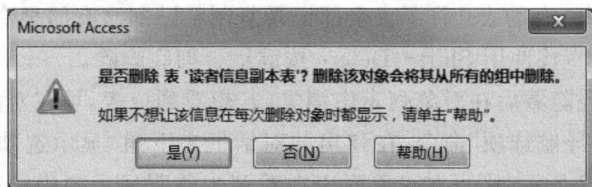

图 2.89 确认删除表

（4）隐藏表：选中"批注表"，在快捷菜单中单击"在此组中隐藏"命令，对象列表中可见无此表。

（5）导出表：选中"图书信息表"，选择"外部数据"选项卡"导出"栏的 Excel 选项（或者在快捷菜单中单击"导出"命令列表中的 Excel 选项),如图 2.90 所示,在"导出"对话框中选择导出路径,填写文件名"图书. xlsx",并指定导出选项,如图 2.91 所示,在 E:\ Access Database 文件夹就能看到导出的"图书.xlsx"文件。

图 2.90　导出文件类型

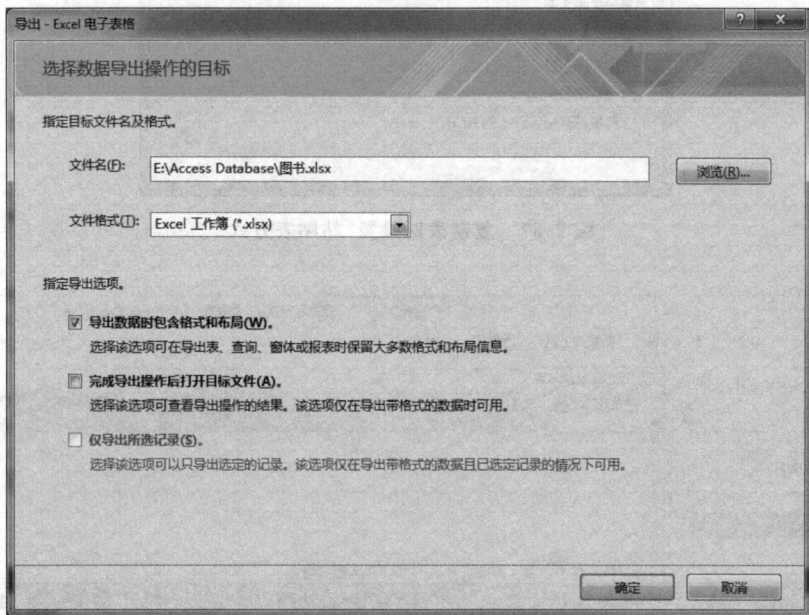

图 2.91　导出对话框

相关知识点细述:

(1) 复制表时,在"粘贴表方式"对话框中有三种粘贴方式。

◆ 仅结构:只复制源表的字段到新表,新表中无记录。

◆ 结构和数据:复制源表的全部字段和记录到新表。

◆ 将数据追加到已有的表:将源表全部记录复制粘贴到已有的某个表中。

(2) 删除表时可直接使用 Shift+Delete 按键组合彻底删除。

(3) 默认状态,表隐藏后在对象列表中消失,若想看到该表,可在对象列表中单击右键,选择快捷菜单中的"导航选项"命令,在弹出的对话框左下角"显示选项"处选择"显示隐藏对象"选项,如图 2.92 所示,则可在对象列表中看到半透明显示的隐藏表。若要取消隐藏,则在该表名上单击右键,选择快捷菜单的"取消在此组中隐藏"命令。

(4) 导出表时,可将表的结构及数据导出到另一个 Access 数据库中,也可导出为 Excel 文件、文本文档、PDF 文档或 HTML 文档等。

图 2.92 "导航选项"对话框

2.5 表中数据的操作

为了方便对数据的管理,Access 针对数据表对象提供了查找数据、替换数据、排序数据和筛选数据等功能。

2.5.1 查找和替换数据

在数据量较大的数据表中手动查找某个数据并非易事,可以利用 Access 的查找功能自动搜索,对搜索到的数据还可以自动替换成其他内容。

任务 2-13 在表中查找替换数据

任务实例 2.13:请按照下述要求对"读者信息表"进行操作。

(1) 查找数据:查找姓名中带有"雪"字的读者信息。

(2) 替换数据:将以 83 开头的电话号码替换成以 86 开头。

任务分析:

◆ 方法:使用数据表视图。

◆ 操作对象:读者信息表。

◆ 操作动作:查找、替换。

任务解决过程:

(1) 查找数据:打开"读者信息表"的数据表视图,将光标确定在"姓名"列任一位置,切换至"开始"选项卡,选择"查找"组中的"查找"按钮,在出现的"查找和替换"对话框的"查找"选项卡中设置查找内容为"雪",查找范围为"当前字段",选择"匹配"项为"字段任何部分”,单击"查找下一个"按钮开始搜索下一个符合条件的数据项,如图 2.93 所示,查找结果之一如图 2.94 所示。

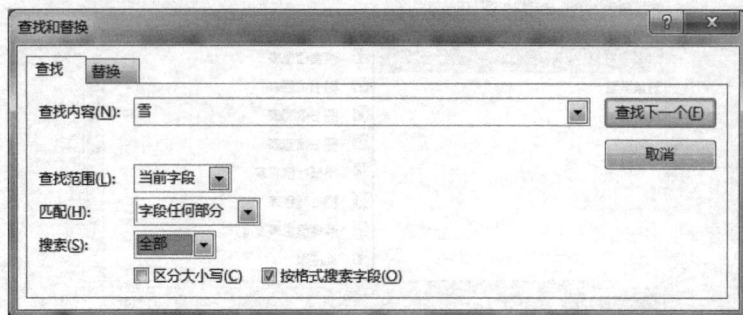

图 2.93　设置查找条件

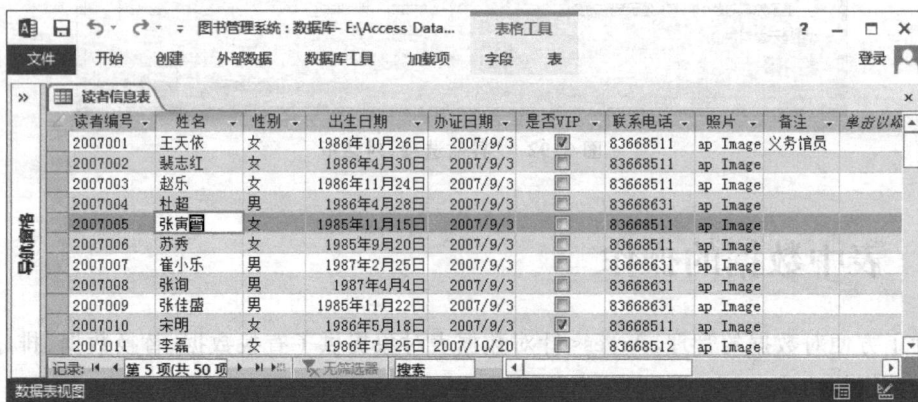

图 2.94　查找结果之一

(2) 替换数据:在"读者信息表"的数据表视图中,将光标确定在"联系电话"列任一位置,选择"开始"选项卡下"查找"组的"替换"命令按钮 ᵃᵇ꜀,在"查找和替换"对话框的"替换"选项卡中设置查找内容为 83,"替换为"设置为 86,设置"匹配"项为"字段开头",单击"查找下一个"按钮开始搜索下一个符合条件的数据项,单击"替换"按钮可将当前查找到的内容替换,如图 2.95 所示,替换的结果之一如图 2.96 所示。

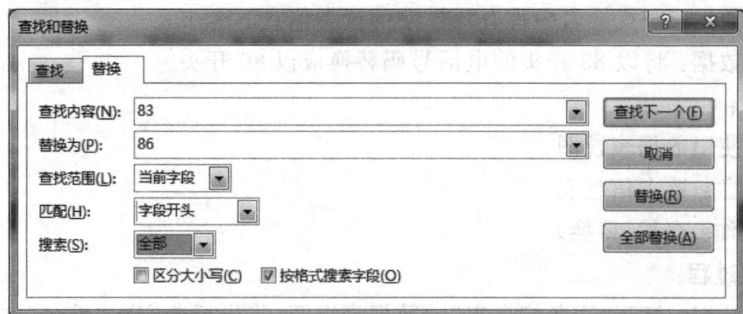

图 2.95　设置查找内容和替换内容

图 2.96 替换结果之一

相关知识点细述：

(1) 查找数据时，"查找内容"处可以使用通配符完成模糊搜索，常用的通配符及用法见表 2.14。

表 2.14 通配符用法

字 符	说 明	示 例
*	与任何个数的字符匹配。在字符串中，它可以当作第一个或最后一个字符使用	wh * 可以找到 what、white 和 why
?	与任何单个字母的字符匹配	b?ll 可以找到 ball、bell 和 bill
[]	与方括号内任何单个字符匹配	b[ae]ll 可以找到 ball 和 bell 但找不到 bill
!	匹配任何不在方括号之内的字符	b[!ae]ll 可以找到 bill 和 bull 但找不到 ball 或 bell
—	与某个范围内的任一个字符匹配。必须按升序指定范围（A 到 Z，而不是 Z 到 A）	b[a-c]d 可以找到 bad、bbd 和 bcd
#	与任何单个数字字符匹配	1#3 可以找到 103、113、123

因此，步骤(1)中的"查找内容"处也可以写成" * 雪 * "，同时"匹配"处设置为"整个字段"即可。

(2) 查找数据时，在"查找和替换"对话框中也可以设置"查找范围"为整张表，但是为了提高查找的效率，推荐在查找前控制光标移到所要查找的字段上，限定"查找范围"为指定字段。

(3) 查找数据时，"匹配"处可设置三种形式
◆ 整个字段：字段值必须与"查找内容"完全相同。
◆ 字段开头：字段值的开头内容与"查找内容"一致。
◆ 字段任何部分："查找内容"与字段值的任意连续部分一致均可。

(4) 替换数据时有两种替换方式。
◆ 单击"替换"按钮——单击一次，替换一个查找到的要替换数据。
◆ 单击"全部替换"按钮——单击一次即可替换掉全部要替换的数据。

边学边练:

在"读者信息表"中查找姓"王"的读者信息;将以 86 开头的电话号码替换成以 83 开头的数据。

2.5.2 排序数据

用户在输入数据时大多会随机录入,但在使用数据时却常要求数据按照一定规则排列,Access 提供的排序功能能方便地实现这样的需求。

任务 2-14 数据排序

任务实例 2.14: 请按照下述要求完成对"图书借阅表"的操作。

(1) 简单排序:按照"图书条码"的升序排列记录。

(2) 高级排序:按照"读者编号"升序、"借出时间"升序以及"归还时间"降序排序记录。

任务分析:

◆ 方法:在数据表视图下使用排序命令。

◆ 操作对象:图书借阅表。

◆ 操作动作:排序。

任务解决过程:

(1) 简单排序:在"图书管理系统"数据库中打开"图书借阅表"的数据表视图,将光标确定在"图书条码"列的任意单元格,单击"开始"选项卡下"排序和筛选"组中的"升序"按钮 ↑,如图 2.97 所示,排序结果如图 2.98 所示,排序字段名称处会出现升序或降序的箭头。

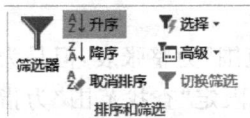

图 2.97 "排序和筛选"组命令   图 2.98 按"图书条码"升序排序结果

(2) 高级排序:在"图书借阅表"的数据表视图中,切换至"开始"选项卡,单击"排序和筛选"组中"高级"命令列表的"高级筛选/排序"命令,如图 2.99 所示,在出现的"图书借阅表筛选 1"选项卡中完成后续操作:①在字段列表中选择要排序的字段"读者编号"、"借出时间"和"归还时间"。②在"排序"行依次设置各字段的排序方式"升序"、"升序"和"降序",如图 2.100 所示。③单击"排序和筛选"组中的"切换筛选"按钮 ▼ 切换筛选 ,数据排序结果如图 2.101 所示。

图 2.99 高级筛选/排序命令

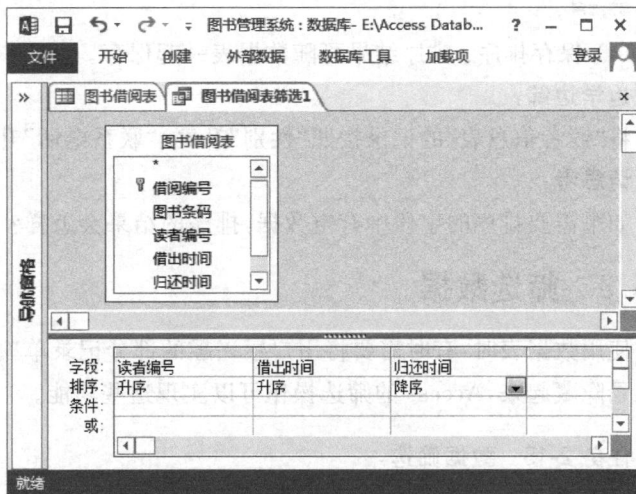

图 2.100 设置高级排序条件

图 2.101 高级排序结果

相关知识点细述：

（1）排序规则：根据数字型、短文本型、日期/时间型、货币型字段数据的值可以进行"升序"或者"降序"排列。

◆ 短文本型：英文字符按照字母顺序排序，升序时按照 A 到 Z 排列，降序时按照 Z 到 A 排列；中文字符按照拼音顺序排序，升序时按照 A 到 Z 排列，降序时按照 Z 到 A 排列。

◆ 数字型：按照数值大小排序，升序时从小到大排列，降序时从大到小排列。

◆ 日期/时间型：按照日期或时间发生顺序排序，升序时从前至后排列，降序时从后至前排列。

（2）高级排序界面：界面分为上下两栏，上栏显示表的字段构成，下栏设置排序字段及条件，在"字段"行选择要进行排序的字段名，在"排序"行选择"升序"或"降序"，应用排序后将按照字段从左到右的顺序依次排序。

（3）取消排序：对已有的排序结果撤销可使用"排序和筛选"组中的"取消排序"命

令 ᵄ取消排序 。

(4) 保存排序：排序结果可随数据表一起保存。

边学边练：

将"读者信息表"的记录按照"性别"升序、"联系电话"升序以及"出生日期"降序排序。

请思考：

如果需要排序的字段中有空数据，排序的结果会怎样？

2.5.3　筛选数据

使用数据表时，有时需要将用户感兴趣的部分记录单独显示出来，或者将不感兴趣的部分记录隐藏起来，Access 的筛选操作可以实现这些功能。

任务 2-15　数据筛选

1. 简单筛选

任务实例 2.15：请按照下述要求对"图书信息表"进行操作。

(1) 按选定内容筛选：筛选出 I 类图书记录。

(2) 按自定义条件筛选：筛选出定价超过 30 元(包括 30 元)的图书记录。

(3) 按窗体筛选：筛选出 cbs010 出版社在 2009 年 10 月 1 日出版的所有图书记录。

任务分析：

◆ 方法：使用数据表视图的筛选命令。

◆ 操作对象：图书信息表。

◆ 操作动作：筛选。

任务解决过程：

(1) 按选定内容筛选：在"图书管理系统"数据库中打开"图书信息表"的数据表视图，单击"类别码"字段名右侧的箭头 ▾ 打开筛选器，勾掉"全选"选项，再选中 I 数据项，如图 2.102 所示，单击"确定"按钮，筛选结果如图 2.103 所示。

图 2.102　筛选 I 类图书操作

图 2.103 筛选 I 类图书结果

(2) 按自定义条件筛选：打开"图书信息表"数据表视图，单击"定价"字段名右侧的箭头打开筛选器，选择"数字筛选器"列表中的"大于"命令，在"自定义筛选"对话框中输入30，如图 2.104 和图 2.105 所示，单击"确定"按钮后可见筛选结果，如图 2.106 所示。

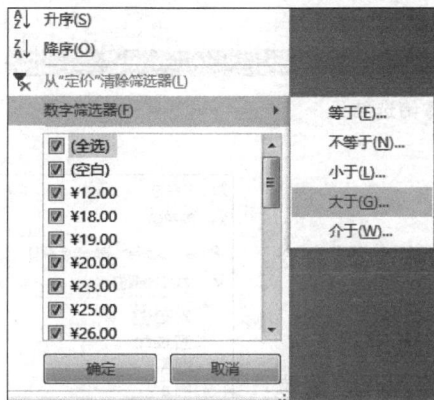

图 2.104 数字筛选器

图 2.105 设置自定义筛选条件

图 2.106 筛选定价高于 30 元图书的结果

(3) 按窗体筛选：打开"图书信息表"数据表视图，单击"开始"选项卡下"排序和筛选"组中的"高级"命令，在列表中选择"按窗体筛选"，在出现的界面中输入筛选条件，"出版社编号"字段输入或选择 cbs010，"出版日期"字段输入或选择 #2009/10/1#，如图 2.107 所示，单击快捷菜单中"应用筛选/排序"命令，或者单击"排序和筛选"组中的"切换筛选"命令，筛选结果如图 2.108 所示。

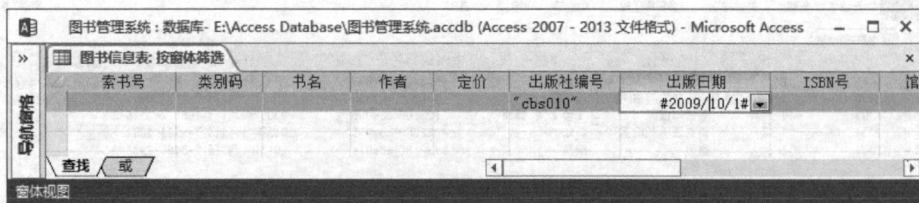

图 2.107   "按窗体筛选"条件设置界面

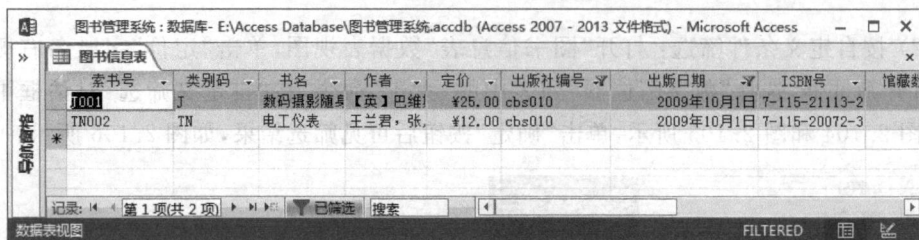

图 2.108   按窗体筛选结果

相关知识点细述：

(1) 取消筛选，使用以下几种方法均可。

◆ 在实施筛选的字段的筛选器中选择"清除筛选器"命令，如图 2.109 所示。

◆ 在实施筛选的字段的筛选器中选择"全选"选项。

◆ 单击"开始"选项卡下"排序和筛选"组中的"高级"按钮，选择列表内的"清除所有筛选器"命令。

◆ 单击"开始"选项卡下"排序和筛选"组中的"切换筛选"按钮。

(2) 不同数据类型字段的筛选器中显示的命令也有所不同，数字筛选器如图 2.104 所示，文本筛选器和日期筛选器如图 2.110 所示。

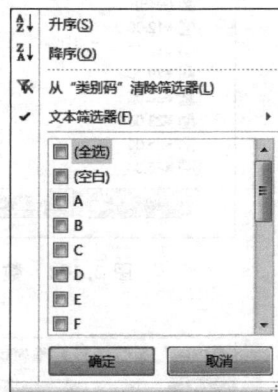

图 2.109   通过"清除筛选器"命令取消筛选

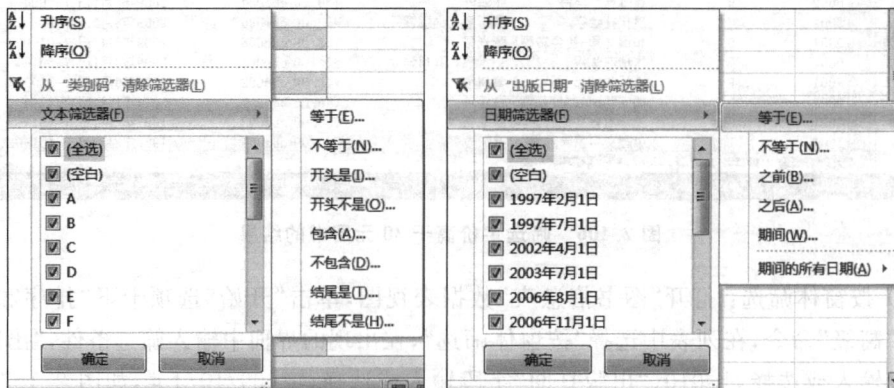

图 2.110   文本筛选器和日期筛选器

（3）与排序不同，筛选结果无法保存。

（4）若在条件表达式中使用日期/时间型数据，则需在数据前后加"♯"。

边学边练：

用多种方法实现在"读者信息表"中筛选"女义务馆员"的读者记录信息的操作。

2. 高级筛选

任务实例 2.16：请在"图书信息表"中筛选出价格在 30～40 元（包括 30 和 40 元）的"D"类图书记录，并将结果按价格从低到高的顺序排序。

任务分析：

◆ 方法：使用数据表视图的高级筛选命令。

◆ 操作对象：图书信息表。

◆ 操作动作：筛选。

任务解决过程：

（1）打开高级筛选窗口：在"图书管理系统"数据库中打开"图书信息表"的数据表视图，切换至"开始"选项卡，单击"排序和筛选"组中"高级"列表中的"高级筛选/排序"命令。

（2）设置高级筛选条件：在高级筛选窗口中设置筛选条件和排序方式，选择"类别码"和"售价"字段，在两个字段的"条件"行分别输入 D 和＞＝30 And＜＝40，如图 2.111 所示。

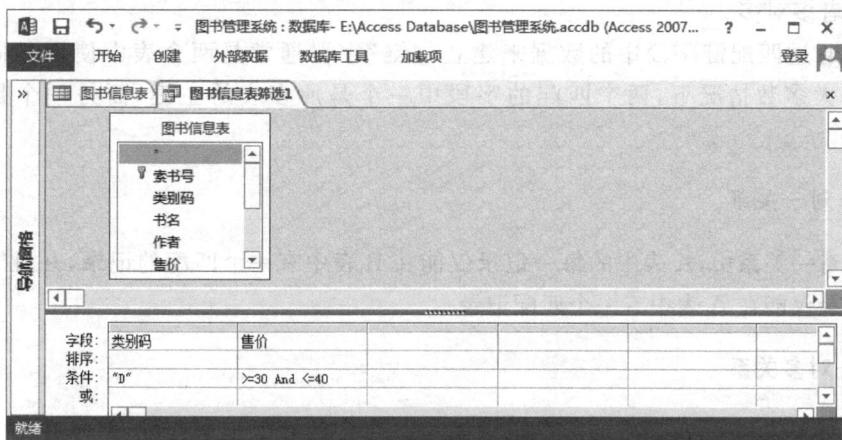

图 2.111　设置高级筛选条件

（3）应用筛选：在上半栏单击鼠标右键，在快捷菜单中选择"应用筛选/排序"命令，筛选结果如图 2.112 所示。

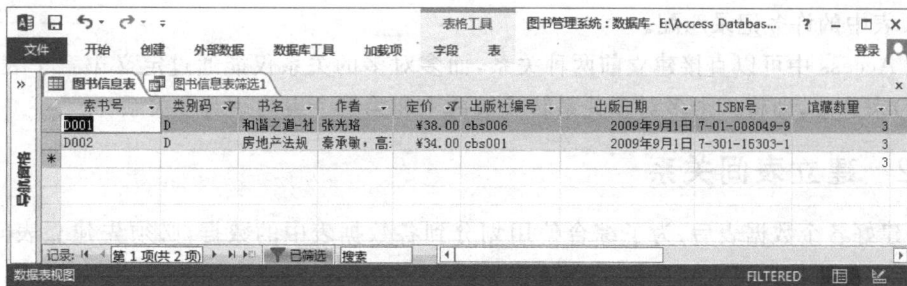

图 2.112　高级筛选结果

相关知识点细述：

(1) 当筛选条件复杂，或者解决同时筛选排序的问题时，使用"高级筛选"非常方便。

(2) 高级筛选时，如果设置的两个字段筛选条件是"与"的关系，则所有条件同写在"条件"行，如果两个筛选条件是"或"的关系，则要将条件写在不同的"条件"及"或"行。

边学边练：

在"读者信息表"中筛选 1986 年出生的 VIP 读者记录信息，并按"出生日期"的降序排序。

2.6　表间关系的建立

在 Microsoft Access 数据库中为每个主题都设置了不同的表后，必须告诉 Microsoft Access 如何再将这些信息联系到一起。该过程的第一步是定义表间的关系，然后可以创建查询、窗体及报表等对象，以同时显示来自多个表中的信息。

2.6.1　关系的基本概念

所谓关系，是指在两个表的公共字段(列)之间所建立的联系。关系类型可以为一对一、一对多或者多对多。

关系通过匹配键字段中的数据来建立，"键"字段通常是两个表中使用相同名称的字段。在大多数情况下，两个匹配的字段中一个是所在表的主键，而另一个是所在表的外键。

1. 一对一关系

在一对一关系中，A 表中的每一记录仅能在 B 表中有一个匹配的记录，并且 B 表中的每一个记录仅能在 A 表中有一个匹配记录。

2. 一对多关系

在一对多关系中，A 表中的一个记录能与 B 表中的多个记录匹配，但是在 B 表中的一个记录仅能与 A 表中的一个记录匹配。

3. 多对多关系

在多对多关系中，A 表中的记录能与 B 表中的许多记录匹配，并且在 B 表中的记录也能与 A 表中的许多记录匹配。

在 Access 中可以直接建立前两种关系，而多对多的关系仅能通过定义第三个表(称作联结表)来达成，即将一个多对多关系转换成两个和第三个表的一对多关系。

2.6.2　建立表间关系

创建好各个数据表后，为了综合使用划分到各数据表中的数据，必须先建立表间的关系，才能再次将信息组织到一起。

任务 2-16　建立表间关系

任务实例 2.17：请按照表 2.1 所示的关系设计在"图书管理系统"数据库中建立表间关系，并实施参照完整性。

任务分析：

◆ 方法：使用关系命令。

◆ 操作对象：图书管理系统数据库。

◆ 操作动作：建立表间关系。

任务解决过程：

(1) 进入关系界面：打开"图书管理系统"数据库，切换到"数据库工具"选项卡，单击"关系"组中的"关系"按钮 ，可见关系界面。

(2) 选择要建立关系的表：在"显示表"对话框中选择除"批注表"之外的所有表，单击"添加"按钮，如图 2.113 所示。

(3) 建立关系：以"关系 1"建立"类别表"和"图书信息表"之间的一对多关系为例，选定"类别表"字段列表中的"类别码"字段，拖动到"图书信息表"相应"类别码"字段上松开鼠标左键，在"编辑关系"对话框中选定"实施参照完整性"选项，如图 2.114 所示，单击"创建"按钮，即可在"关系"窗口见到创建的关系，全部关系建立后效果如图 2.115 所示。

图 2.113　在"显示表"对话框中选择要添加的表名

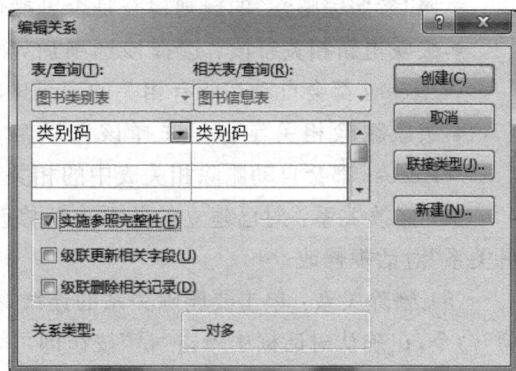

图 2.114　设置"编辑关系"对话框

(4) 保存关系：单击"保存"按钮 ，保存关系的设计或修改。

相关知识点细述：

(1) 在创建表间关系前，必须将要建立关系的表的所有视图全部关闭。

(2) 参照完整性是一个规则系统，Microsoft Access 使用这个系统用来确保相关表中记录之间关系的有效性，并且不会意外地删除或更改相关数据。使用参照完整性时要遵循下列规则：

◆ 不能在相关表的外键字段中输入不存在于主表的主键中的值。例如，如果在"图书类

图 2.115　建立的表间关系效果

别表"中没有定义"ABC"类图书的类别记录时,在"图书信息表"中就不能添加"ABC"类任何图书记录信息。
- ◆ 如果在相关表中存在匹配的记录,则不能从主表中删除这个记录。例如,如果在"图书信息表"中有 A 类图书记录,就不能在"图书类别表"中删除 A 类记录。
- ◆ 如果某个记录有相关的记录,则不能在主表中更改主键值。例如,如果在"图书信息表"中有 A 类图书的记录,就不能在"图书类别表"中更改 A 类图书的"类别码"。

(3) 在"编辑关系"对话框中,三个选项的意义如下。
- ◆ 实施参照完整性:选择该选项后,在相关的两个表中添加、修改、删除数据时都要按照"参照完整性"的规则检查是否可操作。
- ◆ 级联更新相关字段:选择该选项后,则不管何时更改主表中记录的主键,Microsoft Access 都会自动在所有相关的记录中将主键更新为新值。
- ◆ 级联删除相关字段:选择该选项后,则不管何时删除主表中的记录,Microsoft Access 都会自动删除相关表中的相关记录。

(4) 修改关系:对已建立的关系重新修改编辑,只需双击表间关系的连线即可进入"编辑关系"对话框修改。

(5) 删除关系:单击要删除关系的连线,按键盘的 Delete 键或者在快捷菜单中选择"删除"命令,在确认对话框中单击"是"按钮即可,如图 2.116 所示。

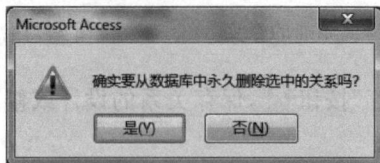

图 2.116　确认删除关系对话框

边学边练:
请试着在数据库中设计并添加一个"读者详细信息表",与"读者信息表"建立一对一的关系。

请思考：

在"图书信息系统"数据库中存在多对多的关系吗？如果有请指出。

本章小结

本章主要介绍了设计数据库结构的过程，以及创建 Access 数据库文件及最基本对象——数据表的各种方法。详细阐述了如何针对表的结构和数据进行添加、修改、删除等操作，并对表的外观效果、数据的排序筛选等操作给出具体实例。最后理论与实践结合扼要描述了表间关系构建的方法。

创建数据库可以根据数据库向导创建，也可以从空数据开始创建。

常用的创建数据表的方法有：使用表模板、使用设计视图、使用数据表视图、导入表、链接表、复制表、导出表等。

数据表字段的添加、修改、删除，以及设置字段属性、设置主键等操作，都要在表的设计视图中完成；而对表中数据的添加、修改、删除、查找、替换、排序、筛选，以及对表外观效果的设计需要在表的数据表视图中实现。

想要综合使用各表中的相关数据，一定要先在各个独立的表间建立关系。关系有三种类型：一对一、一对多和多对多。Access 中支持一对一和一对多的关系，必要时实施参照完整性。

习题 2

一、思考题

(1) 数据库应用系统的设计要经过哪些过程？请举例说明。

(2) 建立数据表的各种方法分别适用于何种情况？

(3) Access 2013 中支持的数据类型有哪些？分别适用于表述什么样的数据？

(4) 如果需要多个字段共同作主键，在表中应该如何操作呢？

(5) 在"图书管理系统"中描述了哪些实体型以及实体间的联系？

二、选择题

(1) 在数据表的设计视图中，不能完成的操作是（　　　）。

    A. 修改字段的类型　　　　　　　　B. 修改字段的名称

    C. 删除一个字段　　　　　　　　　D. 删除一条记录

(2) 应用 Access 2013 建立的数据库表中，可以定义字段的验证规则，简单说验证规则是（　　　）。

    A. 控制符　　　　B. 文本　　　　　　C. 条件　　　　　D. 显示格式

(3) 输入数据时，如果希望输入的格式保持一致，或希望检查输入时的错误，可以设置（　　　）。

    A. 字段大小　　　B. 默认值　　　　　C. 验证规则　　　D. 输入掩码

(4) 以下关于主关键字的说法,错误的是(　　　)。

　　A. 使用自动编号是创建主关键字最简单的方法

　　B. 作为主关键字的字段中允许出现 Null 值

　　C. 作为主关键字的字段中不允许出现重复值

　　D. 不能确定任何单字段的值的唯一性时,可以将两个或更多的字段组合成为主关键字

(5) 下面关于 Access 表的叙述中,错误的是(　　　)。

　　A. 在 Access 表中,可以对数字型字段进行"格式"属性设置

　　B. 若删除表中含有自动编号型字段的一条记录后,这个编号不会再被使用

　　C. 创建表之间的关系时,应关闭所有表

　　D. 可在 Access 表的设计视图"说明"列中,对字段进行具体的说明

三、填空题

(1) 利用 Access 2013 创建的数据库文件,共有_____种类型的对象。

(2) 在 Access 2013 创建的数据表中可以使用 12 种数据类型,分别是短文本、数字、备注、货币、_____、_____、_____、_____、超链接、附件、计算、查阅向导等。

(3) 能够使用"输入掩码向导"创建输入掩码的字段类型是_____和_____。

(4) 在 Access 2013 的数据表中,要想即时查看满足一定条件的部分记录,可以使用_____功能。

(5) Access 2013 中能够直接创建的关系类型有_____和_____两种。

实验 2　创建数据库和表

一、实验目的与要求

1. 实验目的

◆ 学会使用 Microsoft Access 数据库管理系统创建数据库。

◆ 学会在 Access 数据库中创建、维护及操作数据表。

◆ 学会创建数据表间的关系。

2. 实验要求

◆ 熟练使用 Access 数据库开发环境。

◆ 掌握创建 Access 数据库的方法。

◆ 掌握在 Access 数据库中建立数据表的各种方法。

◆ 掌握设置字段属性的方法。

◆ 掌握创建表间关系的方法。

◆ 掌握对数据表的维护与操作方法。

二、实验示例

1. 操作要求

例：打开"实验素材\实验 2\示例"文件夹，按照要求完成操作，参考效果如文件 Example2_R. accdb 所示。

（1）在此文件夹下新建一个 Access 空数据库文件，名为 Example2. accdb。

（2）在数据库中建立表 tEmployee，表结构如表 2.15 所示。

表 2.15　表 tEmployee 结构

字段名称	数据类型	字段大小	格　式	字段名称	数据类型	字段大小	格　式
员工编号	短文本	6		岗级	数字	整型	
员工姓名	短文本	10		是否在职	是/否		是/否
员工性别	短文本	1		员工照片	OLE 对象		
工作时间	日期/时间		短日期				

（3）设置字段属性，使得"工作时间"字段值不早于 1970 年。

（4）修改"性别"字段的数据类型为"查阅向导"，选项为男和女。

（5）设置表的主键为"员工编号"字段。

（6）在表中输入一条记录，如表 2.16 所示。

注意："员工照片"字段数据采用插入对象的方法，插入示例文件夹下的"萧致.jpg"图像文件。

表 2.16　表 tTeacher 中输入的记录

140416	萧致	男	2014-7-10	8	√	位图图像

（7）将素材文件夹内"岗级. xlsx"文件中的"岗级信息"工作表数据导入到 Example1. accdb 中，将"岗级"字段的"字段大小"设为"整型"，并设置为主键，新表名为 tLevel。

（8）隐藏 tLevel 表的"备注"字段内容。

（9）建立 tLevel 表和 tEmployee 表的关系，实施参照完整性。

2. 操作步骤

（1）创建数据库：在示例文件夹下单击鼠标右键，从快捷菜单中的新建列表中选择"Microsoft Access 数据库"，输入文件名 Example2. accdb。

（2）创建数据表：打开新建的数据库文件，选择"创建"选项卡"表格"栏的"表设计"命令，然后在表的设计视图中分别输入各个字段的"字段名称"、"数据类型"、"字段大小"和"格式"属性，如图 2.117 所示，单击工具栏上的"保存"按钮，保存表名为 tEmployee，如图 2.118 所示，在弹出的对话框中单击"否"按钮，如图 2.119 所示。

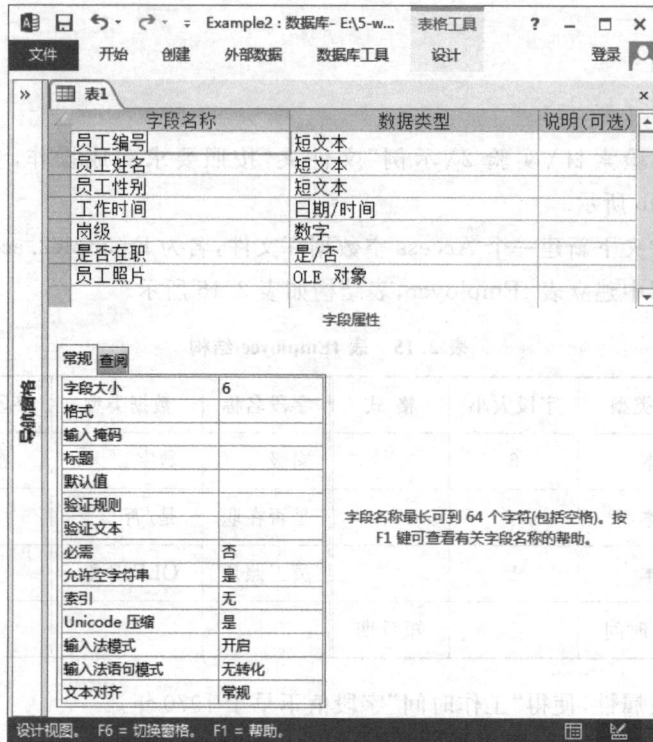

图 2.117　设计表字段

图 2.118　保存表

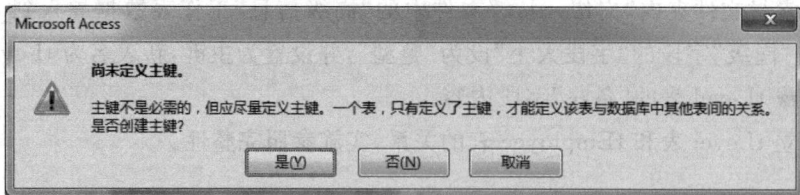

图 2.119　是否自动定义主键对话框

（3）设置验证规则属性：选择"工作时间"字段，在字段属性窗格内设置验证规则为：>=#1970-1-1#，如图 2.120 所示。

（4）修改数据类型：选择"性别"字段，修改数据类型为"查阅向导"，在向导的三个对话框中依次设置"自行键入所需的值"、"男"、"女"、"员工性别"，如图 2.121 所示。

（5）设置主键：在设计视图中"员工编号"处单击鼠标右键，选择快捷菜单中的"主键"

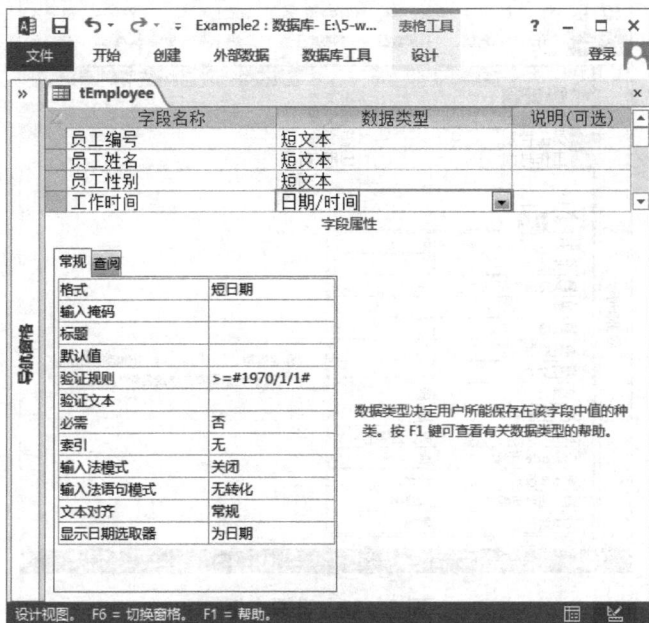

图 2.120　设置"验证规则"属性

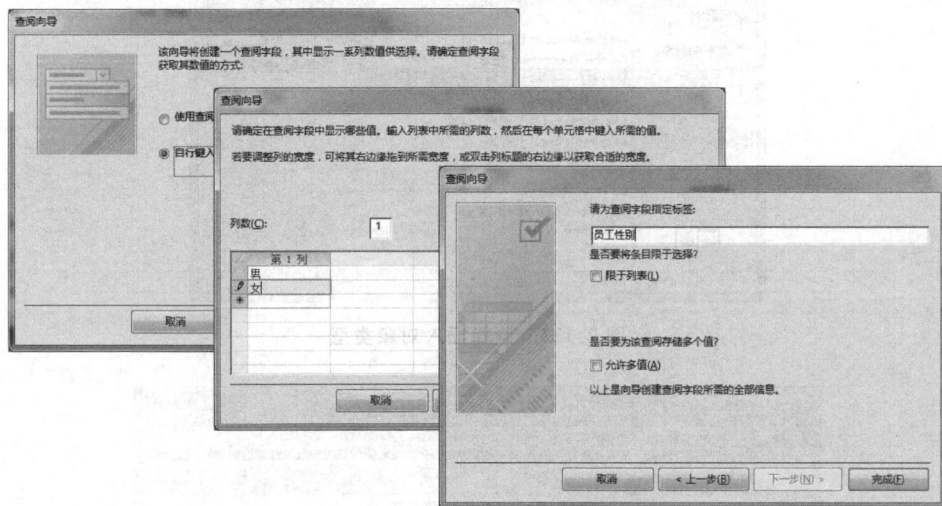

图 2.121　设置查阅向导数据类型

命令,结果如图 2.122 所示。

（6）输入记录：切换到数据表视图,输入记录内容。当输入照片字段数据时,在数据单元格内单击右键,选择快捷菜单中的"插入对象"命令,在出现的对话框中选择 Bitmap Image 命令,如图 2.123 所示,单击"确定"按钮后在画笔应用程序中选择"粘贴来源（Paste From）"命令,在"粘贴来源"对话框中选择素材文件"萧致.jpg",单击"打开"按钮,如图 2.124 所示,效果如图 2.125 所示,关闭画笔应用程序。整条记录输入后效果如图 2.126 所示。

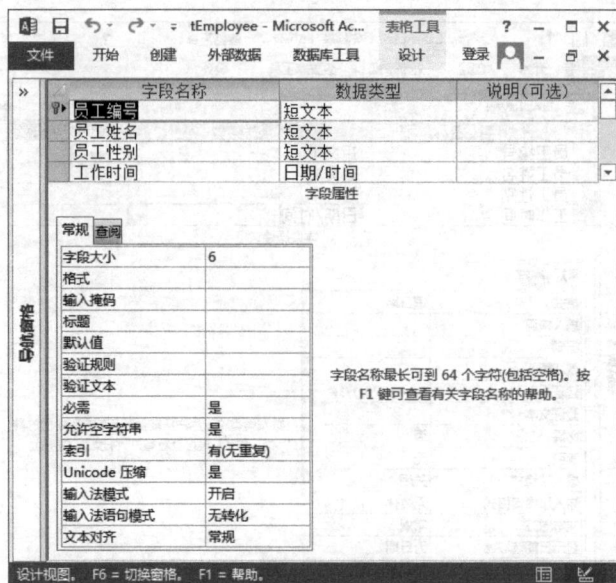

图 2.122　设置主键

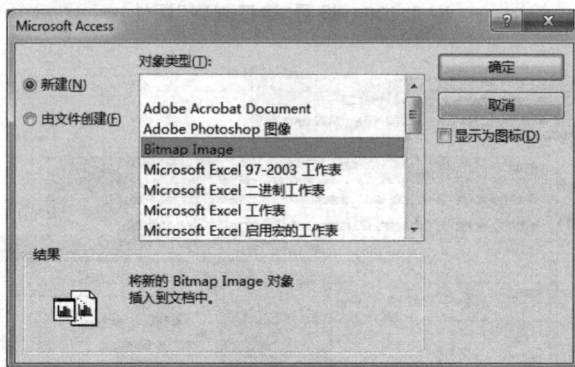

图 2.123　选择插入对象类型

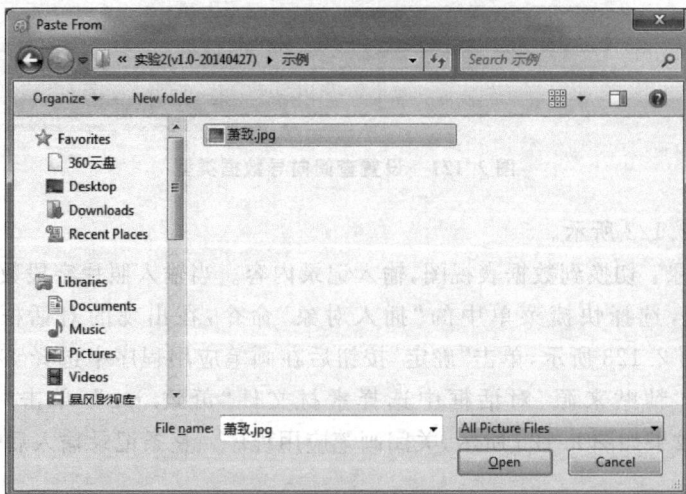

图 2.124　选择要插入的照片文件

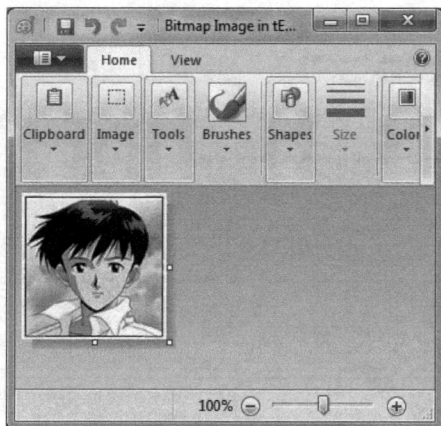

图 2.125　打开照片文件后效果

图 2.126　输入数据后数据表效果

(7) 导入表：单击"外部数据"选项卡"导入并链接"栏中的 Excel 命令，在"选择数据源和目标"对话框中单击"浏览"按钮，选择要导入的数据文件，如图 2.127 所示，单击"打开"按钮，然后选定"第一行包含列标题"，单击"下一步"按钮，选中"岗级"字段，修改数据类型为"整型"，单击"下一步"按钮，选择自己设置主键"岗级"，单击"下一步"按钮，输入新表名 tLevel，如图 2.128 所示。

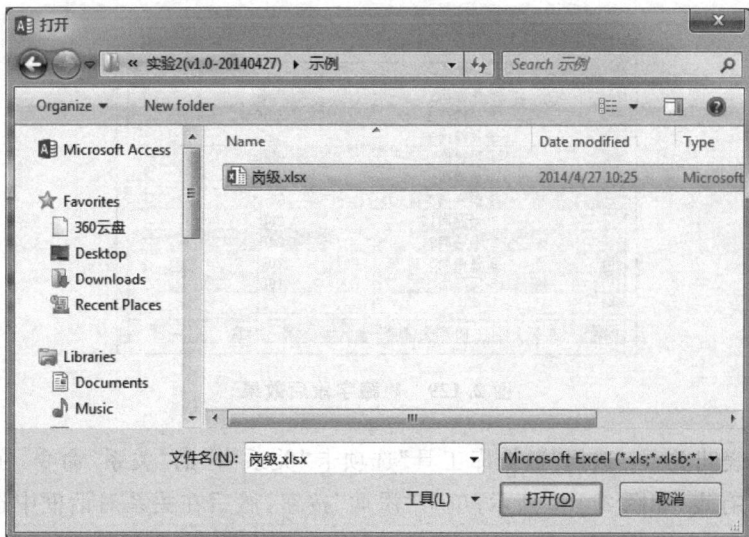

图 2.127　选择导入的 Excel 文件

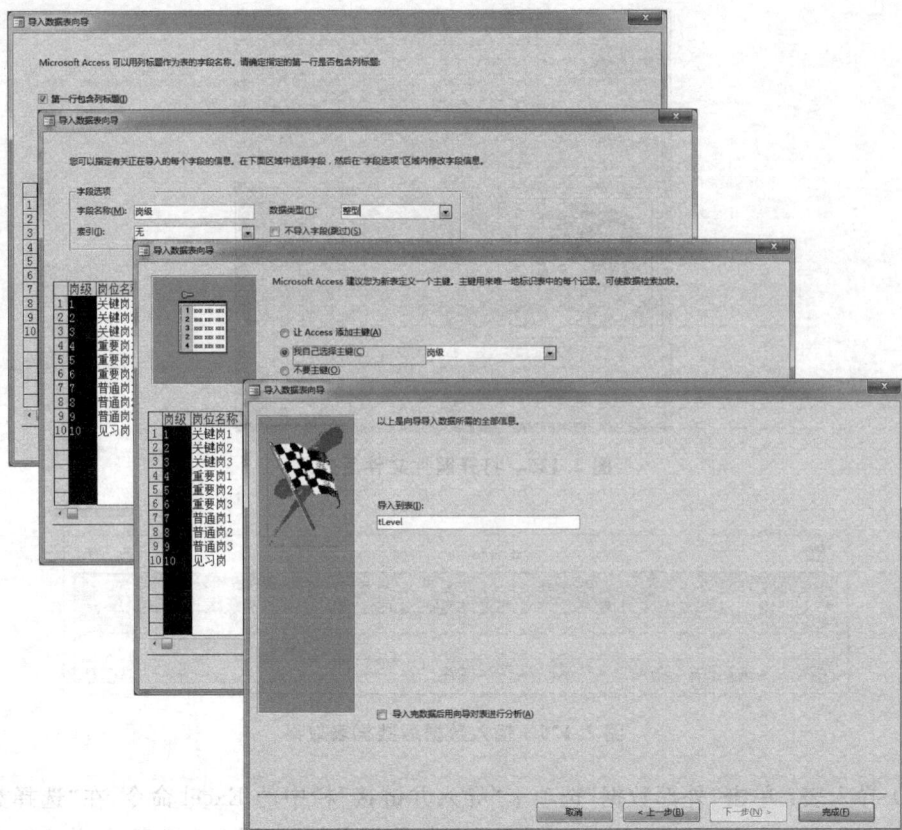

图 2.128   导入数据表向导

(8) 隐藏字段:打开 tLevel 表的数据表视图,右键单击"备注"列,在快捷菜单选中"隐藏字段"命令,效果如图 2.129 所示。

图 2.129   隐藏字段后效果

(9) 建立表间关系:选择"数据库工具"选项卡"关系"栏的"关系"命令,在"显示表"对话框中选择所有表,如图 2.130 所示,单击"添加"按钮,然后在关系对话框中选中表 tLevel 的"岗级"字段,拖动至表 tEmployee 的"岗级"字段松开左键,在出现的"编辑关系"对话框中选择"实施参照完整性",如图 2.131 所示,单击"创建"按钮,效果如图 2.132 所示。

图 2.130 显示表对话框

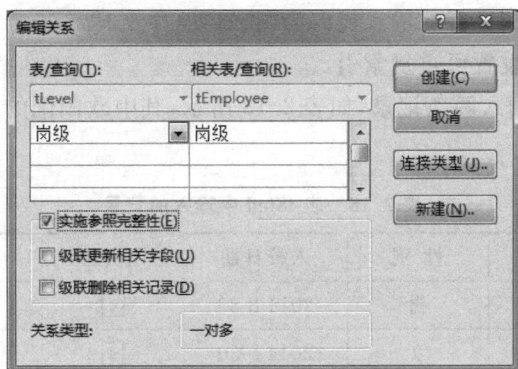

图 2.131 编辑关系对话框

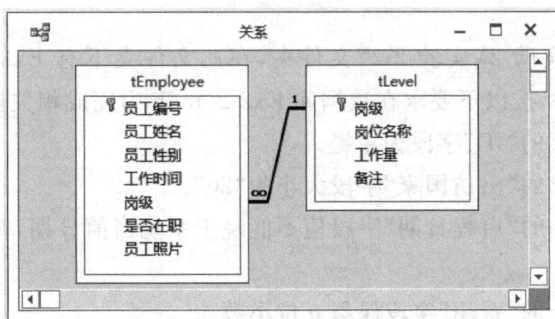

图 2.132 建立的表间关系

三、实验内容

实验 2-1

打开"实验素材\实验 2\实验 2-1"文件夹,按照如下题目要求完成对表的操作。

(1) 新建一个空数据库,名为 Ex2-1.accdb。

(2) 在数据库文件中建立表 tStud,表结构如表 2.17 所示。

表 2.17   表 tStud 结构

字段名称	数据类型	字段大小	格 式	字段名称	数据类型	字段大小	格 式
学号	短文本	8		团员否	是/否		是/否
姓名	短文本	20		籍贯	长文本		
性别	短文本	1		照片	OLE 对象		
入学日期	日期/时间		短日期				

（3）设置"学号"字段为主键。

（4）设置"性别"字段的验证规则,使得该字段值只能为男或女,如果输入有误提示"请输入男或女"。

（5）设置"入学日期"字段的输入掩码为"长日期（中文）"。

（6）为"姓名"字段设置可重复索引。

（7）在 tStud 表中输入两条记录,如表 2.18 所示,其中欧阳俐的照片使用素材文件夹的"照片.jpg"文件。

表 2.18   表 tStud 中输入的记录

学　号	姓　名	性　别	入校日期	团员否	籍　贯	照　片
20141010	都　俊	男	2014-8-30	√	北京	
20141011	欧阳俐	女	2014-8-30	√	上海	Bitmap Image

实验 2-2

打开"实验素材\实验 2\实验 2-2"文件夹,在此文件夹下有 Ex2-2.accdb 和 country.accdb 两个数据库文件,按以下要求在数据库 Ex2-2.mdb 内完成相关操作。

（1）设置表 tVisit 的"ID"字段为主键。

（2）设置表 tVisit 的"出访国家"字段大小为"20"。

（3）设置表 tVisit 的"启程日期"字段值不能晚于系统当前日期,否则提示"启程日期不能晚于今天。"。

（4）设置表 tVisit 的"费用"字段保留 0 位小数。

（5）在表 tVisit 中输入如表 2.19 所示的新记录。

表 2.19   表 tVisit 中输入的记录

ID	出访者	出访国家	启程日期	天数	费用	主要事宜
2014001	张蓝	法国	2014-3-6	10	30000	商讨合作事宜

（6）将"country.accdb"数据库文件中的表 tCountry 导入到 Ex2-2.accdb 数据库文件

内,表名不变,"国家"字段设置为主键。

(7) 在 Ex2-2. accdb 数据库内建立表 tCountry 和表 tVisit 的关系,实施参照完整性。

实验 2-3

打开"实验素材\实验 2\实验 2-3"文件夹,在此文件夹下已有 tTest. txt 文本文件和 Ex2-3. accdb 数据库文件,在 Ex2-3. accdb 中已经建立表对象 tStudent 和 tScore,按以下要求完成操作。

(1) 将表 tScore 的"学号"和"课程号"两字段设置为复合主键。

(2) 设置 tStudent 表中的"年龄"字段的验证规则,要求年龄值大于 14 岁,验证文本设置为"年龄值应大于 14"。

(3) 设置 tStudent 表中的"姓名"字段为"必需"。

(4) 设置 tStudent 表中的"性别"字段默认值为"男"。

(5) 在 tStudent 表"简历"字段前添加"照片"字段,选择合适的数据类型。

(6) 设置表 tStudent 的记录行显示高度为 18。

(7) 建立表 tStudent 和 tScore 的表间一对多关系,并实施参照完整性。

(8) 将文件夹下文本文件 tTest. txt 中的数据链接到当前数据库中,要求:数据中的第一行作为字段名,链接表对象命名为 tTemp。

实验 2-4

打开"实验素材\实验 2\实验 2-4"文件夹,在此文件夹下的 Ex2-4. accdb 数据库文件中已经设计好表对象 tStud。请按照以下要求完成对该表的编辑。

(1) 设置数据表显示的字体"黑体",大小为 12,行高为 16。

(2) 设置"性别"列列宽为 10。

(3) 设置"简历"字段的设计说明为"高中毕业后简历信息"。

(4) 将"入校时间"字段的显示设置为"＊＊月＊＊日＊＊＊＊年"的形式。

(注意:月、日用两位显示、年用四位显示,如"10 月 26 日 2014 年")

(5) 在"入学成绩"字段后添加新字段"超出分数线","数据类型"为"计算",假设分数线为 500。

(6) 将冻结的"姓名"字段解冻。

(7) 按"学号"字段升序排序。

(8) 将"备注"字段删除。

实验 2-5

(1) 在"实验素材\实验 2\实验 2-5"文件夹中创建一个"人事管理系统. accdb"数据库。

(2) 将文件夹中"工资管理系统. accdb"文件中的"工资信息表"的结构与数据复制到"人事管理系统. accdb"数据库中。

(3) 将文件夹中"雇员信息. xlsx"文件的数据导入到"人事管理系统. accdb"数据库的新表"雇员信息表"中,第一行包含列标题,设置"雇员编号"为主键字段,各字段的数据类型如表 2.20 所示。

表 2.20　"雇员信息表"各字段的数据类型

字 段 名	数据类型	字 段 名	数据类型
雇员编号	数字	部门编号	短文本
雇员姓名	短文本	职位	短文本
性别	短文本	在职否	是/否
出生日期	日期/时间	照片	OLE 对象
学历	短文本	备注	长文本
入职时间	日期/时间		

（4）使用设计视图的方法按照如表 2.21 所示的结构建立表对象"部门信息表"，并设置"部门编号"为主键。

表 2.21　"部门信息表"结构

字 段 名	数据类型	字 段 名	数据类型
部门编号	短文本	负责人	短文本
部门名称	短文本	部门电话	短文本
成立时间	日期/时间		

（5）设置"部门信息表"的"成立时间"字段的验证规则属性为：不能晚于当前日期。

（6）按照图 2.133 所示向"部门信息表"添加数据。

图 2.133　部门信息表记录

（7）建立三个表"部门信息表"、"雇员信息表"和"工资信息表"间的关系，并实施参照完整性。

实验 2-6

（1）在"实验素材\实验 2\实验 2-6"文件夹中创建一个"十字绣销售管理系统.accdb"数据库。

（2）将文件夹中"商品员工数据库.accdb"文件中的"十字绣基本信息表"、"十字绣类别表"和"员工基本信息表"的结构与数据复制到"十字绣销售管理系统.accdb"数据库中。

（3）将文件夹中"十字绣销售信息.txt"文件的数据导入到"十字绣销售管理系统.

accdb"数据库的新表"十字绣销售表"中,第一行包含列标题,设置"销售 ID"为主键字段,各字段的数据类型如表 2.22 所示。

表 2.22　"十字绣销售表"各字段数据类型

字 段 名	数据类型	字 段 名	数据类型
销售 ID	数字	数量	数字
货品编号	短文本	售出时间	日期/时间
员工编号	短文本		

(4) 设置"十字绣销售表"的"数量"字段的"字段大小"为"整型","售出时间"的"默认值"属性为当前日期。

(5) 建立 4 个表"十字绣基本信息表"、"十字绣类别表"、"十字绣销售表"和"员工基本信息表"间的关系,并实施参照完整性。

第 3 章

创建和使用查询

数据查询是数据库管理系统的主要功能之一。在 Access 中,可以利用各种类型的查询检索、排序、计算、分析或操作数据,进一步挖掘数据背后的信息。同时,也可以将查询结果作为其他查询、窗体或报表对象的数据源。

尽管在数据表中也能够实现对数据的检索、筛选、排序等功能,但是如果需要对原始数据进行计算或构造新的字段,数据表就力所不及了,而查询完全可以胜任。Access 中支持的查询类型包括 5 类:选择查询、参数查询、交叉表查询、操作查询以及 SQL 查询。

3.1 创建选择查询

所谓选择查询,是指从一个或多个数据源中检索数据或进行计算的查询。选择查询的数据源可以是数据表,也可以是已经存在的查询。创建查询的方法主要有查询向导和查询设计视图两种。

3.1.1 使用查询向导创建查询

Access 中提供了多种查询向导,协助用户快速完成各种不带条件的查询设计。

任务 3-1　使用查询向导创建选择查询

任务实例 3.1:使用查询向导查找所有读者的"姓名"、"性别"及"是否 VIP"信息,查询名为"读者权限查询"。

任务分析:

◆ 方法:简单查询向导。

◆ 数据源:读者信息表。

◆ 显示字段:"姓名"、"性别"、"是否 VIP"。

◆ 查询名:读者权限查询。

任务解决过程:

(1) 确定方法:打开"图书管理系统"数据库,在"创建"选项卡的"查询"组中,单击"查询向导"按钮,如图 3.1 所示,在"新建查询"对话框中选择"简单查询向导",单击"确定"按钮,如图 3.2 所示。

(2) 选择数据源和字段:在"简单查询向导"对话框的"表/查询"处选择"表:读者信息表",然后从"可用字段"栏中将"姓名"、"性别"和"VIP"字段添加到右侧的"选定的字段"栏中,如图 3.3 所示,单击"下一步"按钮。

(3) 确定是明细查询还是汇总查询:选择"明细(显示每个记录的每个字段)",如图 3.4

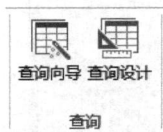

图 3.1 "查询"组命令

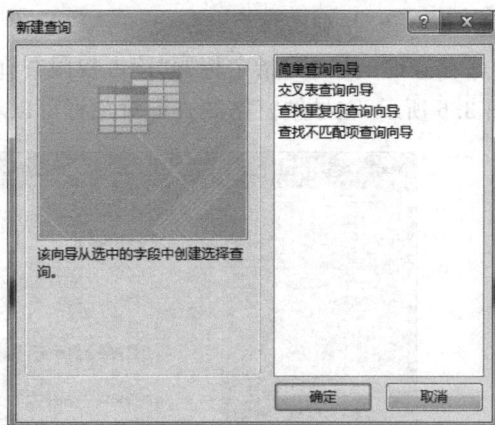

图 3.2 "新建查询"对话框

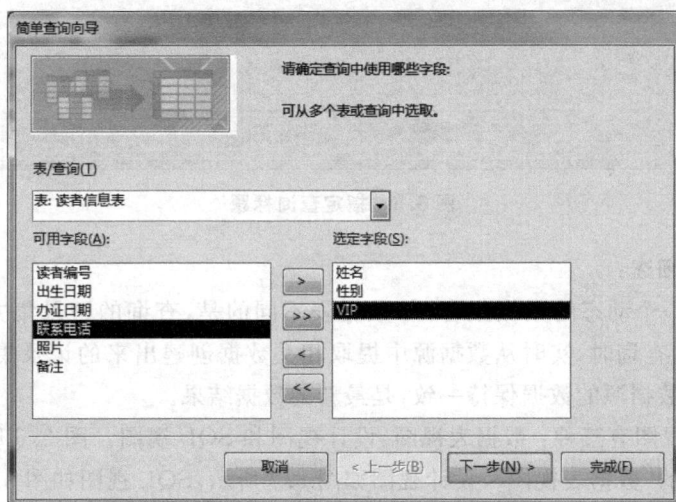

图 3.3 选择数据源和字段

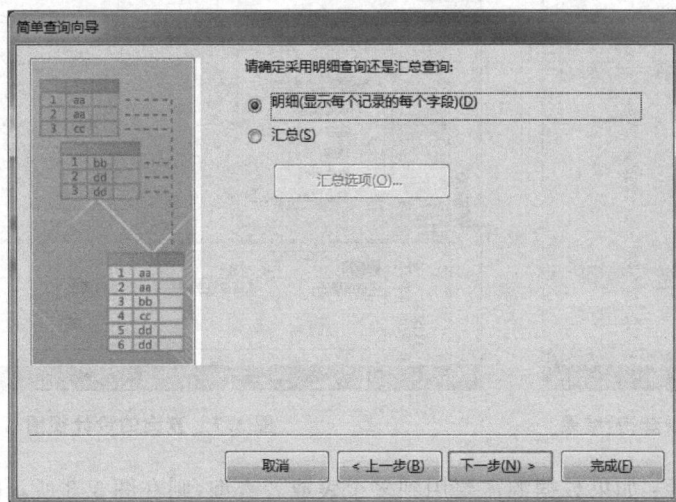

图 3.4 确定采用明细查询还是汇总查询

所示,单击"下一步"按钮。

(4) 保存查询:为查询指定标题"读者权限查询",如图 3.5 所示,单击"完成"按钮,查询结果如图 3.6 所示,在导航窗格的查询对象栏可以看到新建立的查询对象。

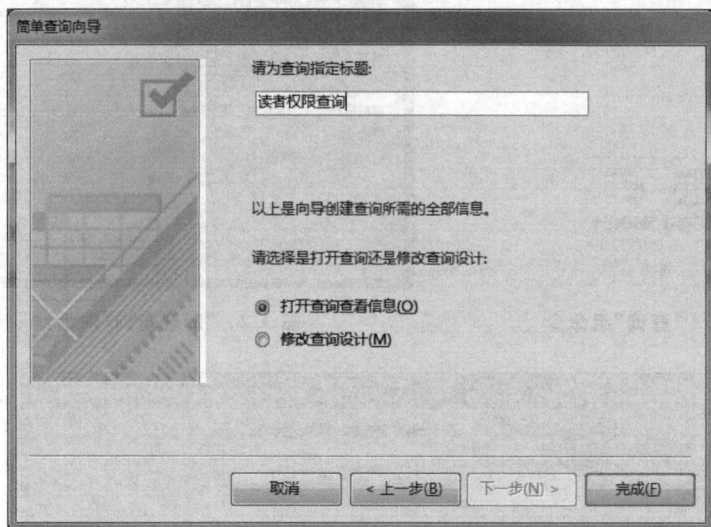

图 3.5   指定查询标题

相关知识点细述:

(1) 查询是一个动态的数据集合,与数据表不同的是,查询的记录集并不是真实存在的,而是每次运行查询时,实时从数据源中提取相关数据创建出来的记录集。因此,查询的结果总是与当时数据源的数据保持一致,是最新的数据结果。

(2) 查询的视图有三种:数据表视图、设计视图和 SQL 视图。图 3.6 所示的显示查询结果集的是查询的"数据表视图",设计视图如图 3.7 所示,SQL 视图如图 3.8 所示。

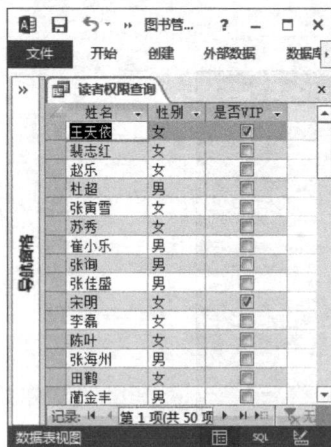

图 3.6   "读者权限查询"结果

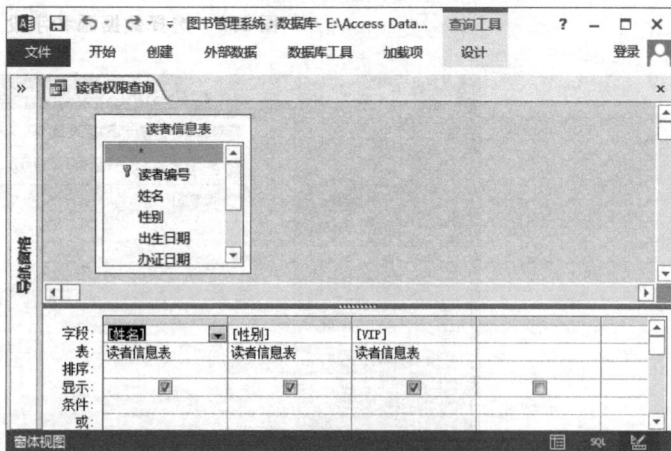

图 3.7   查询的设计视图

(3) 多数据源:如果数据源需要用到多个表或者查询,则在图 3.3 所示的向导中先从一个数据源选择用到的字段,然后再选择下一个数据源,从中再选择需要的字段,直到所有字

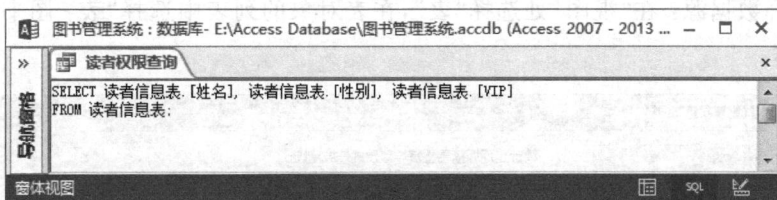

图 3.8　查询的 SQL 视图

段被选出。

边学边练：

使用查询向导查询图书类别,显示"书名"、"作者"和"分类名称"字段,查询名为"图书类别查询"。

请思考：

数据表的筛选与查询有何异同?

任务实例 3.2: 使用查询向导在"图书借阅表"中查找被重复多次借出的图书信息,查询显示字段为"图书条码"、"读者编号"、"借出时间"和"归还时间",查询名为"多次借阅的图书查询"。

任务分析：

◆ 方法：使用"查找重复项查询向导"。

◆ 数据源：图书借阅表。

◆ 显示字段：图书条码,读者编号,借出时间,归还时间。

◆ 查询名：多次借阅的图书查询。

任务解决过程：

(1) 确定方法：打开"图书管理系统"数据库,在"创建"选项卡的"查询"组中,单击"查询向导"按钮,在"新建查询"对话框中选择"查找重复项查询向导",单击"确定"按钮,如图 3.9 所示。

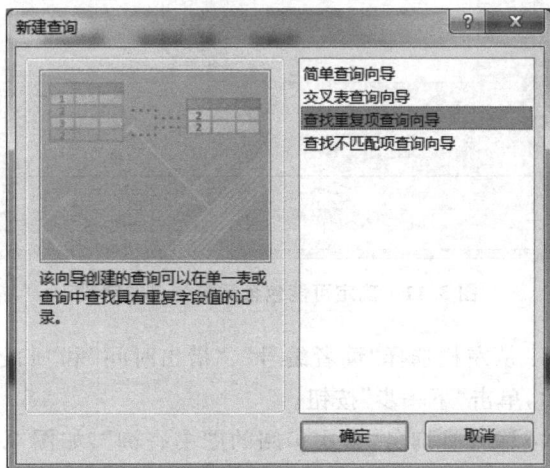

图 3.9　选择"查找重复项查询向导"

（2）选择数据源：在"视图"处选择"表"，在表对象的列表中选择"表：图书借阅表"，如图 3.10 所示。

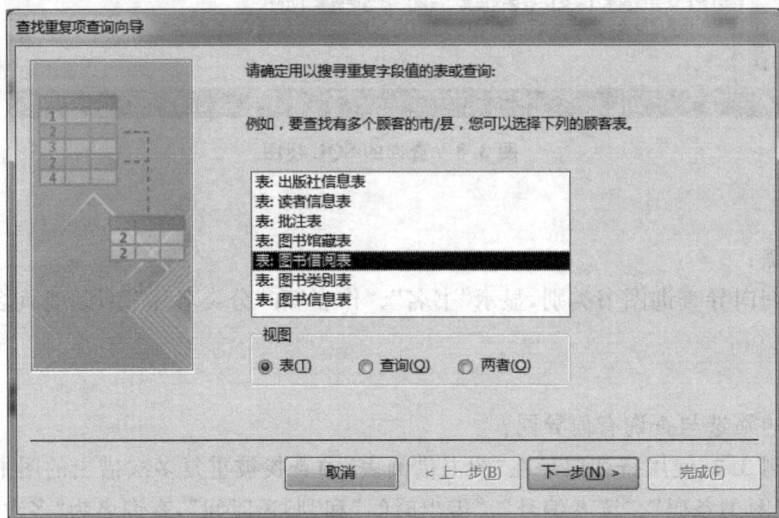

图 3.10   选择数据源

（3）确定可能包含重复信息的字段：从左栏"可用字段"中选择"图书条码"，单击中间的按钮 > ，添加到右栏，如图 3.11 所示，单击"下一步"按钮。

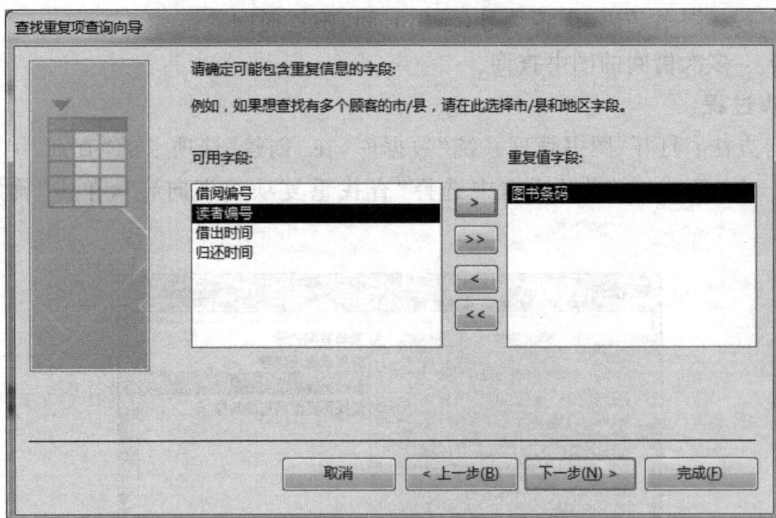

图 3.11   确定可能包含重复信息的字段

（4）添加其他字段：从左栏选择"读者编号"、"借出时间"和"归还时间"三个字段添加到右栏，如图 3.12 所示，单击"下一步"按钮。

（5）指定查询名称：输入查询名"多次借阅的图书查询"，如图 3.13 所示，单击"完成"按钮。

（6）查看结果：查询结果如图 3.14 所示。

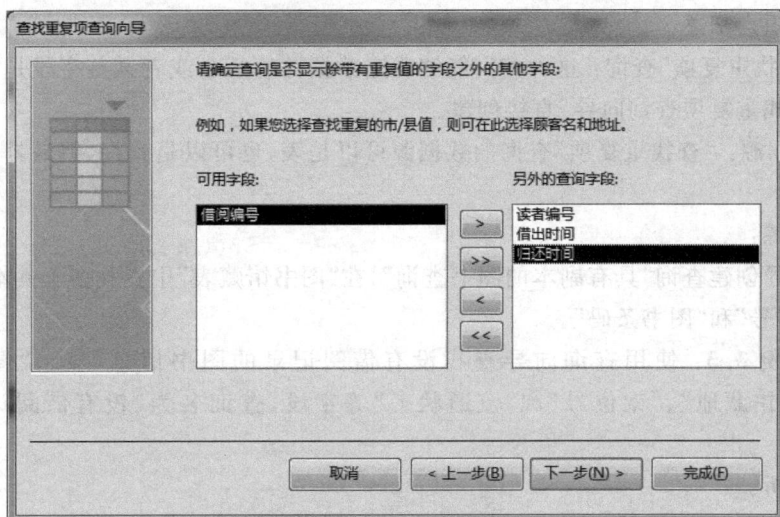

图 3.12　添加其他字段

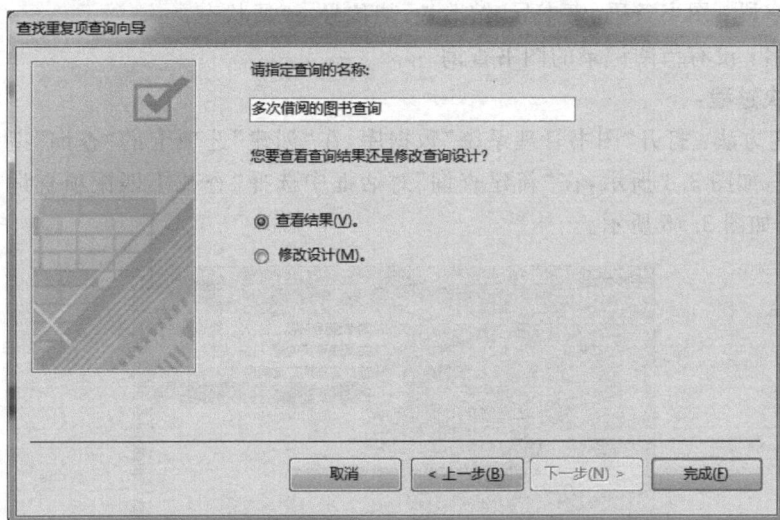

图 3.13　输入查询名称

图 3.14　"多次借阅的图书查询"结果

相关知识点细述：

（1）"查找重复项"查询：这种查询能够确定数据源的某个或者某些字段是否具有相同值，可用"查找重复项查询向导"直接创建。

（2）数据源："查找重复项"查询的数据源可以是表，也可以是查询，但是具体对象只能有一个。

边学边练：

使用向导创建查询"具有副本的图书查询"，在"图书馆藏表"中查找多于一本的图书，显示字段"索书号"和"图书条码"。

任务实例 3.3：使用查询向导查找没有借阅记录的图书信息，显示"图书条码"、"索书号"、"馆藏地"、"架位号"和"流通状态"等字段，查询名为"没有借阅记录的图书查询"。

任务分析：

◆ 方法：使用"查找不匹配项查询向导"。

◆ 数据源：图书馆藏表、图书借阅表。

◆ 显示字段：图书条码、索书号、馆藏地、架位号、流通状态。

◆ 查询名：没有借阅记录的图书查询。

任务解决过程：

（1）确定方法：打开"图书管理系统"数据库，在"创建"选项卡的"查询"组中，单击"查询向导"按钮，如图 3.1 所示，在"新建查询"对话框中选择"查找不匹配项查询向导"，单击"确定"按钮，如图 3.15 所示。

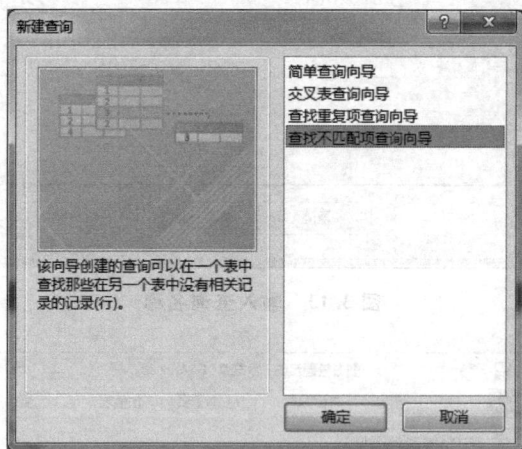

图 3.15　选择查询向导类型

（2）确定查询结果中显示记录的数据源：选定"表：图书馆藏表"，如图 3.16 所示，单击"下一步"按钮。

（3）确定包含相关记录的数据源：选定"表：图书借阅表"，如图 3.17 所示，单击"下一步"按钮。

（4）确定匹配字段：使用默认的选项，两个表均为"图书条码"，如图 3.18 所示，单击"下一步"按钮。

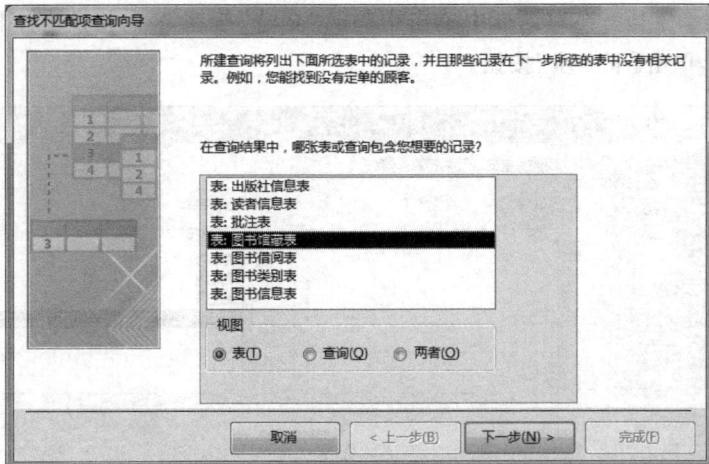

图 3.16 选择产生查询结果的数据源

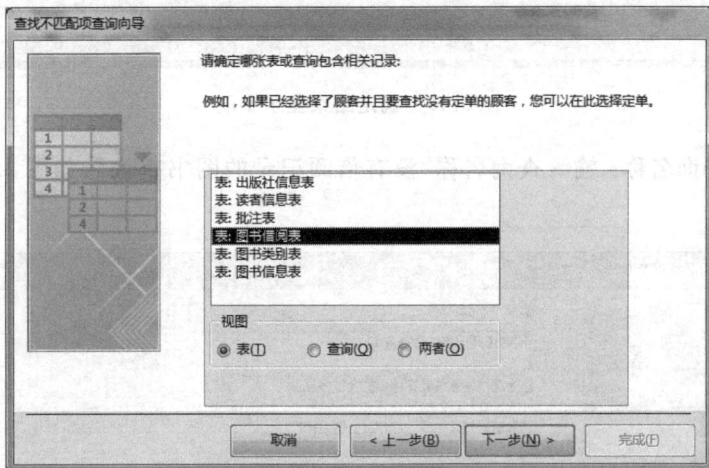

图 3.17 选择包含相关记录的数据源

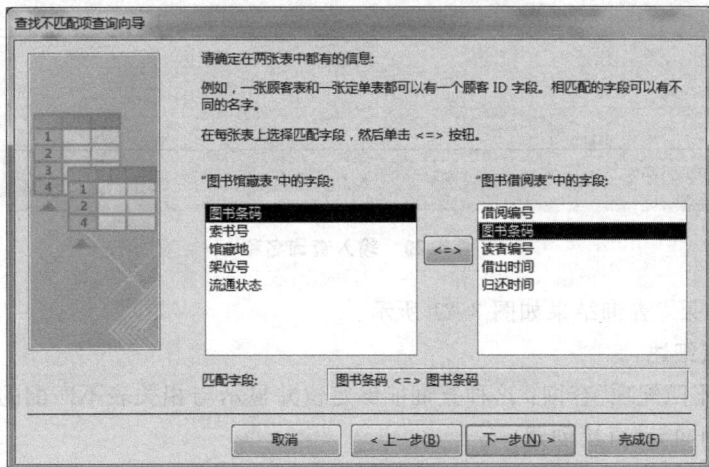

图 3.18 确定匹配字段

(5) 确定结果字段：在对话框中单击中间的"全选"按钮 >> ，将所有字段添加到右栏，如图 3.19 所示，单击"下一步"按钮。

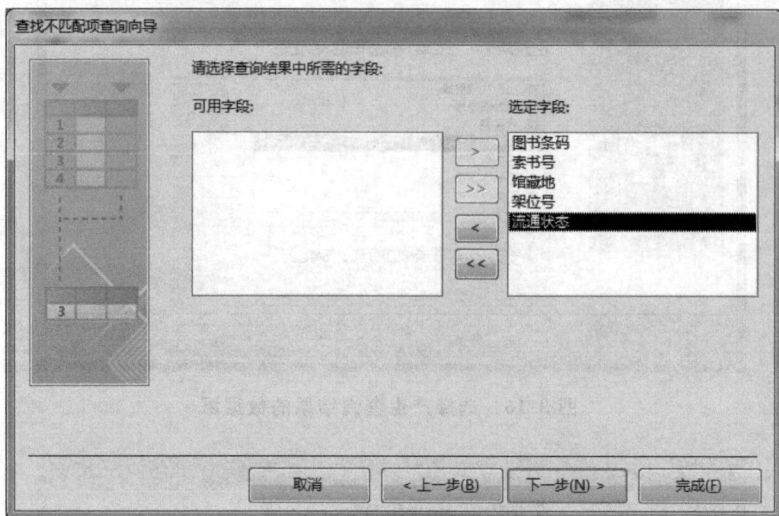

图 3.19　确定结果显示字段

(6) 指定查询名称：输入查询名称"没有借阅记录的图书查询"，如图 3.20 所示，单击"完成"按钮。

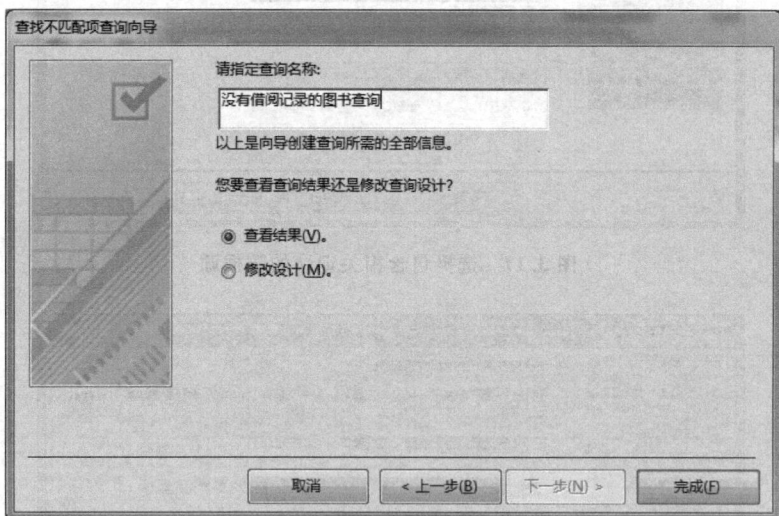

图 3.20　输入查询名称

(7) 查看结果：查询结果如图 3.21 所示。

相关知识点细述：

(1) "查找不匹配项"查询：这种查询能够定位并显示与相关表不匹配的记录，可用"查找不匹配项查询向导"直接创建。

(2) 数据源："查找不匹配项"查询的数据源可以是表，也可以是查询，产生结果的数据源和相关记录数据源的具体对象分别只能有一个。

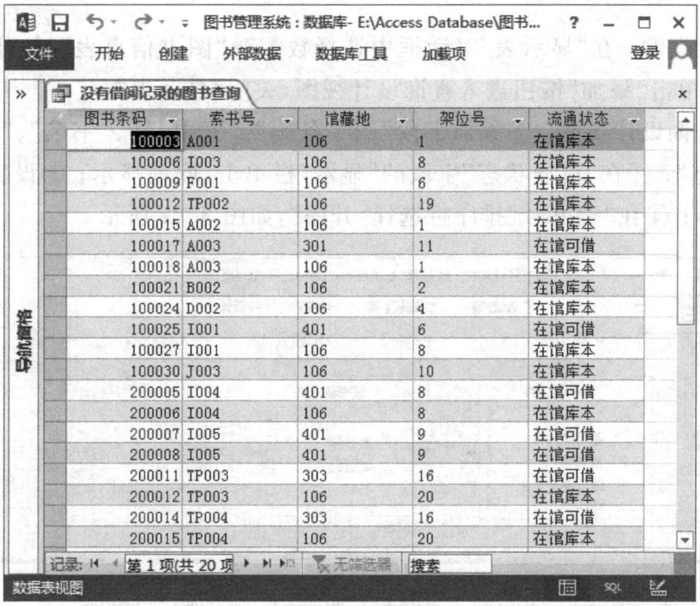

图书条码	索书号	馆藏地	架位号	流通状态
100003	A001	106	1	在馆库本
100006	I003	106	8	在馆库本
100009	F001	106	6	在馆库本
100012	TP002	106	19	在馆库本
100015	A002	106	1	在馆库本
100017	A003	301	11	在馆可借
100018	A003	106	1	在馆库本
100021	B002	106	2	在馆库本
100024	D002	106	4	在馆库本
100025	I001	401	6	在馆可借
100027	I001	106	8	在馆库本
100030	J003	106	10	在馆库本
200005	I004	401	8	在馆可借
200006	I004	106	8	在馆库本
200007	I005	401	9	在馆可借
200008	I005	401	9	在馆可借
200011	TP003	303	16	在馆可借
200012	TP003	106	20	在馆库本
200014	TP004	303	16	在馆可借
200015	TP004	106	20	在馆库本

图 3.21 “没有借阅记录的图书查询”结果

边学边练：

使用向导创建查询“没有借阅信息的读者查询”，在“读者信息表”中查找没有相关借阅信息的读者，显示“读者编号”、“姓名”和“VIP”等字段。

3.1.2 使用查询设计创建查询

查询向导提供了便利的协助信息，帮助用户完成查询的创建。但是，如果想要按照某些既定条件查询数据，必须使用查询的设计视图。

任务 3-2 使用查询设计创建选择查询

任务实例 3.4：使用查询设计视图检索在馆库本图书信息，显示“图书条码”、“索书号”、“书名”、“馆藏地”和“架位号”字段，并按“索书号”升序排序，查询名为“在馆库本图书馆藏信息查询”。

任务分析：

- 方法：使用查询的设计视图。
- 数据源：图书信息表、图书馆藏表。
- 显示字段：图书条码、索书号、书名、馆藏地、架位号。
- 使用但不显示的字段：流通状态。
- 条件：流通状态——在馆库本。
- 排序：索书号——升序。
- 查询名：在馆库本图书馆藏信息查询。

任务解决过程：

(1) 确定方法：打开“图书管理系统”数据库，在“创建”选项卡的“查询”组中，单击“查询设计"按钮。

（2）选择数据源：在"显示表"对话框中选择数据源"图书信息表"，按住 Ctrl 键再选择"图书馆藏表"，单击"添加"按钮进入查询设计视图，关闭"显示表"。

（3）设置查询设计视图：①添加字段"图书条码"、"索书号"、"书名"、"馆藏地"、"架位号"和"流通状态"；②在"流通状态"字段的"显示"栏单击，取消显示；③设置"流通状态"条件为：在馆库本；④在"索书号"排序栏选择"升序"，如图 3.22 所示。

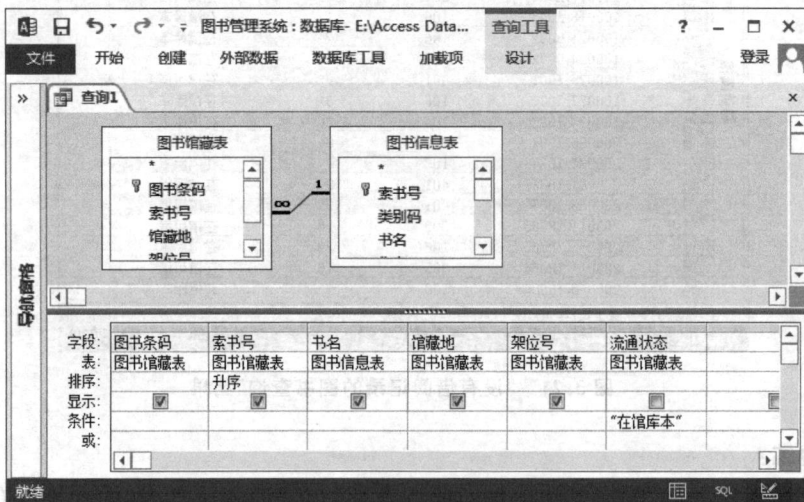

图 3.22　设置查询设计视图

（4）保存及运行：单击"保存"按钮 💾，在"另存为"对话框输入查询名"在馆库本图书馆藏信息查询"，单击"设计"选项卡"结果"组中的运行按钮 ❗，结果如图 3.23 所示。

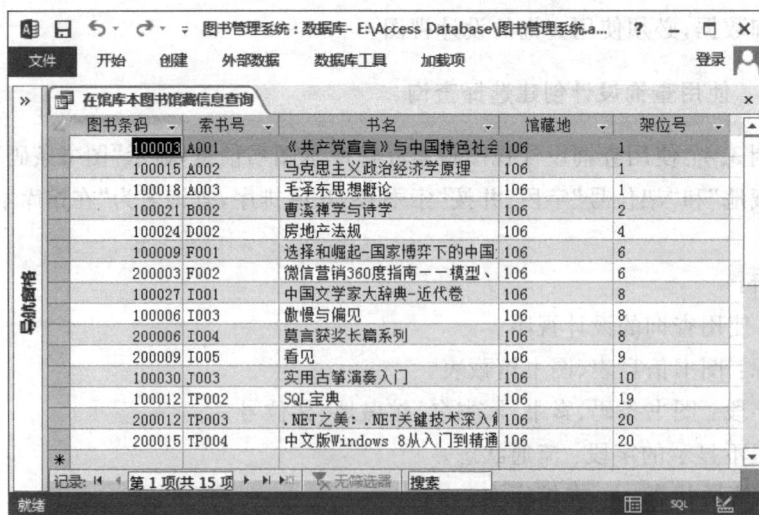

图 3.23　"在馆库本图书馆藏信息查询"结果

相关知识点细述：

（1）查询的设计视图窗口分为上下两部分，上部分窗格是数据源结构及数据源间关系的显示区域,下部分窗格是查询的设计区域,指定查询所用字段、排序方式、是否显示、汇总计算和条件等,作用如下。

◆ 字段:列出查询需要使用的所有字段,选择字段可以双击上窗格字段列表中的字段名,也可以在字段下拉列表中选择字段名,如果要使用所有字段,也可以选择"＊"。

◆ 表:对应各字段所属的数据源名称,可以是表名或查询名,一般由系统自动填入。

◆ 排序:对查询结果按照指定的字段升序或降序排序。

◆ 显示:确定对应字段是否在查询结果集中显示,如果需要显示,则标记"☑",如果不显示,则标记"☐"。

◆ 条件:设定查询要满足的条件表达式,如果多条件是并列关系,则在同一行书写,如果多条件是或的关系,则需要使用"条件"、"或"及其以下若干行书写条件。

(2)在"显示表"对话框中有三个选项卡,可选择已经创建的"表"或"查询"作为数据源。当需要添加多个数据源时,可以配合 Ctrl 键或 Shift 键同时选择不连续的或者连续的多个对象。

(3)创建多数据源查询之前必须先创建好这些数据源之间的关系,否则可能会造成查询结果不正确。有些情况下,如果包含所用字段的数据源之间没有直接关联,则需要将两者之间关系链上的所有表或查询全部添加进查询的设计视图。但是,与所用字段无关的数据源不要显示在设计视图中。

(4)可以在设计视图的上半部列表区创建数据源之间的临时关联关系,特别是在表与查询或查询与查询之间。

(5)查看选择查询的结果有两种方式:

方法 1:单击"设计"选项卡"结果"组中的"运行"按钮 ;

方法 2:单击"设计"选项卡"结果"组中的"视图"按钮 ,或者在右下角状态栏 切换视图。

(6)带条件的查询只能使用设计视图实现,向导方法适用于不带条件的查询。

边学边练:

查询文学类图书的借阅情况,显示字段"书名"、"借出时间"和"归还时间",结果按照"借出时间"的降序排序,查询名为"文学类图书借阅信息查询"。

请思考:

怎样修改已经建立的查询?

任务实例 3.5:查询所有姓张的 1986 年出生的非 VIP 读者信息,显示"读者编号"、"姓名"、"出生日期"和"联系电话"信息,查询名为"1986 年出生的姓张的普通读者信息查询"。

任务分析:

◆ 方法:使用查询的设计视图。

◆ 数据源:读者信息表。

◆ 显示字段:读者编号、姓名、出生日期、联系电话。

◆ 使用但不显示的字段:VIP。

◆ 条件:姓名——姓张,出生日期——1986 年,VIP——否。

◆ 查询名:1986 年出生的姓张的普通读者信息查询。

任务解决过程：

（1）确定方法：打开"图书管理系统"数据库，在"创建"选项卡的"查询"组中，单击"查询设计"按钮。

（2）选择数据源：在"显示表"对话框中选择"读者信息表"。

（3）设置设计视图：①在字段列表中双击字段"读者编号"、"姓名"、"出生日期"、"VIP"和"联系电话"；②在"VIP"字段的"显示"栏单击，使得√变为□；③设置"姓名"字段条件：Like "张＊"，"出生日期"字段条件：Between ♯1986/1/1♯ And ♯1986/12/31♯，"VIP"字段条件：False，如图 3.24 所示。

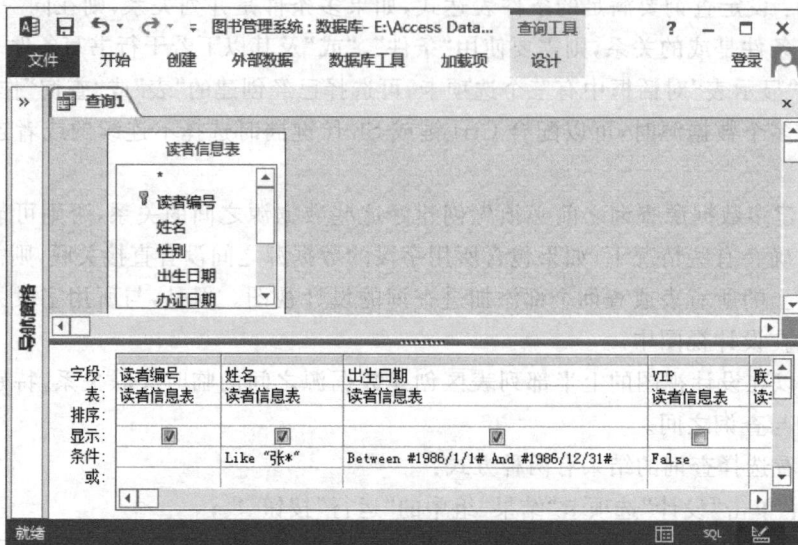

图 3.24　设置查询设计视图

（4）保存及运行：保存查询为"1986 年出生的姓张的普通读者信息查询"，运行结果如图 3.25 所示。

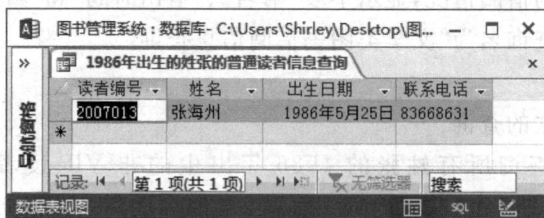

图 3.25　查询运行结果

相关知识点细述：

条件表达式的设计是查询设计的重点。所谓条件表达式，是由各种运算符连接上常量、对象标识符（如字段名、表名等）、函数等数据元素而成的可计算出结果的表达式。下面分别介绍各个元素的写法。

（1）表达式中的常量

常量是指固定不变的数据。Access 中常用的常量形如表 3.1 所示。

表 3.1 常量

类 型	数字型	文本型	日期时间型	是/否型
示例	678 334.34	"刘洋学" "A1003"	♯2008-8-8♯ ♯1946-12-30♯	True,Yes,On,−1 False,No,Off,0

（2）表达式中的对象标识符

如果在查询的条件表达式中引入对象标识符，需要使用"[对象名]"的形式，如[读者编号]；如果需要指明该字段所属的数据源名称，则要写成：[读者信息表]![读者编号]。注意，中间的"!"必须是英文半角格式。

（3）表达式中的函数

Access 中提供了很多标准函数，可以将它们应用到表达式中。表 3.2～表 3.5 分别描述了常用的数学函数、字符函数、日期时间函数及统计函数的格式及用法，其他函数可查阅 Access 帮助文件。这些函数在 VBA 编程代码中也同样适用。

表 3.2 数学函数

函数格式	功能说明	示 例	结 果
Abs(number)	绝对值函数 返回参数的绝对值	Abs(4.16) Abs(−4.16)	4.16 4.16
Int(number)	取整函数 返回参数的整数部分	Int(9.8) Int(−9.8)	9 −10
Fix(number)	取整函数 返回参数的整数部分	Fix(9.8) Fix(−9.8)	9 −9
Sgn(number)	符号函数 返回参数的符号值	Sgn(−6) Sgn(0) Sgn(9)	−1 0 1
Sqr(number)	平方根函数 返回参数的平方根	Sqr(9)	3
Rnd	产生一个大于 0 小于 1 的单精度随机数	Int(Rnd * 100)+1	产生[1,100]的随机数

表 3.3 字符函数

函数格式	功能说明	示 例	结果
Len(string)	字符串长度函数 返回字符串包含的字符数	Len("Hello China")	11
Left(string，length)	截取左子串函数 返回 string 字符串最左端的 length 个字符	Left("Hello",1) Left("Hello",10)	"H" "Hello"
Right(string,length)	截取右子串函数 返回 string 字符串最右端的 length 个字符	Right("Hello",1) Right("Hello",10)	"o" "Hello"
Mid(string, start [，length])	截取子串函数 返回从 string 字符串第 start 个字符开始连续的 length 个字符	Mid("Hello",2,3) Mid("Hello",2,7) Mid("Hello",2)	"ell" "Hello" "Hello"

函数格式	功能说明	示例	结果
String(number, character)	重复字符函数 返回包含 number 个重复字符的字符串	String(5,"＊") String(3,"ABCD")	"＊＊＊＊＊" "AAA"
LTrim()	删除前导空格函数 返回从 string 中去掉前导空格后的字符串	LTrim(" Hello China ")	"Hello China "
RTrim(string)	删除尾随空格函数 返回从 string 中去掉尾随空格后的字符串	RTrim(" Hello China ")	" Hello China"
Trim(string)	删除前导尾随空格函数 返回从 string 中去掉前导、尾随空格后的字符串	Trim(" Hello China ")	"Hello China"

表 3.4 日期时间函数

函数格式	功能说明	示例	结果
Date()	系统日期函数 返回当前系统日期	Date()	（返回操作系统时间） 2009-6-16
Now()	系统日期时间函数 返回当前系统日期和时间	Now()	（返回操作系统时间） 2009-6-16 6:16:10
Year(date)	年函数 返回参数的年份分量	Year(＃2009-6-16＃) Year([出生日期])	2009 "出生日期"字段的出生年份信息
Month(date)	月函数 返回参数的月份分量	Month(＃2009-6-16＃) Month([出生日期])	6 "出生日期"字段的出生月份信息
Day(date)	日函数 返回参数的日分量	Day(＃2009-6-16＃) Day([出生日期])	16 "出生日期"字段的出生日信息

表 3.5 统计函数

函数格式	功能说明	示例
Sum(x)	求和函数 返回参数字段数据的和	Sum([基本工资])
Avg(x)	平均值函数 返回参数字段数据的平均值	Avg([雇员年龄查询]![年龄])
Count(x)	计数函数 返回参数字段数据的个数	Count([雇员信息表]![雇员编号])
Max(x)	最大值函数 返回参数字段数据的最大值	Max([成绩表]![成绩])
Min(x)	最小值函数 返回参数字段数据的最小值	Min([人数])

（4）表达式中的运算符

运算符能将各个数据元素连接成一个整体，即表达式。条件表达式中常用的运算符包括算术运算符、连接运算符、关系运算符、逻辑运算符以及一些特殊的运算符，表 3.6～表 3.10 分别介绍了这几类运算符的用法。

表 3.6 算术运算符

运算符	功能说明	示 例	结 果
+，−	正、负号	−8.14	−8.14
+	加法运算	2+3 #2009-6-16# +5	5 #2009-6-21#
−	减法运算	2−3 #2010-3-20# − #2010-3-18#	−1 2
*	乘法运算	4 * 2 [基本工资] * 5	8 "基本工资"字段每个数据值 * 5
/	除法运算	34/4	8.25
\	整除运算	15\6 3.7\2.1	2 2
Mod	求模(取余数)运算	19 Mod 7 3.7 mod 2 3.1 mod 2.7	5 0 0
^	指数运算	3^4	81

表 3.7 连接运算符

运算符	功能说明	示 例	结 果
+	连接运算 只有两个字符串才能连接	"Hello"+"China"	"Hello China"
&	强制连接运算 参与运算的数据被强制转换成字符串后连接	10 & "是一个偶数" 7+8 & "<>10"	"10是一个偶数" "15<>10"

表 3.8 关系运算符

运算符	功能说明	示 例	结 果
>	大于	5>9 Year([出生日期])>1980	False 在 1980 年之后出生的
>=	大于等于	2>=2	True
<	小于	3<6	True
<=	小于等于	9<=10+6	True
=	等于	12=12 9+13=19	True False
<>	不等于	23 Mod 7<>2	False

表 3.9 逻辑运算符

运算符	功能说明	示 例	结 果
And	逻辑与运算	7+8>20 And True	False
Or	逻辑或运算	7+8>20 Or True	True
Not	逻辑非运算	Not 7+8>20	True

表 3.10　特殊运算符

运 算 符	功 能 说 明	示　　例	结　　果
Between A And B	检索一个数值是否在[A，B]区间内	在[人数]字段的条件栏设定 Between 20 And 30	查找出人数在 20～30 范围内的记录
In(A₁，A₂，…，Aₙ)	检索一个数值是否在{A₁，A₂，…，Aₙ}集合里	在[学历]字段的条件栏设定 In("大学本科","硕士研究生")	查找学历为"大学本科"或"硕士研究生"的记录
Like A	检索形如 A 的数据常与通配符配合使用	Like "H * " Like "H?"	查找出以 H 开头的记录 查找出以 H 开头且其后仅有一个字符的记录
Is	常与 Null 或者 Not Null 连用,确定是否为空值	在[雇员姓名]字段的条件栏设定 Is Null	查找出雇员姓名字段为空值的所有记录

各种常用的算术运算符、连接运算符、关系运算符和逻辑运算符,在计算时具有不同的优先级,优先级高的先进行运算,优先级低的后进行运算,上述 4 类运算符优先级次序为:

算术运算符 → 连接运算符 → 关系运算符 → 逻辑运算符

◆ 在算术运算符中的各个符号,计算时也有先后次序,即

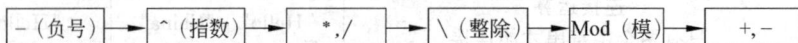

－(负号) → ^(指数) → *,/ → \(整除) → Mod(模) → +,－

◆ 在连接运算符和关系运算符中,所有符号运算优先等级相同。
◆ 在逻辑运算符中,各符号的优先级次序为:

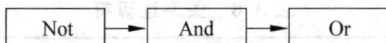

Not → And → Or

边学边练:

查询 2000 年以前出版的或者价格在 20 元以下的图书信息,显示图书信息表中的所有字段,查询名称为"上世纪及低价位特殊图书查询"。

请思考:

在第 1 章中我们学习了关系运算,其中的选择运算、投影运算和连接运算在 Access 数据库的查询中是怎样体现的?

3.2　在查询中进行计算

使用数据库一个很重要的目标是对符合要求的数据进行深入地分析、计算,从而挖掘数据背后的意义。在 Access 中,利用总计查询可以对数据进行各种统计计算,利用添加计算字段可以实现自定义的计算。

3.2.1　总计查询

查询中经常会对一些数据进行汇总显示,尤其是对数值类型的数据,如统计公司人数、汇总各部门平均薪资、查询某门课程最高分等,需要使用总计查询及分组总计查询实现,它们也属于选择查询范畴。

任务 3-3　创建总计查询

任务实例 3.6:使用设计视图统计 A 类图书的均价,并将查询的字段名改为"均价",查询名为"统计 A 类图书均价的查询"。

任务分析:

◆ 方法:使用设计视图。

◆ 数据源:图书信息表。

◆ 使用字段:类别码、售价。

◆ 显示字段:均价。

◆ 总计字段及函数:售价,平均值(Avg)。

◆ 查询名:统计 A 类图书均价的查询。

任务解决过程:

(1) 确定方法:打开"图书管理系统"数据库,在"创建"选项卡的"查询"组中,单击"查询设计"按钮。

(2) 选择数据源:在"显示表"对话框中选择"图书信息表",单击"添加",进入查询的设计视图。

(3) 设置查询设计视图:①添加字段"类别码"和"售价";②取消"类别码"字段的显示;③在"类别码"条件栏输入:"A",如图 3.26 所示。

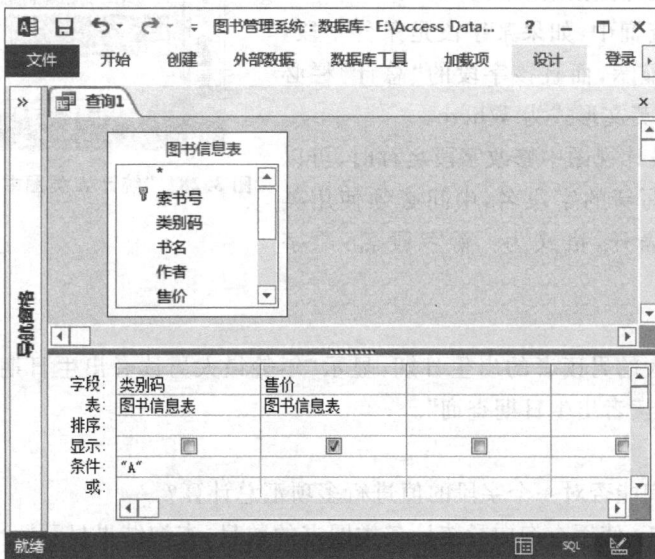

图 3.26　设置查询设计视图

(4) 添加并设置总计行:①单击"设计"选项卡"显示/隐藏"组中的"汇总"按钮∑,在视图中添加"总计"行;②设置"类别码"的"总计"栏为"where"(或"条件");③设置"售价"字段"总计"栏为"平均值"。

(5) 修改字段名：在查询的设计视图中修改"售价"字段名为"均价:售价"，如图 3.27 所示。

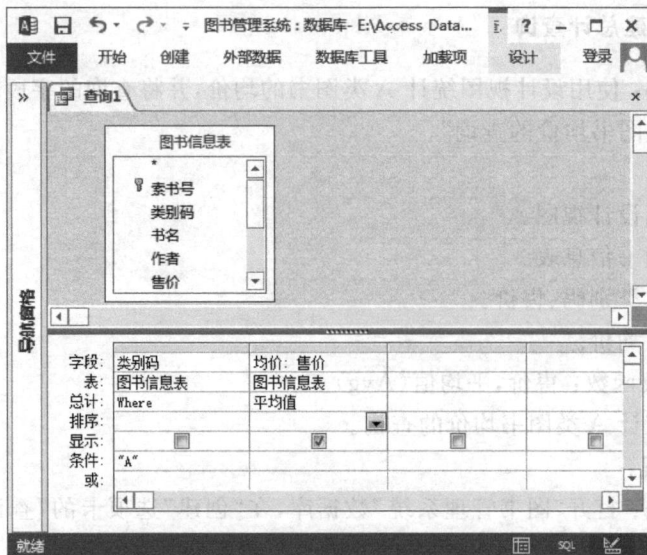

图 3.27   修改字段名

(6) 保存及运行：保存查询为"统计 A 类图书均价的查询"，运行结果如图 3.28 所示。

相关知识点细述：

(1) 常用的统计函数请参见表 3.5。

(2) 在总计查询中，如果某字段是条件字段，则不能在结果集显示，而且该字段的"总计"栏必须设置为"条件"，英文形式为 Where。

(3) 在查询设计视图中修改字段名称时，可以在该字段名称前写新的字段名，中间必须使用英文半角冒号":"隔开，格式为：新字段名:原字段名。

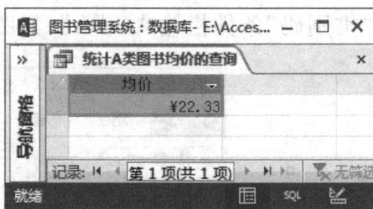

图 3.28   "统计 A 类图书均价的查询"结果

边学边练：

查询年龄最大的男读者的出生日期，显示"年龄最大男读者出生日期"字段，查询名为"统计年龄最大男读者出生日期查询"。

请思考：

使用总计查询能否对一个字段的值进行多项汇总计算？

任务实例 3.7： 使用查询向导统计各类图书的数目，查询结果显示"分类名称"和"馆藏数量 之 总计"两个字段，查询名为"统计各类图书数目查询"。

任务分析：

◆ 方法：使用查询向导。

◆ 数据源：图书类别表、图书信息表。

◆ 使用字段：分类名称、馆藏数量。

◆ 显示字段：分类名称、馆藏数量 之 总计。

◆ 总计函数：总和(Sum)。

◆ 查询名：统计各类图书数目查询。

任务解决过程：

(1) 确定方法：打开"图书管理系统"数据库，在"创建"选项卡的"查询"组中，单击"查询向导"按钮，在"新建查询"对话框中选择"简单查询向导"。

(2) 选择数据源和字段：选择"图书类别表"的"分类名称"字段后，再次选择表"图书信息表"下"馆藏数量"字段，如图 3.29 所示，单击"下一步"按钮。

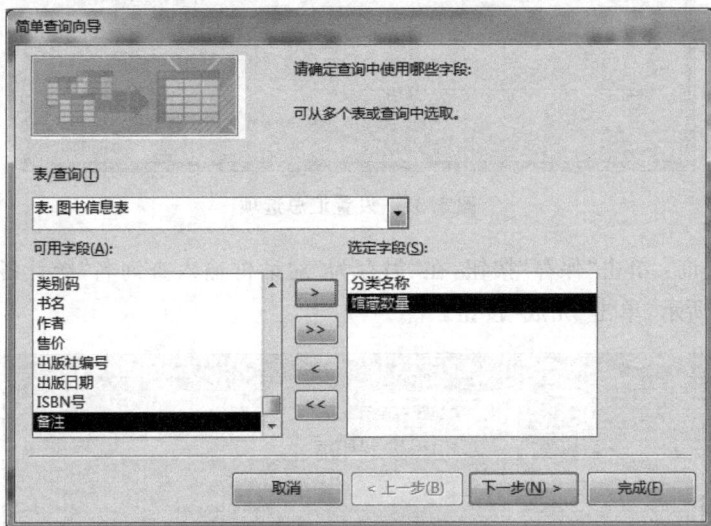

图 3.29　选择数据源

(3) 设置汇总信息：在对话框中选定"汇总"，单击"汇总选项"按钮，如图 3.30 所示，在"汇总选项"对话框中选中"汇总"，如图 3.31 所示，单击"下一步"按钮。

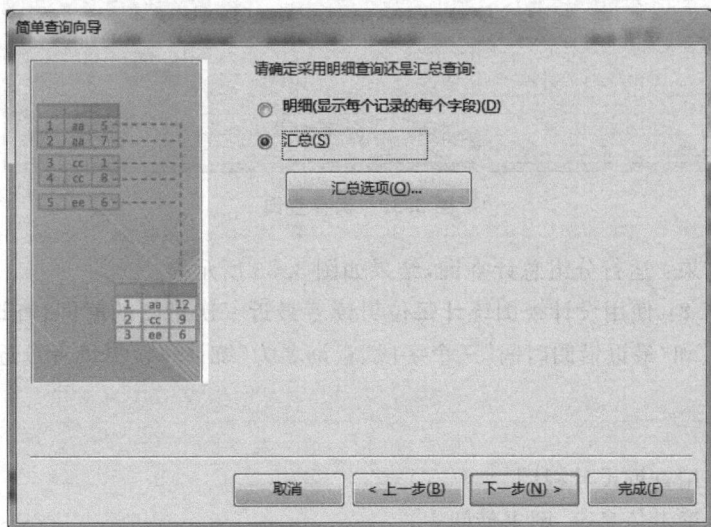

图 3.30　确定汇总查询

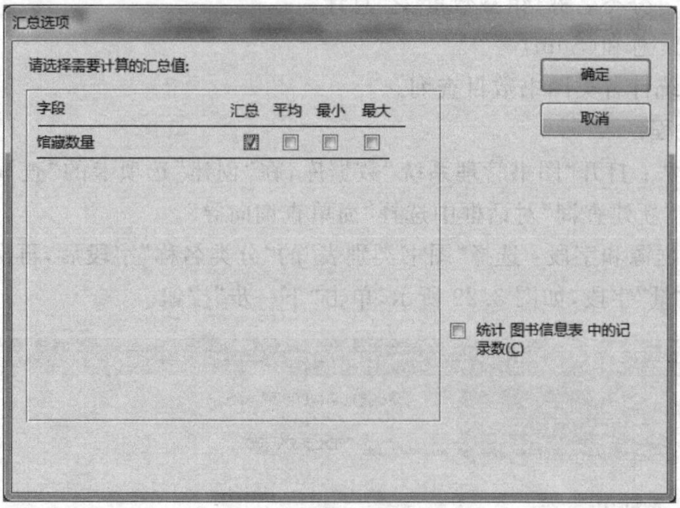

图 3.31　设置汇总选项

（4）保存查询：单击"保存"按钮，在"另存为"对话框输入查询名"统计各类图书数目查询"，如图 3.32 所示，单击"完成"按钮。

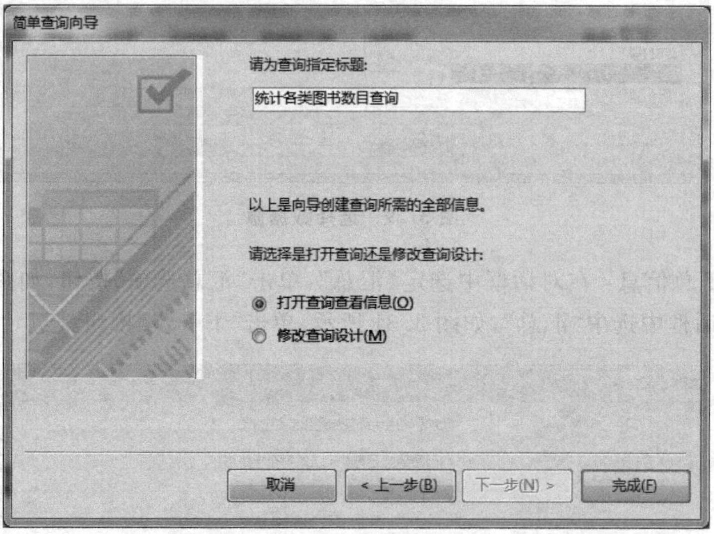

图 3.32　保存查询

（5）查询结果：运行分组总计查询，结果如图 3.33 所示。

任务实例 3.8：使用设计视图统计每位男读者最近一次借阅的时间，查询结果显示"读者编号"、"姓名"和"最近借阅时间"三个字段，查询名为"统计每位男读者最近一次借阅时间查询"。

任务分析：

◆ 方法：使用查询设计视图。

◆ 数据源：读者信息表、图书借阅表。

◆ 使用字段：读者编号、姓名、借出时间、性别。

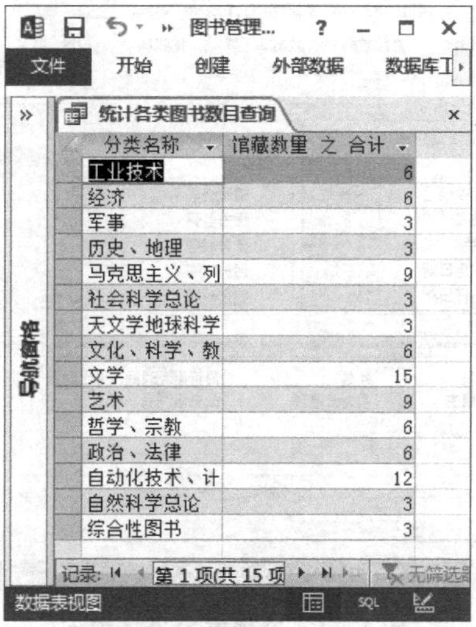

图 3.33 "统计各类图书数目查询"结果

◆ 显示字段：读者编号、姓名、最近借阅时间。

◆ 条件：性别——男。

◆ 分组字段：读者编号、姓名。

◆ 总计字段及函数：借出时间、最大值（Max）。

◆ 查询名：统计每位男读者最近一次借阅时间查询。

任务解决过程：

（1）确定方法：打开"图书管理系统"数据库，在"创建"选项卡的"查询"组中，单击"查询设计"按钮。

（2）选择数据源：在"显示表"中选择"读者信息表"和"图书借阅表"，单击"添加"按钮，进入查询的设计视图。

（3）设置查询设计视图：①添加字段"读者编号"、"姓名"、"借出时间"和"性别"；②修改"借出时间"字段名为"最近借阅时间：借出时间"；③取消"性别"字段的显示；④在"性别"条件栏输入：男，如图 3.34 所示。

（4）添加并设计总计行：①单击"设计"选项卡"显示/隐藏"组中的"汇总"按钮 ∑，在视图中添加"总计"行；②设置"读者编号"和"姓名"字段的"总计"栏为 Group By（或"分组"）；③设置"借出时间"字段"总计"栏为"最大值"（或 Max）；④设置"性别"字段"总计"栏为 Where（或"条件"），如图 3.35 所示。

（5）保存及运行：保存查询为"统计每位男读者最近一次借阅时间查询"，运行查询，结果如图 3.36 所示。

相关知识点细述：

（1）总计查询是对符合条件的所有记录进行汇总，而分组总计查询是先将符合条件的记录按某一字段的值分成若干组，再分别对每组记录进行汇总。

（2）使用查询向导创建的分组总计查询时不能设置查询条件，也不能更改字段的显示名称，而使用设计视图创建时都可以实现。

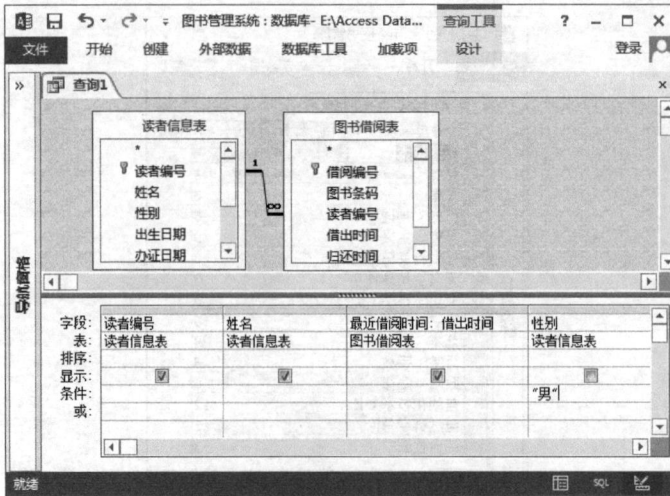

图 3.34　设置查询设计视图

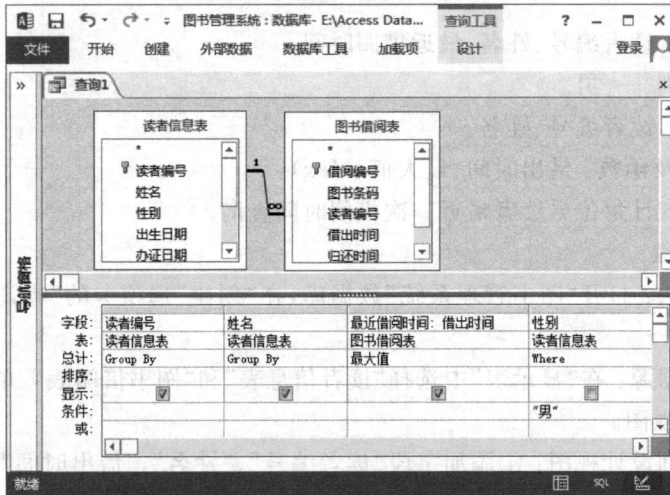

图 3.35　设置"总计"行

图 3.36　"统计每位男读者最近一次借阅时间查询"结果

（3）要按某个字段进行分组，就要将该字段的"总计"行设置为"分组"，对应英文形式为 Group By。

边学边练：

创建查询统计男女普通读者人数，显示"性别"和"普通读者人数"两个字段，查询名为"统计男女普通读者人数查询"，结果如图 3.37 所示（提示：使用总计函数"计数"）。

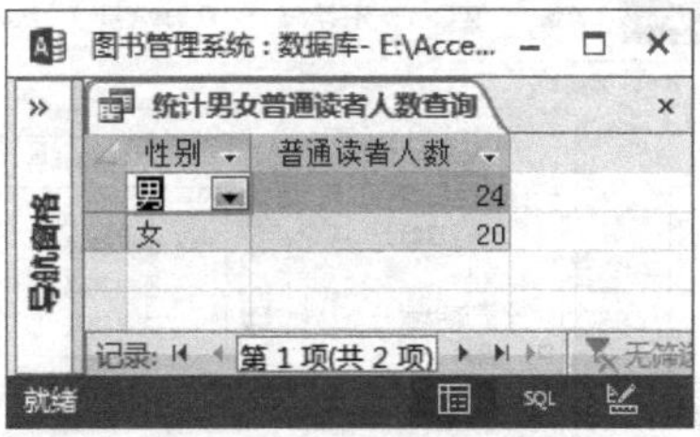

请思考：

在一个总计查询或分组总计查询中，可以同时对多个字段设置分组或汇总吗？

图 3.37 "统计男女普通读者人数查询"结果

3.2.2 添加计算字段的查询

当需要使用的数据项在所有表中没有可以直接引用的字段，或无法通过统计函数简单获取时，可以通过构造新字段得到。新字段的数据一般是对已有若干字段做各种公式或函数运算的结果，因此这个新字段常被称为"计算字段"。

任务 3-4 在查询中添加计算字段

任务实例 3.9： 查询普通读者（即非 VIP 读者）借书情况，显示"姓名"、"书名"、"借出年月"和"借阅天数"等字段内容，查询名称为"普通读者借书情况查询"。

任务分析：

◆ 方法：使用查询设计视图，添加计算字段。

◆ 数据源：读者信息表、图书借阅表、图书馆藏表、图书信息表。

◆ 使用字段：姓名、VIP、书名、借出时间、归还时间。

◆ 添加的计算字段：借出年月、借阅天数。

◆ 显示字段：姓名、书名、借出年月、借阅天数。

◆ 条件：VIP——False。

◆ 查询名：普通读者借书情况查询。

任务解决过程：

（1）确定方法：打开"图书管理系统"数据库，在"创建"选项卡的"查询"组中，单击"查询设计"按钮。

（2）选择数据源：在"显示表"对话框中选择"读者信息表"、"图书借阅表"、"图书馆藏表"和"图书信息表"，单击"添加"按钮，进入查询的设计视图。

（3）设置查询设计视图：①选择现有字段"姓名"、VIP 和"书名"；②在 VIP 条件栏输入：False；③取消 VIP 字段的显示。

（4）构造新的计算字段：①在新的字段栏输入：借出年月：Year([借出时间]) & "年" & Month([借出时间]) & "月"；②在另一新的字段栏输入：借阅天数：[归还时间]−[借出时间]，如图 3.38 所示。

（5）保存及运行：保存查询为"普通读者借书情况查询"，运行查询结果如图 3.39 所示。

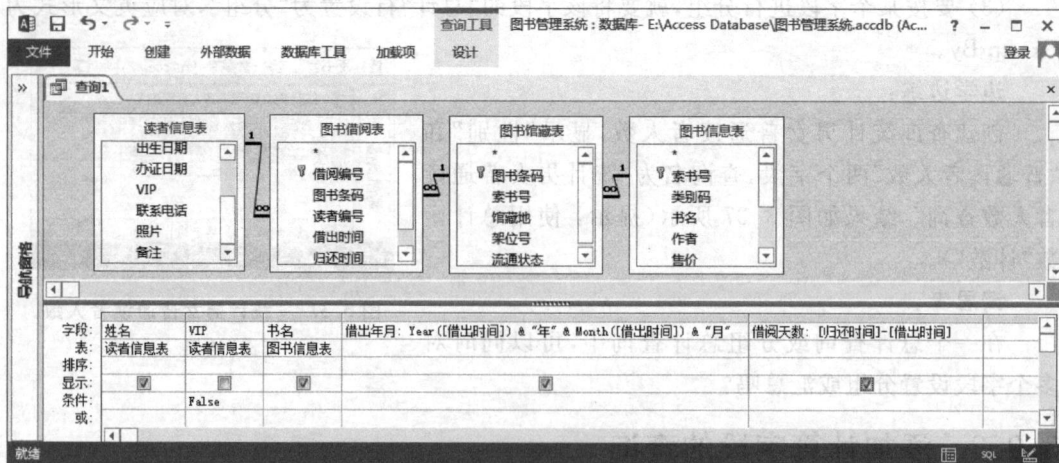

图 3.38　设置查询设计视图

图 3.39　"普通读者借书情况查询"结果

相关知识点细述：

添加的新字段要写在设计视图下窗格"字段"行的新列中,格式如下：

新字段名:计算表达式

其中,":"为英文半角格式,"计算表达式"为计算新字段值的表达式,如果在表达式中使用数据表中已有的某个字段,必须写成"[字段名]"的格式,为了避免混淆,也可以写成"[表名/查询名]![字段名]"的完整格式。

边学边练：

查询姓李的每位读者的年龄信息,显示"读者编号"、"姓名"、"年龄"等字段,查询名为"姓李读者的年龄信息查询"(提示：年龄＝Year(Date())－Year([出生日期]))。

请思考：

如果在任务实例 3.9 中再添加一个"最晚归还日期"字段，应该如何表达？

3.3　创建参数查询

参数查询是一种在查询条件中包含参数项的查询方式，也就是说，查询条件不再是常量，而是变量。运行查询时，利用对话框提示用户输入参数值，从而在数据源中检索与参数值匹配的记录。使用参数查询往往能将相似的一类查询归结为一个查询，数据处理的效率很高。参数查询分为单参数查询和多参数查询。

3.3.1　单参数查询

如果需要经常应用某个查询，但是每次应用只需要改变某一字段条件的具体值，那么就可以考虑使用"单参数查询"。例如，希望查询 2014 年每个月的图书借阅情况，若为每个月建立一个选择查询，则需要做 12 个查询，如果使用参数查询，只需一个就够了。

任务 3-5　创建单参数查询

任务实例 3.10：创建一个参数查询，按书目名称模糊搜索图书馆藏信息，参数提示"请输入书名包含的内容"，结果显示"书名"、"图书条码"、"索书号"、"馆藏地"、"架位号"和"流通状态"等字段，查询名为"按书目名称查询图书馆藏信息"。

任务分析：

◆ 方法：使用查询设计视图。

◆ 数据源：图书信息表、图书馆藏表。

◆ 使用及显示字段：书名、图书条码、索书号、馆藏地、架位号、流通状态。

◆ 参数字段：书名。

◆ 查询名：按书目名称查询图书馆藏信息。

任务解决过程：

（1）确定方法：打开"图书管理系统"数据库，在"创建"选项卡的"查询"组中，单击"查询设计"按钮。

（2）选择数据源：在"显示表"对话框中选择"图书信息表"和"图书馆藏表"，单击"添加"按钮，进入查询的设计视图。

（3）设置查询设计视图：①添加"图书信息表"的"书名"字段和"图书馆藏表"的全部字段；②设置"书名"字段的条件为：Like " * " & ［请输入书名包含的内容］& " * "，如图 3.40 所示。

（4）保存并运行查询：查询名为"按书目名称查询图书馆藏信息"，单击"设计"选项卡"结果"栏的"运行"按钮 **！**，出现"输入参数值"对话框，若在对话框中输入"中国"，如图 3.41 所示，则查询结果如图 3.42 所示。

相关知识点细述：

（1）参数查询只能用查询设计视图创建，不能使用查询向导。

（2）参数要填写在"条件"行，形如：［提示信息］，此处方括号中"提示信息"的内容将显示在"输入参数值"对话框中提示用户输入。

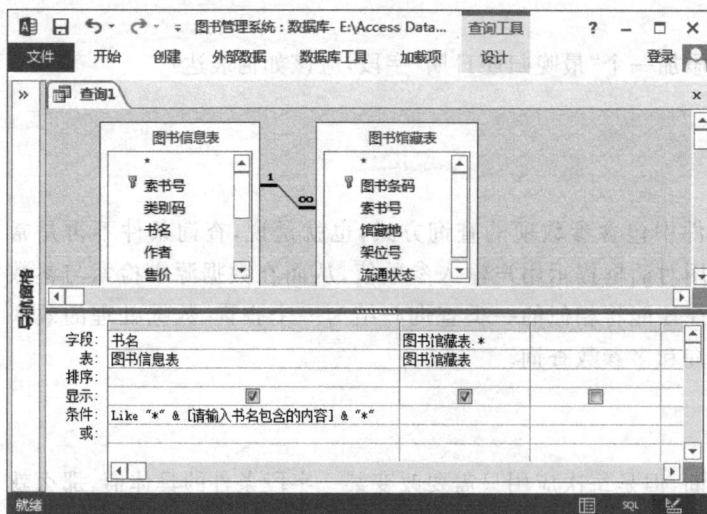

图 3.40   设置查询设计视图

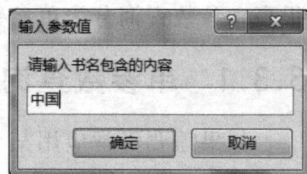

图 3.41   输入参数值对话框

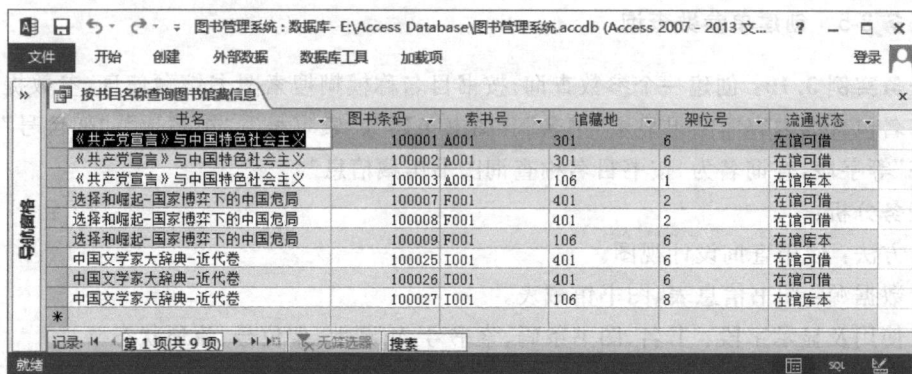

图 3.42   参数值为"中国"时的查询结果

（3）参数可以单独作为查询条件，也可以作为条件表达式的一部分，如图 3.40 所示。

（4）运行参数查询时，在"输入参数值"对话框输入的参数值的数据类型必须与参数所在字段的数据类型一致。

边学边练：

创建一个参数查询，按照姓氏查询读者信息，参数提示"请输入读者姓氏"，结果显示"读者信息表"的所有字段，查询名为"按姓氏查询读者信息"。

请思考：

参数查询中的参数与选择查询中的条件有何联系和区别？

3.3.2   多参数查询

当查询中的条件涉及的参数不止一个时，可以创建多参数查询。

任务 3-6   创建多参数查询

任务实例 3.11：创建一个参数查询，按价格范围检索图书信息，参数提示"最低价格"和

"最高价格",结果显示"索书号"、"书名"、"作者"、"定价"、"出版社名称"、"ISBN 号"和"出版日期"等内容,查询名为"按价格范围查询图书信息"。

任务分析:

◆ 方法:使用查询设计视图。

◆ 数据源:出版社信息表、图书信息表。

◆ 使用字段:索书号、书名、作者、售价、出版社名称、出版日期、ISBN 号。(提示:"售价"字段在第 2 章修改了"标题"属性,因此结果集显示"定价")

◆ 参数字段:售价。

◆ 查询名:按价格范围查询图书信息。

任务解决过程:

(1)确定方法:打开"图书管理系统"数据库,在"创建"选项卡的"查询"组中,单击"查询设计"按钮。

(2)选择数据源:在"显示表"对话框中选择"图书信息表"和"出版社信息表",单击"添加"按钮,进入查询的设计视图。

(3)设置查询设计视图:①添加字段"索书号"、"书名"、"作者"、"售价"、"出版社名称"、"出版日期"和"ISBN 号";②设置"售价"字段"条件"为:Between [最低价格] And [最高价格],如图 3.43 所示。

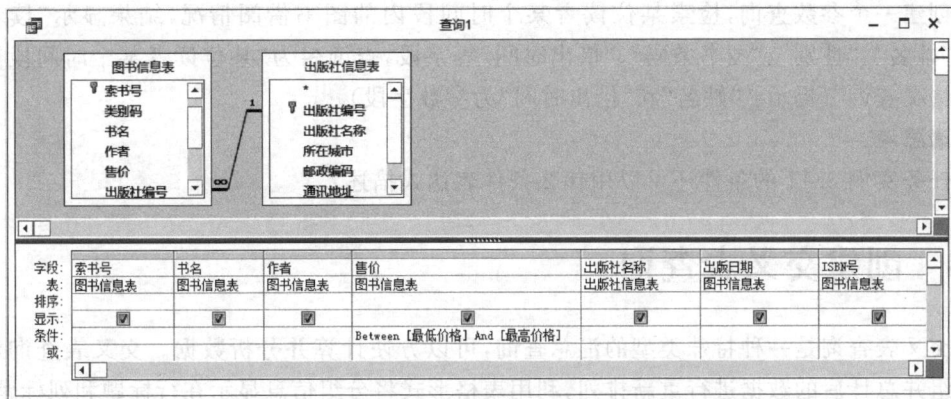

图 3.43　设置查询设计视图

(4)保存并运行查询:查询名为"按价格范围查询图书信息",运行查询,在先后两个"输入参数值"对话框输入参数值,如图 3.44 和图 3.45 所示,查询结果如图 3.46 所示。

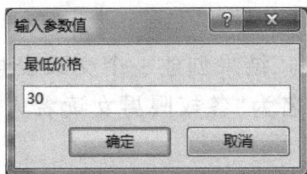

图 3.44　输入"最低价格"参数值

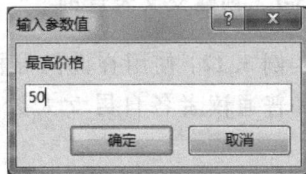

图 3.45　输入"最高价格"参数值

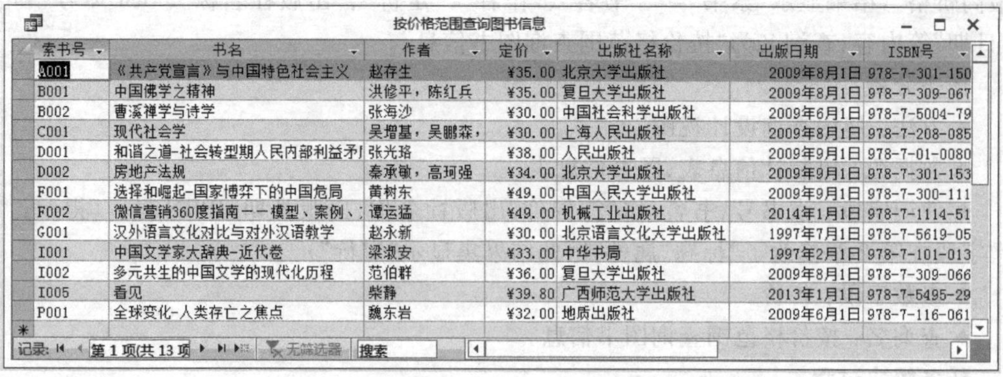

索书号	书名	作者	定价	出版社名称	出版日期	ISBN号
A001	《共产党宣言》与中国特色社会主义	赵存生	¥35.00	北京大学出版社	2009年8月1日	978-7-301-150
B001	中国佛学之精神	洪修平、陈红兵	¥35.00	夏旦大学出版社	2009年8月1日	978-7-309-067
B002	曹溪禅学与诗学	张海沙	¥30.00	中国社会科学出版社	2009年6月1日	978-7-5004-79
C001	现代社会学	吴增基、吴鹏森	¥30.00	上海人民出版社	2009年8月1日	978-7-208-085
D001	和谐之道-社会转型期人民内部利益矛	张光珞	¥38.00	人民出版社	2009年9月1日	978-7-01-0080
D002	房地产法规	秦承敏、高珂强	¥34.00	北京大学出版社	2009年8月1日	978-7-301-153
F001	选择和崛起-国家博弈下的中国危局	黄树东	¥49.00	中国人民大学出版社	2009年9月1日	978-7-300-111
F002	微信营销360度指南一一模型、案例、	谭运猛	¥49.00	机械工业出版社	2014年1月1日	978-7-1114-51
G001	汉外语言文化对比与对外汉语教学	赵永新	¥30.00	北京语言文化大学出版社	1997年7月1日	978-7-5619-05
I001	中国文学家大辞典-近代卷	梁淑安	¥33.00	中华书局	1997年2月1日	978-7-101-013
I002	多元共生的中国文学的现代化历程	范伯群	¥36.00	夏旦大学出版社	2009年8月1日	978-7-309-066
I005	看见	柴静	¥39.80	广西师范大学出版社	2013年1月1日	978-7-5495-29
P001	全球变化-人类存亡之焦点	魏东岩	¥32.00	地质出版社	2009年6月1日	978-7-116-061

记录：第1项(共13项)　无筛选器　搜索

图 3.46　30～50 元的"按价格范围查询图书信息"结果

相关知识点细述：

（1）多参数查询中的参数可以出现在不同的查询条件中，也可以出现在同一个条件表达式中，视情况而定。

（2）在查询设计视图中设置了多少个参数，在运行参数查询时就要在多少个"输入参数值"对话框中输入相应参数值。

边学边练：

创建一个参数查询，检索某位读者某个时间段内的图书借阅情况，结果显示"读者编号"、"姓名"、"性别"、"图书条码"、"借出时间"等字段，查询名为"某位读者某个时间段图书借阅情况查询"（提示："姓名"和"借出时间"为参数字段）。

请思考：

任务实例 3.11 的条件还可以用什么条件表达式描述？

3.4　创建交叉表查询

交叉表查询是一种特殊类型的汇总查询，可以方便计算并分析数据。交叉表查询对多项分组并总计后的数据进行重新排列，利用表格形式将分组信息显示在行标题和列标题处，将汇总信息显示在行列交叉点处。因此，交叉表查询至少需要三个输出字段：行标题、列标题和值。使用查询向导和设计视图均可创建交叉表查询。

为了紧凑显示表或查询数据的分类汇总信息，便于分析数据间的关系，可以使用交叉表查询。

任务 3-7　创建交叉表查询

任务实例 3.12：使用查询向导根据"读者权限查询"结果创建一个交叉表查询，查看 VIP 读者和普通读者各自男女人数的汇总信息，查询名为"各权限男女读者人数交叉表查询"。

任务分析：

◆ 方法：使用交叉表查询向导。

◆ 数据源：读者权限查询。

◆ 使用字段：行标题——VIP，列标题——性别，值——姓名。

◆ 总计函数：计数(Count)。

◆ 查询名：各权限男女读者人数交叉表查询。

任务解决过程：

(1) 确定方法：打开"图书管理系统"数据库，在"创建"选项卡的"查询"组中，单击"查询向导"按钮，在"新建查询"对话框中选择"交叉表查询向导"，点击"确定"按钮，如图 3.47 所示。

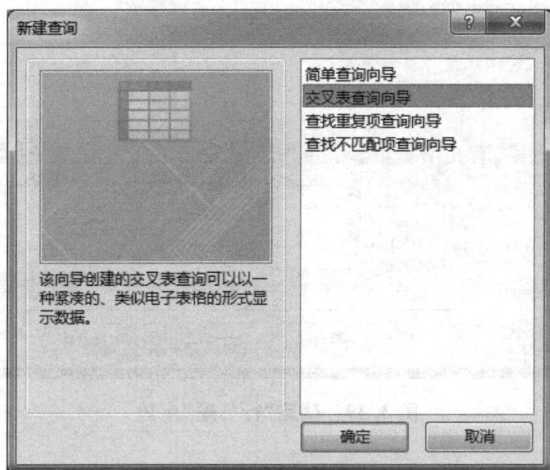

图 3.47　选择"交叉表查询向导"

(2) 选择数据源：在"视图"栏中选择"查询"，在列表中选择"查询：读者权限查询"，单击"下一步"按钮，如图 3.48 所示。

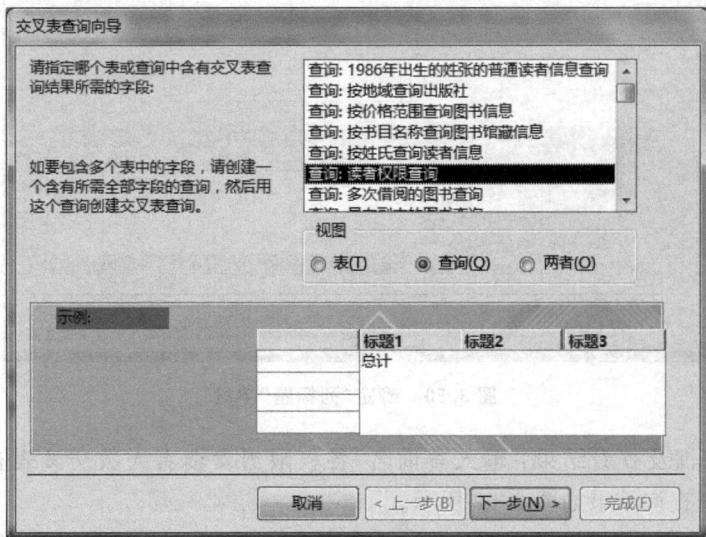

图 3.48　选择数据源

(3) 选定字段：①选择行标题，将 VIP 字段移至"选定字段"栏，如图 3.49 所示，单击

"下一步"按钮；②选择列标题为"性别"字段，如图 3.50 所示，单击"下一步"按钮；③在"字段"栏中选定"姓名"作为值字段，在"函数"栏中选定"计数"，选择"是，包括各行小计"，如图 3.51 所示，单击"下一步"按钮。

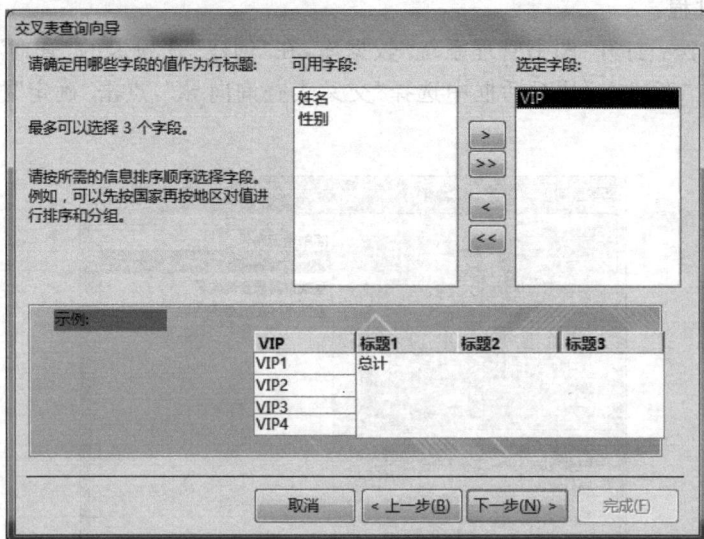

图 3.49　确定"行标题"字段

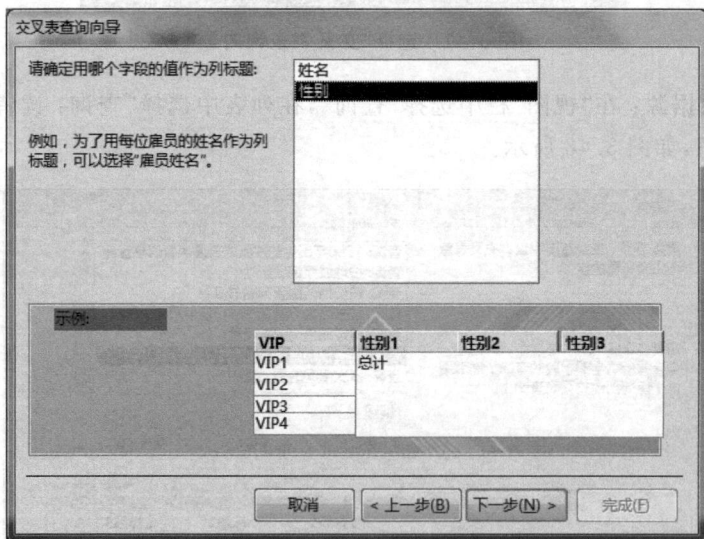

图 3.50　确定"列标题"字段

（4）保存查询及查看结果：输入查询名"各权限男女读者人数交叉表查询"，单击"完成"按钮，交叉表查询结果如图 3.52 所示。

任务实例 3.13：使用设计视图创建一个交叉表查询，查看馆藏的北京各出版社每年出版的图书数目，行标题为"出版社名称"，列标题为"出版年份"，值为"馆藏数目"总和，查询名为"馆藏的北京各出版社每年出版图书数目交叉表查询"。

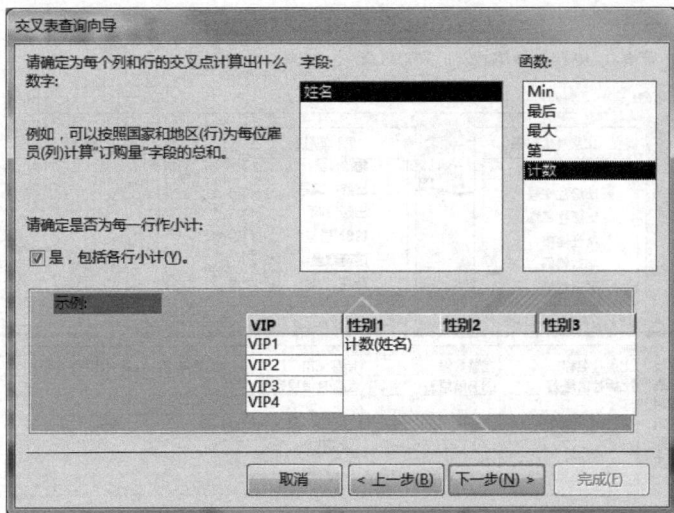

图 3.51 确定"值"所用字段及总计函数

图 3.52 "各权限男女读者人数交叉表查询"结果

任务分析：

◆ 方法：使用设计视图。

◆ 数据源：出版社信息表、图书信息表。

◆ 使用字段：行标题——出版社名称，列标题——出版年份，值——馆藏数目，条件——所在城市。

◆ 总计函数：总计(Sum)。

◆ 查询名：馆藏的北京各出版社每年出版图书数目交叉表查询。

任务解决过程：

(1) 确定方法：打开"图书管理系统"数据库，在"创建"选项卡的"查询"组中，单击"查询设计"按钮。

(2) 选择数据源：在"显示表"对话框中选择"出版社信息表"和"图书信息表"，单击"添加"按钮，进入查询的设计视图。

(3) 设计字段及条件：①选择现有字段"出版社名称"、"馆藏数量"和"所在城市"；②使用"出版日期"构造新的计算字段：出版年份：Year([出版日期])；③设置"所在城市"字段的"条件"为"北京"，如图 3.53 所示。

(4) 添加并设计"总计"行和"交叉表"行：①选择"设计"选项卡"查询类型"栏中的"交

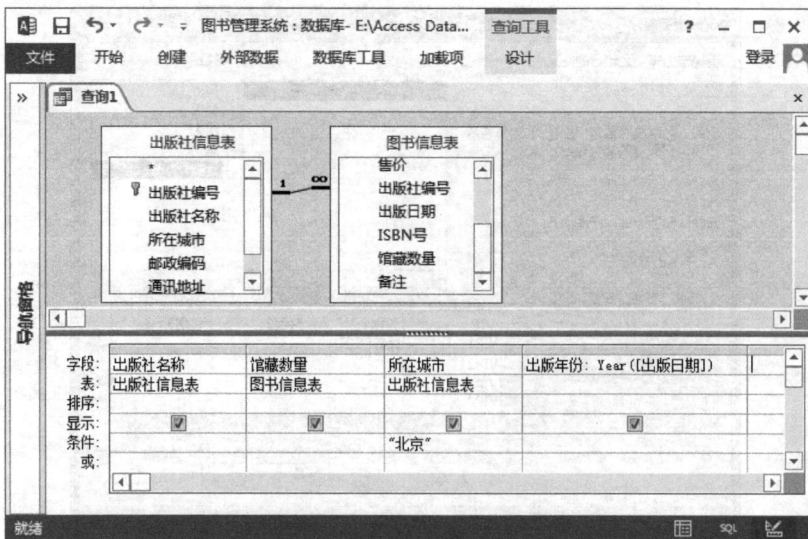

图 3.53   选择字段、设置条件

叉表"命令,如图 3.54 所示;②设置"出版社名称"字段:"总计"行为"分组"(或 Group By),
"交叉表"行为"行标题";③设置"出版年份"字段:"总计"行为"分组"(或 Group By),"交叉
表"行为"列标题";④设置"馆藏数量"字段:"总计"行为"合计"(或 Sum),"交叉表"行为
"值";⑤设置"所在城市"字段:"总计"行为"条件"(或 Where),如图 3.55 所示。

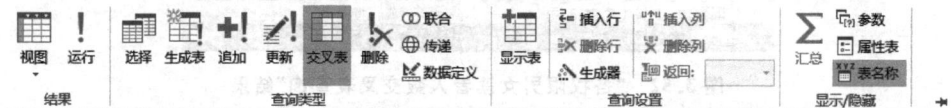

图 3.54   选择查询类型

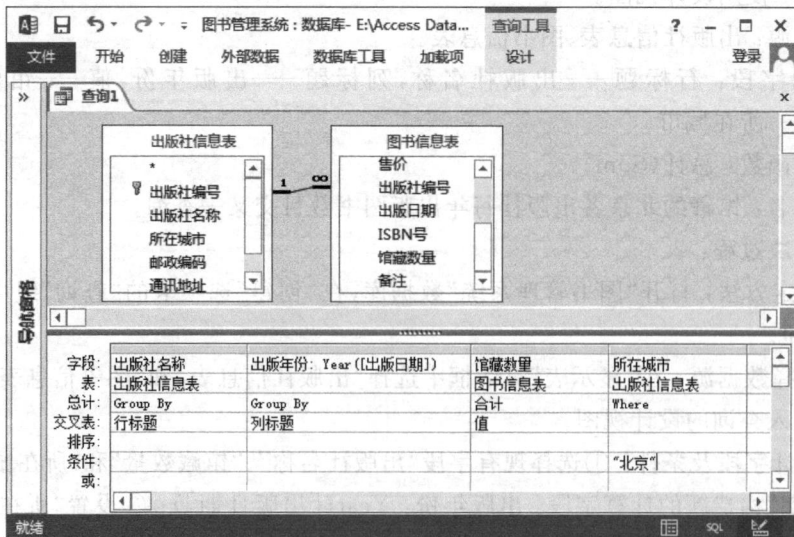

图 3.55   设计"总计"行和"交叉表"行

(5) 保存及运行：保存查询名为“馆藏的北京各出版社每年出版图书数目交叉表查询”，运行查询，结果如图3.56所示。

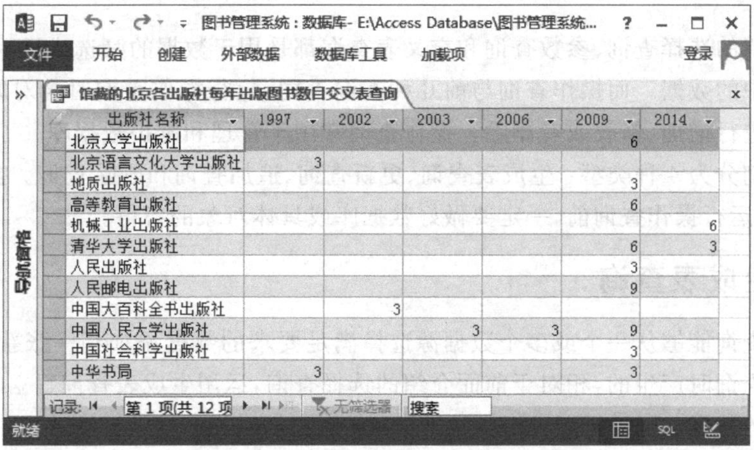

出版社名称	1997	2002	2003	2006	2009	2014
北京大学出版社					6	
北京语言文化大学出版社	3					
地质出版社					3	
高等教育出版社					6	
机械工业出版社						6
清华大学出版社					6	3
人民出版社					3	
人民邮电出版社					9	
中国大百科全书出版社		3				
中国人民大学出版社			3	3	9	
中国社会科学出版社					3	
中华书局	3					

图3.56 “馆藏的北京各出版社每年出版图书数目交叉表查询”结果

相关知识点细述：

(1) 使用交叉表查询向导创建的交叉表查询，数据源只能是一个表或者一个查询，且不能设置查询条件，也不能添加新字段；而使用设计视图创建的交叉表查询则可满足上述要求。

(2) 在创建交叉表查询过程中，设置为“行标题”的字段至少有一个，至多不超过三个，设置为“列标题”和值的字段有且只能有一个。

(3) 在交叉表查询的设计视图中，“行标题”和“列标题”字段的“总计”行必须设置为“分组”(英文形式为Group By)，而“值”字段的“总计”行必须选择一个总计函数。

边学边练：

创建一个交叉表查询，统计各馆藏地各类在馆图书的数量，行标题为“馆藏地”、列标题为“类别码”，查询名为“各馆藏地各类在馆图书数量交叉表查询”结果如图3.57所示(提示：“在馆”条件可用运算符Like或者In或者Or编写表达式实现)。

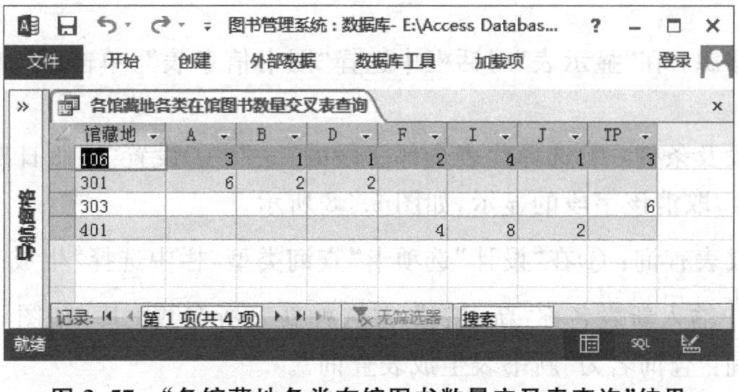

馆藏地	A	B	D	F	I	J	TP
106	3	1	1	2	4	1	3
301	6	2	2				
303							6
401				4	8	2	

图3.57 “各馆藏地各类在馆图书数量交叉表查询”结果

请思考：

如果使用交叉表查询向导创建基于多个数据源的交叉表查询，该怎样操作？

3.5　创建操作查询

前面介绍的选择查询、参数查询和交叉表查询都是用于数据的筛选或显示的,查询时不会更改源表中的数据。而操作查询与前几种查询不同,运行操作查询时会对原有数据库的对象或数据进行增加、修改或者删除。操作查询常用于管理和维护数据库。

操作查询分为 4 种类型:生成表查询、更新查询、追加查询和删除查询。操作查询不能撤销,因此在运行操作查询前,一定要做好数据库或具体对象的备份。

3.5.1　生成表查询

生成表查询能够从一个或多个数据源选择满足要求的数据添加到一张新表中,这个新表是在运行查询时产生的,相对于前面介绍的选择查询,运用生成表查询建立的新表能够永久保存筛选的数据。

任务 3-8　创建生成表查询

任务实例 3.14:创建一个生成表查询,从"图书信息表"中选择 2010 年及以后出版的图书记录添加到新表"新书表"中,"新书表"的字段与"图书信息表"一致,查询名为"新书表生成表查询"。

任务分析:

◆ 方法:使用查询设计视图。

◆ 数据源:图书信息表。

◆ 使用字段:全部。

◆ 条件:出版日期在 2010 年及以后。

◆ 生成表名:新书表。

◆ 查询名:新书表生成表查询。

任务解决过程:

(1) 确定方法:打开"图书管理系统"数据库,在"创建"选项卡的"查询"组中,单击"查询设计"按钮。

(2) 选择数据源:在"显示表"对话框中选择"图书信息表",单击"添加"按钮,进入查询的设计视图。

(3) 设置字段及条件:①选择代表全部字段的" ＊ ";②设置"出版日期"字段"条件"为:＞＝♯2010-1-1♯,取消该字段的显示,如图 3.58 所示。

(4) 设置生成表查询:①在"设计"选项卡"查询类型"栏中选择"生成表" 命令;②在"生成表"对话框中输入新表名称"新书表",并选择新表所在数据库,如图 3.59 所示。

(5) 保存查询:查询名为"新书表生成表查询"。

(6) 运行生成表查询:单击"设计"选项卡"结果"栏的"运行"按钮 ,在出现的确认对话框中单击"是",如图 3.60 所示,在数据库窗口的"表"列表中可见生成的新表,而生成表查询则在"查询"列表中可见,如图 3.61 所示,新表的数据表视图如图 3.62 所示。

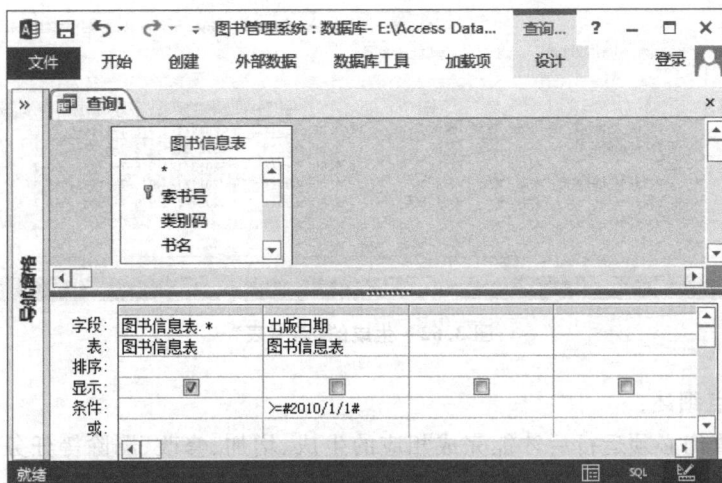

图 3.58　选择放入生成表的数据

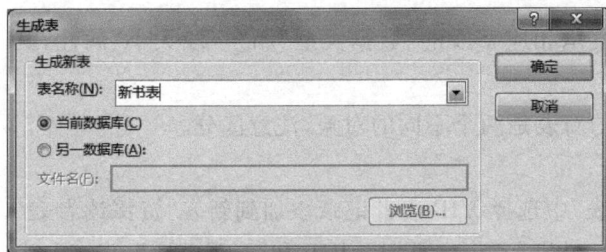

图 3.59　设置生成表对话框

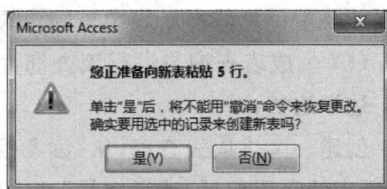

图 3.60　运行生成表查询时的确认对话框

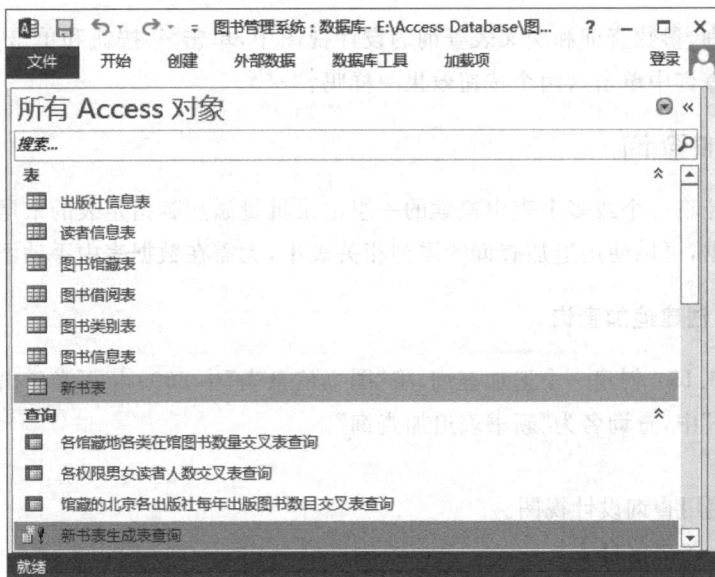

图 3.61　表和查询对象列表

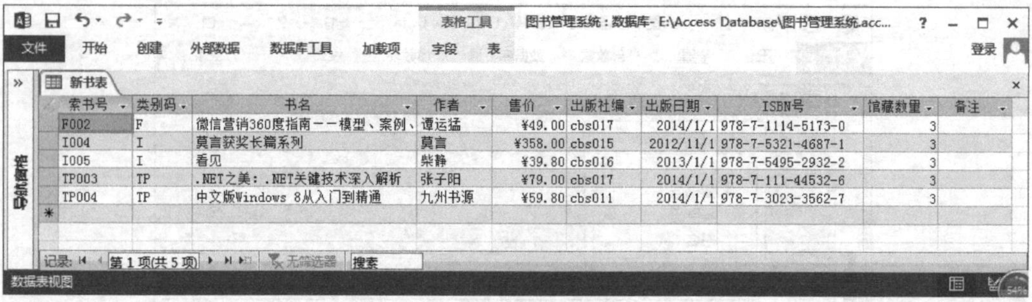

索书号	类别码	书名	作者	售价	出版社编	出版日期	ISBN号	馆藏数量	备注
F002	F	微信营销360度指南——模型、案例、	谭运猛	¥49.00	cbs017	2014/1/1	978-7-1114-5173-0	3	
I004	I	莫言获奖长篇系列	莫言	¥358.00	cbs015	2012/11/1	978-7-5321-4687-1	3	
I005	I	看见	柴静	¥39.80	cbs016	2013/1/1	978-7-5495-2932-2	3	
TP003	TP	.NET之美：.NET关键技术深入解析	张子阳	¥79.00	cbs017	2014/1/1	978-7-111-44532-6	3	
TP004	TP	中文版Windows 8从入门到精通	九州书源	¥59.80	cbs011	2014/1/1	978-7-3023-3562-7	3	

图 3.62　生成的“新书表”

相关知识点细述：

(1) 操作查询必须运行后才能完成相应的生成、增加、修改、删除等任务。运行操作查询可以单击“运行”按钮 ! ，或者在“查询”对象列表中双击查询对象名。

(2) 在运行操作查询前，应先查看要操作的满足条件的数据是否检索正确，可采用切换到数据表视图的方法。

(3) 利用“生成表查询”创建的表只继承相应字段的“数据类型”和“字段大小”属性，其他属性及主键都需在新表中重新设置。

(4) 生成表查询与运行该查询生成的新表是两个不同的对象，注意区分。

边学边练：

创建一个生成表查询，从“读者信息表”中选择 VIP 读者记录添加到新表“资深读者表”中，新表的字段包括“读者编号”、“姓名”、“性别”、“出生日期”、VIP 和“联系电话”，查询名为“资深读者表生成表查询”。

请思考：

在选择查询、参数查询和交叉表查询的设计视图中，单击 ! 按钮和单击 ▦ 按钮效果一样吗？在操作查询中单击这两个按钮效果一样吗？

3.5.2 追加查询

追加查询能将一个或多个表中检索的一组记录批量添加到指定表的末尾。当用户获得了一些新的数据，可以使用追加查询续添到相关表中，无需在数据表中手动添加。

任务 3-9 创建追加查询

任务实例 3.15：创建一个追加查询，将“图书信息表”中 2009 年下半年出版的图书记录追加到“新书表”中，查询名为“新书表追加查询”。

任务分析：

◆ 方法：使用查询设计视图。

◆ 数据源：图书信息表。

◆ 使用字段：全部。

◆ 条件：出版日期在 2009 年 7 月至 12 月。

◆ 追加到的表：新书表。

◆ 查询名：新书表追加查询。

任务解决过程：

（1）确定方法：打开"图书管理系统"数据库，在"创建"选项卡的"查询"组中，单击"查询设计"按钮。

（2）选择数据源：在"显示表"对话框中选择"图书信息表"，单击"添加"按钮，进入查询的设计视图。

（3）设置字段及条件：①添加全部字段；②设置"出版日期"的"条件"为：＞＝＃2009-7-1＃　And＜＝＃2009-12-31＃，如图 3.63 所示。

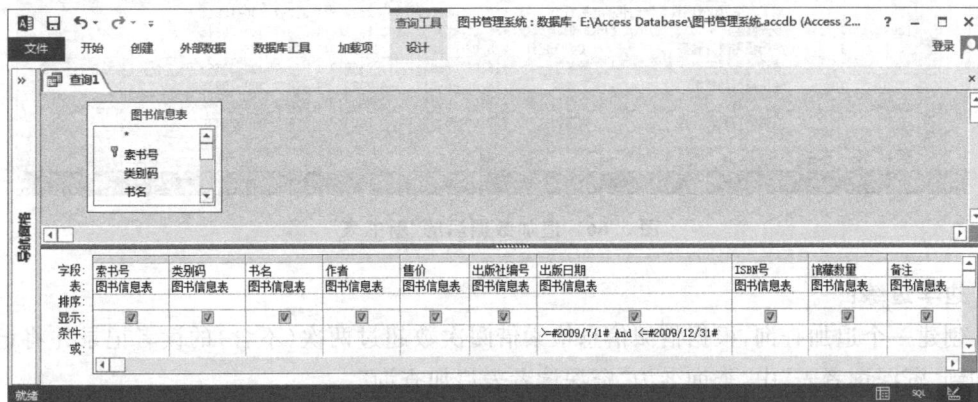

图 3.63　设定选择条件

（4）设置追加查询：①在"设计"选项卡"查询类型"栏中选择"追加"命令；②在"追加"对话框表名称列表中选择"新书表"，并确定表所在数据库，如图 3.64 所示。

（5）保存查询：查询名为"新书表追加查询"。

（6）运行查询：单击"设计"选项卡"结果"栏的"运行"按钮，在确认对话框中单击"是"，如图 3.65 所示，打开"新书表"的数据表视图，追加结果如图 3.66 所示。

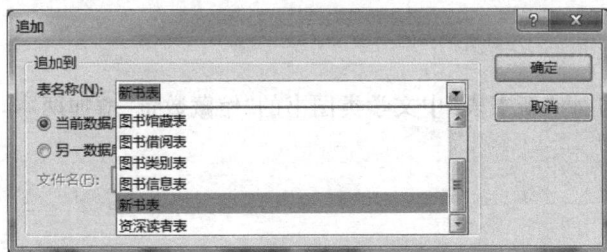

图 3.64　选择追加到的数据表

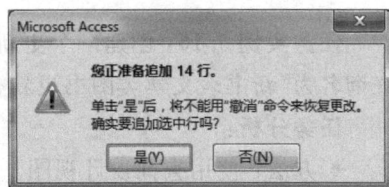

图 3.65　运行追加查询时的确认对话框

相关知识点细述：

（1）创建追加查询时，首先确定追加的字段，然后选择目标表，并确认目标表中有与源表中要追加的字段相对应的字段。

（2）目标表与源表的字段组成不必完全相同，字段名称也可以不同，但是对应字段必须具有相匹配的数据类型。

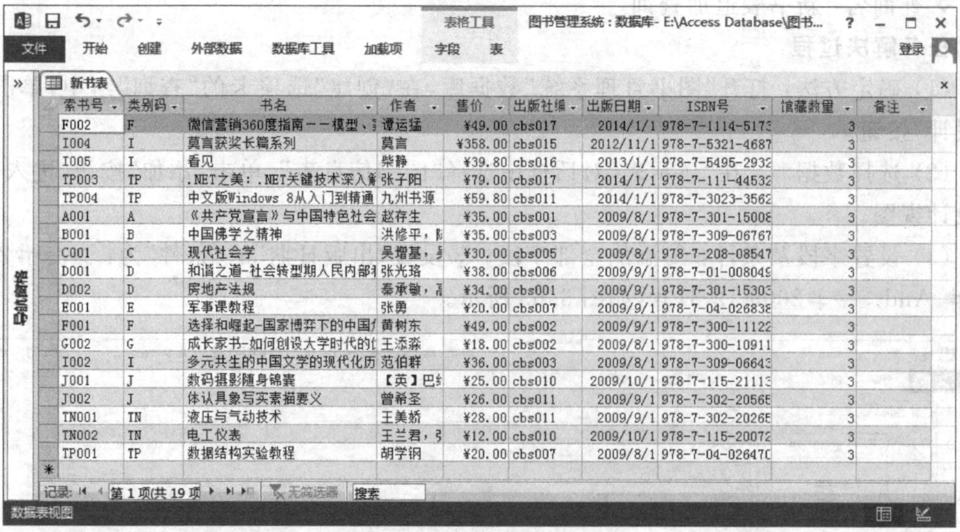

图 3.66   追加数据后的"新书表"

边学边练:

创建一个追加查询,根据借阅信息检索借阅次数超过两次(不含)的读者记录并将记录追加到"资深读者表"中,查询名为"资深读者表追加查询"。

请思考:

操作任务实例 3.15 的步骤(3)时,如果选取全部字段采用从字段列表中选择 * 是否可以?

3.5.3   更新查询

应用更新查询可以对数据源中满足要求的一组记录做批量更改。当用户对某个数据源的多条记录都进行改动时,使用"更新查询"比在数据表视图中手动修改更高效、更简便、更安全。

任务 3-10   创建更新查询

任务实例 3.16:创建一个更新查询,将"新书表"中文学类图书的"馆藏数量"增加两本,查询名为"新书表文学类图书更新查询"。

任务分析:

◆ 方法:使用查询设计视图。

◆ 数据源:新书表、图书类别表。

◆ 使用字段:分类名称、馆藏数量。

◆ 条件:分类名称——文学。

◆ 更新到:[馆藏数量]+2。

◆ 查询名:新书表文学类图书更新查询。

任务解决过程:

(1)确定方法:打开"图书管理系统"数据库,在"创建"选项卡的"查询"组中,单击"查询设计"按钮。

（2）选择数据源：在"显示表"对话框中选择"新书表"和"图书类别表"，单击"添加"按钮，进入查询的设计视图。

（3）设置字段及条件：①添加字段"分类名称"和"馆藏数量"；②在"分类名称"的"条件"栏输入："文学"，如图 3.67 所示。

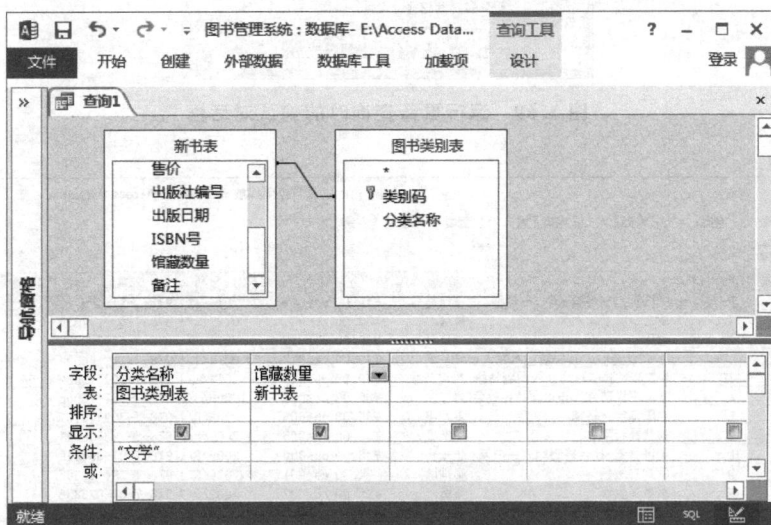

图 3.67 设置字段及条件

（4）设置更新查询：①在"设计"选项卡"查询类型"栏中选择"更新" 命令；②设置"馆藏数量"字段的"更新到"为：［馆藏数量］＋2，如图 3.68 所示。

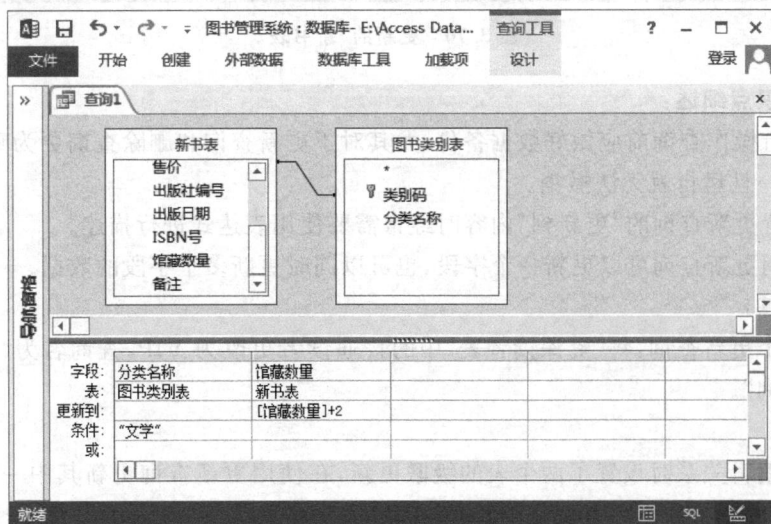

图 3.68 设置更新查询

（5）保存查询：查询名为"新书表文学类图书更新查询"。

（6）运行查询：单击"设计"选项卡"结果"栏的"运行"按钮 ，在确认对话框中单击

"是",如图 3.69 所示,打开"新书表"的数据表视图,类别码为 I 的文学类图书的"馆藏数量"已全部更新为 5,如图 3.70 所示。

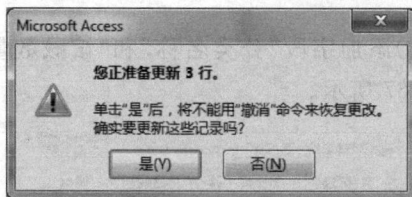

图 3.69　运行更新查询时的确认对话框

图 3.70　更新的"新书表"

相关知识点细述：

(1) 运行操作查询前应做好数据备份,尤其对于更新查询和删除查询更为重要,因为所有操作查询一旦运行就无法撤销。

(2) 设置更新查询的"更新到"内容时经常需要使用表达式进行描述。

(3) 使用更新查询可以更新一个字段,也可以同时更新多个字段的数据。

边学边练：

创建一个更新查询,将"资深读者表"中的普通读者更改为 VIP,查询名为"资深读者表权限更新查询"。

请思考：

如果在编辑关系时设置了两个表的级联更新,在使用更新查询更新其中一个表的数据时,另一个表的相关数据会有变化吗?

3.5.4　删除查询

应用删除查询可以从一个或多个表中删除一组满足条件的记录。批量地删除一组同类记录,能够大大提高数据库管理的效率。

任务 3-11　创建删除查询

任务实例 3.17：创建一个删除查询，将"新书表"中图书价格在 100 元以上(含)和 20 元以下(含)的记录删除，查询名为"新书表特殊图书的删除查询"。

任务分析：

◆ 方法：使用查询设计视图。

◆ 数据源：新书表。

◆ 删除条件：售价——100 元以上(含)和 20 元以下(含)。

◆ 查询名：新书表特殊图书的删除查询。

任务解决过程：

(1) 确定方法：打开"图书管理系统"数据库，在"创建"选项卡的"查询"组中，单击"查询设计"按钮。

(2) 选择数据源：在"显示表"对话框中选择"新书表"，单击"添加"按钮，进入查询的设计视图。

(3) 选择查询类型：在"设计"选项卡"查询类型"栏中选择"删除" 命令。

(4) 设置查询设计视图：添加 * 和"售价"字段，设置"售价"的"条件"为：$>=100$ Or $<=20$，如图 3.71 所示。

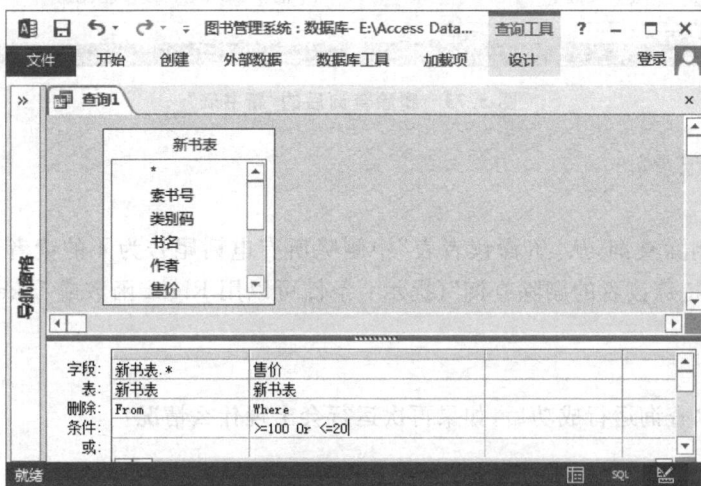

图 3.71　设置更新查询设计视图

(5) 保存查询：查询名为"新书表特殊图书的删除查询"。

(6) 运行查询：单击"设计"选项卡"结果"栏的"运行"按钮 ，在出现的确认对话框中单击"是"，如图 3.72 所示，打开"新书表"的数据表视图，所有 100 元以上和 20 元以下的图书已删除，如图 3.73 所示。

相关知识点细述：

(1) 删除查询通常会删除整个记录，而不只是记录中所选择的字段。

(2) 使用删除查询可以删除一个表中的记录，也可以删除多个表中的记录。要从多个表中删除记录必须保证这些表已经建立了相关表间关系，并且应用了"实施参照完整性"和

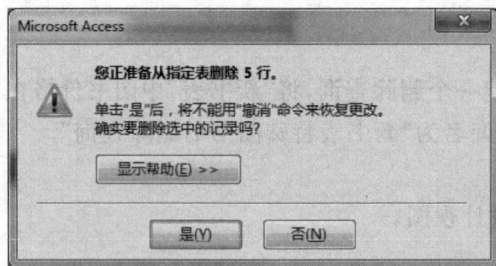

图 3.72　运行删除查询时的确认对话框

图 3.73　删除查询后的"新书表"

"级联删除相关记录"。

边学边练：

创建一个删除查询，从"资深读者表"中删除所有电话尾号为 4 的读者记录，查询名为"资深读者表中特殊读者的删除查询"(提示：条件可以用 Right 函数或 Like 运算符两种方法实现)。

请思考：

对某个删除查询运行成功后，如果再次运行会出现什么情况？

3.6　创建 SQL 特定查询

SQL 是 Structured Query Language(结构化查询语言)的缩写，集数据定义、数据查询、数据操纵和数据控制功能为一体，是 Access 用于后台编写查询操作的语言。Access 中的 SQL 特定查询能够解决一些特殊的查询要求。

3.6.1　SQL 查询概述

SQL 语言在 1986 年被美国国家标准协会(ANSI)批准为关系型数据库管理系统的标准语言，广泛应用于各种数据库管理系统产品上。SQL 语言简洁，每个语句是由命令、子句和运算符等元素组成的，分别实现对数据库的创建、更新、查询和操作。

SQL 语言是一种非过程化语言,与上下文无关,大多数语句都能独立执行并完成特定功能。SQL 语言的功能包括以下 5 个方面。

◆ 数据定义功能:创建、修改、删除基本表;建立、删除索引。

◆ 数据操纵功能:插入数据、修改数据、删除数据。

◆ 数据查询功能:单表查询、多表查询、总计查询、集合查询。

◆ 数据控制功能:数据保护、事务管理。

◆ 视图管理功能:建立、查询、更新、删除视图。

其中的数据查询功能非常强大,使用 SQL 语言中的 Select 语句能够实现满足各种条件的数据查询,还能对查询结果进行计算、汇总等操作。

在 Access 中,凡是使用向导或设计视图创建的查询,都能用等效的 SQL 语句实现,通过查询的 SQL 视图可以查看,例如图 3.74 所示的“统计每位男读者最近一次借阅时间查询”。但有些查询,用向导或设计视图处理非常复杂,用 SQL 特定查询却能够迎刃而解,高效方便。

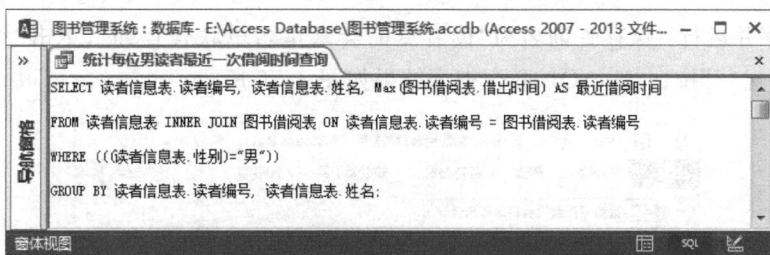

图 3.74 查询的 SQL 视图

Access 2013 中,SQL 特定查询分为三种特殊查询:联合查询、传递查询和数据定义查询。SQL 查询除了可以作为独立的查询对象外,也可以以子查询形式作为某个查询的条件存在。

3.6.2 联合查询

联合查询可以理解是将两个或多个具有相同结构结果集的普通选择查询组合到一起的 SQL 特定查询。

任务 3-12 创建联合查询

任务实例 3.18:图书馆举办作者和读者见面会,需要汇总邀请的嘉宾名单,请创建一个 SQL 联合查询,检索 VIP 读者和 F 类图书作者的姓名,结果显示“嘉宾姓名”字段,按照拼音顺序排列,查询名为“读者见面会嘉宾名单联合查询”。

任务分析:

◆ 方法:使用 SQL 联合查询。

◆ 数据源:读者信息表、图书信息表。

◆ 显示字段:嘉宾姓名。

◆ 查询名:读者见面会嘉宾名单联合查询。

任务解决过程:

(1)确定方法:打开“图书管理系统”数据库,在“创建”选项卡的“查询”组中,单击“查询设计"按钮,在弹出的"显示表"对话框中单击"关闭"按钮。

(2) 确定查询类型:在"设计"选项卡"查询类型"栏中选择"联合" 联合 命令。

(3) 编写 SQL 语句:在 SQL 联合查询视图中输入查询语句,如图 3.75 所示。

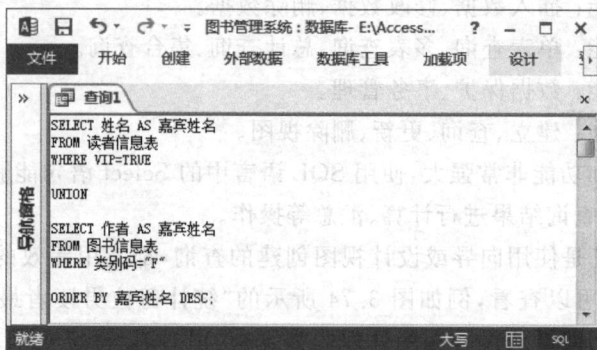

图 3.75　输入联合查询的 SQL 语句

(4) 保存并运行:保存查询名为"读者见面会嘉宾名单联合查询",单击"设计"选项卡"结果"栏的"运行"按钮 ! ,SQL 联合查询结果如图 3.76 所示。

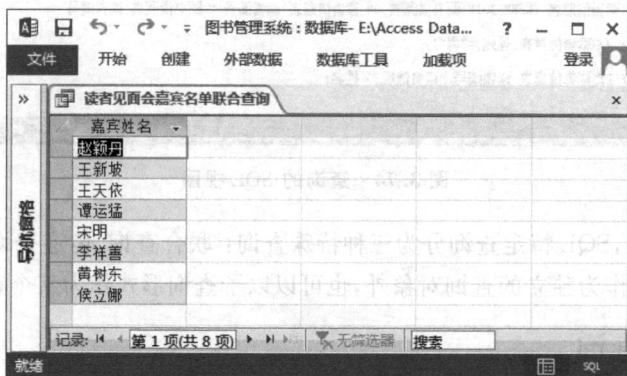

图 3.76　SQL 联合查询结果

相关知识点细述:

(1) Select 语句的格式及含义

① 语句格式:

```
Select [All|Distinct] * |<列名>[As 别名]|<目标列表达式>|<函数>[, … ]
From<表名或视图名> [, … ]
[Where<条件表达式>]
[Group By<列名>[Having<条件表达式>][, … ]]
[Order By<列名>[Asc]|[Desc][, … ]]
```

② Select 语句含义:从 From 分句指定的表或者视图中,检索出满足 Where 分句指定的条件的记录,将这个结果集按照 Group By 分句指定的字段分组,选择出满足 Having 语句指定条件的某些组,再将这些组的记录按照 Select 分句指定的列的顺序排列,并按照 Order By 分句指定的排序规则调整记录顺序,得到最终的查询结果。

③ 参数含义：

◆ All ——查询结果是满足条件的全部记录。

◆ Distinct ——查询结果是不包含重复行的记录集。

◆ Asc ——查询结果按指定字段的升序排序。

◆ Desc ——查询结果按指定字段的降序排序。

④ 任何一个 SQL 查询的 Select 语句至少要有 Select 分句和 From 分句，其他分句根据具体问题确定有或无。在不会造成混淆的前提下，每个字段前的表名或者查询名可省略。要更改某个字段的显示名称，可使用"AS 新字段名"形式表示。

⑤当查询中表示多个数据源时，需表达出数据源间的关系。如图 3.74 所示，在 From 分句中指出了用到的两个数据源——"读者信息表"和"图书借阅表"，并且用 Inner Join… On 指明两表间关系是通过"读者编号"字段等值连接的。

(2) SQL 语言中标识联合查询的关键字是 Union，将前后两部分 Select 查询语句连接起来。注意：两部分 Select 查询语句的字段列表必须一致。

(3) 如果两部分 Select 查询结果有重复数据，则使用 Union All 代替 Union 可将所有记录包括重复信息返回。

边学边练：

创建一个联合查询，检索来自"多次借阅的图书查询"和"没有借阅记录的图书查询"两个数据源的"图书条码"信息，查询名为"多次被借阅和从未被借阅图书的联合查询"。

3.6.3　数据定义查询

SQL 语言的数据定义功能包括建立、修改或删除数据表，建立或删除索引等，Access 提供的 SQL 特定查询的数据定义查询能够实现这些功能。还可以使用 SQL 查询实现数据操纵，实现在表中添加记录、修改记录或者删除记录等操作。

任务 3-13　使用 SQL 查询进行数据定义

任务实例 3.19：使用 SQL 语句实现下述数据定义查询。

(1) 创建"图书馆职员表"，结构如表 3.11 所示，查询名为"创建图书馆职员表数据定义查询"。

表 3.11　图书馆职员表结构

字段名	数据类型	字段大小	主　键	字段名	数据类型	字段大小	主　键
职员编号	数字	长整型	是	出生日期	日期时间		
职员姓名	短文本	20		是否正式	是/否		
职员性别	短文本	2		联系电话	短文本	20	
民族	短文本	2		备注	长文本		

(2) 在"图书馆职员表"中添加货币型字段"基本工资"，查询名为"添加基本工资字段数据定义查询"。

(3) 修改"图书馆职员表"中"联系电话"字段大小为 30，查询名为"修改联系电话字段数据定义查询"。

(4)删除"图书馆职员表"中"民族"字段,查询名为"删除民族字段数据定义查询"。

(5)删除"图书馆职员表",查询名为"删除图书馆职员表数据定义查询"。

任务分析:

◆ 方法:使用 SQL 数据定义查询。

◆ 目的:创建新表,修改表结构,删除表。

◆ 相关 SQL 语句:Create Table、Alter Table、Drop Table。

◆ 查询名:①创建图书馆职员表数据定义查询;②添加基本工资字段数据定义查询;③修改联系电话字段数据定义查询;④删除民族字段数据定义查询;⑤删除图书馆职员表数据定义查询。

任务解决过程:

(1)创建新表

① 确定方法:使用"创建"选项卡下的"查询设计"命令,关闭"显示表"对话框,选择"设计"选项卡"查询类型"栏的"数据定义" 命令。

② 编写 SQL 语句:在查询中输入 SQL 语句,如图 3.77 所示。

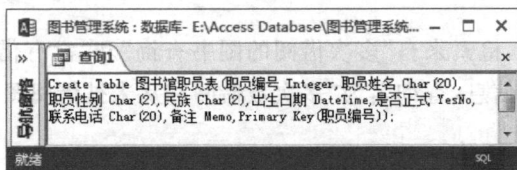

图 3.77 输入创建表的 SQL 语句

③ 保存及运行:保存查询名为"创建图书馆职员表数据定义查询",单击"运行"按钮 ,在导航窗格中可以看到新表,结构如图 3.78 所示。

(2)添加新字段

① 确定方法:使用"创建"选项卡下的"查询设计"命令,关闭"显示表"对话框,选择"设计"选项卡"查询类型"栏中的"数据定义"命令。

② 编写 SQL 语句:在查询中输入 SQL 语句,如图 3.79 所示。

③ 保存及运行:保存查询名为"添加基本工资字段数据定义查询",单击"运行"按钮 ,结果如图 3.80 所示。

(3)修改字段

① 确定方法:使用"创建"选项卡下的"查询设计"命令,关闭"显示表"对话框,选择"设计"选项卡"查询类型"栏中的"数据定义"命令。

② 编写 SQL 语句:在查询中输入 SQL 语句,如图 3.81 所示。

③ 保存及运行:保存查询名为"修改联系电话字段数据定义查询",单击"运行"按钮 ,结果如图 3.82 所示。

(4)删除字段

① 确定方法:使用"创建"选项卡下的"查询设计"命令,关闭"显示表"对话框,选择"设计"选项卡"查询类型"栏中的"数据定义"命令。

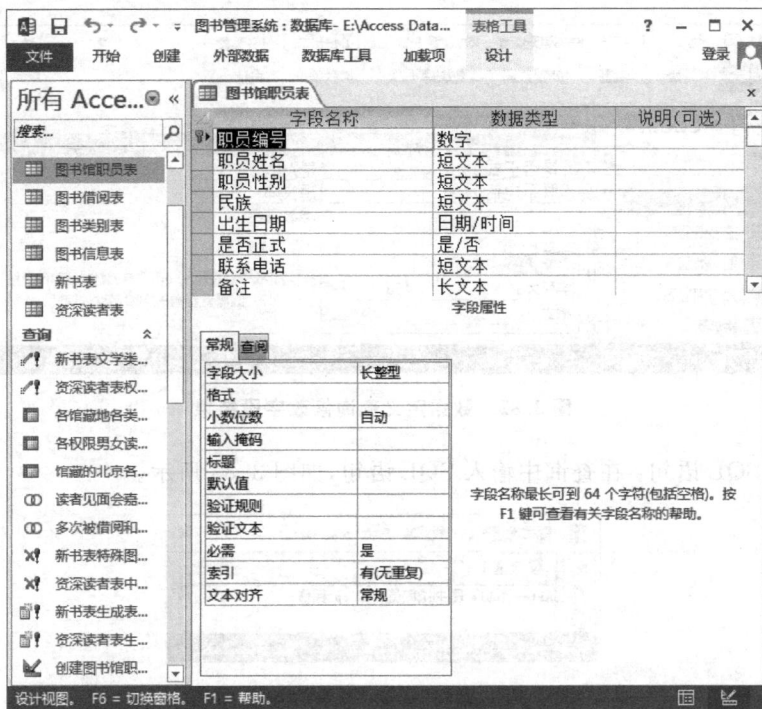

图 3.78 数据定义查询创建新表结果

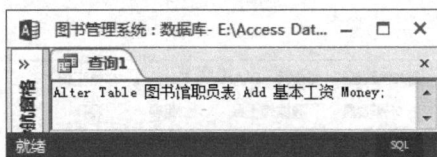

图 3.79 添加"基本工资"字段的 SQL 语句

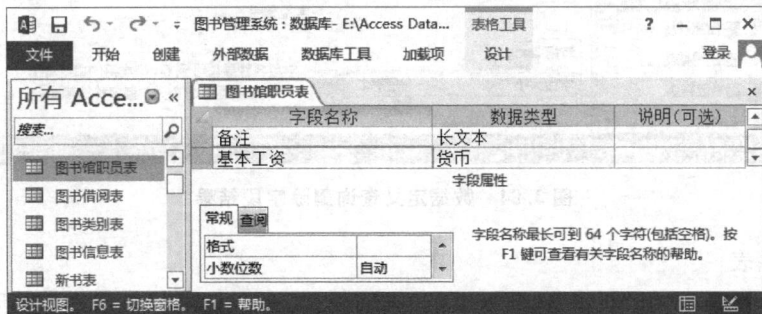

图 3.80 数据定义查询添加字段结果

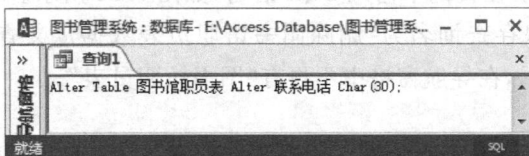

图 3.81 修改"联系电话"字段的 SQL 语句

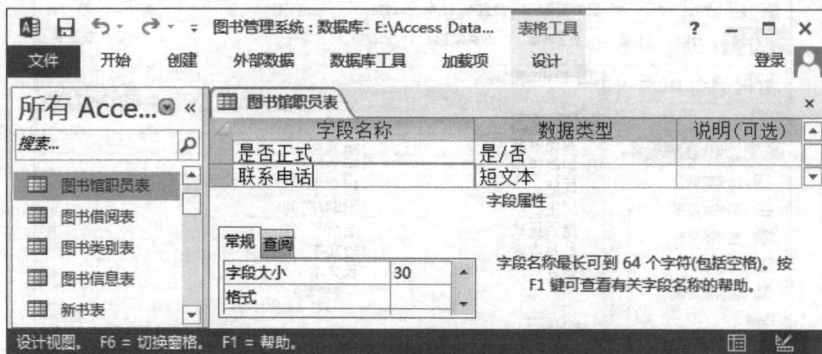

图 3.82   数据定义查询修改字段结果

② 编写 SQL 语句：在查询中输入 SQL 语句，如图 3.83 所示。

图 3.83   删除"民族"字段的 SQL 语句

③ 保存及运行：保存查询名为"删除民族字段数据定义查询"，单击"运行"按钮 ![run]，结果如图 3.84 所示。

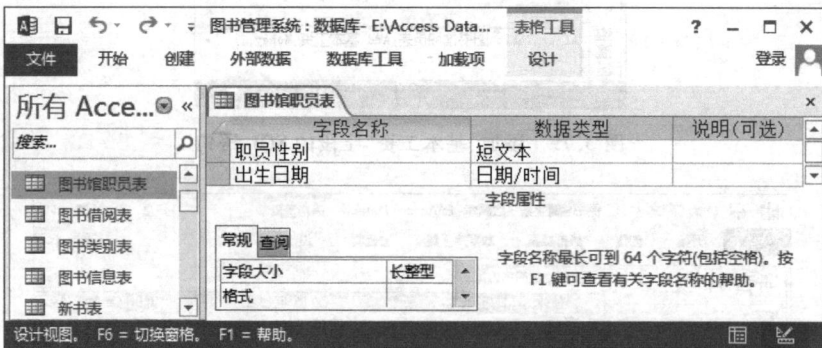

图 3.84   数据定义查询删除字段结果

（5）删除表

① 确定方法：使用"创建"选项卡下的"查询设计"命令，关闭"显示表"对话框，选择"设计"选项卡"查询类型"栏中的"数据定义"命令。

② 编写 SQL 语句：在查询中输入 SQL 语句，如图 3.85 所示。

③ 保存及运行：保存查询名为"删除图书馆职员表数据定义查询"，单击"运行"按钮 ![run]，结果如图 3.86 所示，在导航窗格中不再有"图书馆职员表"。

相关知识点细述：

（1）在 SQL 语言中可以使用 Create Table 语句定义表，其语句格式如下：

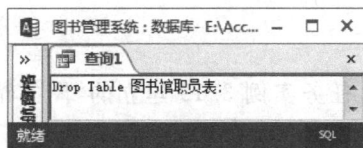

图 3.85 输入删除表的 SQL 语句

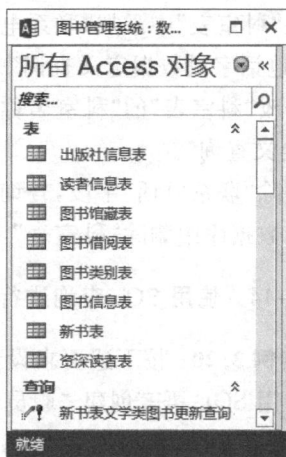

图 3.86 数据定义查询删除表结果

```
Create Table <表名>
              (<列名 1><数据类型 1>[<列级完整性约束 1>]
              [,<列名 2><数据类型 2>[<列级完整性约束 2>][, … ]
              [,<列名 n><数据类型 n>[<列级完整性约束 2>]
              [<表级完整性约束>]);
```

(2) 使用 SQL 语言的 Alter Table 语句可以修改表结构,如添加字段、修改字段或删除字段等,语句格式分别为:

```
Alter Table <表名>Add <新列名><数据类型>[<列级完整性约束>][, … ];
Alter Table <表名>Alter <列名><数据类型>[, … ];
Alter Table <表名>Drop <列名>[, … ];
```

(3) 可用 SQL 语言的 Drop Table 语句删除表,格式为:

```
Drop Table <表名>;
```

(4) 需要在表中创建或删除索引时,也可以使用 SQL 语言实现,创建索引的语句格式为:

```
Create Index <索引名>On <表名>(列名 1 [ASC|DESC][, 列名 2 [ASC|DESC], … ]);
```

删除索引的语句格式为:

```
Drop Index <索引名>On <表名>;
```

边学边练:

(1) 应用 SQL 数据定义查询创建"科室表",结构如表 3.12 所示,查询名为"创建科室表数据定义查询"。

表 3.12 "科室表"结构

字段名	数据类型	字段大小	主 键
科室编号	数字	长整型	是
科室名称	短文本	30	

（2）在"科室表"中添加"联系电话"字段,数据类型为字符型,字段大小为 20,查询名为"添加联系电话字段数据定义查询"。

（3）修改"科室表"的"科室名称"字段,字段大小由 30 改为 10,查询名为"修改科室名称字段数据定义查询"。

（4）删除"联系电话"字段,查询名为"删除联系电话字段数据定义查询"。

（5）从数据库中删除"科室表",查询名为"删除科室表数据定义查询"。

任务 3-14　使用 SQL 查询进行数据操纵

任务实例 3.20：按下述要求设计查询。

（1）使用 SQL 语言创建"职员信息添加查询",为任务实例 3.19 建立的"图书馆职员表"添加一条新记录,数据如表 3.13 所示。

表 3.13　新记录

职员编号	职员姓名	职员性别	民族	出生日期	是否正式	联系电话	备 注
532001	王莹	女	汉	1963-10-10	True		

（2）使用 SQL 语言创建"职员信息修改查询",将"图书馆职员表"中职员"王莹"的"联系电话"修改为 38362599。

（3）使用 SQL 语言创建"职员信息的删除查询",将"图馆职员表"中 1963 年及之前出生的职员记录删除。

任务分析：

◆ 方法：使用 SQL 数据操纵查询。

◆ 目的：添加新记录、修改记录、删除记录。

◆ 相关 SQL 语句：Insert Into、Update、Delete。

◆ 查询名：①职员信息添加查询；②职员信息修改查询；③职员信息删除查询。

任务解决过程：

（1）添加新记录：打开新建查询的 SQL 视图,输入添加记录的 SQL 语句,保存查询为"职员信息添加查询",如图 3.87 所示,运行"查询",在出现的对话框中单击"是",结果如图 3.88 所示。

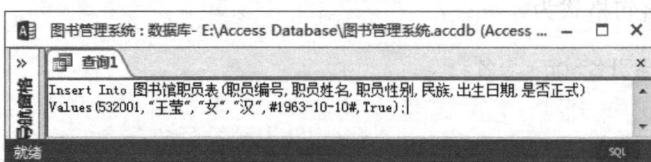

图 3.87　添加记录的 SQL 语句

（2）修改记录：打开新建查询的 SQL 视图,输入修改记录 SQL 语句,如图 3.89 所示,保存查询为"职员信息修改查询",运行"查询",在出现的对话框中单击"是",结果如图 3.90 所示。

（3）删除记录：打开新建查询的 SQL 视图,输入删除记录的 SQL 语句,如图 3.91 所

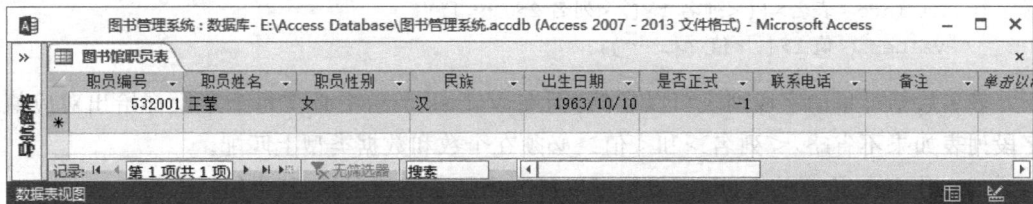

图 3.88 使用 SQL 查询添加记录后结果

图 3.89 更新记录的 SQL 语句

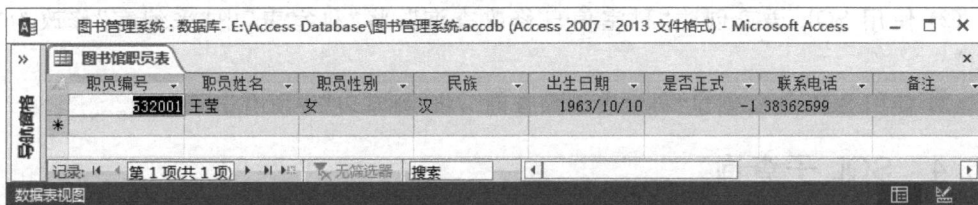

图 3.90 使用 SQL 查询修改记录后结果

示，保存查询为"职员信息删除查询"，运行"查询"，在出现的对话框中单击"是"，结果如图 3.92 所示。

图 3.91 删除记录的 SQL 语句

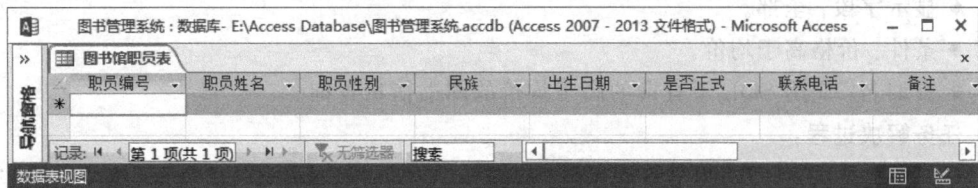

图 3.92 使用 SQL 查询删除记录后结果

相关知识点细述：

（1）向某个数据表添加记录是数据库中常用的操作，SQL 语言的 Insert 语句能将新记录插入到表的末尾，其语句格式为：

```
Insert Into <表名>[( <列名 1>[, <列名 2>, … ])]
    Values (<值 1>[, <值 2>, … );
```

表名后括号里的字段列表可以省略,但在 Values 子句中必须每个字段都给出对应值,字段列表如果不省略,<列名>和<值>必须在个数和数据类型上匹配。

(2) 用 SQL 语言的 Update 语句可以修改满足条件的记录,其语句格式为:

```
Update <表名>Set <列名 1>=<表达式 1>[, <列名 2>=<表达式 2>][, … ]
[Where <条件>];
```

(3) 删除记录的 SQL 语句能将表中满足条件的记录删除,其语句格式为:

```
Delete From <表名>[ Where <条件>];
```

边学边练:

(1) 使用 SQL 语言创建"科室信息添加查询",向任务实例 3.19 建立的"科室表"添加一条新记录(1001,采编室)。

(2) 使用 SQL 语言创建"科室信息修改查询",将"科室表"中"采编室"修改为"阅览室"。

(3) 使用 SQL 语言创建"科室表删除查询",将"科室表"中所有记录删除。

3.6.4　SQL 子查询

在使用数据库查询数据时,有些情况无法用一个查询直接获取想要的结果,往往需要在一个查询结果的基础上继续另一个查询才可以,此时可以用 SQL 的 SELECT 语句取代前者,这样的查询就是 SQL 子查询。

任务 3-15　使用 SQL 子查询

任务实例 3.21:检索"图书信息表"中价格高于所有图书均价的图书信息,查询名为"应用 SQL 子查询的高于均价的图书信息查询"。

任务分析:

◆ 方法:使用 SQL 子查询。

◆ 数据源:图书信息表。

◆ 显示字段:全部。

◆ 条件:价格高于均价。

◆ 查询名:应用 SQL 子查询的高于均价的图书信息查询。

任务解决过程:

(1) 确定方法:打开"图书管理系统"数据库,在"创建"选项卡的"查询"组中,单击"查询设计"按钮。

(2) 选择数据源:在"显示表"对话框中选择"图书信息表",单击"添加"按钮,进入查询的设计视图。

(3) 设置查询设计视图:①选择代表全部字段的 * 和"售价";②取消"售价"字段的显示;③在"售价"字段的"条件"栏输入:>(Select Avg([售价]) From 图书信息表),如

图 3.93 所示。

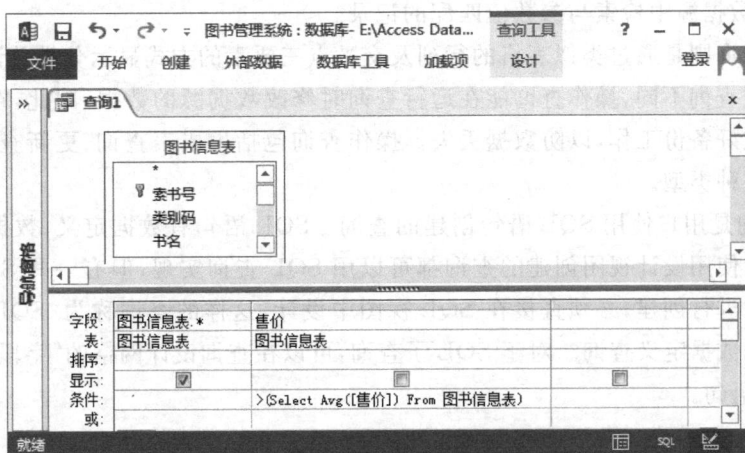

图 3.93 设置 SQL 子查询

（4）保存并运行：查询名为"应用 SQL 子查询的高于均价的图书信息查询"，查询结果如图 3.94 所示。

图 3.94 SQL 子查询的应用结果

相关知识点细述：

（1）子查询不能作为独立的查询，只能与其他查询结合，可以利用子查询的结果做进一步的查询。

（2）构成子查询的 SELECT 语句通常出现在查询设计视图的"字段"行或"条件"行。

边学边练：

检索小于平均年龄的读者信息，显示"读者编号"、"姓名"、"性别"和"年龄"等字段，查询名为"应用 SQL 子查询的小于平均年龄读者信息查询"。

本章小结

查询是实现数据库检索和数据统计的重要工具。本章以丰富的实例介绍了各类查询的应用背景、作用及创建方法。

选择查询能从一个或多个数据源中检索或构造出符合条件要求的数据，还可以进一步对查询结果进行总计、分组总计或者自定义的计算。

参数查询能将相似的一类查询归结为一个查询。参数查询利用对话框提示用户输入参数值,从而在数据源中检索与参数值匹配的记录。

交叉表查询则是通过类似表格的行列及交叉点三要素的方式显示分类总计的结果。

与前几类查询不同,操作查询能在运行查询时修改数据源的数据,因此,在运行操作查询之前必须做好备份工作,以防数据丢失。操作查询包括生成表查询、更新查询、追加查询和删除查询 4 种类型。

SQL 查询是用户使用 SQL 语句创建的查询。SQL 语句有数据定义、数据操纵和数据查询等功能。使用设计视图创建的查询都可以用 SQL 查询实现,但有一些 SQL 查询无法在设计网格中进行创建,必须直接在 SQL 视图中设计,这样的查询称为"SQL 特定查询",如联合查询和数据定义查询。对于 SQL 子查询,可以在查询设计网格的"字段"行或"条件"行输入 SQL 语句。

习题 3

一、思考题

(1) Access 中的查询包括哪些类型? 分别适用于什么情形的查询操作?

(2) 分组总计查询与交叉表查询的功能有何异同?

(3) 操作查询还可细分为哪些类型? 每种查询有何作用?

(4) 请写出各种操作查询对应的 SQL 语句的基本形式。

(5) 在查询中添加新的计算字段的格式是什么样的?

二、选择题

(1) SQL 的含义是(   )。

    A. 结构化查询语言　　　　　　　　　　B. 数据定义语言

    C. 数据库查询语言　　　　　　　　　　D. 数据库操纵与控制语言

(2) 交叉表查询中,在"交叉表"行上有且只能有一个的是(   )。

    A. 行标题和列标题　　　　　　　　　　B. 行标题和值

    C. 行标题、列标题和值　　　　　　　　D. 列标题和值

(3) 利用对话框提示用户输入值的查询过程称为(   )。

    A. 选择查询　　　　　　　　　　　　　B. 参数查询

    C. 操作查询　　　　　　　　　　　　　D. SQL 查询

(4) 如果已知"消费"表中有"吃"、"穿"、"住"、"用"、"行"5 个字段,需要在查询中计算这 5 个字段的和,放在新字段"消费总额"中显示,则新字段应写为(   )。

    A. 吃＋穿＋住＋用＋行

    B. 消费总额＝吃＋穿＋住＋用＋行

    C. [消费总额]＝[吃]＋[穿]＋[住]＋[用]＋[行]

    D. 消费总额:[吃]＋[穿]＋[住]＋[用]＋[行]

(5) 下列逻辑表达式中,能正确表示条件"x 和 y 都是奇数"的是(   )。

A. x Mod 2＝1 Or y Mod 2＝1　　B. x Mod 2 ＝0 Or y Mod 2＝0

C. x Mod 2 ＝1 And y Mod 2＝1　　D. x Mod 2＝0 And y Mod 2＝0

三、填空题

(1) Access 2013 中,如果想批量修改数据表中某个字段的值,可以使用＿＿＿＿＿查询。

(2) Access 2013 为查询提供了 4 种向导,分别是 ＿＿＿＿＿、＿＿＿＿＿、＿＿＿＿＿和＿＿＿＿＿。

(3) 书写查询条件表达式时,日期值应该用＿＿＿＿＿括起来。

(4) 要删除表中某个字段的内容,可使用＿＿＿＿＿查询实现。

(5) 若"＊＊＊公司人事系统"的"职员"表中有"职员编号"字段,使用"职员"表统计职员总人数的 SQL 查询语句应为＿＿＿＿＿。

实验 3　创建和使用查询

一、实验目的与要求

1. 实验目的

◆ 熟识各种查询,包括选择查询、参数查询、交叉表查询、操作查询和 SQL 查询。

◆ 学会设计各类查询的查询条件。

◆ 学会使用各种向导创建相应查询。

◆ 学会使用查询设计创建各类查询。

2. 实验要求

◆ 创建简单选择查询。

◆ 综合使用运算符、表达式、函数等设计各种查询准则。

◆ 创建带有计算功能的查询。

◆ 创建交叉表查询。

◆ 创建单参数或多参数查询。

◆ 创建生成表查询、删除查询、更新查询、追加查询等各种操作查询。

◆ 创建各种类型的 SQL 查询。

二、实验示例

1. 操作要求

例: 打开"实验素材\实验 3\示例"文件夹,此文件夹下存在一个数据库 Example3.accdb,已经设计好表对象 tTeacher、tCourse、tStud 和 tGrade,按以下要求完成设计,参考效果如文件 Example3_R.accdb 所示。

(1) 创建一个选择查询 qT1,查找课程成绩在 70 到 80 之间(包括 70 和 80)的学生信息,显示"学生 ID"、"学生姓名"、"课程名称"和"成绩"4 个字段的内容。

（2）创建一个参数查询 qT2，按照"教师姓名"字段查找某教师的授课情况，并按"上课日期"字段降序显示"教师姓名"、"课程名称"、"上课日期"三个字段的内容，当运行该查询时，提示框中应显示"请输入教师姓名"。

（3）创建一个分组总计查询 qT3，假设"学生 ID"字段的前 4 位代表年级，统计各个年级不同课程的平均成绩，显示"年级"、"课程名称"和"平均成绩"等字段，并按"年级"降序排列。

（4）创建一个交叉表查询 qT4，显示各职称男女教师人数。

（5）创建一个生成表查询 qT5，查询高级职称教师授课信息，显示"教师 ID"、"教师姓名"和"课程名称"三个字段，生成的新表名为 tTeacher1（提示：高级职称包括教授和副教授）。

（6）创建一个数据定义查询 qT6，通过运行该查询能够实现向表 tTeacher 中添加"文本"类型新字段"籍贯"的功能。

2．操作步骤

（1）创建选择查询：打开 Example3.accdb 数据库，单击"创建"选项卡"查询"栏的"查询设计"命令，在"显示表"对话框中选择查询数据源 tCourse、tGrade 和 tStud，然后单击"添加"按钮，在查询设计视图设置各行，保存查询名为 qT1，如图 3.95 所示，查询结果如图 3.96 所示。

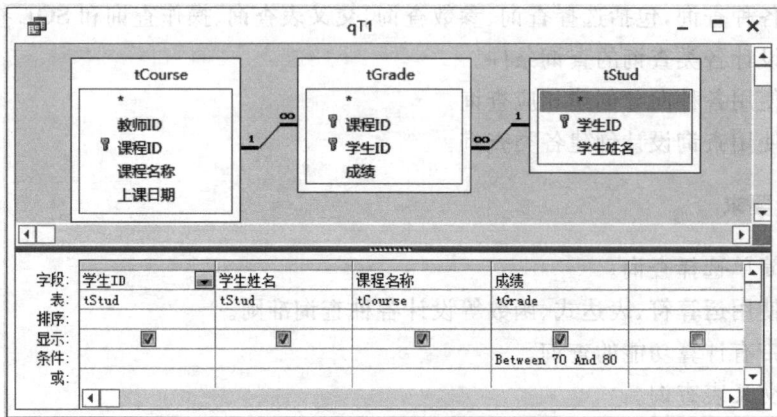

图 3.95　设计查询 qT1

图 3.96　查询 qT1 的查询结果

（2）创建参数查询：单击"创建"选项卡"查询"栏的"查询设计"命令，在"显示表"对话框中选取数据源 tCourse 和 tTeacher，进入查询的设计视图设置各行内容，保存查询为

qT2,如图 3.97 所示,当输入参数值为"张容光"时,查询结果如图 3.98 所示。

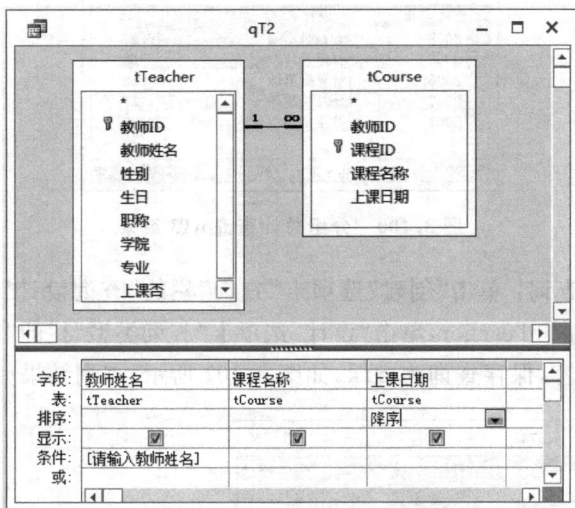

图 3.97　设置 qT2 的参数和条件

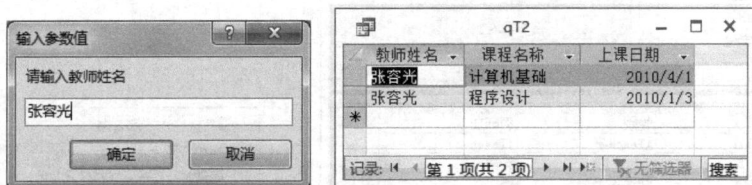

图 3.98　查询 qT2 的查询结果

　　(3) 创建分组总计查询: 单击"创建"选项卡"查询"栏的"查询设计"命令,在"显示表"对话框中选择查询数据源 tCourse 和 tGrade,单击"设计"选项卡的"总计"命令添加总计行,设置各行内容,保存查询为 qT3,如图 3.99 所示,查询结果如图 3.100 所示。

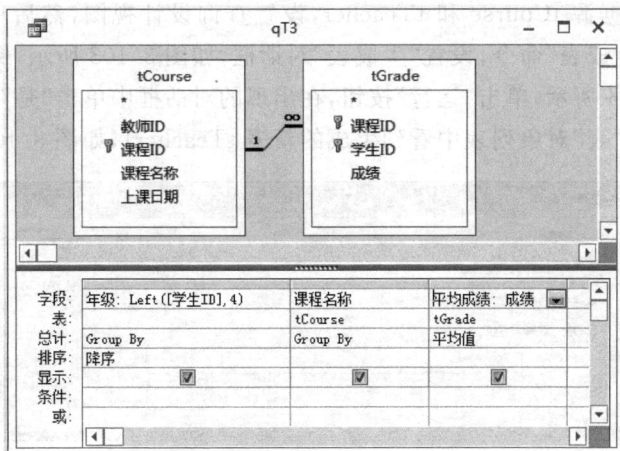

图 3.99　设置查询 qT3 设计视图

图 3.100　分组总计查询 qT3 结果

（4）创建交叉表查询：单击"创建"选项卡"查询"栏的"查询设计"命令，在"显示表"对话框中选择查询数据源 tTeacher，单击"设计"选项卡"查询类型"栏的"交叉表"命令，然后设置设计视图的各项内容，保存查询为 qT4，如图 3.101 所示，查询结果如图 3.102 所示。

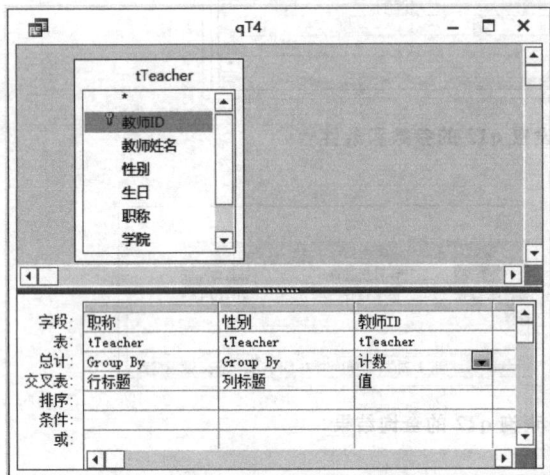

图 3.101　设置查询 qT4 设计视图

图 3.102　交叉表查询 qT4 效果

（5）创建生成表查询：单击"创建"选项卡"查询"栏的"查询设计"命令，在"显示表"对话框中选择查询数据源 tCourse 和 tTeacher，设置查询设计视图，然后单击"设计"选项卡"查询类型"栏的"生成表"命令，设置"生成表"对话框，如图 3.103 所示，保存查询名为 qT5，设计视图如图 3.104 所示，单击"运行"按钮，在出现的对话框中单击"是"，如图 3.105 所示，运行查询后可以在"表"对象列表中看到生成的新表 tTeacher1，如图 3.106 所示。

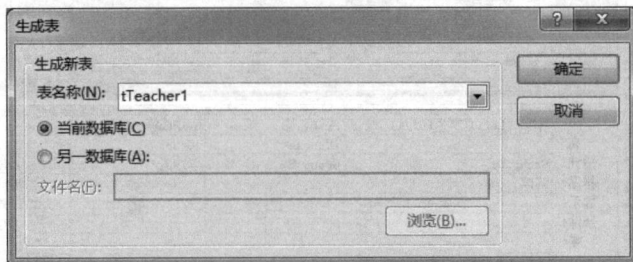

图 3.103　设定生成表查询的生成新表名

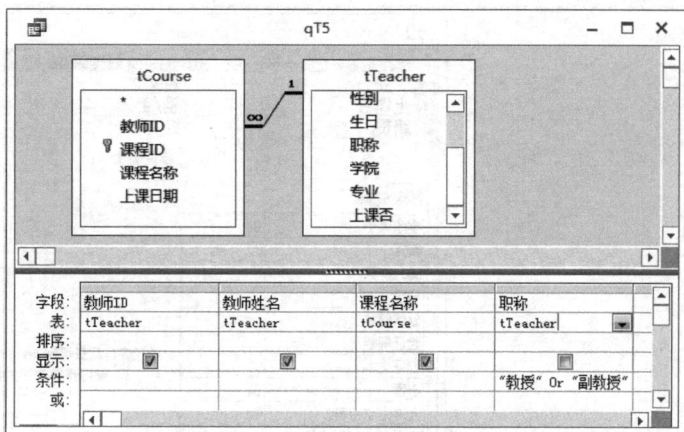

图 3.104 设置查询 qT5 设计视图

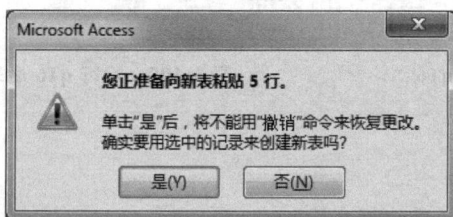

图 3.105 确认通过生成表查询创建新表

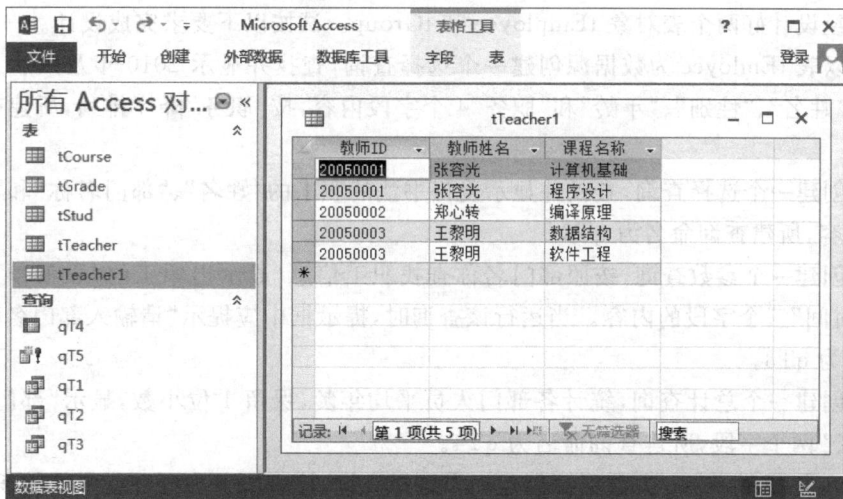

图 3.106 运行生成表查询后生成的新表

（6）创建数据定义查询：单击"创建"选项卡"查询"栏的"查询设计"命令，关闭"显示表"对话框，进入设计视图，单击"设计"选项卡"查询类型"栏的"数据定义"命令，输入 SQL 语句，保存查询为 qT6，如图 3.107 所示，运行查询，在表 tTeacher 的设计视图中可以看到添加的字段，效果如图 3.108 所示。

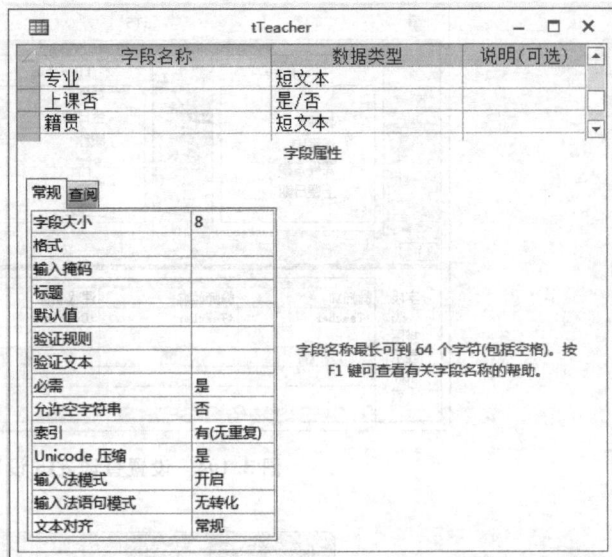

图 3.108　运行 qT6 后表 tTeacher 的结构

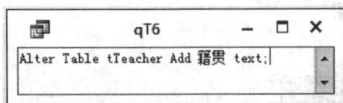

图 3.107　数据定义查询 qT6

三、实验内容

实验 3-1

打开"实验素材\实验 3\实验 3-1"文件夹,此文件夹下存在一个数据库文件 Ex3-1.accdb,已经设计好两个表对象 tEmployee 和 tGroup。试按以下要求完成设计。

(1) 以表 tEmloyee 为数据源创建一个选择查询,查找并显示 2010 年及以后入职的职工,显示"姓名"、"性别"、"年龄"和"职务"4 个字段内容,按"职务"降序排列,所建查询命名为 qT1。

(2) 创建一个选择查询,查找并显示爱好书法的职工的"姓名"、"部门名称"和"简历"三个字段内容,所建查询命名为 qT2。

(3) 创建一个参数查询,按照部门名称查找职工信息,显示出职工的"职工号"、"姓名"及"入职时间"三个字段的内容。当运行该查询时,提示框中应提示"请输入部门名称",所建查询命名为 qT3。

(4) 创建一个总计查询,统计各部门人员平均年龄,保留 1 位小数,显示"部门名称"和"平均年龄"两个字段,所建查询命名为 qT4。

(5) 以表 tEmployee 为数据源创建一个选择查询,检索职务为经理或主管的职工的"职工号"和"姓名"信息,然后将两列信息合二为一输出(比如,编号为"000017"、姓名为"李英才"的数据输出形式为"000017 李英才"),并命名字段标题为"管理人员",所建查询命名为 qT5。

实验 3-2

打开"实验素材\实验 3\实验 3-2"文件夹,此文件夹下存在一个数据库文件 Ex3-2.

accdb,已经设计好三个关联表对象 tStud、tCourse、tScore 和 tTemp。试按以下要求完成设计。

(1) 创建一个选择查询,查找并显示"先修课程"为空的"课程号"、"课程名"和"学分"三个字段内容,所建查询命名为 qT1。

(2) 创建一个参数查询,根据输入的课程名查询该门课程学生成绩,显示"学号"、"姓名"、"课程名"和"成绩"4 个字段内容,参数提示"请输入查询的课程名",所建查询命名为 qT2。

(3) 创建一个交叉表查询,统计各院系男女学生的平均年龄,行标题为学生性别字段,列标题为所属院系字段,平均年龄显示整数,所建查询命名为 qT3。

(4) 创建一个操作查询,将表 tTemp 中年龄为偶数的人员的"简历"字段清空,所建查询命名为 qT4。

(5) 创建一个查询,找到表 tScore 中低于所有成绩平均值的分数,显示所有字段,所建查询命名为 qT5。

实验 3-3

打开"实验素材\实验 3\实验 3-3"文件夹,此文件夹下存在一个数据库文件 Ex3-3.accdb,已经设计好表对象 tBook 和 tBook_Bak。试按以下要求完成设计。

(1) 创建一个选择查询,查找表 tBook 中电子工业出版社图书八折优惠信息,显示"书名"、"单价"和"优惠后价格"三个字段内容,其中,"优惠后价格"为计算字段,所建查询名为 qT1。

(2) 创建一个参数查询,在表 tBook 中根据书名的部分内容查找该书信息,显示"书名"、"类别"和"出版社名称"等字段,运行时显示的参数提示为"请输入书名包含内容:",所建查询名为 qT2。

(3) 创建一个总计查询,在表 tBook 中查找各类图书的最高单价信息,显示"类别"和"最高单价"两个字段,最高单价为计算字段,所建查询名为 qT3。

(4) 创建一个删除查询,删除表 tBook_Bak 中书名包含"成本"两个字的相关记录,所建查询命名为 qT4。

(5) 创建一个 SQL 查询,删除表 tBook_Bak 中的"出版社编号"字段,所建查询命名为 qT5。

实验 3-4

打开"实验素材\实验 3\实验 3-4"文件夹,此文件夹下存在一个数据库文件 Ex3-4.accdb,已经设计好表对象 tStaff、tSalary 和 tTemp。试按以下要求完成设计。

(1) 以表 tStaff 为数据源创建一个选择查询,查找并显示职务为经理的员工的"工号"、"姓名"、"年龄"和"性别"4 个字段内容,所建查询命名为 qT1。

(2) 以表 tSalary 为数据源创建一个总计查询,查找各位员工在 2014 年的工资信息,并显示"工号"、"工资合计"和"水电房租费合计"三列内容。其中,"工资合计"和"水电房租费合计"两列数据统计计算得到,所建查询命名为 qT2。

(3) 创建一个参数查询,查找工资在某个范围的人员信息,显示"姓名"、"职务"、"年月"和"工资"4 个字段内容,所建查询命名为 qT3。

(4) 以表 tStaff 和 Salary 为数据源创建一个生成表查询,查找员工的"姓名"、"年月"、"工资"、"水电房租费"及"应发工资"(应发工资＝工资－水电房租费)5 列内容,将查询结果生成到新表 tSC 中,所建查询命名为 qT4。

(5) 创建一个 SQL 特定查询,删除表 tTemp,所建查询命名为 qT5。

实验 3-5

将实验 2-5 建立的"人事管理系统.accdb"的数据库文件复制到"实验素材\实验 3\实验 3-5"文件夹中,并按下述要求创建查询。

(1) 创建一个选择查询,查找雇员姓名、年月、基本工资、其他应发工资、基本扣除金额和其他应扣金额,查询名为"雇员工资查询"。

(2) 使用"雇员信息表"创建一个选择查询,查找 2000 年 3 月 1 日入职的经理级雇员信息,显示"雇员姓名"、"性别"、"职位"和"入职时间"等字段信息,查询名称为"2000 年 3 月 1 日入职的经理级雇员信息查询"。

(3) 创建一个分组总计查询,统计各部门在职人数,显示"部门名称"和"在职人数"两个字段,查询名为"各部门在职人数统计查询"。

(4) 创建一个参数查询,按照雇员名称查询雇员基本信息,显示"雇员编号"、"雇员姓名"、"性别"、"入职时间"、"部门名称"、"职位"和"在职否"等字段,参数为"请输入要查找的雇员姓名",查询名为"按姓名查询员工基本信息"。

(5) 创建一个生成表查询,检索"研究生"学历在职雇员信息,显示"雇员编号"、"雇员姓名"、"学历"、"职位"和"部门名称"等字段,生成的新表名为"研究生学历在职雇员表",查询名为"研究生学历在职雇员生成表查询"。

(6) 创建一个带有 SQL 子查询的查询,检索"2009 年 4 月"的工资信息中"基本工资"低于平均水平的"工资记录 ID"、"雇员编号"和"基本工资"等字段,查询名为"2009 年 4 月基本工资低于平均水平的工资信息查询"。

实验 3-6

将实验 2-6 建立的"十字绣销售管理系统.accdb"数据库文件复制到"实验素材\实验 3\实验 3-6"文件夹中,并按下述要求创建查询。

(1) 使用"雇员信息表"创建一个选择查询,查找 1980 年之前出生的姓王的员工信息,显示"员工编号"、"姓名"、"性别"、"出生日期"、"职务"和"联系电话"等字段信息,查询名称为"1980 年前出生的王姓员工信息查询"。

(2) 创建一个参数查询,按照十字绣类别编号查询十字绣基本信息,显示"类别编号"、"类别名称"、"货品名称"、"厂商"和"售价"等字段,参数为"请输入十字绣类别编号",查询名为"按类别编号查询十字绣基本信息"。

(3) 创建一个交叉表查询,统计每位员工销售各类十字绣的数量,查询名为"员工销售业绩交叉表查询",查询结果如图 3.109 所示。

(4) 创建一个更新查询,将"员工基本信息表"中"聘用时间"在 2010 年前"临时员工"的"职务"更新为"员工",查询名为"员工职务更新查询"。

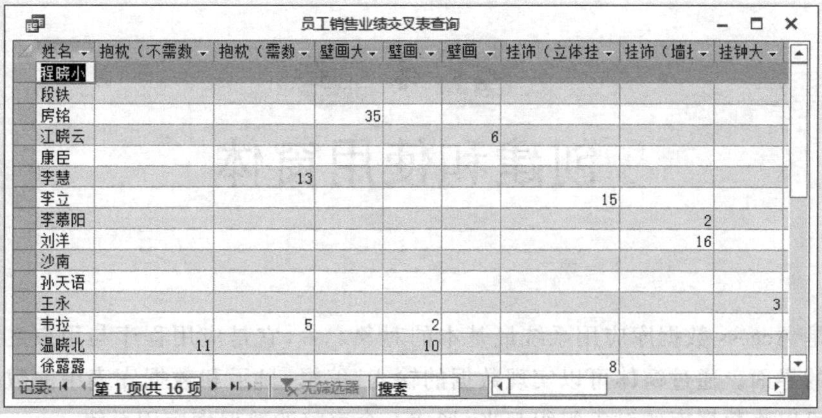

员工销售业绩交叉表查询

姓名	抱枕（不需数	抱枕（需数	壁画大	壁画	壁画	挂饰（立体挂	挂饰（墙挂	挂钟大
程晓小								
段铁								
房铭			35					
江晓云					6			
康臣								
李慧		13						
李立						15		
李慕阳							2	
刘洋							16	
沙南								
孙天语								
王永								3
韦拉		5		2				
温晓北	11			10				
徐露露						8		

记录: 第 1 项(共 16 项　无筛选器　搜索

图 3.109　“员工销售业绩交叉表查询”结果

(5) 创建一个带有 SQL 子查询的查询，检索售价高于平均价格的十字绣信息，显示“十字绣基本信息表”的所有字段，查询名为“高于平均售价的十字绣信息查询”。

(6) 创建一个分组总计查询，检索各类十字绣销售总量，显示“类别名称”和“销售总量”两个字段，查询名为“各类十字绣销售量统计”。

第 4 章

创建和使用窗体

窗体是 Access 数据库应用系统最基本的对象之一,它是应用程序与用户之间的接口、人机交互的界面。通过窗体可以实现数据的输入、编辑、显示和数据库表中的数据的查询。利用窗体可以将数据库的对象组织起来,形成一个完整的数据库应用系统。

4.1 使用窗体向导创建窗体

对于一个数据库应用系统,不仅仅限于创建者使用,而且是为更多的使用者提供方便。因此,数据库应用系统的设计,不仅需要表和查询设计得有效、合理,还需要方便实用,窗体界面的设计就显得非常重要。

窗体与数据表不同,窗体本身不存储数据,而是显示数据和信息,数据存储在数据表中。在窗体上可以显示和浏览各种数据和信息,并可以完成添加、修改、删除等数据操作;窗体可以通过窗体中的控件来控制程序的流向;窗体也可以打印指定的数据。本节需要完成下面的任务。

任务 4-1 使用窗体工具创建窗体

在 Access 中提供了一些创建窗体的工具,参看图 4.1,利用这些工具,可快速地创建窗体。

4.1.1 使用窗体工具创建窗体

1. 使用"窗体"工具创建单页窗体

任务实例 4.1:在"图书管理系统"数据库中,使用"读者表"创建窗体。

任务分析:

◆ 方法:使用"窗体"工具。

◆ 数据源:读者信息表。

◆ 窗体名称:读者信息表窗体。

任务解决过程:

(1) 选择数据源。打开"图书管理系统"数据库窗口,在"导航"窗格中选择窗体的数据源读者信息表。

(2) 创建窗体。单击"创建"选项卡"窗体"组中的"窗体"按钮。系统将自动创建一个以读者信息表为数据源的窗体,并以布局视图显示此窗体,如图 4.2 所示。

图 4.1　创建窗体工具栏　　　　　图 4.2　利用窗体自动建立窗体

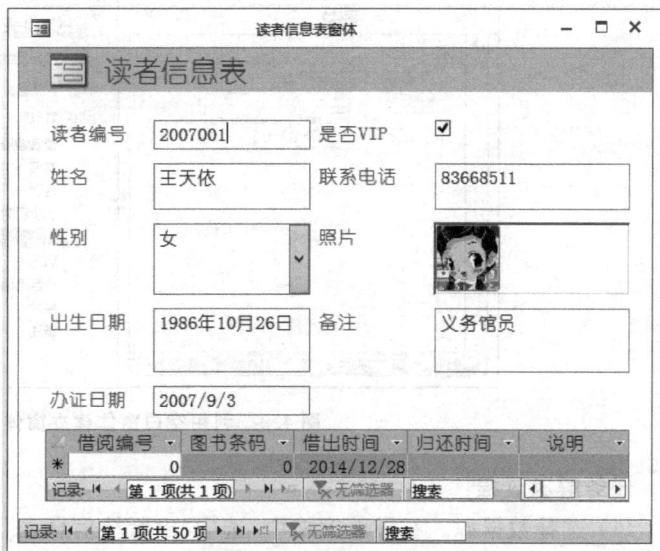

（3）保存窗体。单击自定义快速访问工具栏上的"保存"按钮，在"另存为"对话框输入窗体名称"读者信息表窗体"，单击"确定"按钮建立窗体。

2. 使用"空白窗体"工具创建窗体

任务实例 4.2：在"图书管理系统"数据库中，创建一个能够显示读者编号、姓名、办证日期的窗体。

任务分析：

◆ 方法：使用"空白窗体"工具。

◆ 数据源：读者信息表。

◆ 窗体名称：简单的读者信息表窗体。

任务解决过程：

（1）单击"创建"选项卡"窗体"组中的"空白窗体"按钮。

（2）在"字段列表"中选择读者信息表为数据源并选择相应显示字段，如图 4.3 所示。

（3）保存窗体。单击自定义快速访问工具栏上的"保存"按钮，在"另存为"对话框输入窗体名称"简单的读者信息表窗体"，单击"确定"按钮建立窗体。

3. 使用"多个项目"工具创建窗体

任务实例 4.3：在"图书管理系统"数据库中，创建一个以出版社信息表为数据源的窗体。

任务分析：

◆ 方法：使用"多个项目"工具。

◆ 数据源：出版社信息表。

◆ 窗体名称：多个项目窗体。

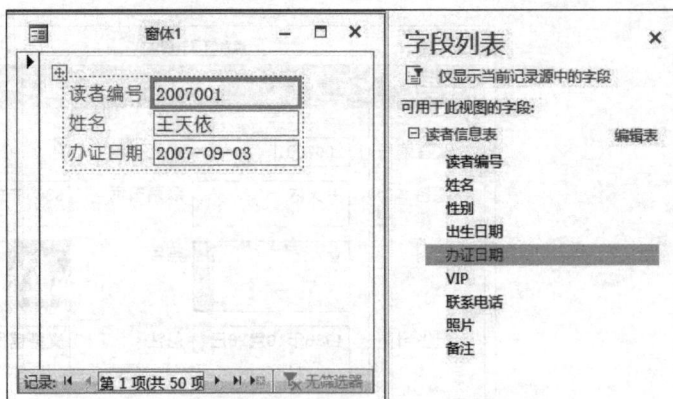

图 4.3　利用空白窗体建立窗体

任务解决过程:

(1) 选择数据源。在导航窗格中,选中"出版社信息表"。

(2) 创建多个项目的窗体。在"创建"选项卡的"窗体"组中,单击"其他窗体"按钮,在弹出的下拉列表中选择"多个项目"选项,系统自动生成如图 4.4 所示的窗体。

图 4.4　利用多个项目工具建立窗体

(3) 保存窗体。单击自定义快速访问工具栏上的"保存"按钮,在"另存为"对话框输入窗体名称"多个项目窗体",单击"确定"按钮,建立窗体。

4. 使用"分割窗体"工具创建窗体

任务实例 4.4:在"图书管理系统"数据库中,以出版社信息表为数据源创建分割窗体。

任务分析:

◆ 方法:使用"分割窗体"工具。

◆ 数据源:出版社信息表。

◆ 窗体名称:出版社信息表分割窗体。

任务解决过程:

(1) 选择数据源。在"导航"窗格中选择出版社信息表。

(2) 创建窗体。单击"创建"选项卡"窗体"组中的"其他窗体"按钮,并选择"分割窗体"命令。系统将自动创建一个以出版社信息表为数据源的分割窗体,如图 4.5 所示。

图 4.5 利用分割窗体创建窗体

（3）保存窗体。单击自定义快速访问工具栏上的"保存"按钮，在"另存为"对话框输入窗体名称"出版社信息表分割窗体"，单击"确定"按钮建立窗体。

5．使用"模式对话框"工具创建窗体

任务实例 4.5：使用"模式对话框"工具可以创建模式对话框窗体。

任务分析：

◆ 方法：使用"模式对话框"工具。

◆ 窗体名称：模式对话框窗体。

任务解决过程：

创建窗体。单击"创建"选项卡"窗体"组中的"其他窗体"按钮，并选择"模式对话框"命令。系统将自动生成模式对话框窗体，如图 4.6 所示。

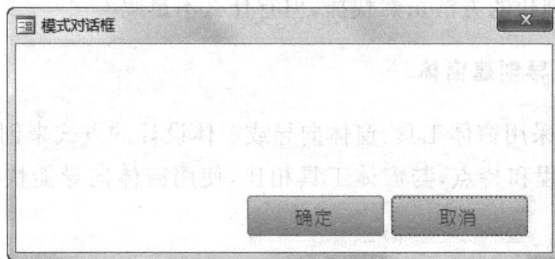

图 4.6 模式对话框窗体

相关知识点细述：

（1）使用窗体工具是创建窗体非常快捷的方法。窗体工具创建窗体的基本步骤是首先选定数据源，可以是表或者查询，然后选用某种自动创建窗体的工具创建窗体。

（2）可以使用不同的窗体工具创建、显示窗体，主要包括窗体、空白窗体、窗体向导、导航、多个项目、数据表、分割窗体和模式对话框。读者可以根据具体情况选择使用。

(3) 按功能、数据的显示方式和显示关系,Access 窗体的分类如下。

◆ 按功能的分类

Access 按功能可将窗体划分为数据操作窗体、控制窗体和交互信息窗体。不同类型的窗体完成不同的任务。

- 数据操作窗体。主要用来对表或查询进行显示、浏览、输入、修改等操作。数据操作窗体又可以分为单窗体、数据表窗体、分割窗体、多项目窗体。
- 控制窗体。主要用来操作和控制程序的运行。这类窗体通过"命令按钮"来执行用户请求。此外还可以通过选项按钮、切换按钮、列表框和组合框等其他控件接收并执行用户的请求。
- 交互信息窗体。可以是用户定义的,也可以是系统自动产生的,包括警告、提示信息,或要求用户回答的窗口。

◆ 按视图的分类

Access 按视图可将窗体划分为窗体视图、数据表视图、布局视图和设计视图 4 种。最常用的是窗体视图、布局视图和设计视图。不同视图之间可以方便地进行切换。

- 窗体视图是最终面向用户的视图,主要用于显示记录数据,编辑、添加或修改表中的数据。
- 数据表视图以行列格式显示窗体的数据。在数据表视图下也可以编辑、添加或修改表中的数据。它和窗体视图的主要区别在于显示方式的不同。
- 布局视图主要用于调整和修改窗体设计,可以根据实际数据调整列宽,可以在窗体上放置新的字段,并设置窗体及其控件的属性、调整控件的位置和宽度等。
- 设计视图主要用于创建窗体和修改窗体,在设计视图中可以更改窗体的设计,可以添加、修改或删除控件等,可以设置窗体、各个节和控件的属性。

边学边练:

创建一个以"图书信息表"为数据源的数据表式的窗体。

请思考:

利用窗体的工具创建的方法虽然快捷,但有什么不足吗?

任务 4-2　使用向导创建窗体

在 Access 中可以采用窗体工具、窗体向导或窗体设计的方式来创建窗体。不同的方法有各自不同的操作过程和特点,与窗体工具相比,使用窗体向导能快捷地创建更多需求的窗体。

4.1.2　使用窗体向导创建窗体

1. 创建基于多个数据源的窗体

任务实例 4.6: 在"图书管理系统"数据库中,使用"图书信息表"和"出版社信息表"创建多表纵栏式窗体,显示书名、作者、售价、出版社名称、通信地址和联系电话。

任务分析:

◆ 方法: 使用"窗体向导"工具。

◆ 数据源：图书信息表和出版社信息表。

◆ 窗体名称：多表单个窗体。

任务解决过程：

(1) 在数据库窗口中，单击"创建"选项卡"窗体"组中的"窗体向导"按钮，显示"窗体向导"对话框。

(2) 确定窗体的字段。选择"图书信息表"作为数据源。选择"书名"、"作者"、"售价"字段并添加到"选定的字段"框中；然后再次选择"出版社信息表"，并选择"出版社名称"、"通信地址"和"联系电话"字段添加到"选定的字段"框中，如图 4.7 所示，然后单击"下一步"按钮。

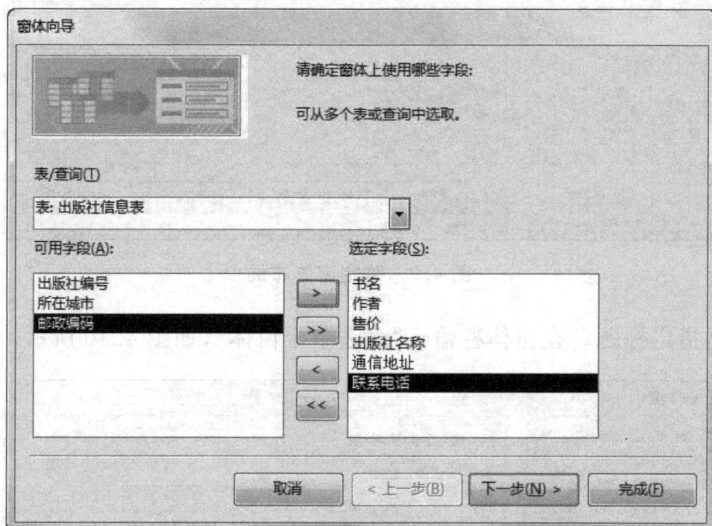

图 4.7　确定窗体的字段

(3) 确定查看数据的方式。选择"通过图书信息表"，如图 4.8 所示，然后单击"下一步"按钮。

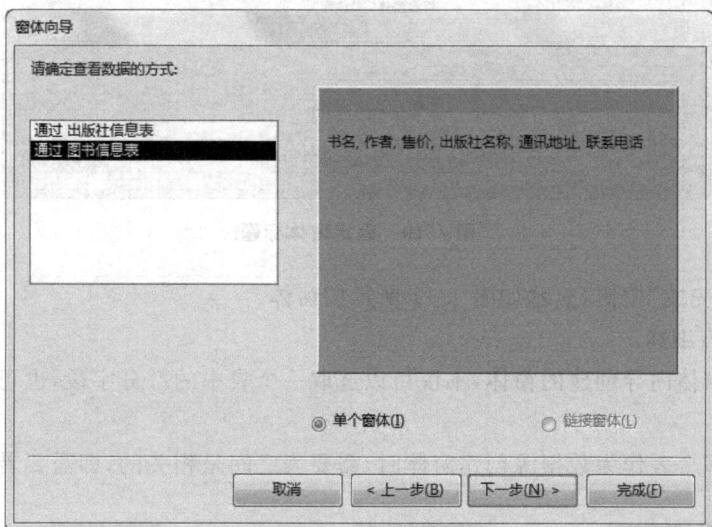

图 4.8　确定查看方式

(4) 确定窗体布局。选择"纵栏表",如图 4.9 所示,然后单击"下一步"按钮。

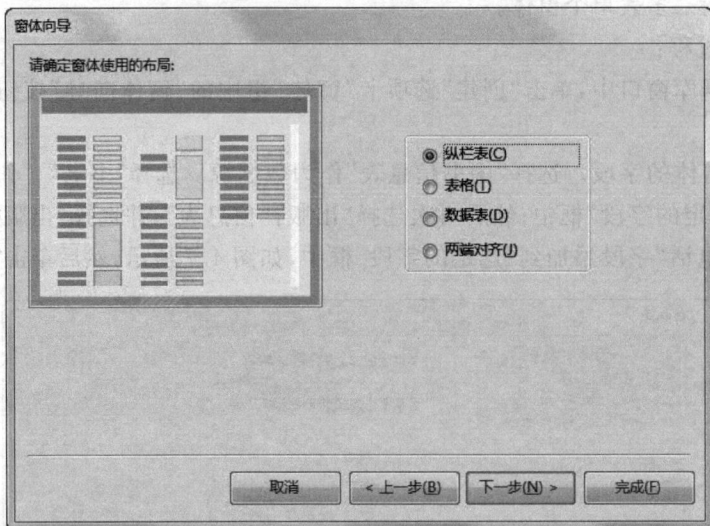

图 4.9 确定窗体布局

(5) 为窗体指定标题。在窗体栏输入"多表单个窗体",如图 4.10 所示。

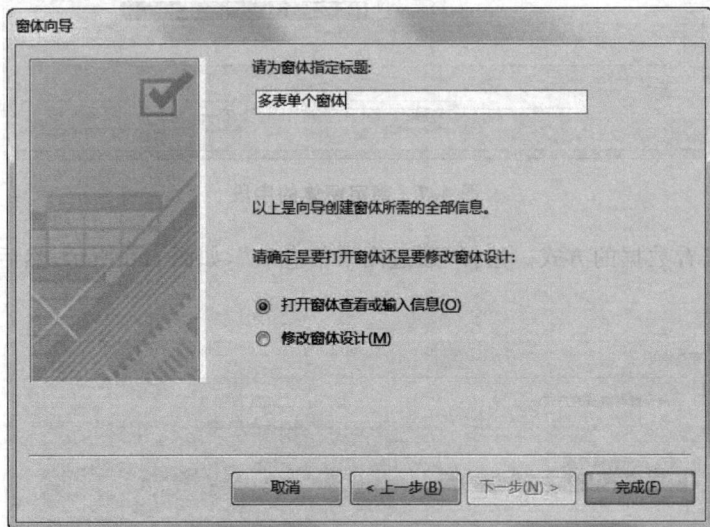

图 4.10 确定窗体标题

(6) 单击"完成"按钮,显示如图 4.11 所示的窗体。

相关知识点细述:

(1) 使用窗体向导创建的窗体,不仅可以选取一个表中的部分字段,也可以选取多个表中的部分字段。

(2) 使用多个表作为数据源创建窗体时,需要表之间是相关的,即需要首先建立好表之间的关系。

(3) 由于要创建单个窗体,而"出版社信息表"和"图书信息表"具有一对多的关系,在确

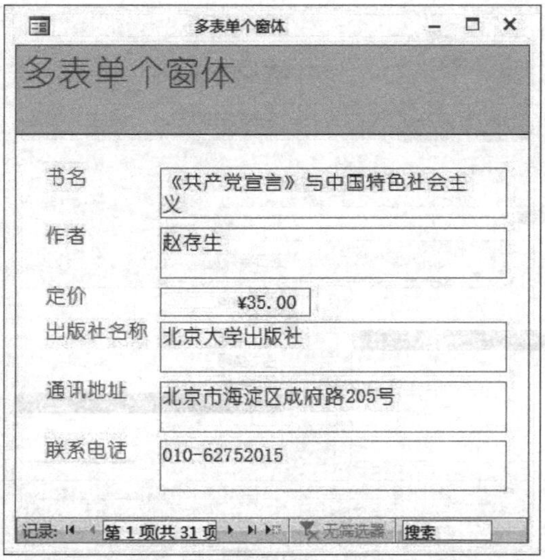

图 4.11 由图书信息表和出版社信息表创建的窗体

定查看数据方式时,需选择多方通过"图书信息表"查看。

边学边练:

将"图书馆藏表"和"图书信息表"作为数据源创建一个窗体。

请思考:

本实例中,在选择数据查看方式时,如果选择一对多关系中的"一"方"出版社信息表",窗体会如何显示?

2. 创建基于多个数据源的主/子窗体

任务实例 4.7:使用"读者信息表"和"图书借阅表"创建主/子窗体。

任务分析:

◆ 方法:使用"窗体向导"工具。

◆ 数据源:读者信息表和图书借阅表。

◆ 窗体名称:读者信息主子窗体。

任务解决过程:

(1) 在数据库窗口中,单击"创建"选项卡"窗体"组中的"窗体向导"按钮,显示"窗体向导"对话框。

(2) 确定窗体字段。选择"读者信息表"作为数据源。选择"读者编号"、"姓名"、"联系电话"字段并添加到"选定的字段"框中;然后再次选择"图书借阅表",选择"图书条码"、"借出时间"和"归还时间"字段并添加到"选定的字段"框中,如图 4.12 所示。然后单击"下一步"按钮。

(3) 确定查看数据方式。选择"通过读者信息表",确认选中"带有子窗体的窗体",如图 4.13 所示。然后单击"下一步"按钮。

(4) 确定窗体布局。选择"数据表",然后单击"下一步"按钮。

(5) 为窗体指定标题。在窗体栏输入"读者信息主字子窗体",在子窗体栏输入"图书借

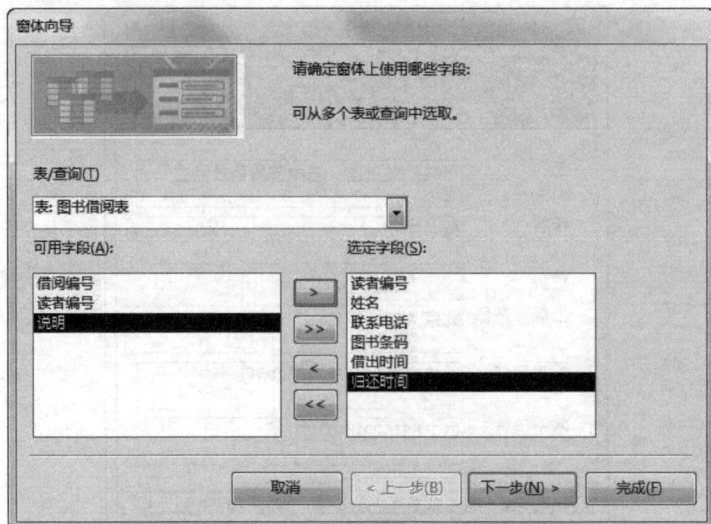

图 4.12 选定显示字段的窗体向导

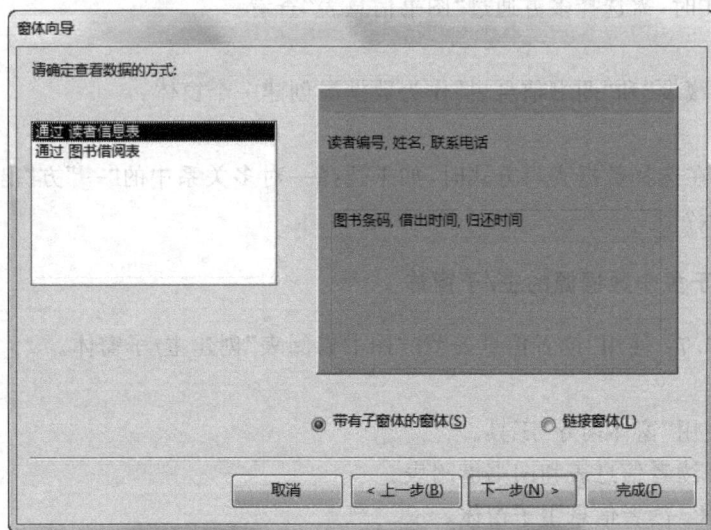

图 4.13 确定查看方式

阅表子窗体",如图 4.14 所示。

（6）单击"完成"按钮,显示如图 4.15 所示的窗体。

相关知识点细述:

（1）创建多表的主/子窗体前,需要确定作为主窗体的数据源与作为子窗体的数据源之间存在"一对多"的关系。如果没有建立好表之间的关系,则不能建立相关信息的子窗体。

（2）在创建基于多个表的单个窗体时,在"请确定查看数据的方式"中,是通过"一对多"关系中的"多"端查看的。而在创建基于多表的主/子窗体时,需要选择通过"一对多"关系中的"一"端查看。

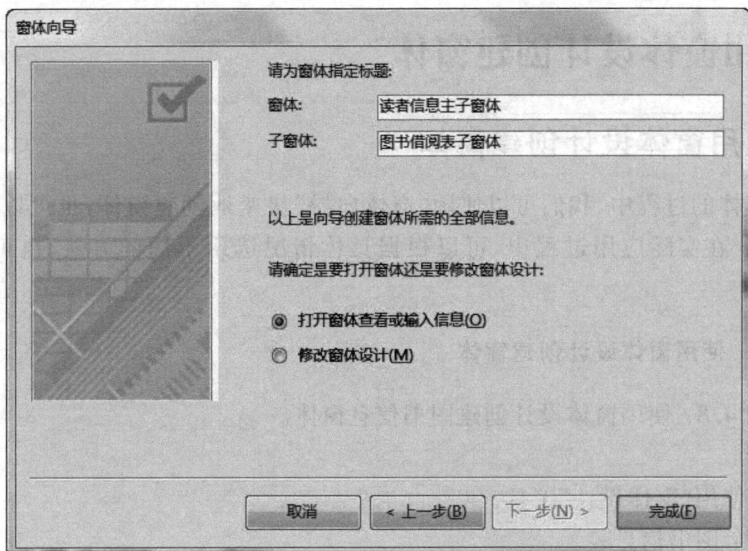

图 4.14 确定主子窗体标题

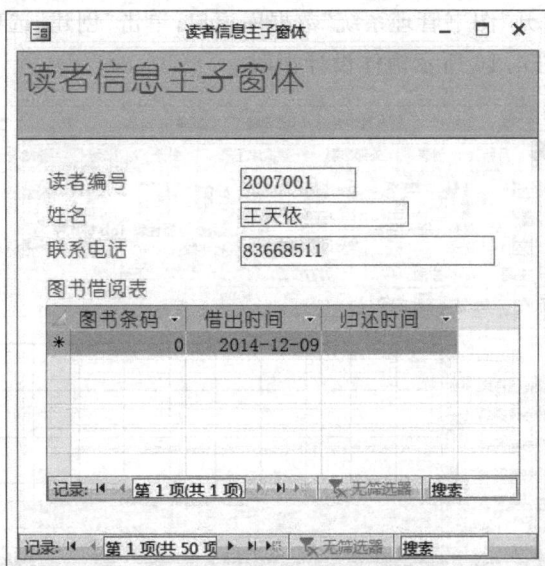

图 4.15 基于多表的主子窗体

（3）在确定查看数据方式对话框中，如果选择"链接窗体"，那么创建的是基于多表的主窗体和弹出式窗体。

边学边练：

请练习将本实例创建成弹出式主子窗体。

请思考：

如果两个表之间没有建立一对多的关系，能基于这两个表创建主子窗体吗？

4.2   使用窗体设计创建窗体

4.2.1   使用窗体设计创建窗体

在创建窗体的过程中,我们可以使用"窗体向导"快速地创建窗体,也可以使用"窗体设计"创建窗体。在实际应用过程中,可以根据具体情况选用不同的方法,也可将两者结合使用。

任务4-3   使用窗体设计创建窗体

任务实例4.8:使用窗体设计创建图书信息窗体。

任务分析:

◆ 方法:使用"窗体设计"工具。

◆ 数据源:图书信息表。

◆ 窗体名称:图书信息窗体。

任务解决过程:

(1) 创建窗体。打开"图书管理系统"数据库窗口,单击"创建"选项卡"窗体"组中的"窗体设计"按钮,显示如图4.16所示窗体设计视图。

图4.16   窗体设计视图

(2) 设置记录源。单击"设计"选项卡中的"工具"组中的"属性表"按钮,在属性表窗口"数据"选项卡的"记录源"的属性,通过下拉列表选择"图书信息表",然后单击"添加现有字段"出现字段列表框,如图4.17所示。

(3) 设置窗体字段。关闭属性窗口,将字段列表中的字段逐个拖动到窗体设计视图,如图4.18所示。

(4) 保存窗体。单击自定义快速访问工具栏上的"保存"按钮,在另存为窗口输入窗体名称为"图书信息窗体",然后单击"确定"按钮。

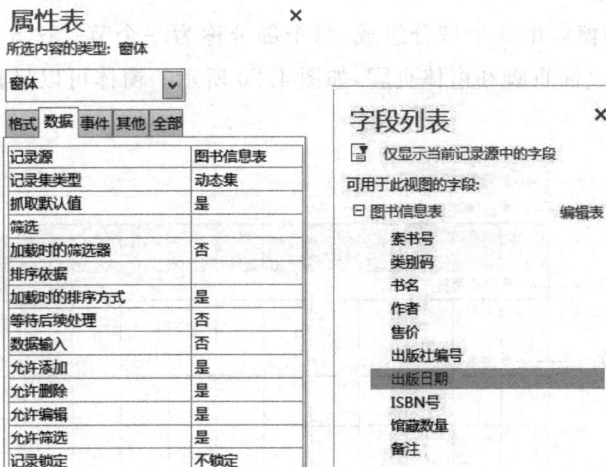

图 4.17　窗体属性窗口和字段列表框

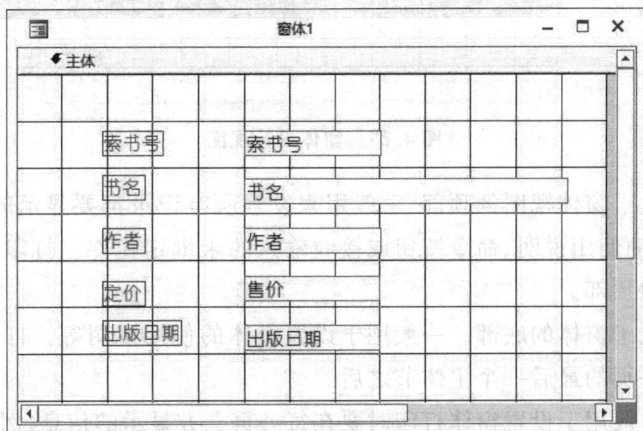

图 4.18　在设计视图添加字段

（5）选择"视图"选项卡中的"窗体视图"命令，显示窗体设计结果，如图 4.19 所示。

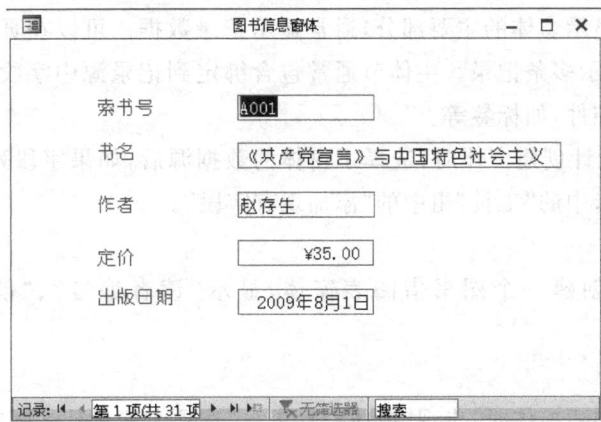

图 4.19　图书信息窗体

相关知识点细述：

(1) 一个完整的窗体由 5 个部分组成，每个部分称为一个节。这 5 个节分别是窗体页眉、页面页眉、主体、页面页脚和窗体页脚，如图 4.20 所示。窗体可以只有主体节，其他节可根据需要来显示。

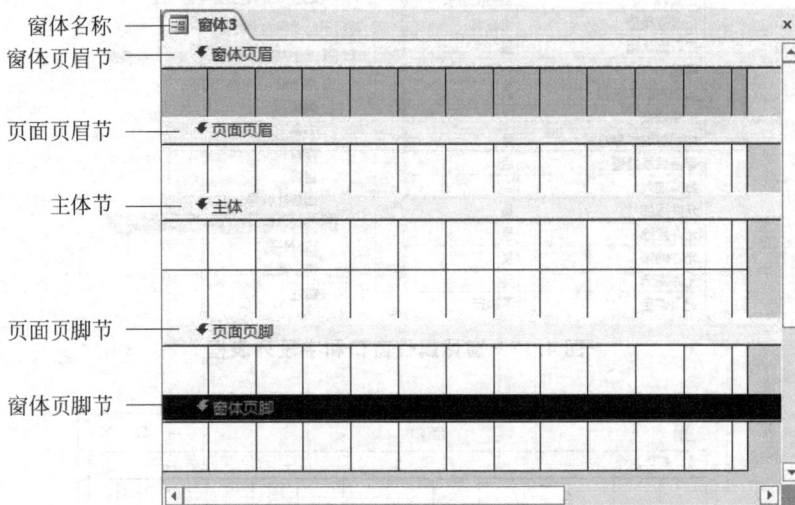

图 4.20   窗体设计视图

◆ 窗体页眉位于窗体视图的顶部，一般用来设置所有记录都要显示的内容。如窗体的标题、窗体的使用说明、命令按钮或接收输入的未绑定控件。打印时，窗体页眉显示在第一页的顶部。

◆ 窗体页脚位于窗体的底部。一般用于设置窗体的使用说明等。打印时，窗体页脚显示在最后一页的最后一个主体节之后。

◆ 页面页眉一般用于设置窗体打印时要在每一页上方显示的信息，例如，窗体中每页的顶部显示的标题、列标题、日期或页码。

◆ 页面页脚一般用于设置窗体打印时要在每一页下方显示的信息，例如，在窗体和报表中每页的底部显示汇总、日期或页码等。

◆ 主体节用于显示窗体的主要部分，通常显示记录数据。可以在页面上只显示一条记录，也可以显示多条记录。主体节通常包含绑定到记录源中字段的控件。但也可能包含未绑定控件，如标签等。

(2) 使用窗体设计创建窗体时，选择了窗体的数据源后，如果字段列表框没有打开，可以选择"设计"选项卡中的"工具"组中的"添加现有字段"。

边学边练：

使用窗体设计创建一个图书借阅表窗体，显示"读者编号"、"借出时间"和"归还时间"。

请思考：

使用窗体设计创建窗体时，出现"窗体设计工具"选项卡能做什么呢？

4.2.2　窗体设计工具

在窗体的"设计视图"方式下,选项卡中会出现"窗体设计工具"选项卡,主要用于设计视图的工具。这个选项卡包括:"视图"、"主题"、"控件"、"页眉/页脚"和"工具"5个组,如图 4.21 所示。

图 4.21　窗体设计工具

(1)"视图"是只有一个带有下拉列表的"视图"按钮。直接单击按钮,可切换窗体视图和布局视图,单击其下方下拉箭头,可以选择进入其他视图。

(2)"主题"可设置整个系统的视觉外观,包括"主题"、"颜色"和"字体"三个按钮。单击每一个按钮,均可以打开下拉列表,选择命令对窗体进行相应的格式设置。

(3)"页眉/页脚"用于设置窗体的徽标、标题和日期时间等。

(4)"工具"提供设置窗体及控件属性等的相关工具,包括"添加现有字段"、"属性表"、"Tab 键次序"等按钮。单击"属性表"按钮可以打开/关闭"属性表"对话框。

(5)"控件"是设计窗体的主要工具,包含多个控件。单击□按钮,可出现控件对话框,常用控件名称及功能如表 4.1 所示。

表 4.1　常用控件名称及功能

图片按钮	名　称	功　能
	选择	用于选取控件、节或窗体。单击该按钮可以释放以前锁定的按钮
abl	文本框	用于输入、输出和显示数据源的数据,显示计算结果和接收用户输入数据
Aa	标签	用于显示说明文本的控件,如窗体上的标题或其他控件的附加标签
xxxx	命令按钮	用于完成各种操作,如查找记录、打印记录或应用窗体筛选
	选项卡	用于创建一个多页的选项卡窗体或选项卡对话框。可以在选项卡控件上复制或添加其他控件
	超链接	在窗体中插入超链接控件
	Web 浏览器	在窗体中插入浏览器控件
	导航	在窗体中插入导航条
XYZ	选项组	与复选框、选项按钮或切换按钮搭配使用,可以显示一组可选值
	分页符	用于在窗体上开始一个新的屏幕,或在打印窗体上开始一个新页
	组合框	结合列表框和文本框的特性,既可以在文本框输入值也可以从列表框中选择值
	图表	在窗体中插入图表对象

图片按钮	名　称	功　能
＼	直线	创建直线,用于突出显示数据或者分割显示不同的控件
■	切换按钮	作为绑定到"是/否"字段的独立控件,或用来接收用户在自定义对话框中输入数据的未绑定控件,或者选项组的一部分
■	列表框	显示可滚动的数值列表。在窗体视图中,可以从列表中选择值输入到新纪录中,或者更改现有记录中的值
□	矩形	创建矩形框,将一组相关的控件组织在一起
☑	复选框	绑定到"是/否"字段;可以从一组值中选出多个
▣	未绑定对象框	用于在窗体中显示未绑定的 OLE 对象,例如 Excel 电子表格。当在记录间移动时,该对象保持不变
▯	附件	在窗体中插入附件控件
◉	选项按钮	绑定到"是/否"字段,其行为和切换按钮相似
▤	子窗体/子报表	用于显示来自多个表的数据
▨	绑定对象框	用于在窗体或报表上显示 OLE 对象字段中的内容,也可以在窗体中通过此控件将数据输入到绑定的 OLE 对象字段中。当在记录间移动时,绑定的对象将显示在窗体或报表上
▥	图像	用于在窗体中显示静态的图形
▨	使用控件向导	用于打开和关闭控件向导。控件向导帮助用户设计复杂的控件
✗	ActiveX 控件	打开一个 ActiveX 控件列表,插入 Windows 系统提供的更多控件

控件是构成窗体的基本元素,利用控件实现在窗体中对数据的输入、查看、修改以及对数据库中各种对象的操作。

1. 控件的属性

◆ 控件的属性是用来描述控件的特征或状态。
◆ 每个属性用属性名来标识。
◆ 不同类型的控件有其不同的属性;相同类型的控件,其属性值也有所不同。

2. 控件的类型

根据控件的用途及其与数据源的关系,可以将控件分为三类:绑定型控件、非绑定型控件、计算型控件。

◆ 绑定型控件通常有其数据源,主要用于显示、输入及更新数据表(或查询)中的字段。绑定型控件主要有文本框、列表框、组合框等。
◆ 非绑定型控件没有数据源,不与任何数据绑定,主要用于显示提示信息、线条、矩形及图像等。非绑定型控件主要有标签、命令按钮、图像、直线、分页符等。
◆ 计算型控件以表达式作为其数据源。表达式可以使用窗体或报表中数据源的字段值,也可以是其他控件中的数据。

4.2.3　常用控件的应用

任务 4-4　向窗体中添加控件

任务实例 4.9：使用窗体设计工具提供的控件,完成如图 4.22 所示的欢迎窗体。

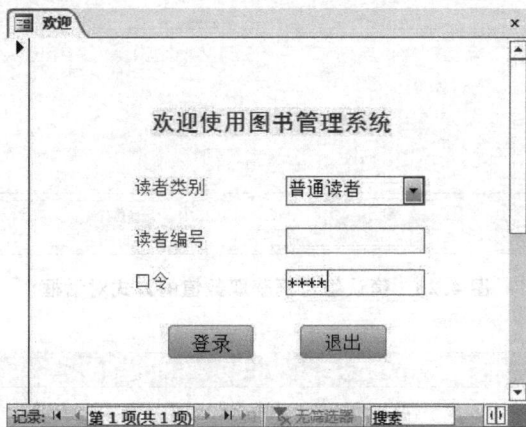

图 4.22　欢迎的窗体

任务分析：

◆ 方法：使用标签、文本框、组合框和按钮控件。

◆ 窗体名称：欢迎。

任务解决过程：

(1) 创建新窗体。单击"创建"选项卡,然后选择"窗体"组中的"窗体设计"按钮,窗体保存为"欢迎"。

(2) 创建标签。单击"设计"选项卡,选择"控件"组中的"标签"控件,在窗体的恰当位置画矩形框,在框中输入"欢迎使用图书管理系统",将字体颜色设为蓝色,并在标签属性中设置字体名称为黑体、字体大小为 14。

(3) 创建组合框。

① 确认"控件向导"按钮为按下状态,单击"组合框"控件,在主体节中要放置"组合框"的位置单击。

② 确认组合框获取数值的方式。在弹出的"组合框向导"中选择"自行键入所需要的值",如图 4.23 所示,单击"下一步"按钮。

③ 确定组合框中显示的值。在第一列输入"普通读者"和"VIP 读者",如图 4.24 所示,单击"下一步"按钮。

④ 为组合框标签指定标题。输入"读者类别",如图 4.25 所示,单击"完成"按钮。

(4) 创建文本框。

① 确认"控件向导"为非按下状态,单击"文本框"控件,在窗体的恰当位置画矩形框;将文本框的标签标题设为"读者编号"。

② 同样再创建一个文本框,将文本框的标签标题设为"口令"。在文本框属性对话框中"数据"下"输入掩码"右侧单击 ⋯ 按钮,在"输入掩码向导"对话框中选择"密码"行,单击"完

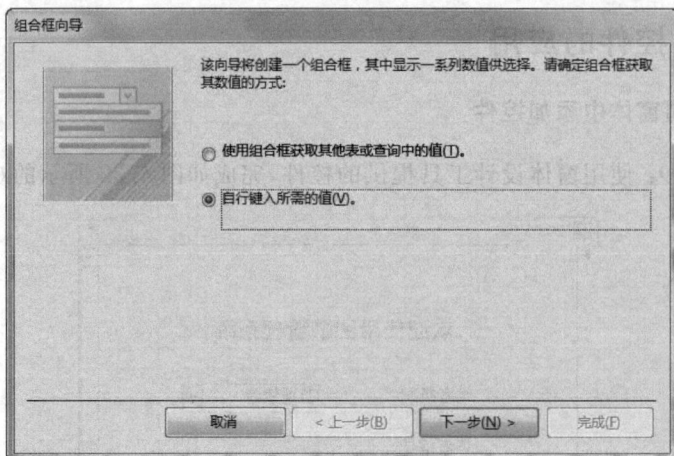

图 4.23　确认组合框获取数值的方式对话框

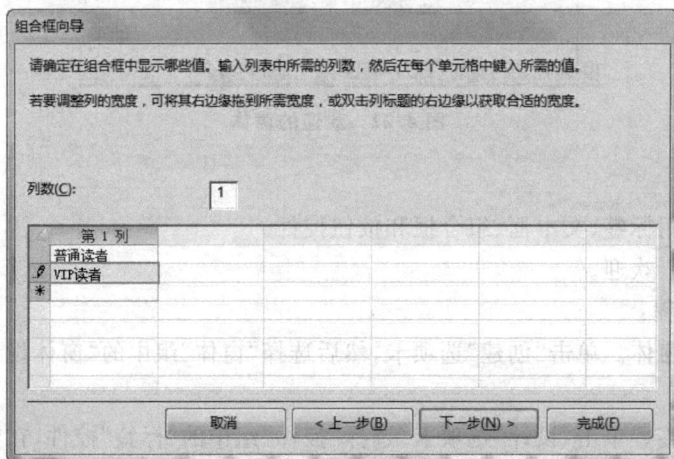

图 4.24　确定组合框中显示的值

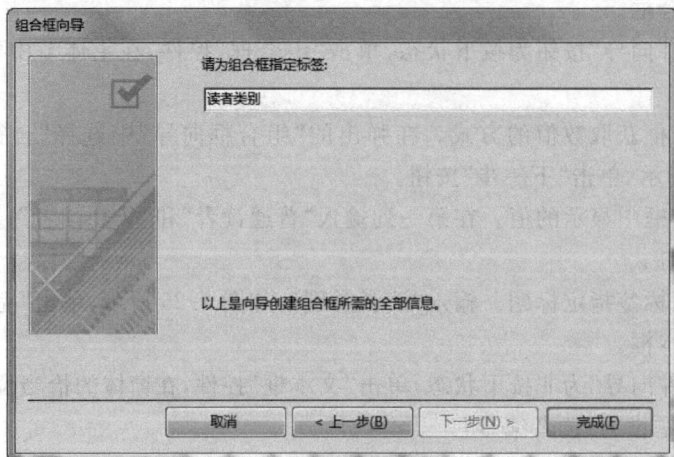

图 4.25　确定组合框标签的标题图

成"按钮,如图 4.26 所示。

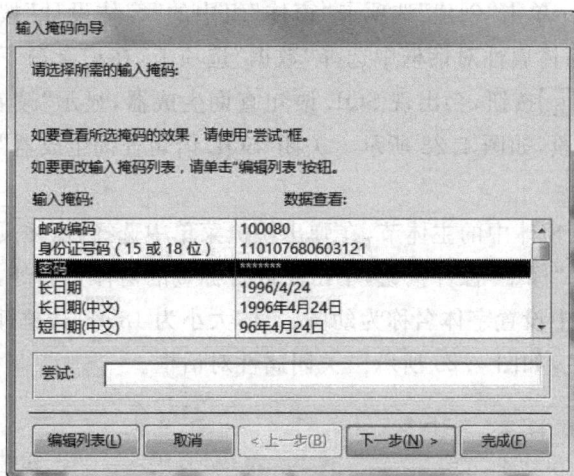

图 4.26 输入掩码向导对话框

(5) 创建命令按钮。确认"控件向导"为非按下状态,单击"命令按钮"控件,在窗体的恰当位置画矩形框,在按钮的属性对话框中将标题属性设为"登录";同样创建"退出"按钮。"欢迎"窗体就完成了。

相关知识点细述:

(1) 标签不显示字段或表达式的值,没有数据来源,它总是非绑定型的。

(2) 使用控件组中标签控件创建的标签是独立的标签,并不附加到任何其他控件上。使用工具箱中工具创建文本框时,前面有一个附加的标签显示文本框的标题。

(3) 组合框和列表框控件可以帮助用户方便地输入值,或用来确保在字段中的输入值是正确的。组合框实际上是列表框和文本框的组合。可以在组合框输入新值,也可以从列表框中选择一个值。列表框可以包含一列或几列数据,每行也可以有一个或几个字段。列表框的创建可使用"控件"的 ▦ 按钮,创建方法与组合框的创建方法类似。

任务实例 4.10:使用窗体设计创建窗体,如图 4.27 所示,窗体页眉显示"图书借阅信息",窗体显示"读者编号"、"姓名"、"性别"、"借出时间"、"归还时间"和"借出天数";分别添加显示文本按钮"第一项"、"最后一项",添加显示图片"转至下一项"、"转至前一项"命令按钮。

任务分析:

◆ **方法:**使用控件的标签、文本框、选项组控件和命令按钮。

◆ **数据源:**图书借阅表和读者信息表。

◆ **窗体名称:**图书借阅信息窗体。

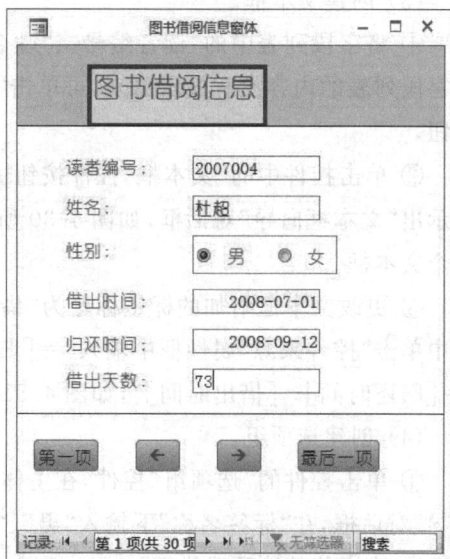

图 4.27 图书借阅信息窗体

任务解决过程:

(1) 创建新窗体。单击"创建"选项卡"窗体"组中的"窗体设计"按钮,然后单击工具组中的"属性"按钮,在窗体属性对话框中选择"数据"选项卡,在记录源下拉列表中选择"图书借阅表",单击右侧的 ⋯ 按钮,会出现 SQL 语句查询生成器,显示"读者信息表"和"图书借阅表",选择相应的字段,如图 4.28 所示。关闭"SQL 语句查询生成器"。

(2) 创建标签。

① 鼠标右键单击窗体中的主体节,在弹出快捷菜单中选择"窗体页眉/页脚"选项。

② 单击控件中的"标签"控件按钮,单击要放置标签的窗体页眉处,在标签中输入"图书借阅信息",并在属性中设置字体名称为幼圆、字体大小为 18 号、边框颜色为蓝色、边框宽度为 3 磅、背景色为黄色,如图 4.29 所示。关闭属性对话框。

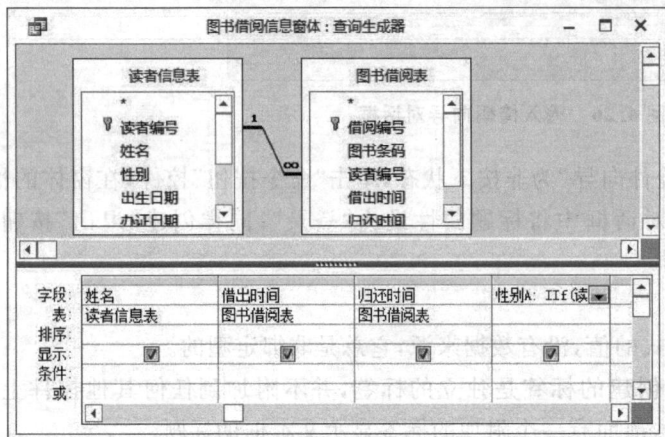

图 4.28   SQL 语句查询生成器

图 4.29   添加标签的窗体

(3) 创建文本框。

① 将字段列表中的"读者编号"、"姓名"、"借出时间"和"归还时间"拖动到主体节上,如果字段列表的内容没有显示出来,可单击"设计"选项卡,选择"工具"组中的"添加现有字段"按钮。

② 单击控件中的"文本框"控件按钮 abl 后,在主体节上要创建文本框的位置处单击,会显示出"文本框向导"对话框,如图 4.30 所示。单击"完成"按钮,就会在窗体主体节中添加一个文本框。

③ 更改文本框附加的标签标题为"借出天数"。单击工具栏上的"属性"按钮,在"属性"表中单击"控件来源"属性框中输入"=[归还时间]−[借出时间]",或直接在文本框中输入"=[归还时间]−[借出时间]",如图 4.31 所示。关闭属性对话框。

(4) 创建选项组。

① 单击控件的"选项组"控件,在主体节中要放置"选项组"的位置单击,会显示"选项组向导"对话框,在"标签名称"下输入"男"、"女",如图 4.32 所示,单击"下一步"按钮。

② 确定使某选项成为默认选项。选择"是,默认选项是(Y)"单选项,如图 4.33 所示,单击"下一步"按钮。

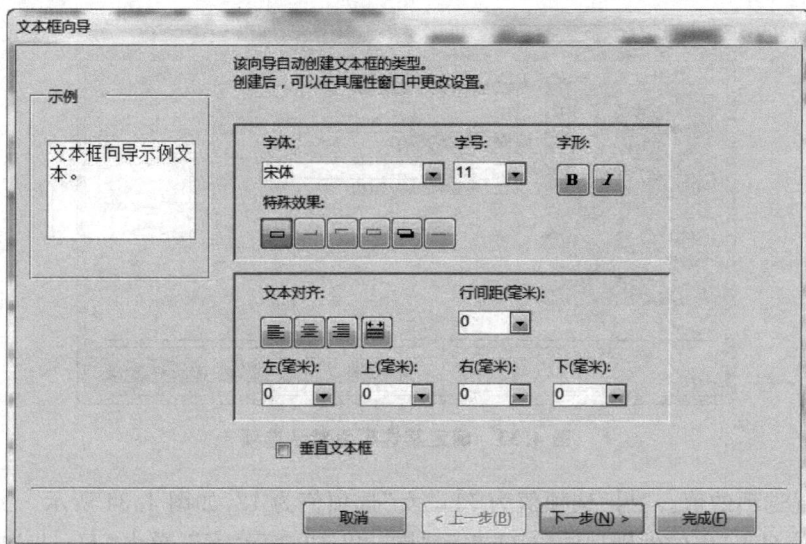

图 4.30 "文本框向导"对话框

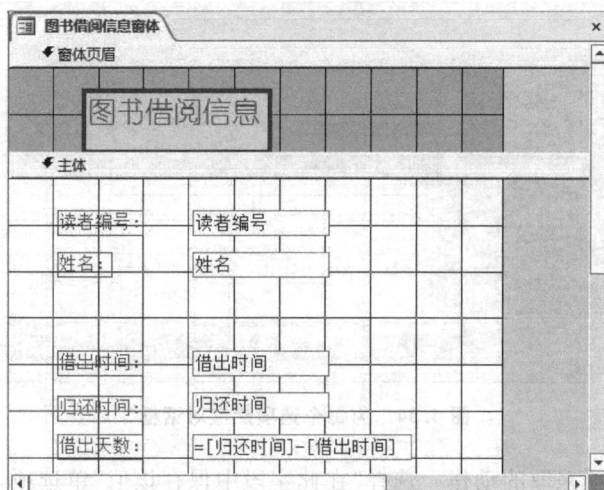

图 4.31 添加了文本框的窗体

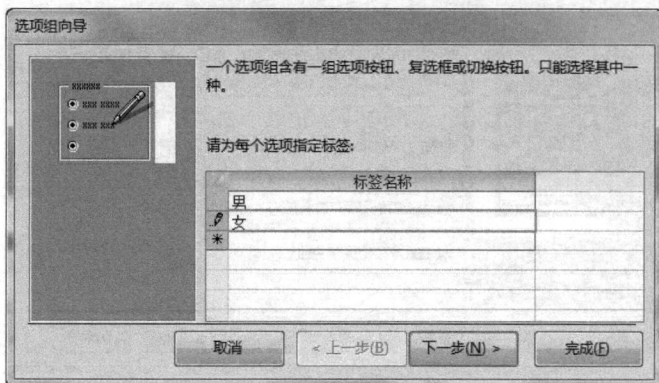

图 4.32 设置选项组标签

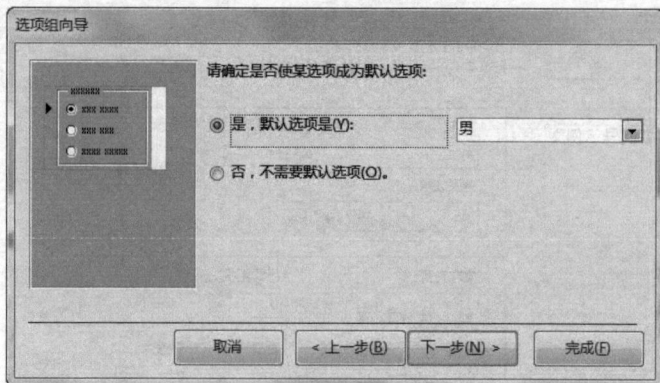

图 4.33　确定某选项为默认选项

③ 设置选项的值。"男"选项值为 11,"女"选项值为 12,如图 4.34 所示。此处需要预先将"读者信息表"中的性别列中以 11 表示"男",以 12 表示"女",单击"下一步"按钮(代码:"IIF(读者信息表.[性别]='男',11,12) AS 性别 A")。

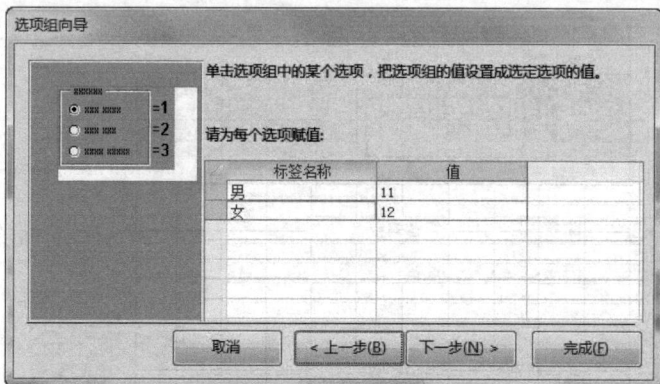

图 4.34　为每个选项赋值对话框

④ 确定对所选项采取的动作。选择"在此字段中保存该值"单选项,在下拉列表框中选择"性别"字段,如图 4.35 所示,单击"下一步"按钮。

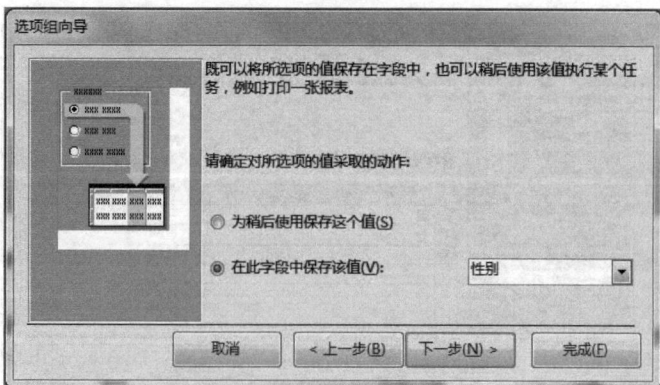

图 4.35　确定保存值的字段

⑤ 确定选项使用的控件类型。在"请确定在选项组使用何种类型的控件"中选择"选项按钮"项,在"请确定所用样式"中选择"平面"样式,如图 4.36 所示,单击"下一步"按钮。

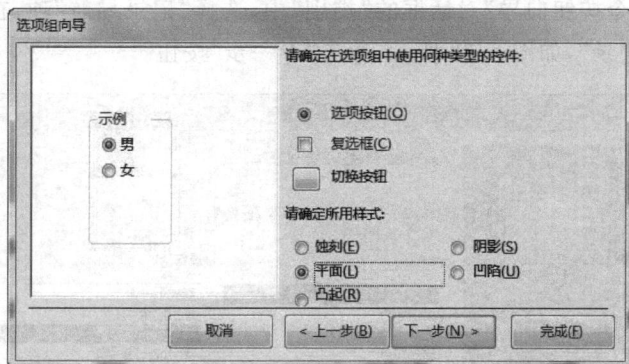

图 4.36 确定选项组控件类型和样式

⑥ 为选项组指定标题。输入"性别",如图 4.37 所示。单击"完成"按钮,调整选项组标签和选项的位置,窗体设计视图如图 4.38 所示。

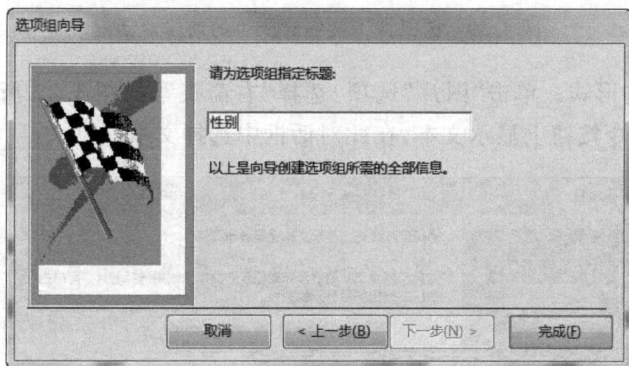

图 4.37 设置选项组标题窗体

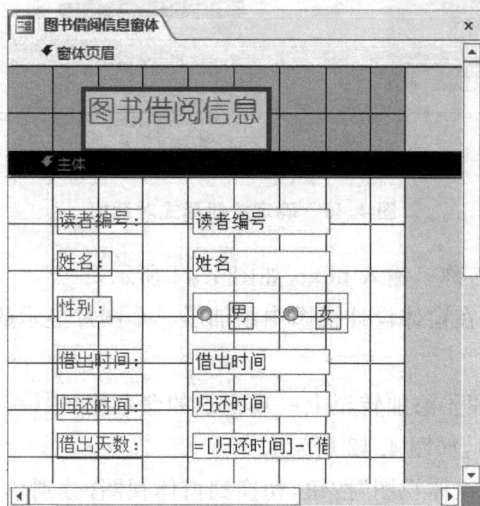

图 4.38 添加了选项组的窗体

(5) 创建命令按钮。

① 确定命令按钮的类别。单击工具箱中的"命令按钮"控件,在要放置命令按钮的窗体页脚处单击,在"命令按钮向导"对话框的"类别"中,选择"记录导航"项,在对应的"操作"中选择"转至下一项记录",如图 4.39 所示,单击"下一步"按钮。

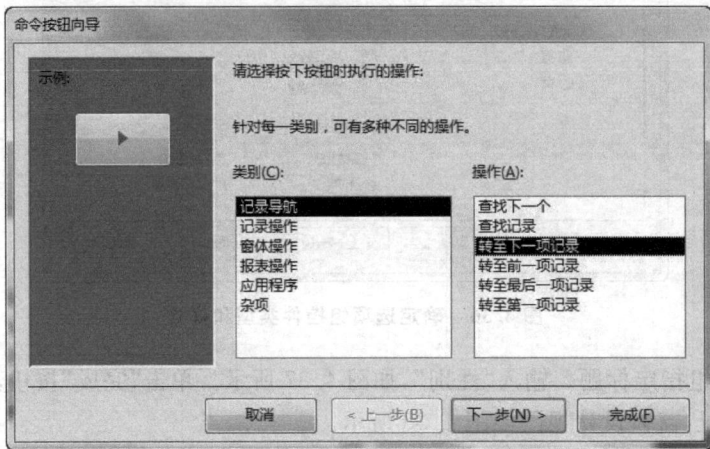

图 4.39   选择按下按钮时产生的动作对话框

② 确定按钮的形式。单击"图片"选项,选择"右箭头",如图 4.40 所示,单击"下一步"按钮。如果要在命令按钮上显示文本,在此对话框中选择文本即可。

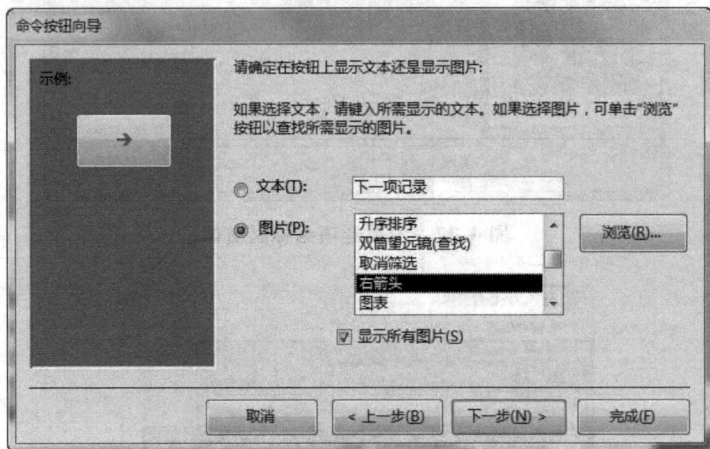

图 4.40   确定按钮形式对话框

③ 指定命令按钮的名称。输入 next,如图 4.41 所示。

④ 单击"完成"按钮,在窗体设计视图中添加了一个图片显示的转至下一项记录的命令按钮 ➡。

⑤ 仿照步骤①～步骤④添加转至上一项记录的命令按钮 ⬅。添加显示文本"第一项"和"最后一项"的命令按钮,如图 4.42 所示。

⑥ 单击视图组中的"窗体视图"按钮,切换到窗体视图,分别单击各个命令按钮,查看执行各个命令按钮的效果。

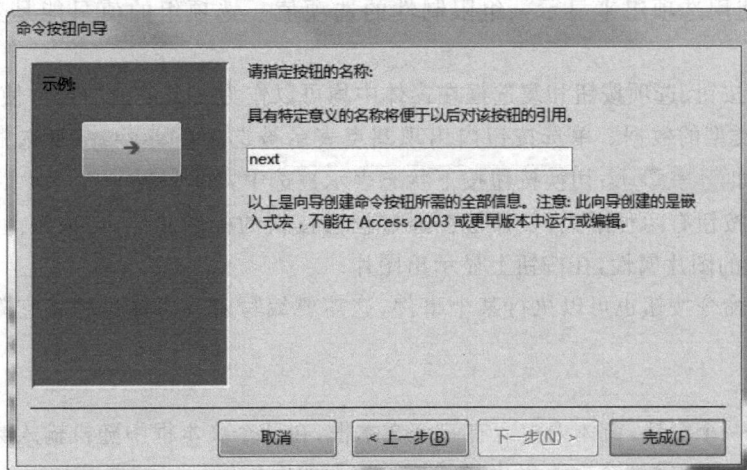

图 4.41　指定按钮名称对话框

图 4.42　图书借阅信息窗体

相关知识点细述：

（1）使用窗体设计创建窗体时，数据源可以来自不同的数据表或查询。

（2）创建文本框时，可直接将字段列表框中选定的字段拖动到设计视图窗体，左边用于显示字段标题的控件是标签，右边是绑定了字段内容的文本框。

（3）文本框分为绑定型、非绑定型和计算型三种。绑定型的文本框与某个字段中的数据相结合。非绑定型的文本框没有数据源，文本框内会显示"未绑定"。在文本框属性的控件来源中输入公式或函数表达式，即可作为计算控件。

（4）选项组控件是一个容器控件，它由一个组框架、复选框、切换按钮或选项按钮组成。可以使用选项组来显示一组限制性的选项值。选项组的值只能是数字,而不能是文本。

(5) 切换按钮、选项按钮和复选框在窗体中均可以作为一个单独的控件使用,都是用于表示"是/否"类型的数据。单选按钮内出现圆点表示被选中 ⊙是否VIP;复选框内出现对号表示被选中,如 ☑ 是否VIP;切换按钮按下状态表示被选中,如 是否VIP 。

(6) 命令按钮有两种形式,一种是在通过设置按钮的标题属性,在按钮上显示文本;另一种设置按钮的图片属性,在按钮上显示出图片。

(7) 单击命令按钮也可以执行某个事件,这需要编写宏或事件过程将它附加在按钮的"单击"属性中。

边学边练:

(1) 创建一个窗体,窗体内包含有三个文本框,在两个文本框中随机输入数值作为长方形的长和宽,就会在第三个文本框中显示该长方形的面积值。

(2) 自行设计一个窗体,窗体内包含标签、文本框、命令按钮和选项组的使用。

4.3 窗体的整体设计与使用

窗体的"设计视图"中包含了窗体本身和各类控件。窗体本身具有属性,窗体中的控件也具有相应的属性,属性影响窗体和控件的结构和外观。

4.3.1 设置窗体和控件属性

在 Access 中,属性用于设置表、查询、窗体、报表以及窗体和报表上控件的特性。每一个控件都具有各自的属性。控件的属性决定控件的结构、外观和行为,包括它所含的文本和数据的特性。同一个对象属性不同,其外观以及其他特性也就不同,设置对象的属性是 Access 开发数据库系统的重要工作之一。

任务 4-5 设置窗体和控件的属性

任务实例 4.11:设置"图书借阅信息窗体"的相关属性,将窗体"标题"修改为"窗体属性练习",将窗体边框改为"对话框边框"样式,取消窗体中的水平和垂直滚动条、记录选定器、导航按钮和分隔线并将窗体属性设为弹出式窗体。

任务分析:

◆ 方法:使用 "属性表"窗口设置相应的属性。

◆ 操作对象:图书借阅信息窗体。

任务解决过程:

(1) 在数据库窗口选中"图书借阅信息窗体",鼠标右键单击该窗体,弹出快捷菜单,选择"设计视图"选项。

(2) 单击 "属性表"按钮,出现属性表。在文本框列表中选择"窗体",单击"格式"选项卡。

(3) 将"标题"属性设置为"窗体属性练习",边框样式设为"对话框边框"。

(4) 将"滚动条"属性设为"两者均无","记录选定器"、"导航按钮"和"分隔线"属性均选项"否",如图 4.43 所示。

(5) 在"其他"选项卡中,将"弹出方式"属性设置为"是"。

相关知识点细述:

窗体和控件都具有各自的属性,窗体属性用于对窗体进行全局设置,包括窗体的标题、名称、窗体的数据源、窗体的各种事件等。窗体的属性分为"格式"、"数据"、"事件"、"其他"和"全部"共 5 组,"全部"组是把前面 4 个属性组的项目都集中放在一起。

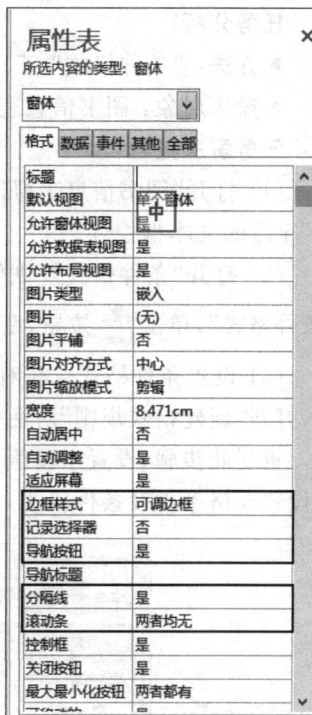

图 4.43 "属性"窗口的设置

◆ 格式属性:制定对象的外观布置,如宽度、最大化最小化按钮、关闭按钮和图片属性。通常对象的格式属性都有一个默认的初始值。而数据、事件和其他属性则没有默认的初始设置。

◆ 数据属性:主要是用来指定 Access 如何对该对象使用数据,在记录源属性中需要制定窗体所有的表或查询,另外还可以指定筛选和排序依据。

◆ 事件属性:允许为一个对象发生的事件指定命令和编写事件过程代码,如一个命令按钮的"单击"事件表示,单击该命令按钮时,Access 会完成一个指定的任务。控件事件属性及其使用,在宏的有关章节,结合嵌入宏介绍事件属性。

◆ 其他属性:窗体有两个很重要但存在着一定潜在危险的属性中弹出方式和独占方式。弹出方式:不管当前操作是否在某个窗体上,这个窗体一直显示在屏幕的最前面。在有多个窗体存在的情况下,虽然允许选择其他窗体,但是具有弹出属性的窗体总是在最前面。独占方式:操作一直在这个窗体上,直到关闭为止,即不允许选择其他窗体。一般登录窗体和消息对话框都属于独占窗体。对于这类窗体只有单击"确定"按钮,窗体才会消失。

边学边练:

练习设置窗体或控件的其他属性。

4.3.2 窗体的修饰

创建出窗体以后,常常希望它美观、漂亮。这就需要进一步进行修饰。对窗体中控件的操作主要包括:调整控件大小,选择、复制、移动、删除控件,对齐和设置控件等操作。

1. 窗体及控件格式的设置

任务 4-6 设置窗体的格式

任务实例 4.12:"图书信息表窗体"中,应用条件格式,使窗体中售价字段值用不同的颜色显示。20 元以下(包含 20 元)是蓝色显示,20~30 元是绿色显示,30 元以上(包含 30 元)是红色。

任务分析：

◆ 方法："条件格式"工具。

◆ 操作对象：图书信息表窗体。

任务解决过程：

(1) 打开"图书信息表窗体"。用设计视图打开"图书信息表窗体"，选中窗体中绑定"售价"字段的文本框控件。

(2) 打开"条件格式规则管理"对话框。在"窗体设计工具"选项卡的"格式"组中找到"条件格式"，单击 条件格式 按钮，系统中就会出现"条件格式规则管理"对话框。

(3) 设置条件格式。在对话框上方的下拉列表中选择"售价"字段，单击"新建规则"按钮，打开"新建格式规则"对话框。设置字段值小于 20 时，字体颜色为"蓝色"，单击"确定"按钮。重复此步骤，设置字段值介于 20 和 30 之间和字段值大于 30 的条件格式。一次最多可以设置 3 格条件及条件格式，设置结果如图 4.44 所示。

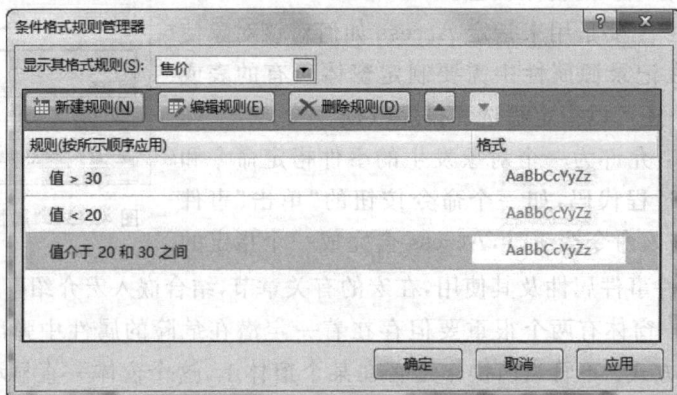

图 4.44　条件及条件格式设置结果

(4) 切换到数据表视图，显示结果如图 4.45 所示。

图 4.45　"数据表视图"下的显示效果

2. 应用主题

"主题"是整体上设置数据库系统，使所有窗体具有统一色调的快速方法。它是一套统一的设计元素和配色方案，微数据库系统的所有窗体页眉节上的元素提供了一套完整的格式集合。

在"窗体设计工具"选项卡中的主体组包含三个按钮,"主题"、"颜色"和"字体",Access一共提供了 44 套主题供用户选择。

操作步骤:打开要设计的窗体,然后在"窗体设计工具"选项卡的"主题"组中,单击"主题"按钮,打开"主题"列表,在列表中双击所要的主题。在窗体页眉节的背景颜色发生变化。设计完主题后,再打开其他窗体,会发现所有窗体的外观都发生了改变,而且外观的改变是一致的。

3. 窗体的布局

在窗体的布局阶段,需要调整控件的大小、排列或对齐控件,以使界面有序、美观。

(1) 控件的选择

◆ 选择一个控件:单击该控件。

◆ 选择多个控件:按住 Shift 分别单击要选择的控件。

◆ 选择全部控件:选择"窗体设计工具"选项卡中"格式"组中"全选"命令或者使用快捷键 Ctrl+A。

(2) 控件的复制

复制控件的操作步骤是:

◆ 选择一个或多个要复制的控件。

◆ 选择"开始"选项卡"剪贴板"组中的"复制"命令。

◆ 将鼠标移动到要复制的节位置处,单击鼠标左键,确定控件的位置。

◆ 选择"开始"选项卡"剪贴板"组中的"粘贴"命令,即可完成复制控件的操作。

(3) 控件的移动

移动控件的方法很多,最简单的方法是使用鼠标移动,操作步骤是:

◆ 选择一个或多个要移动的控件。

◆ 将鼠标移动选中控件的表框处,使鼠标指针变为手掌形状时,按下鼠标左键,将控件拖动到所需位置。

(4) 控件的删除

删除控件操作方法是:选择一个或多个要删除的控件,选择"窗体设计工具"选项卡"记录"组中的"删除"命令或按 Del 键。

(5) 对齐控件

对齐控件的操作方法是:选择多个要对齐的控件,选择"窗体设计工具"选项卡"排列"组中的"对齐"命令项,在子命令项中选择"对齐网格"、"靠左"、"靠右"、"靠上"、"靠下"子选项中所需的一个选项,来对齐控件,如图 4.46 所示。

(6) 调整间距

调整多个控件之间水平和垂直间距的最简便方法是:在"窗体设计工具"选项卡"排列"组中,单击"调整大小和排列"组中的"大小/空格"按钮,在打开的列表中,根据需要选择"水平相等"、"水平增加"、"水平减少"、"垂直相等"、"垂直增加"和"垂直减少"等按钮。

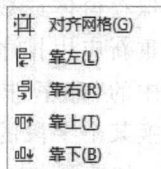

图 4.46 对齐菜单

4.4　使用窗体操作数据

窗体本身并不存储数据,但应用窗体可以直观方便地对数据库中的数据进行输入、修改和查看。在一个数据库应用程序开发完成后,对数据库的所有操作都可以通过窗体这个界面来实现。

4.4.1　查看、修改、添加、删除记录

对数据进行查看、添加和删除是一般窗体具备的最经常被使用的功能。

1. 查看修改窗体数据

打开窗体的窗体视图或数据表视图,即可对窗体中的数据进行查看。一般根据不同的要求,可以创建不同的窗体来查看数据记录。如用户可以创建普通窗体、模式对话框窗体或者数据表窗体等。

对数据进行查看时,可以借助系统提供的导航栏,利用导航栏可以查看上一条数据、下一条数据等。在窗体的"属性表"窗格中可以设置该导航栏显示与否,也可使用命令按钮。查看窗体数据时,也可以对记录进行修改,修改完毕,单击"开始"选项卡"记录"组中的"保存"按钮,进行保存记录。

2. 添加删除窗体数据

如果在窗体的"属性表"窗格中设置可以对窗体中的数据进行编辑,那么用户就可以在窗体中进行数据的添加和删除操作了。

打开图书借阅信息窗体,如果要添加记录,则需要单击"开始"选项卡,选择"记录"组中的"新建"按钮,在窗体上将显示一个让用户填入数据的空白记录,可以在相应的控件中输入每一个字段的值,然后单击记录组中的"保存"按钮,保存新记录。

如果要删除记录,则需要选中要删除的记录值,然后直接单击"记录"组中的"删除"下拉框中的"删除记录"按钮。

4.4.2　筛选、排序、查找记录

我们在窗体视图或数据表视图中指定排序顺序时可以执行简单的排序操作,即可将所有记录按照升序或降序排序,但两者不能够同时进行,无论在何处指定排序记录,在保存窗体或数据表时 Access 2013 将保存该排序顺序,并且在重新打开该窗体时,自动重新应用排序顺序。对窗体排序时,可单击要排序的字段,然后单击"排序和筛选"组中的"升序"按钮或"降序"按钮。用户也可以通过"查找"和"替换"命令分别查找和替换某个字段的值。

如果要查找特定的记录,可以设置数据筛选。其实,在窗体中,利用右键快捷菜单,就可以完成很多筛选功能。例如下面的例子,打开"读者信息主子窗体"的窗体视图,在窗体的某一个文本框中右击,可在弹出的快捷菜单中选择相应的筛选命令,比如"等于…"、"不等于…"命令等,如图 4.47 所示。

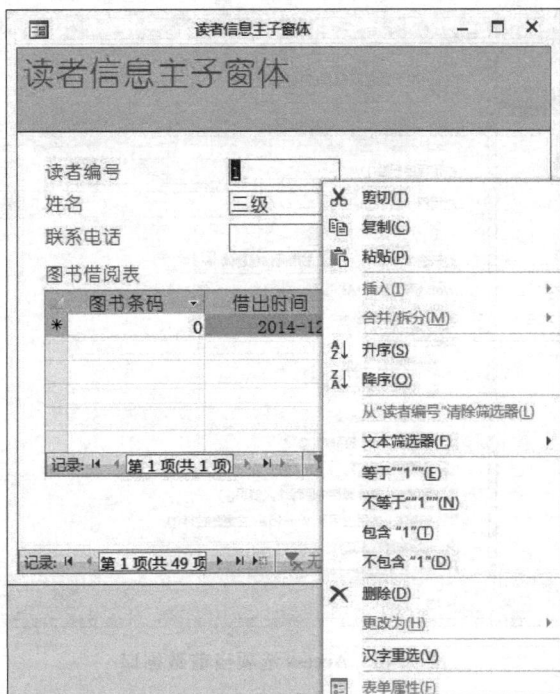

图 4.47　窗体数据编辑的快捷菜单

相关知识点细述：

在 Access 中，排序记录时所依据的规则是"中文"排序，具体方法如下。

◆ 中文按拼音字母的顺序排序。

◆ 英文按字母顺序排序，大小写视为相同。

◆ 数字由小到大排序。

4.5　设置自动启动窗体

任务 4-7　设置窗体的自启动

任务实例 4.13：设置"图书借阅信息窗体"的自启动，每次打开数据库，用户就可以只查看方便简洁的窗体。

任务分析：

◆ 方法：使用"文件"的"选项"对数据库进行设置。

◆ 操作对象：图书借阅信息窗体。

任务解决过程：

（1）单击"文件"按钮，选择"选项"，然后出现 Access 选项设置窗口，单击"当前数据库"，如图 4.48 所示。

（2）配置窗体自启动参数。在显示窗体处单击下拉菜单，选择"图书借阅信息窗体"。把文档窗口选项下面的"重叠窗口"勾选。向下将导航组的"显示导航窗格"前的对勾取消。

图 4.48　Access 选项当前数据库

在功能区和工具栏选项,将"允许全部菜单"和"允许默认快捷菜单"的对勾都取消。单击"确定"按钮,出现提示框,如图 4.49 所示。

(3) 单击提示框的"确定"按钮,关闭当前数据库,重新打开,窗体会自动启动。

相关知识点细述:

(1) 如果取消自启动,则把上述操作逆向操作一遍。

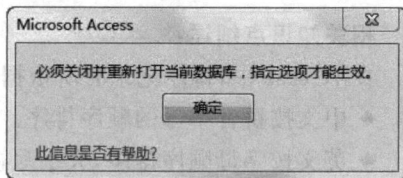

图 4.49　提示框

(2) 当某一数据库设置了启动窗体,在打开数据库时想终止自动运行的启动窗体,可以在打开这个数据库的过程中按住 Shift 键。

4.6　创建切换窗体、导航窗体和图形窗体

4.6.1　创建切换窗体

任务 4-8　创建切换窗体

任务实例 4.14:创建三个主窗体,一个是主窗体,里面放置两个命令按钮,另外两个分别是读者信息表窗体和图书信息表窗体。在主窗体中,单击其中一个命令按钮切换到读者信息表窗体,单击另一个则切换到图书信息表窗体。

任务分析:

◆ 方法:利用窗体向导创建两个子窗体,利用窗体设计创建主窗体。

◆ 操作对象:读者信息表和图书信息表。

任务解决过程：

（1）选择数据源。打开"图书管理系统"数据库窗口，在"导航"窗格中选择窗体的数据源读者信息表。

（2）创建窗体。单击"创建"选项卡"窗体"组中的"其他窗体"按钮，选择"数据表"，系统将自动创建一个以读者信息表为数据源的窗体，并以数据表视图显示此窗体，如图 4.50 所示。

图 4.50　读者信息表窗体

（3）保存窗体。单击"保存"按钮，将窗体命名为"读者信息表窗体"。

（4）仿照上述步骤，以图书信息表为数据源，创建图书信息表窗体。

（5）创建主窗体的命令按钮。单击"创建"选项卡，选择"窗体"组中的"窗体设计"的按钮。在确认"使用控件向导"被选中的情况下，在"控件"组中选择"命令按钮"，在窗体空白处画一个命令按钮，出现命令按钮向导，如图 4.51 所示，类别中选择"窗体操作"，操作选择"打开窗体"，单击"下一步"按钮。出现如图 4.52 所示对话框，选择"读者信息窗体"，单击"下一步"按钮，出现如图 4.53 所示对话框，选择"打开窗体并显示所有记录"。在出现如图 4.54 所示对话框中，选择"文本"，输入"读者信息表"，单击"下一步"按钮，在出现如图 4.55 所示对话框中，将命令按钮命名为 Cmd1，单击"完成"按钮。

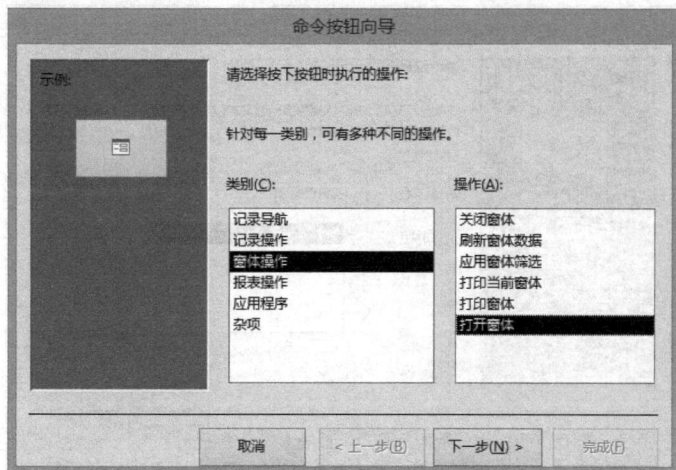

图 4.51　"命令按钮向导"对话框之一

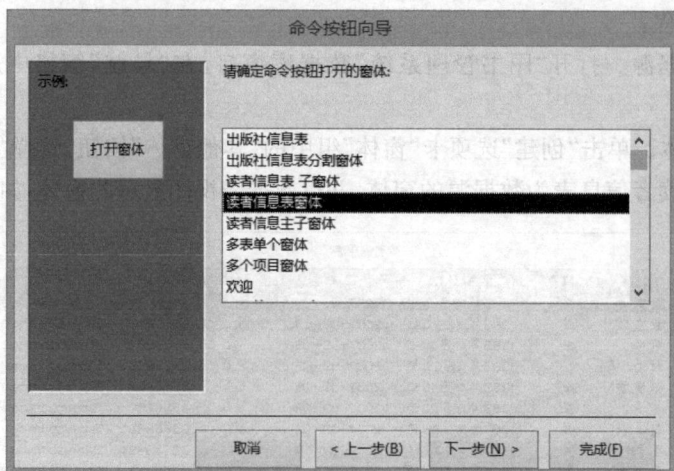

图 4.52　"命令按钮向导"对话框之二

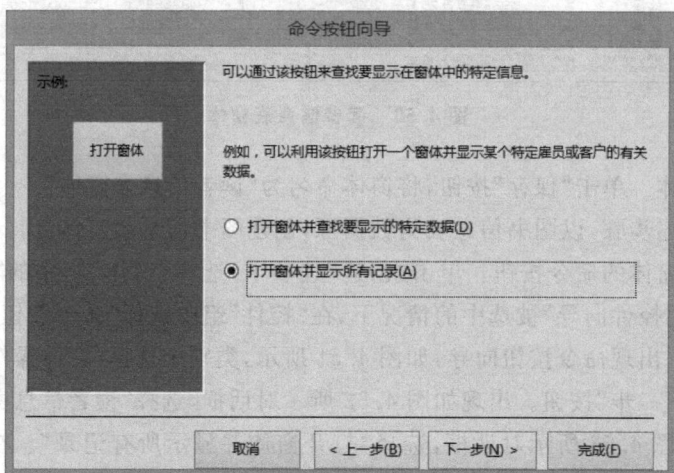

图 4.53　"命令按钮向导"对话框之三

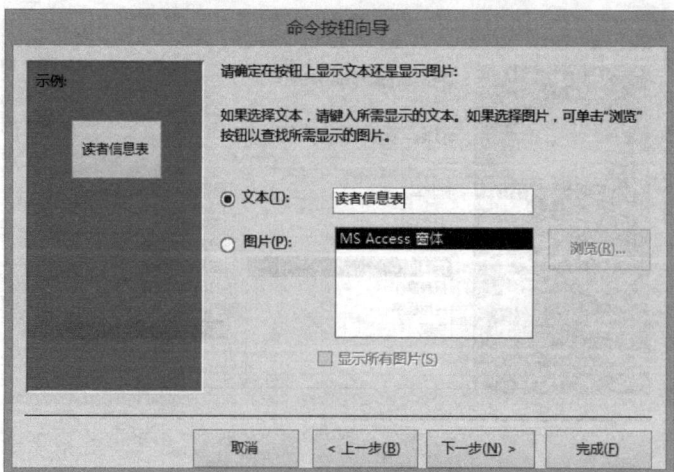

图 4.54　"命令按钮向导"对话框之四

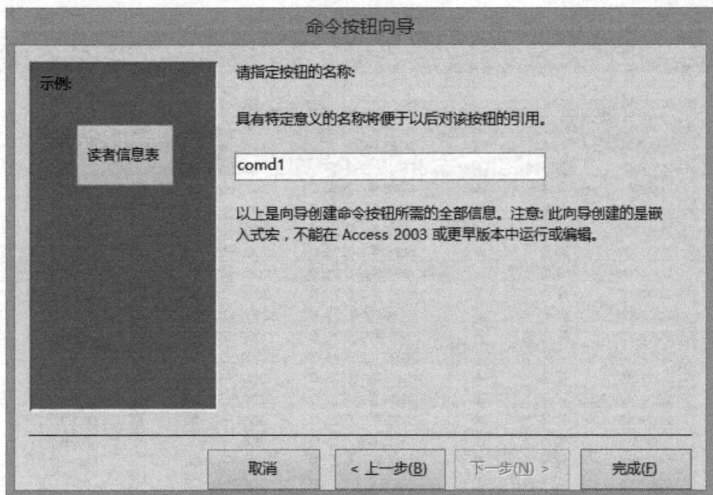

图 4.55 "命令按钮向导"对话框之五

(6) 仿照上述步骤,创建另一命令按钮"图书信息表"。结果如图 4.56 所示。窗体保存为"切换窗体"。单击命令按钮可实现窗体间的切换。

相关知识点细述:

创建控件时使用控件向导,可以直接使用系统提供的很多操作,不同的控件有不同的向导内容。

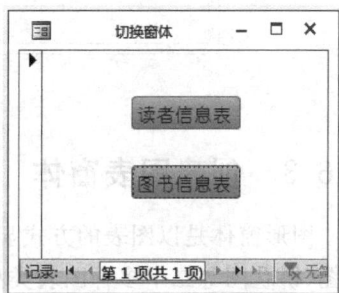

图 4.56 切换窗体

4.6.2 创建导航窗体

导航窗体是一种特殊的窗体,它的设置主要是为 Web 创建标准用户界面,可以方便地在数据库中的各种窗体和报表组织之间切换。因此,通过导航窗体可以将一组窗体和报表组织在一起,形成一个统一的与用户交互的界面,而不需要一次又一次地打开和切换相关的窗体和报表。

任务 4-9 创建导航窗体

任务实例 4.15:创建一个导航窗体,将前面实例中创建的窗体组合在一起。

任务分析:

◆ 方法:通过"创建"选项卡窗体组中的"导航"按钮创建。

◆ 操作对象:读者信息表子窗体、出版社信息表子窗体和图书借阅表子窗体。

任务解决过程:

(1) 打开"图书管理系统"数据库窗口,单击"创建"选项卡,选择"窗体"组中的"导航"按钮,单击"水平标签",则会出现一个空白窗体。保存为"图书管理导航窗体"。

(2) 向导航窗体中添加子窗口。选中导航格中的"读者信息表子窗体",然后拖到导航窗体"新增"处。同样方式添加"出版社信息表窗体"和"图书借阅表子窗体"。添加完毕,打开本窗体的窗体视图,出现如图 4.57 所示的导航窗体。

图 4.57   导航窗体

4.6.3   创建图表窗体

图形窗体是以图表的方式显示数据的统计信息，使数据更加直观，包括二维和三维的柱状图、饼状图等二十多种图表类型，都是数据展示的具体形式。

任务 4-10   创建图表窗体

任务实例 4.16：创建如图 4.58 所示图表窗体。

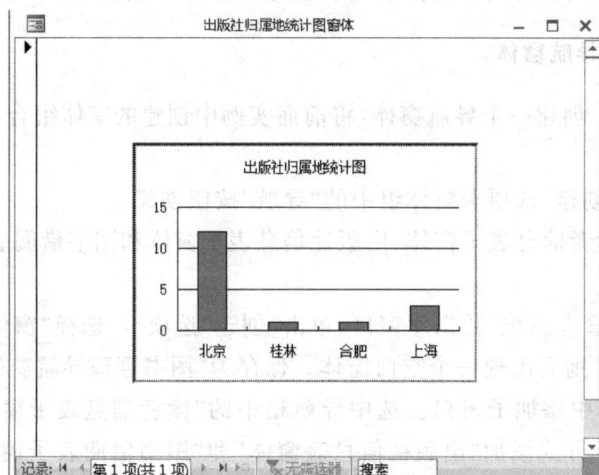

图 4.58   出版社归属地统计图窗体

任务分析：

◆ 方法：使用"图表"控件。

◆ 操作对象：出版社信息表窗体。

◆ 窗体名称：出版社归属地统计图窗体。

任务解决过程：

（1）打开"图书管理系统"数据库窗口，单击"创建"选项卡，选择"窗体"组中的"窗体设计"按钮，保存为"出版社归属地统计图窗体"。

（2）单击工具箱的"图表"按钮，在"主体"节中合适的位置画一个矩形框，如图 4.59 所示。

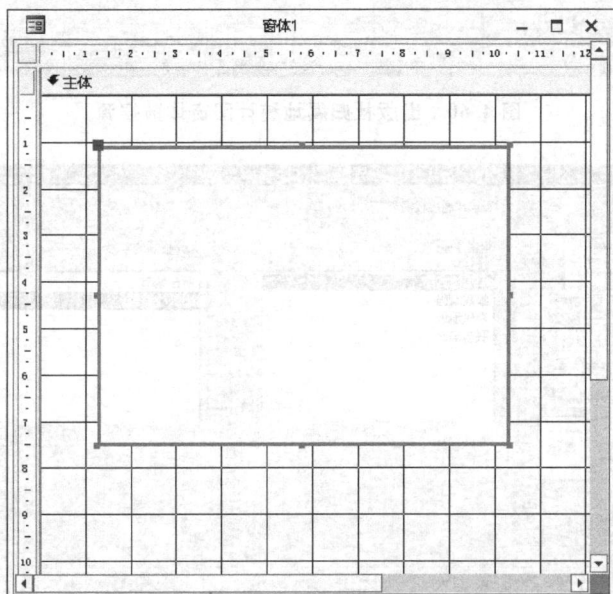

图 4.59　出版社归属地统计图窗体设计视图

（3）确定窗体的记录源。在图表向导对话框中，记录源选择"出版社信息表"，如图 4.60 所示。

（4）确定窗体的相关字段。将可用字段列表中的"所在城市"和"出版社编号"字段分别拖动到用于图表的字段中。按照图 4.61 所示进行相应的调整。

（5）选择图表的类型。单击图表向导对话框中的图表类型，根据需要选择图表类型，主要包括柱形图、折线图和饼状图等，本文默认选择柱形图，如图 4.62 所示。

（6）选择图表布局方式，参看图 4.63。单击"下一步"按钮，将窗体保存为"出版社归属地统计图窗体"。

相关知识点细述：

利用图表控件完成的窗体，可以直观地显示表或查询中的数据，包括二维和三维的柱形图、饼图等二十多种图表类型。在图表控件的属性表"数据"选项卡中的"链接主字段"和"链接子字段"属性，分别用于设置窗体和图表数据源中的链接字段，以实现图表内容随窗体记录变化而变化的功能。

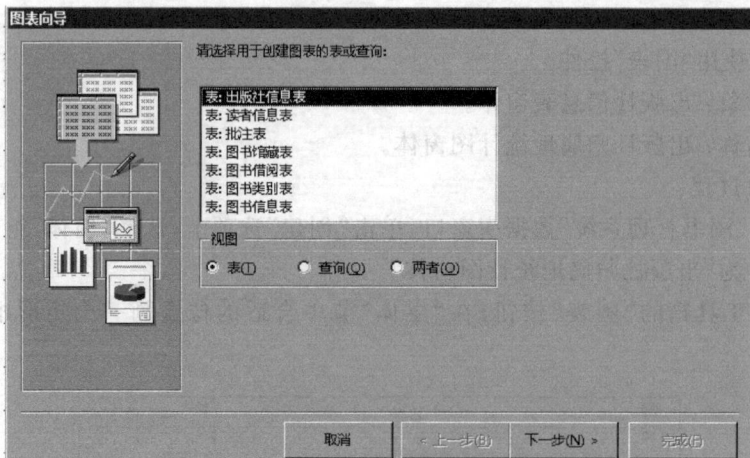

图 4.60　出版社归属地统计图窗体数据源

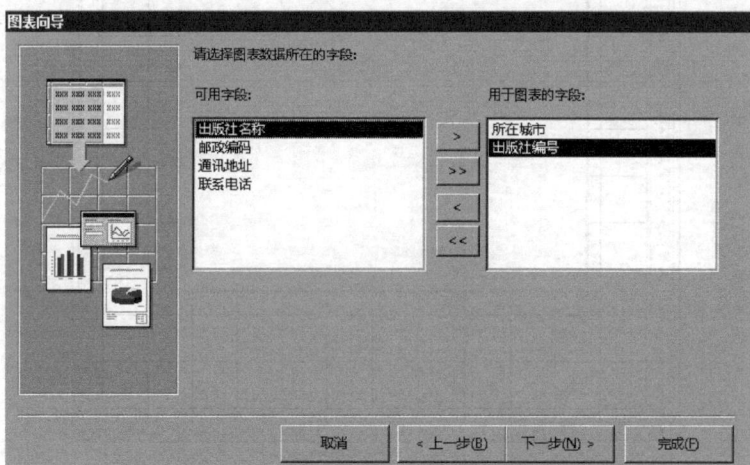

图 4.61　出版社归属地统计图窗体字段选择

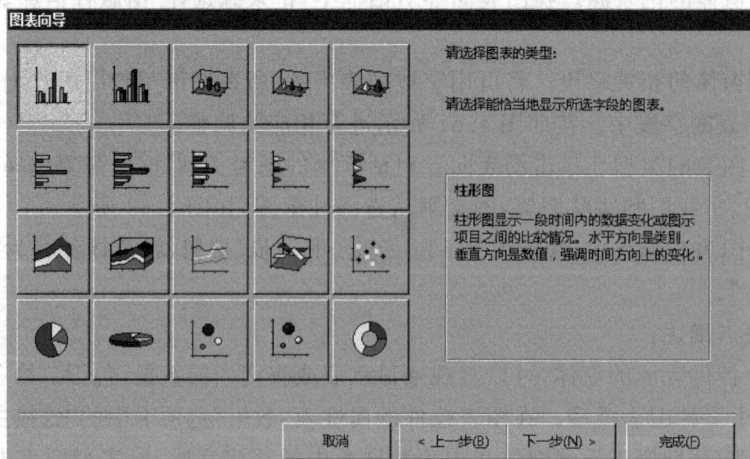

图 4.62　出版社归属地统计图窗体图形

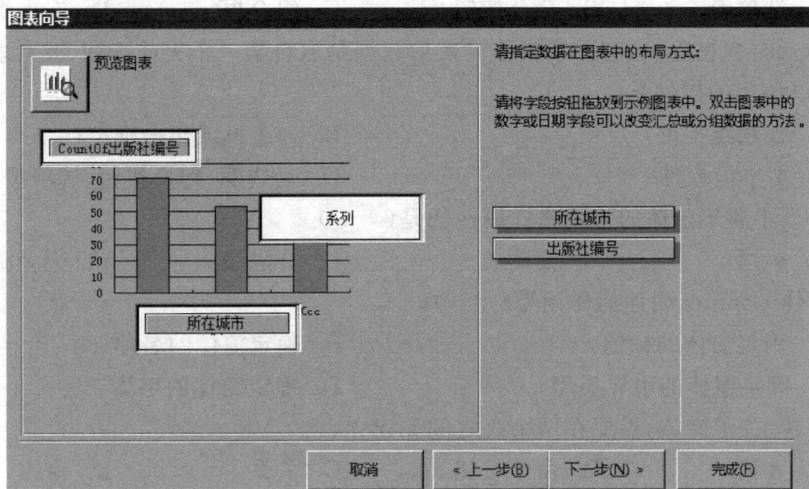

图 4.63 出版社归属地统计图窗体布局

本章小结

窗体是用户和数据库之间的接口,通过窗体可以建立友好的用户界面,可以用于对数据库数据的新建、编辑、删除等操作,从而实现良好的人机交互。

Access 的窗体有 4 种视图:设计视图、窗体视图、数据表视图、布局视图。设计视图是可用来创建和修改设计对象的窗口;窗体视图是能够同时输入、修改和查看完整的记录数据的窗口;数据表视图以行列方式显示表、窗体、查询中的数据,可用于编辑字段、添加和删除数据,以及查找数据;布局视图可以调整窗体的设计。

我们可以使用多种方法创建窗体,不同的方法有其各自的特点,通常可以使用窗体向导快速地创建窗体,再根据实际需要在设计视图中修改。我们通过自定义窗体,使用工具箱的控件,利用控件的属性设置,通过对窗体的美化,创建富于个性化的窗体。

习题 4

一、思考题

(1) 创建窗体有几种方法?分别阐述每类方法的优缺点。
(2) 文本框可以有哪三种类型?分别适用于什么情况?
(3) 组合框与列表框有何区别?
(4) 窗体的设计视图包括哪几节?分别有什么用?
(5) 叙述工具箱中"控件向导"按钮的作用。

二、选择题

(1) 当窗体中的内容太多无法放在一页中全部显示时,可以用(　　)控件来分页。

A. 选项卡　　　　B. 命令按钮　　　　C. 组合框　　　　D. 选项组

(2) Access 数据库中,若要求窗体输入的数据是取自某一个表或查询,或者取自某些选项内容,可以使用的控件是(　　)。

　　A. 选项组控件　　　　　　　　　　B. 列表框或组合框控件

　　C. 文本框控件　　　　　　　　　　D. 复选框、切换按钮、选项按钮控件

(3) 下列不属于窗体的常用格式属性的是(　　)。

　　A. 标题　　　　　B. 滚动条　　　　C. 分隔线　　　　D. 记录源

(4) 窗体 Caption 属性的作用是(　　)。

　　A. 确定窗体的标题　　　　　　　　B. 确定窗体的名称

　　C. 确定窗体的边界类型　　　　　　D. 确定窗体的字体

(5) 创建主/子窗体,需要在两个表之间先建立(　　)。

　　A. 查询　　　　　B. 命令按钮　　　　C. 关系　　　　D. 窗体

三、填空题

(1) 窗体有三种视图,分别为设计视图、窗体视图和_____。

(2) 计算控件的控件来源属性一般设置为_____开头的计算表达式。

(3) 窗体的数据源主要包括表和_____。

(4) 窗体由多个部分组成,每个部分称为一个_____。

(5) 窗体可以使用快速创建、向导和_____的方式来创建。

实验 4　创建和使用窗体

一、实验目的与要求

1. 实验目的

◆ 熟识各类窗体的特点。

◆ 学会使用各类向导创建相应类型的窗体。

◆ 学会使用设计视图创建各类窗体。

◆ 学会灵活运用各种控件。

◆ 学会美化窗体。

2. 实验要求

◆ 使用向导创建各类窗体。

◆ 使用窗体的设计视图创建各类窗体。

◆ 在设计视图中添加各种控件,并设置控件属性。

◆ 在设计视图中设置窗体属性。

◆ 美化窗体外观效果。

二、实验示例

1. 操作要求

例：打开"实验素材\实验 4\示例"文件夹，在此文件夹下的数据库 Example4.accdb 中已经设计好表对象 tEmployee、tSell、tBook，试按以下要求完成设计，参考效果如文件 Example4_R.accdb 所示。

(1) 创建纵栏式窗体：快速创建窗体"员工基本信息"，显示表 tEmployee 中所有记录，修改标题标签内容为"员工基本信息"。

(2) 创建主/子窗体：使用向导创建主/子窗体，从 tEmployee 表中选择字段"姓名"、"性别"、"职务"，从 tBook 表中选择字段"书名"，从 tSell 表中选择字段"数量"、"售出日期"，"通过 tEmployee"的数据查看方式，创建带有子窗体的窗体。选取"数据表"为子窗体布局，主窗体保存为"员工售书情况"，子窗体保存为"图书销售情况"。

(3) 创建导航窗体：创建"垂直标签，左侧"导航窗体，将"员工基本信息"和"员工售书情况"窗体添加到导航按钮区域，应用"离子会议室"主题，设置导航标签为"圆角矩形"，窗体名为"导航窗体"。

(4) 创建自定义窗体：使用设计视图创建"登录窗体"，在窗体主体节添加一个标签控件和一个命令按钮控件，名称分别为 lblTitle 和 cmdEnter，标签显示"欢迎使用图书销售系统"，黑体，加粗，22 号字，命令按钮显示"进入"，单击按钮能够打开"导航窗体"，取消显示记录选择器和浏览按钮。

2. 操作步骤

(1) 创建纵栏式窗体。

① 快速创建窗体：打开数据库 Example4.accdb，在表对象列表中选中 tEmployee，单击"创建"选项卡"窗体"栏的"窗体"命令，保存窗体，名为"员工基本信息"，快速创建的窗体如图 4.64 所示。

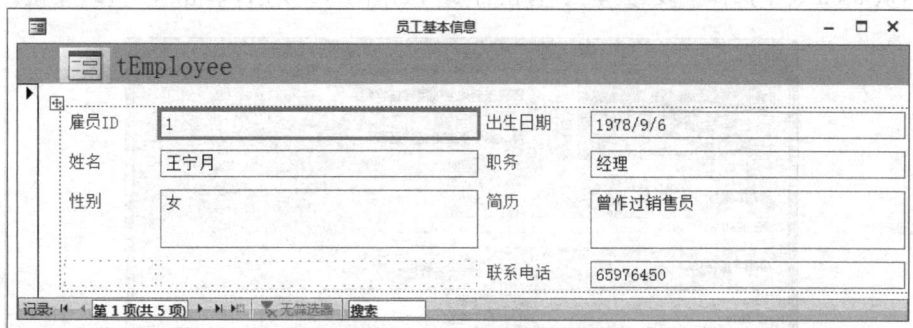

图 4.64　快速创建的"员工基本信息"窗体

② 修改标题标签：在布局视图下，单击显示表名的标签控件，修改内容为"员工基本信息"，窗体视图效果如图 4.65 所示。

(2) 创建主/子窗体。

① 创建数据源间的关系：单击"数据库工具"选项卡内的"关系"命令，在"关系"窗口中

图 4.65 纵栏式"员工基本信息"窗体

添加三张表,通过相同的"雇员 ID"字段建立表 tEmployee 与 tSell 的关系,通过相同的"图书 ID"字段建立表 tSell 与 tBook 的关系,在"编辑关系"对话框中均选中"实施参照完整性",保存,效果如图 4.66 所示。

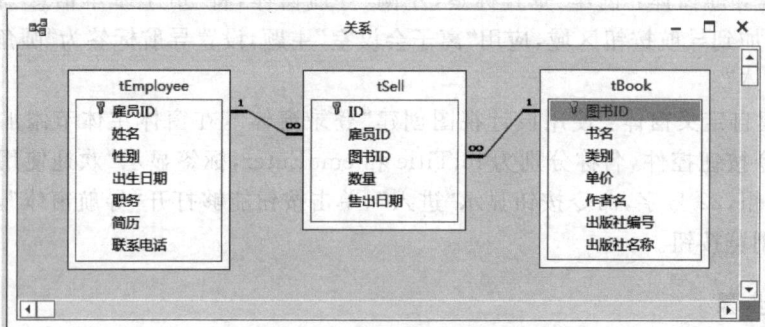

图 4.66 创建表间关系后效果

② 选择数据源:单击"创建"选项卡"窗体"栏的"窗体向导"命令,在向导窗口中选择数据来源和所需字段,从 tEmployee 表中选择字段"姓名"、"性别"、"职务",从 tBook 表中选择字段"书名",从 tSell 表中选择字段"数量"、"售出日期",如图 4.67 所示,单击"下一步"按钮。

图 4.67 选择数据来源和所需字段

③ 确定窗体形式：在"窗体向导"对话框中选择查看数据的方式为"通过 tEmployee"，在右下侧区域选择主/子窗体形式为"带有子窗体的窗体"，如图 4.68 所示，单击"下一步"按钮，确定子窗体布局为"数据表"，如图 4.69 所示，单击"下一步"按钮。

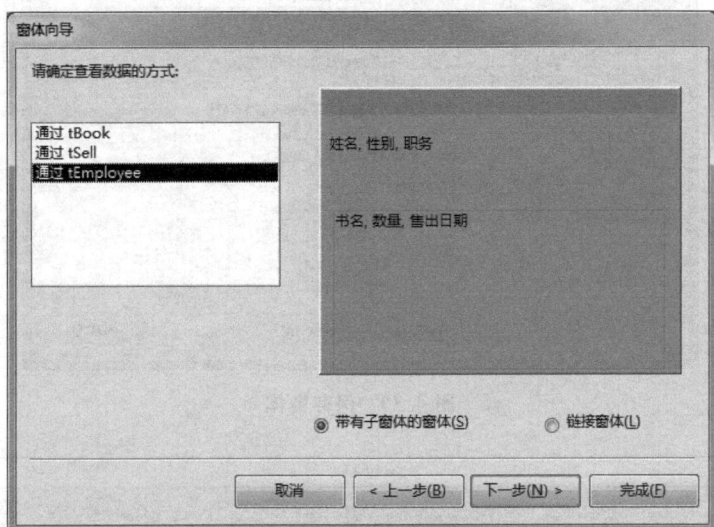

图 4.68　确定主/子窗体的数据查看方式

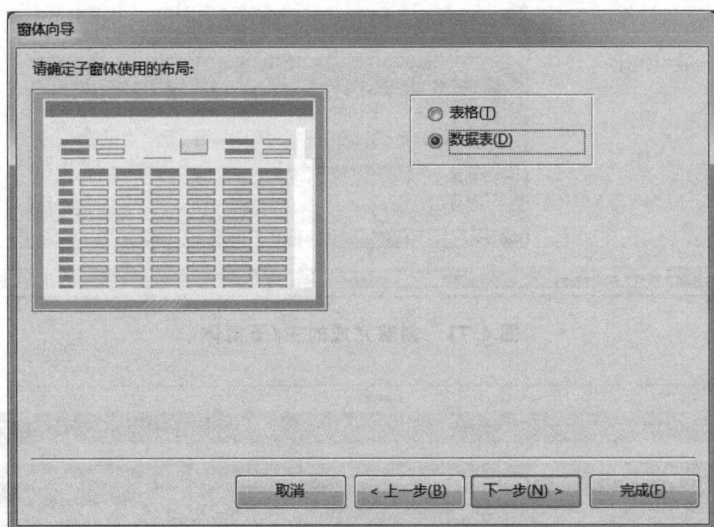

图 4.69　确定子窗体的布局形式

④ 分别指定主、子窗体名称为"员工售书情况"和"图书销售情况"，如图 4.70 所示。单击"完成"按钮，可以看到创建好的主/子窗体如图 4.71 所示。

（3）创建导航窗体。

① 创建窗体：单击"创建"选项卡"窗体"栏的"导航"命令，在列表中选择"垂直标签，左侧"，将窗体列表中的"员工基本信息"和"员工售书情况"依次拖动到"新增"项，效果如图 4.72 所示，保存窗体，名为"导航窗体"。

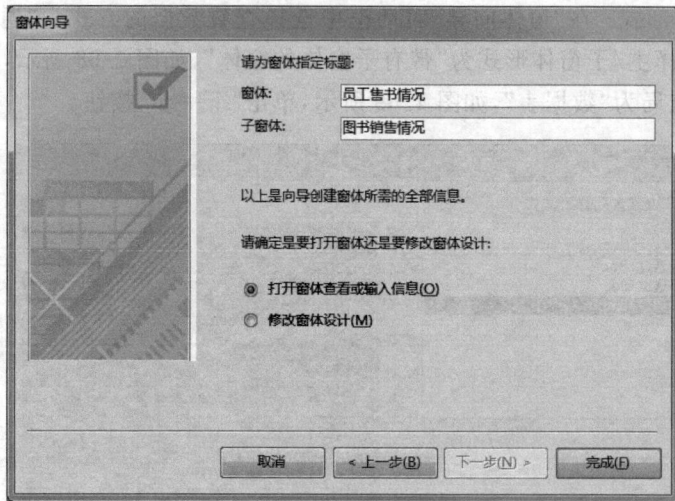

图 4.70 保存窗体

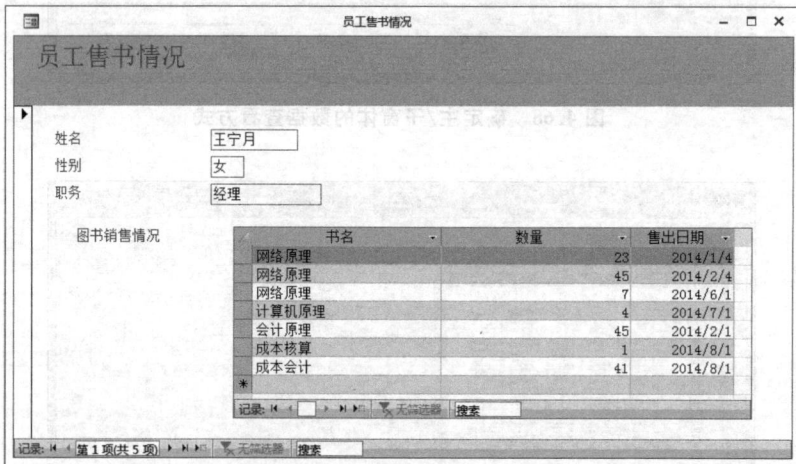

图 4.71 创建完成的主/子窗体

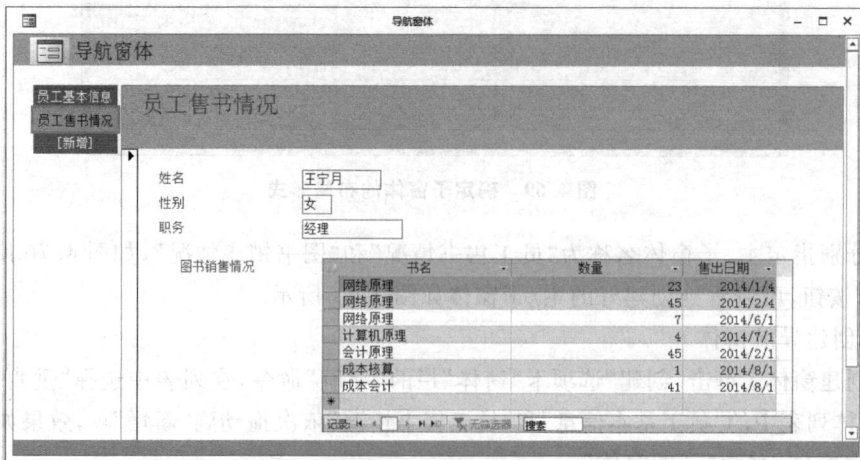

图 4.72 使用向导创建的导航窗体

② 修饰窗体：在窗体的布局视图下，单击"设计"选项卡"主题"列表的"离子会议室"，应用该主题，单击导航窗体上的导航标签，选择"格式"选项卡"控件格式"栏的"更改形状"，在其列表中选择"圆角矩形"，适当调整窗体及控件大小位置，保存修改，导航窗体效果如图 4.73 所示。

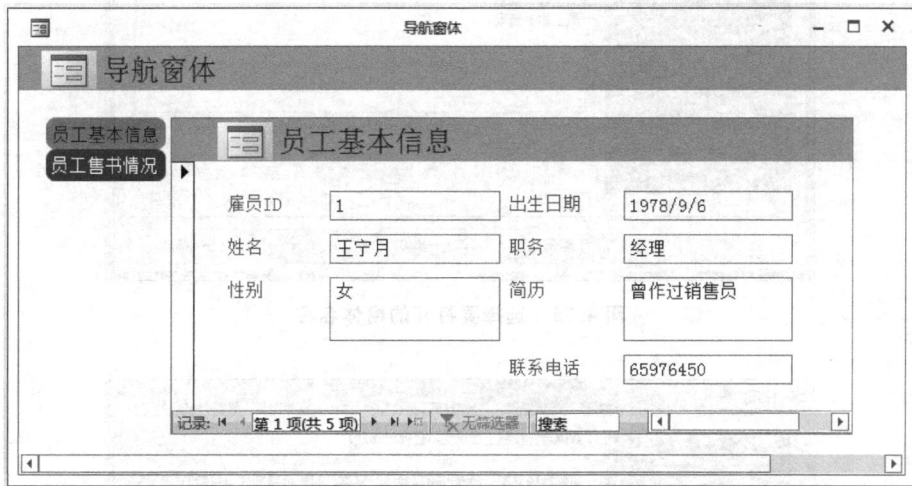

图 4.73　修饰后的导航窗体效果

（4）创建自定义窗体。

① 进入设计视图：单击"创建"选项卡"窗体"栏的"窗体设计"命令，进入设计视图。

② 添加标签控件：在"设计"选项卡"控件"栏选择"标签"控件，添加到主体节，设置"标题"属性为"欢迎使用图书销售系统"，设置"名称"属性为 lblTitle，在"格式"选项卡中设置字体、字形、字号、颜色等属性。

③ 添加命令按钮控件：在"设计"选项卡"控件"栏选择"命令按钮"控件，添加到主体节，在向导中选择操作类别"窗体操作"的"打开窗体"，然后选择"导航窗体"，设置按钮显示文本"进入"，定义名称为 cmdEnter，单击"完成"按钮，如图 4.74～图 4.78 所示。

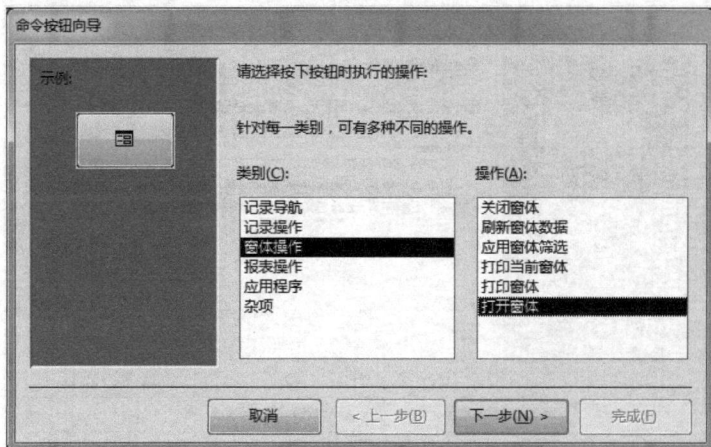

图 4.74　选择命令按钮动作类别与操作

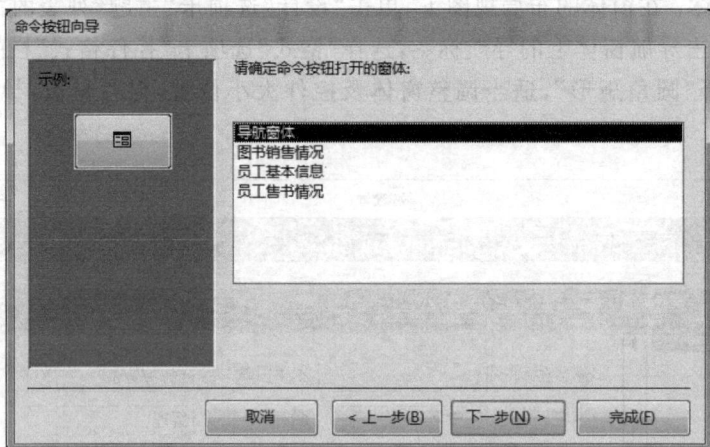

图 4.75　选择要打开的窗体名称

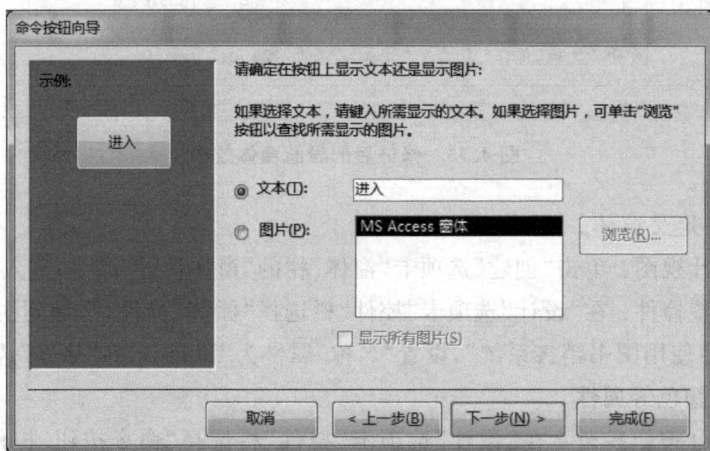

图 4.76　确定按钮上显示内容

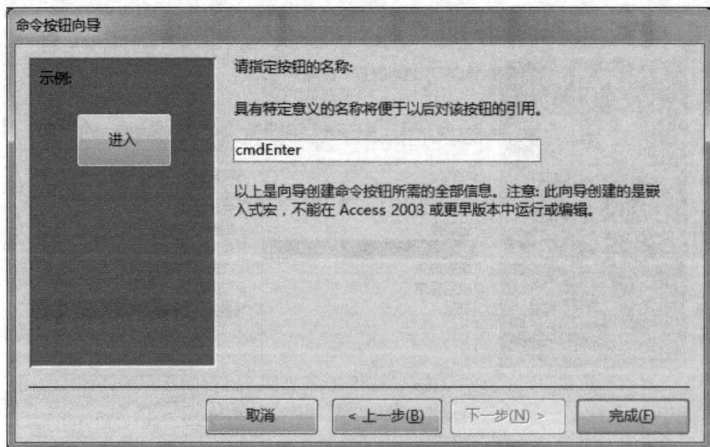

图 4.77　确定命令按钮的名称

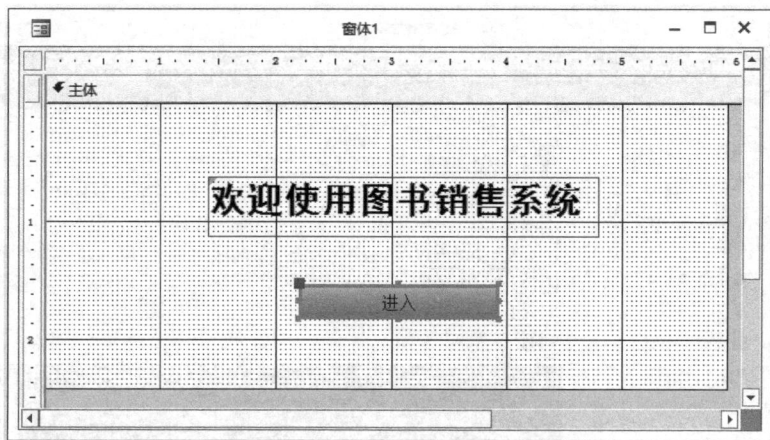

图 4.78　添加标签和命令按钮后效果

④ 修改窗体属性：在窗体的属性表中，将"记录选择器"和"浏览按钮"属性改为"否"，保存窗体，名为"登录窗体"，效果如图 4.79 所示，单击"进入"按钮，可以打开导航窗体。

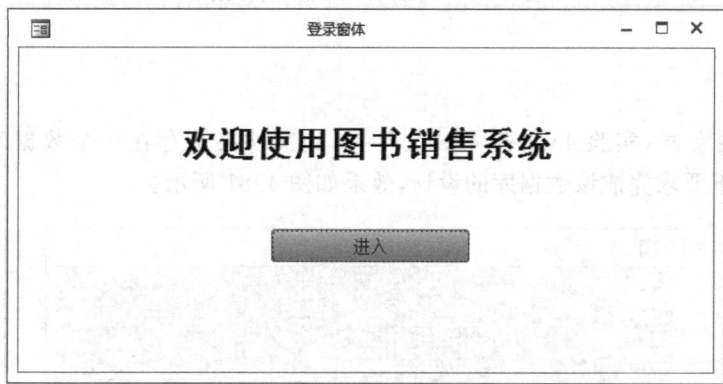

图 4.79　登录窗体效果

三、实验内容

实验 4-1

打开"实验素材\实验 4\实验 4-1"文件夹，此文件夹下有一个数据库 Ex4-1.accdb，数据库中已经设计好 tTeacher 表和 tCourse 表，请按照如下要求完成操作，效果如图 4.80 所示。

（1）使用 tCourse 表快速创建纵栏式的"课程信息"窗体，修改标题标签内容为窗体名。

（2）通过"课程信息"窗体向"课程"表中添加一条新记录，课程号为 4，课程名为"计算机基础"，课程类别为"必修"，学分为 4，"开课教师编号"为 99020。

（3）使用两个表全部内容创建主/子窗体，通过"教师"表创建带有子窗体的窗体，主窗体名称为"教师开课信息"，子窗体名称为"课程"。

（4）在"教师开课信息"窗体中修改标题标签，名为 bTitle，标签内容为"2014 秋季学期课程信息"，黑体 20 号字，标签高度为 0.5，宽度为 5，左边距为 0.5，调整控件位置及大小。

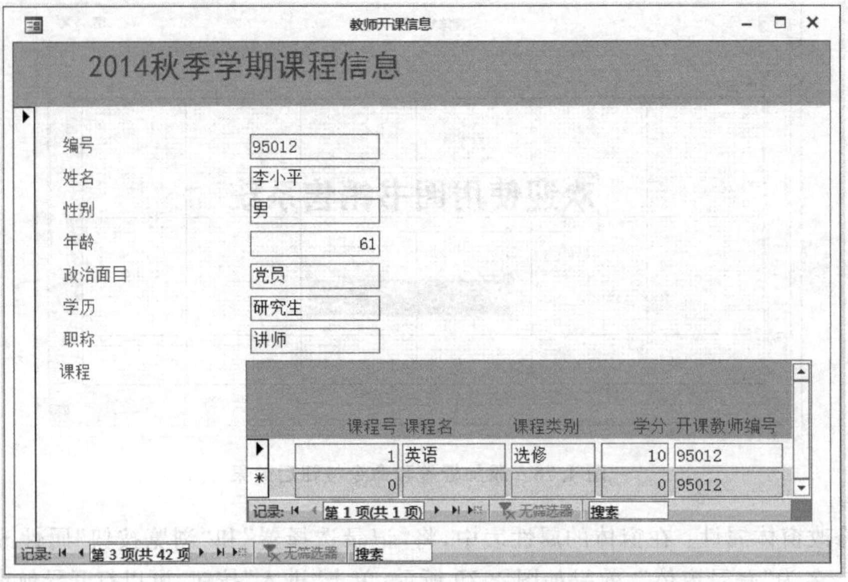

图 4.80 "教师开课信息"窗体效果

实验 4-2

打开"实验素材\实验 4\实验 4-2"文件夹,此文件夹下存在一个数据库文件 Ex4-2. accdb,按照以下要求完成该数据库的设计,效果如图 4.81 所示。

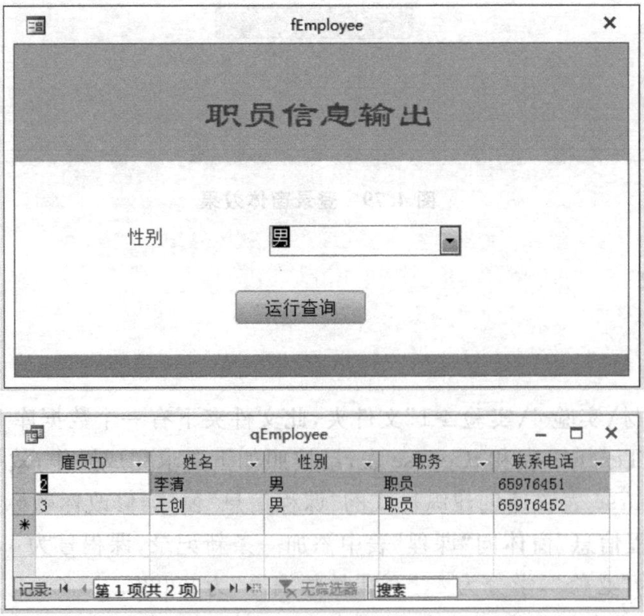

图 4.81 窗体 fEmployee 效果

(1) 在窗体 fEmployee 的窗体页眉节添加一个标签控件,其名称为 bTitle,标题显示为 "职员信息输出",字体为隶书,24 号字。

（2）在窗体 fEmployee 的主体节添加一个组合框控件，显示"男"、"女"两个选项，组合框名为 cboSex，对应的标签显示"性别"。

（3）在窗体 fEmployee 的主体节添加一个命令按钮，显示"运行查询"，名称为 cmdQuery，单击按钮时，能够运行 qEmployee 查询。

（4）修改查询 qEmployee，将窗体组合框控件内容作为查询的条件。

（5）将窗体标题设置为"职员信息"。

（6）取消窗体的最大化最小化按钮、浏览按钮和记录选择器。

实验 4-3

打开"实验素材\实验 4\实验 4-3"文件夹，此文件夹下存在一个数据库文件 Ex4-3. accdb，已经设计好窗体对象 fStudent。按照以下要求补充窗体设计，效果如图 4.82 所示。

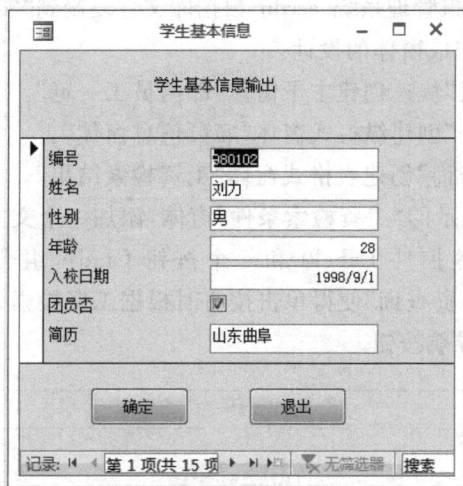

图 4.82　窗体 fStudent 效果

（1）设置窗体页眉节和窗体页脚节的高度均为 1.8cm。

（2）在窗体的窗体页眉节添加一个标签控件，其名称为 bTitle，左边距为 2.3cm，标题显示为"学生基本信息输出"。

（3）将主体节中"性别"标签右侧的文本框显示内容设置为"性别"字段值，并将文本框名称更名为 tSex。

（4）在主体节中添加一个标签控件，该控件放置在距左边 0.1cm、距上边 3.8cm，标签显示内容为"简历"，高度为 0.476cm，宽度为 3.28cm，名称为 bMem。

（5）在窗体页脚节中添加两个命令按钮，分别命名为 bOk 和 bQuit，按钮标题分别为"确定"和"退出"。

（6）将窗体标题设置为"学生基本信息"。

（7）将窗体 fStudent 备份，备份窗体名称为 fStudent_bak。

实验 4-4

打开"实验素材\实验 4\实验 4-4"文件夹，此文件夹下存在一个数据库文件 Ex4-4.

accdb,数据库中已经设计好 tCollect 表和 tPress 表,请按照如下要求完成操作。

(1) 分析并建立两个表的关系,实施参照完整性。

(2) 用向导创建主/子窗体,从 tPress 表中选择字段"出版单位 ID"和"出版单位名称",从 tCollect 表中选择字段 CDID、"主题名称"、"价格"、"购买日期"和"介绍";采用"通过 tPress"的数据查看方式创建带有子窗体的窗体,选取"表格"为子窗体布局,主窗体命名为"CD 出版情况",子窗体命名为"CD 信息"。

(3) 打开"各出版单位 CD 出版情况窗体"窗体视图,筛选出"出版单位 ID"为 10005 的记录,然后将主题名称为"美梦"的 CD 记录删除。

(4) 设置主窗体属性,取消对记录允许添加的功能,取消最大化按钮。

实验 4-5

将实验 3-5 完成的"人事管理系统.accdb"数据库文件复制到"实验素材\实验 4\实验 4-5"文件夹中,并按下述要求完成窗体的设计。

(1) 基于"部门信息表"快速创建主子窗体"部门员工一览"。

(2) 基于"雇员信息表"创建纵栏式窗体"雇员信息窗体"。

(3) 基于"雇员工资查询"创建表格式窗体"工资检索结果"。

(4) 创建如图 4.83 所示的"工资检索条件"窗体,添加一个文本框控件 Text1、一个组合框控件 Combo1、一个标签控件 Label0 和一个按钮 Cmd1,组合框显示 2009 年 4 月和 2009 年 5 月,修改"雇员工资查询"使得单击按钮时根据工资检索条件打开"工资检索结果"窗体,取消记录选择器和导航按钮。

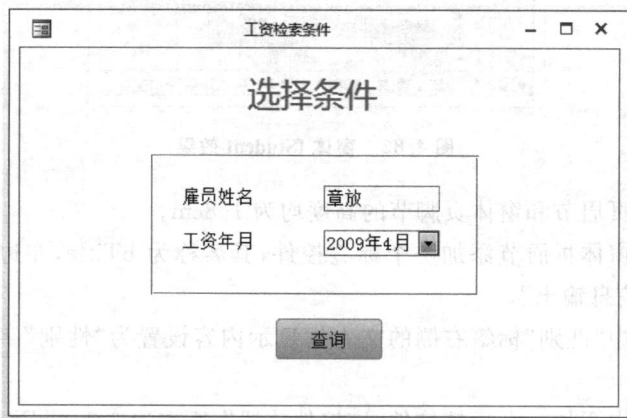

图 4.83 工资检索条件窗体

(5) 使用设计视图创建"人事管理系统主界面"窗体,效果如图 4.84 所示。

实验 4-6

将实验 3-6 完成的"十字绣销售管理系统.accdb"数据库文件复制到"实验素材\实验 4\实验 4-6"文件夹中,并按下述要求完成窗体的设计。

(1) 基于"十字绣基本信息表"创建一个纵栏式窗体,名为"十字绣商品信息窗体"。

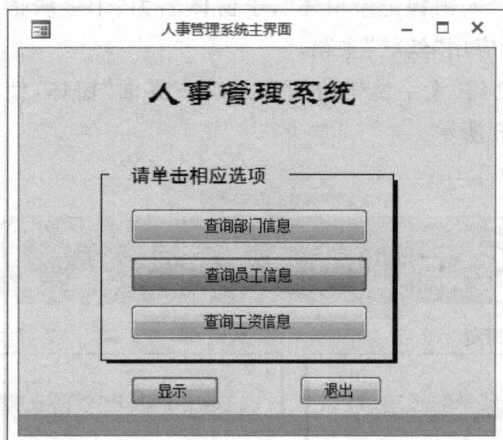

图 4.84 "人事管理系统主界面"窗体效果

（2）修改"十字绣商品信息窗体"，去除窗体的"滚动条"、"记录选择器"和"导航按钮"，在窗体页脚节添加 4 个命令按钮，分别实现"转至第一条记录"、"转至前一项记录"、"转至下一项记录"和"转至最后一项记录"，效果如图 4.85 所示。

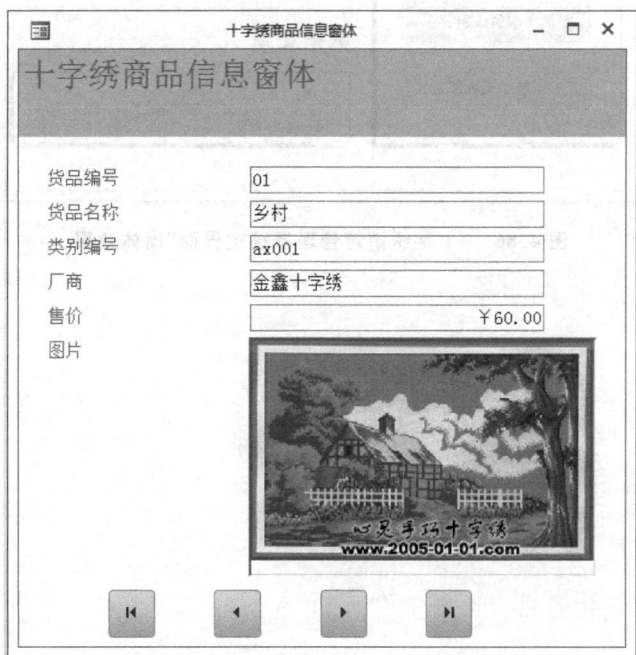

图 4.85 "十字绣商品信息"窗体效果

（3）创建一个分割式的"员工基本信息窗体"，显示"员工基本信息表"的所有内容，窗体名为"员工基本信息窗体"。

（4）使用窗体向导基于"员工基本信息表"、"十字绣基本信息表"和"十字绣销售表"创建一个主/子窗体，主窗体上显示"员工基本信息表"的"员工编号"、"姓名"、"性别"和"职务"等信息，"数据表"式子窗体上显示"货品编号"、"货品名称"、"售价"、"数量"和"售出时间"等内容,主窗体名为"员工个人销售记录窗体",子窗体名为"十字绣销售子窗体",适当调整控件位置使信息显示完全,应用"丝状"主题。

(5) 使用设计视图创建"十字绣销售管理系统主界面"窗体,使用命令按钮显示数据库对象名称,效果如图 4.86 所示。

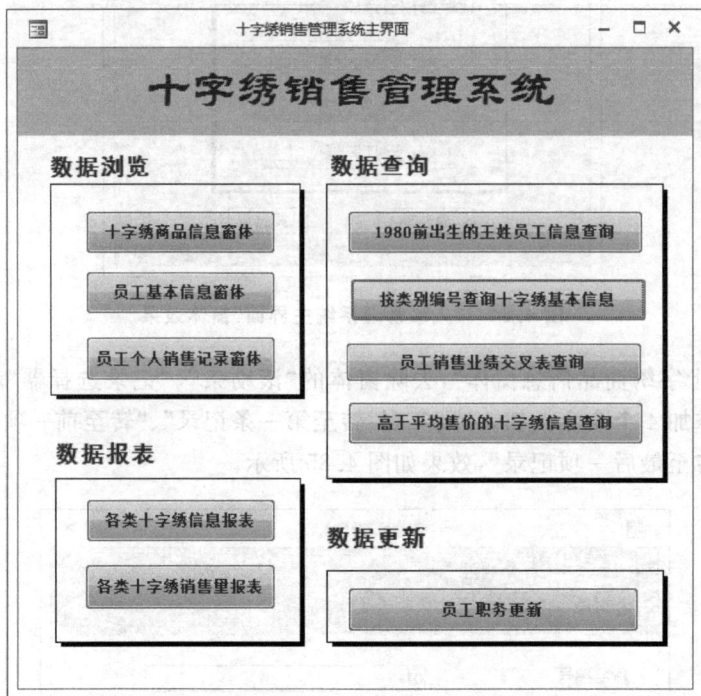

图 4.86 "十字绣销售管理系统主界面"窗体效果

第 5 章

报表的应用

报表是 Access 的重要对象,报表的设计和应用是为数据的显示和打印而存在的。将原始数据进行综合整理并将整理的结果按一定格式打印输出是报表的重要功能,设计合理的报表,可以大大提高用户管理数据效率。报表本身不能存储数据,也不能通过报表修改和输入数据,只能查看数据。但可以浏览打印、排序、分组、计算和汇总,同时对报表进行相应的格式设置,添加表头和注脚等一些标志性的信息。

5.1 使用报表工具创建报表

Access 提供了强大的报表功能,可以帮助用户建立专业、功能齐全的报表。创建报表的方法主要有"报表"工具、"报表设计"、"空报表"、"报表向导"和"标签"等。

5.1.1 使用报表工具自动创建

任务 5-1 快速创建报表

任务实例 5.1:在"图书管理系统"数据库中,创建名为"出版社信息报表"的报表。

任务分析:

◆ 方法:使用"报表"工具。

◆ 数据源:出版社信息表。

◆ 报表名称:出版社信息报表。

任务解决过程:

(1)确定数据源。打开"图书管理系统"数据库窗口,在左侧导航格中选择"出版社信息表"作为数据源。

(2)创建报表。单击"创建"选项卡"报表"组中的"报表"按钮,自动创建报表如图 5.1 所示。

(3)保存报表。单击自定义快速访问工具栏上的"保存"按钮,在"另存为"对话框输入报表名称"出版社信息报表",单击"确定"按钮。

请思考:

如果希望报表显示数据表中的部分信息,使用报表组中的"报表"能完成吗?

5.1.2 使用报表向导创建报表

Access 中可以使用"报表工具"创建报表,该方法虽然非常快捷,但无法选择数据源中

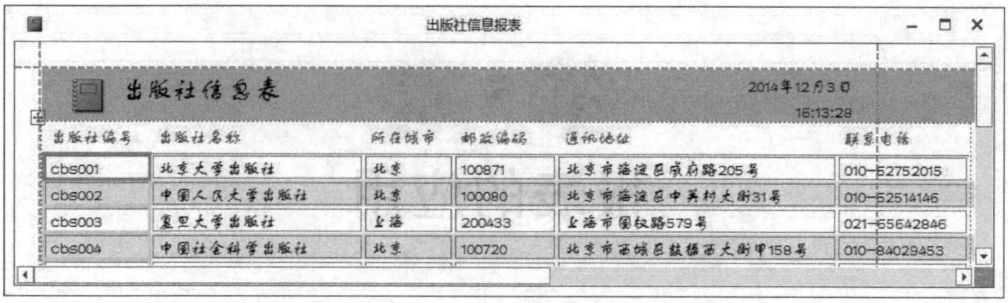

图 5.1   自动创建报表

的相关字段,使用"报表向导"创建报表可以选择在报表上显示的字段,还可以创建来源于多个表或查询的全部或部分字段。

任务 5-2   创建基于多表数据的报表

任务实例 5.2:在"图书管理系统"数据库中,创建"图书借阅情况报表",报表中包含的字段为:索书号、书名、读者编号、借出时间和归还时间。

任务分析:

◆ 方法:使用"报表向导"工具。

◆ 数据源:图书借阅表、图书信息表。

◆ 报表名称:图书借阅情况报表。

任务解决过程:

(1) 新建报表。单击"创建"选项卡"报表"组中的"报表向导"按钮。

(2) 确定报表使用的字段。在"表/查询"下选择"图书信息表",分别将可用字段中的"索书号"和"书名"字段移动到选用字段列表框中,再次在"表/查询"下选择"图书借阅表",移动"读者编号"、"借出时间"和"归还时间",结果如图 5.2 所示,单击"下一步"按钮。

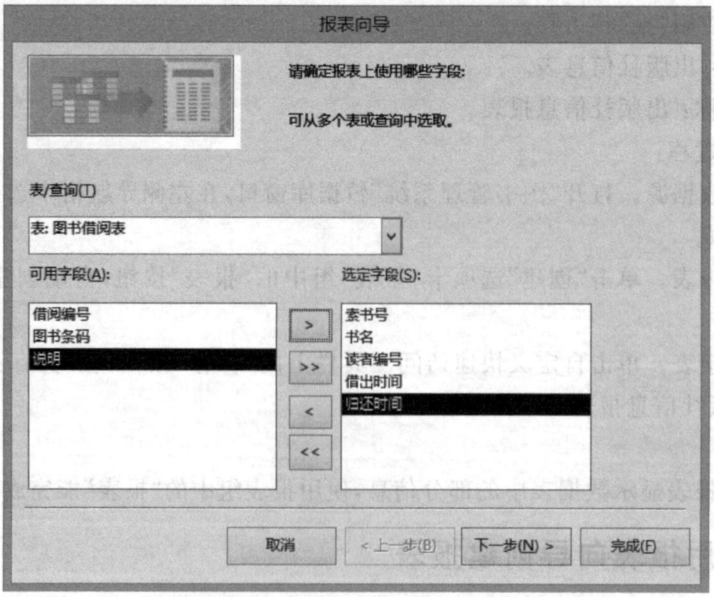

图 5.2   确定报表中的字段

（3）选择查看数据的方式。选择"图书信息表"，参看图 5.3，单击"下一步"按钮。

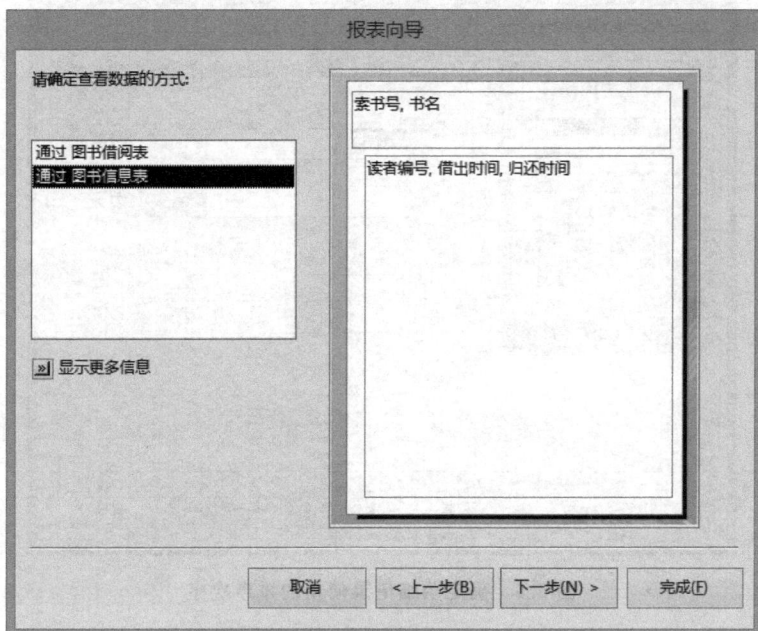

图 5.3　确定查看数据的方式

（4）确定添加分组级别。这里不再选择，参看图 5.4，单击"下一步"按钮。

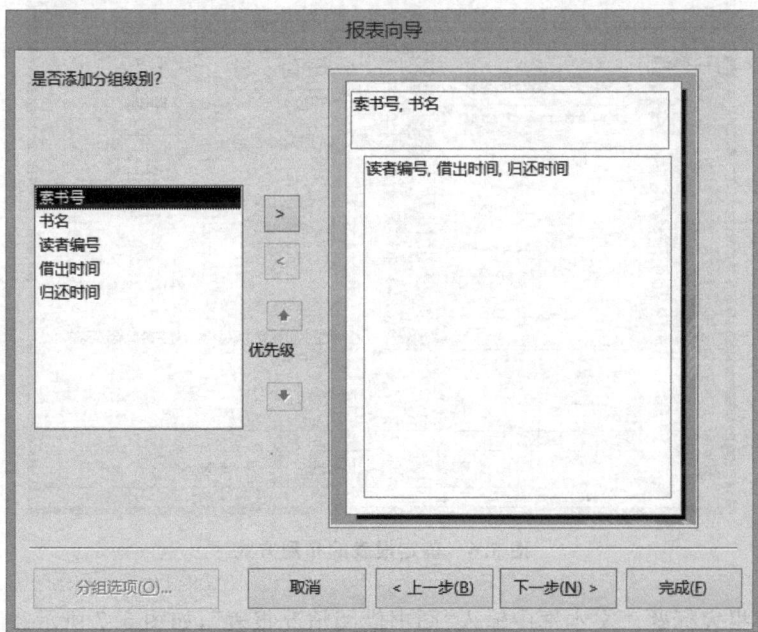

图 5.4　确定查看数据的方式

（5）确定明细记录使用的排序次序。选择按"读者编号"升序排序，参看图 5.5，单击"下一步"按钮。

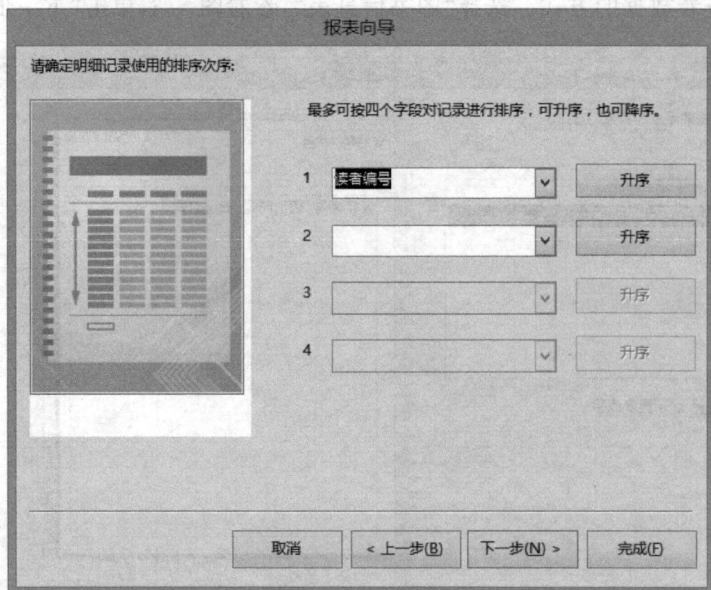

图 5.5　确定明细记录使用的排序次序

（6）确定报表的布局方式。选择"递阶"，参看图 5.6，单击"下一步"按钮。

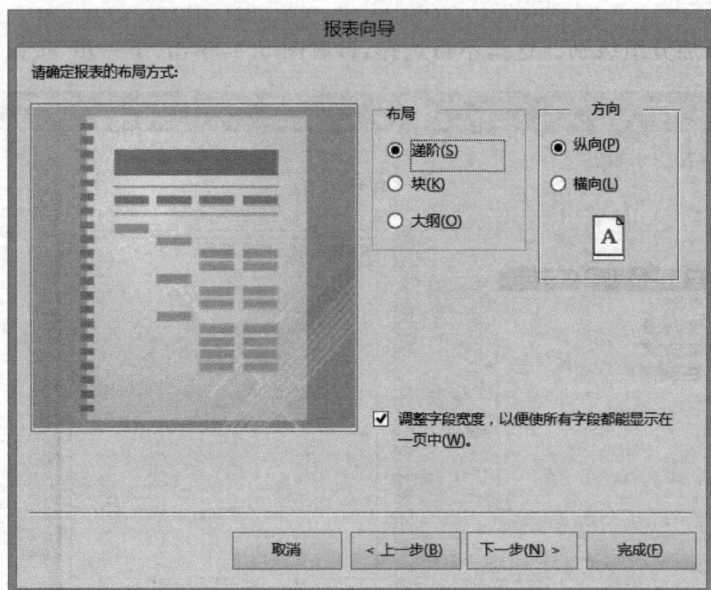

图 5.6　确定报表的布局方式

（7）指定报表标题。文本框中输入"图书借阅情况报表"，如图 5.7 所示。

（8）单击"完成"按钮，其结果如图 5.8 所示。

相关知识点细述：

（1）使用报表向导创建的报表，不仅可以选取一个表或查询中的部分字段，也可以选取多个表或查询中的部分字段。

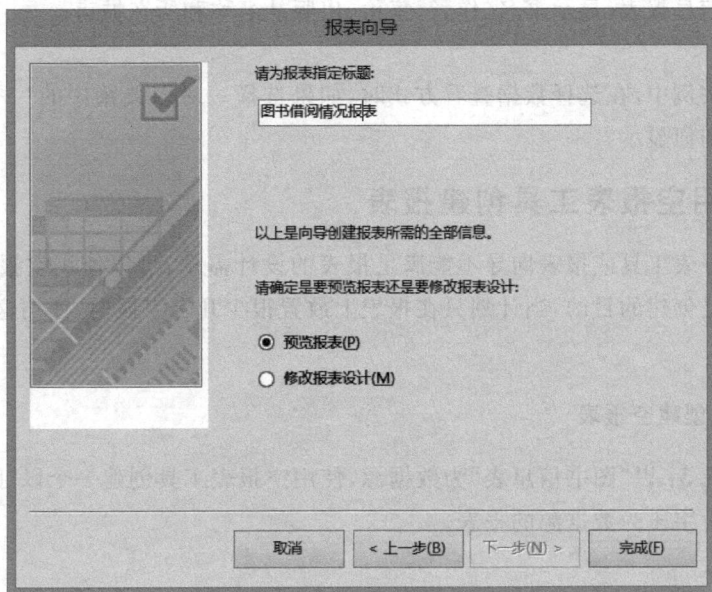

图 5.7 指定报表的标题

图 5.8 读者借阅情况报表

（2）使用多个表作为数据源创建报表时，需要确保表之间是相关的，即首先建立好表之间的关系。

（3）使用多个表创建报表时，在确定查看数据方式时，选择通过"一方"还是"多方"查看，产生的报表会不一样。

◆ 一般来说，Access 报表主要有表格式报表、图表式报表和标签式报表等类型。表格式报表一般一行显示一条记录，每个字段显示为一列，一页显示多行记录，适合记录较多、字段较少的情况。

◆ 图表式报表一般以图表的方式显示数据的统计结果。

◆ 标签报表是一种特殊格式的报表，主要用于打印名片、书签、信封、物品标签等。

边学边练：

制作图书信息报表，显示书名、作者、售价、出版社名称和所在城市。

请思考：

在本任务实例中，在选择数据查看方式时，如果选择一对多关系中的"一"方"出版社信息表"，报表会如何显示？

5.1.3 使用空报表工具创建报表

如果使用报表工具或报表向导不能满足报表的设计需求，可以使用空报表工具生成报表。空报表不是创建的目的，当计划只在报表上放置很少几个字段时，使用这种方法生成报表将非常快捷。

任务 5-3 创建空报表

任务实例 5.3：以"图书信息表"为数据源，使用空报表工具创建一个以"图书信息表"中书名、作者、定价字段为数据源的报表。

任务分析：

◆ 方法：使用"空报表"工具。

◆ 数据源：图书信息表。

◆ 报表名称：简单的图书信息报表。

任务解决过程：

(1) 新建报表。单击"创建"选项卡"报表"组中"空报表"按钮，在窗体右侧"字段列表"中选定图书信息表为数据源，将图书信息表中的书名、作者、定价字段拖动到空报表中，如图 5.9 所示。

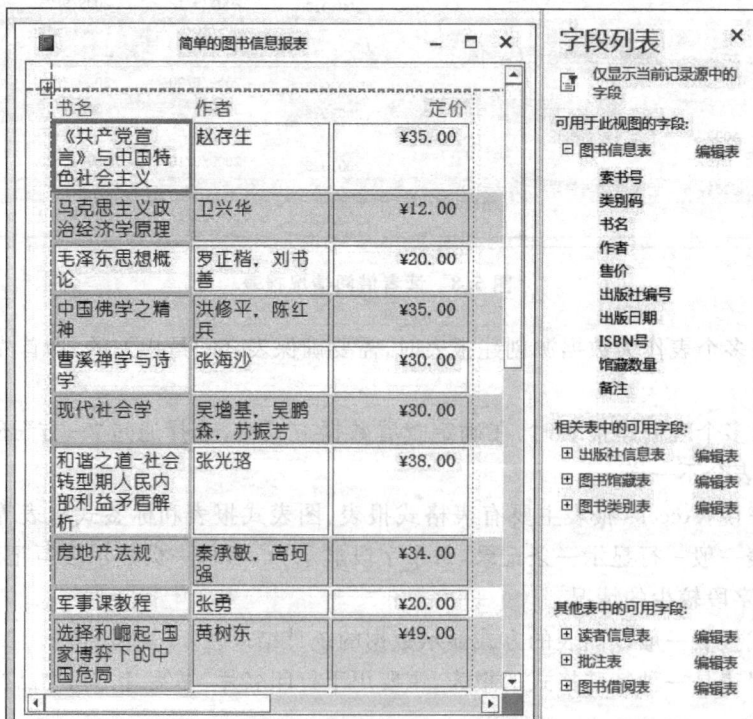

图 5.9 "空报表"创建报表

（2）保存报表。单击自定义快速访问工具栏，另存为"简单的图书信息报表"。

相关知识点细述：

制作报表通常先使用"空报表"工具创建，然后再添加字段内容，最后使用后面要学习的"设计视图"进行修改，使用"空报表"工具创建报表的方法比较快捷。

5.1.4 使用标签工具创建标签报表

标签报表，是指利用向导选取数据库中表或查询对象中的部分字段，制作成一个个标签，便于打印输出。在实际中，需要制作名片、胸卡、桌签时，我们可以使用标签工具创建标签报表。

任务 5-4 创建标签报表

任务实例 5.4：制作如图 5.10 所示的读者借阅卡，包含读者编号、姓名、办证日期和读者照片。

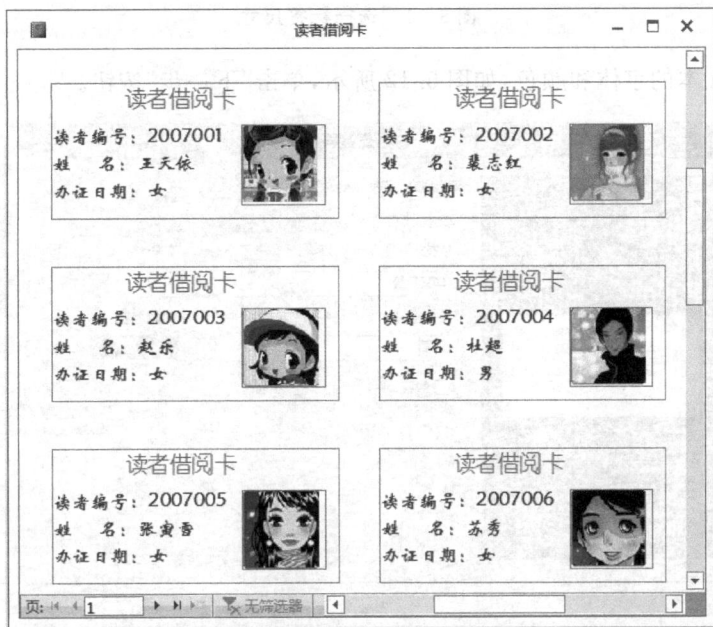

图 5.10 "读者借阅卡"报表

任务分析：

◆ 方法：使用"标签"工具。

◆ 数据源：读者信息表。

◆ 报表名称：读者借阅卡。

任务解决过程：

（1）新建报表。打开图书管理系统数据库，在左侧导航窗格中选择读者信息表为数据源，然后单击"创建"选项卡"报表"组中"标签"按钮，创建标签报表。

（2）确定标签的尺寸，如图 5.11 所示，单击"下一步"按钮。

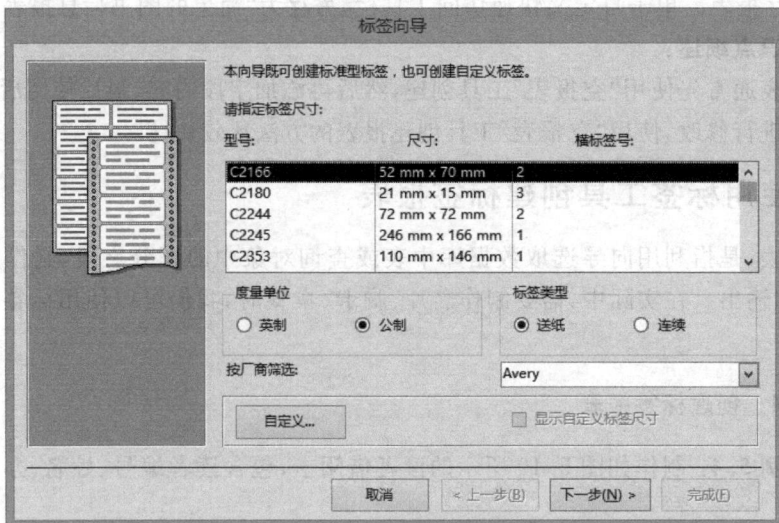

图 5.11　选择标签尺寸

(3) 选择文本的字体和颜色,如图 5.12 所示,单击"下一步"按钮。

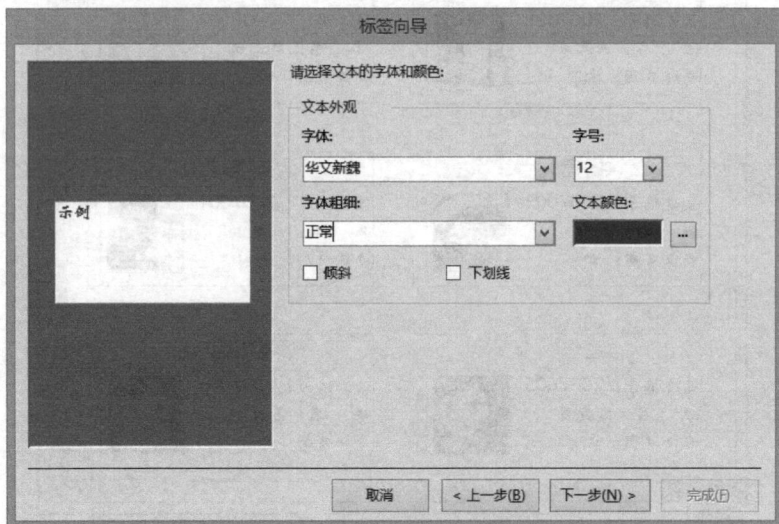

图 5.12　选择文本的字体和颜色

(4) 确定标签要显示的内容。在左边的"可用字段"列表框中选择要显示的字段,使用 ▷ 按钮添加到右面的"原型标签"中,可以在原型标签中对字段的显示位置进行调整,也可以向"原型标签"中添加文字,如图 5.13 所示。单击"下一步"按钮。

(5) 确定标签的排序字段"读者编号",如图 5.14 所示,单击"下一步"按钮。

(6) 指定报表的名称。输入"读者借阅卡",选择"修改标签设计",如图 5.15 所示,单击"完成"按钮。

(7) 添加图像。单击"设计"选项卡中"控件"选项组的"绑定对象框",将属性表的"控件来源"选择为"图片"。删除"绑定对象框"的标签。

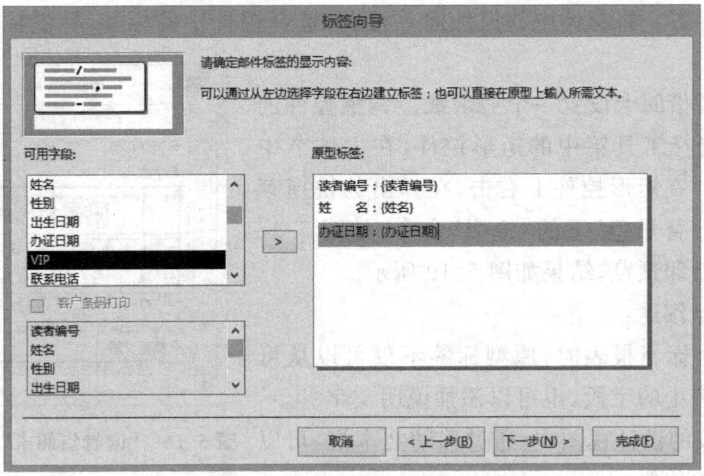

图 5.13　确定原型标签的内容

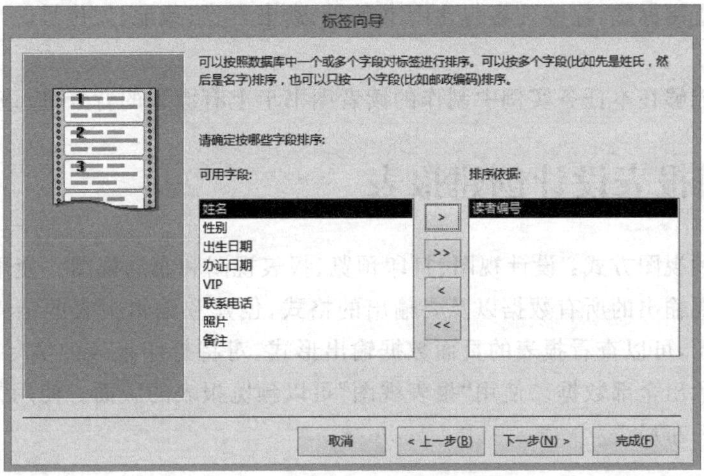

图 5.14　确定标签的排序字段

图 5.15　确定报表的名称

（8）添加标签。将窗体中的控件向下移动，选择控件中的标签，标签标题设为"读者借阅卡"。

（9）给读者借阅卡设置一个剪裁线。调整控件的位置和大小，选择工具箱中的矩形控件，在主体节中添加一个矩形。在矩形控件上右击，在弹出的快捷菜单中选择"填充/背景色"下的"透明"命令，如图 5.16所示。切换到打印预览，结果如图 5.10 所示。

相关知识点细述：

（1）在制作标签报表时，原型标签不仅可以从可用字段中选择表中的字段，也可以添加说明文字。

（2）在报表的设计视图中，通过移动文本框，可以调整显示文字的位置。

图 5.16　"读者借阅卡"报表的设计视图

边学边练：

制作图书查阅标签，标签内容包含图书条码、索书号、馆藏地、架位号。

请思考：

如果希望能够在本任务实例中制作的读者图书卡上有漂亮的背景，应该如何设置？

5.2　使用报表设计创建报表

报表有 4 种视图方式：设计视图、打印预览、报表视图和布局视图。使用"设计视图"可以定义报表中要输出的所有数据以及要输出的格式，创建和编辑报表的结构和布局。使用"打印预览"视图，可以查看报表的页面数据输出形式，对将打印报表的实际效果进行预览，并在报表中显示出全部数据。使用"报表视图"可以预览报表的版面。使用"布局视图"可以调整报表设计的布局。

5.2.1　使用报表设计创建报表

使用报表向导创建的报表往往不能满足个性化的设计报表的需要，需要进一步修改，使用报表设计可以满足用户的需求。

任务 5-5　使用报表设计创建报表

任务实例 5.5：创建一个如图 5.17 所示的图书信息报表。

任务分析：

◆ 方法：使用"报表设计"工具。

◆ 数据源：图书信息表。

◆ 报表名称：图书信息报表。

任务解决过程：

（1）新建报表。在数据库窗口下，单击"创建"选项卡"报表"组中的"报表设计"按钮。在报表"设计视图"中，鼠标右键单击报表，在弹出的快捷菜单中选择"报表页眉/页脚"和"页面页眉/页脚"，如图 5.18 所示。

图 5.17　图书信息报表

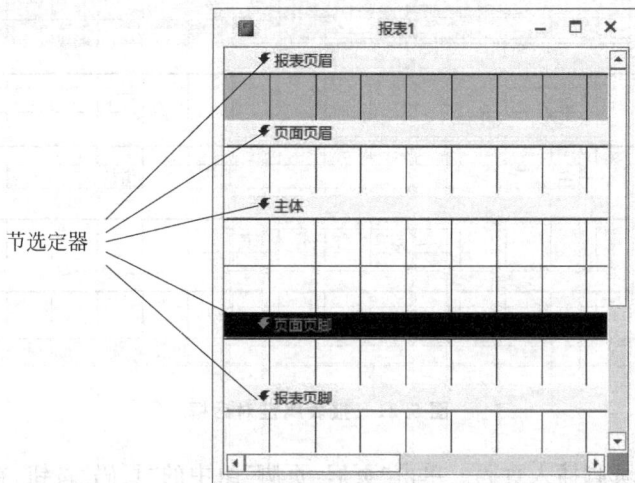

图 5.18　报表的设计视图

（2）设置标签。单击工具箱的标签控件,在"报表页眉"节中合适的位置画一个矩形框,输入"图书信息报表"。

（3）在报表的页眉显示时间和日期。单击"设计"选项卡"页眉/页脚"组中的"日期和时间",会出现日期和时间对话框。如图 5.19 所示,选择相应的格式,单击"确定"按钮。然后在报表的页眉调整时间和日期的位置。

（4）确定报表的记录源。单击报表选定器选中报表,单击"工具"组中的"属性表"按钮,在弹出的属性表对话框的"数据"选项卡中,将记录源设为"图书信息表",如图 5.20 所示。

（5）确定报表的内容。将字段列表中的"索书号"、"书名"、"售价"和"馆藏数量"字段分别拖动到报表的主体节中。将 4 个标签控件选中,单击"剪贴板"组中的"剪切"命令,然后鼠标单击"页面页眉"节,再选择"剪贴板"组中的"粘贴"命令,将 4 个标签控件移动到页面页眉节,按照图 5.21 所示进行相应的调整。

图 5.19　日期和时间对话框

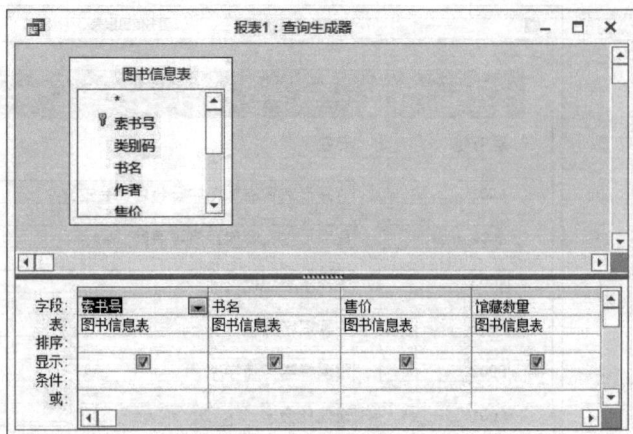

图 5.20　报表属性对话框

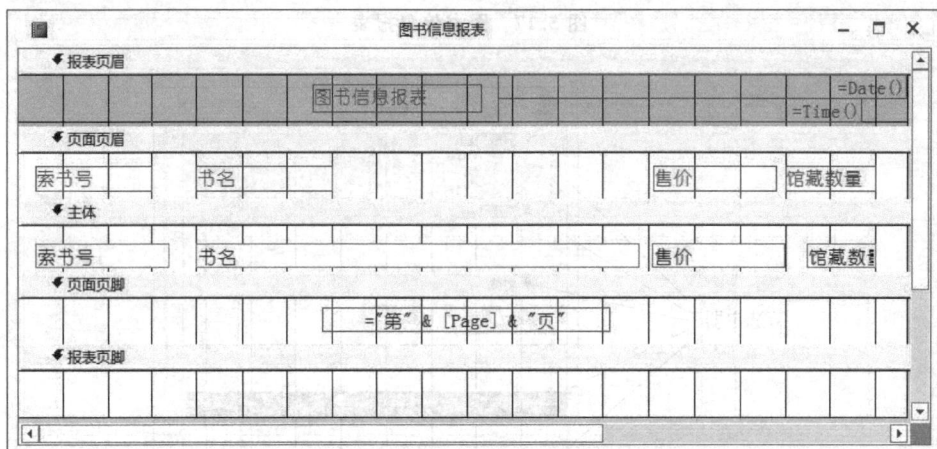

图 5.21　报表属性对话框

（6）在报表的页脚插入页码。单击"页眉/页脚"组中的"页码"按钮,在"页码"对话框中根据需要选择相应的页码格式、位置和对齐方式,如图 5.22 所示。

（7）调整页码的位置,参看图 5.21,将报表保存为"图书信息报表"。

相关知识点细述:

（1）报表一般由报表页眉、页面页眉、报表主体、页面页脚和报表页脚 5 个部分组成,每个部分称为一个"节"。所有报表都有一个主体节。可以根据需要随时添加"报表页眉"、"报表页脚"、"页面页眉"和"页面页脚"节。每个节都有特定的用途,并且按报表中预见的顺序打印。

图 5.22　报表属性对话框

◆ 报表页眉:在报表的开始处,用来显示报表的标题、图形或说明文字,整个报表只有一个报表页眉。报表页眉打印在报表首页的页面页眉之前。

◆ 页面页眉：出现在报表中每页的顶部。可以用它显示报表中的字段名称或对记录的分组名称，报表的每一页有一个页面页眉。

◆ 主体：打印表或查询中的记录数据，是报表显示数据的主要区域。

◆ 页面页脚：出现在每页的底部，用来显示本页的汇总说明或页码等内容。报表的每一页都有一个页面页脚。

◆ 报表页脚：在报表的末尾，用来显示整份报表的汇总说明。报表页脚是报表设计中的最后一节，但是出现在打印报表最后一页的页面页脚之前。

（2）属性对话框可以对报表及控件进行各种设置。如果要为报表设置背景图片，就可以利用"格式"选项卡下的"背景图像"来设置。

（3）插入日期和时间时，如果报表中包含"报表页眉"，日期和时间文本框会添加在"报表页眉"，否则会添加在主体节部分。

（4）插入页码时，也可以创建一个文本框，在文本框中输入表示页码的格式。例如，如果每页上要显示的页码格式为"1/20,2/20 … "，则应该在文本框控件内输入"＝[Page] & "/" & [Pages]"。如果选择"首页显示页码"复选框，则在第一页显示页码。

边学边练：

使用报表设计的方式制作读者信息报表。

请思考：

如果要进一步美化报表，向报表中插入图片应如何设置？

5.2.2　创建主子报表

在报表中插入报表可以使报表的内容更清晰易读，便于统计分析，插入的报表称为子报表。

任务 5-6　创建主子报表

任务实例 5.6：创建一个"图书信息主子报表"，其中主报表部分显示图书的信息，子报表显示每本书的出版社信息，如图 5.23 所示。

任务分析：

◆ 方法：使用"报表设计"工具。

◆ 数据源：图书信息表。

◆ 报表名称：图书信息主子报表。

任务解决过程：

（1）在数据库窗口下，选中"图书信息报表"，鼠标右键单击，在弹出的快捷菜单中选择"设计视图"。在设计视图调整主体的大小，留出添加子报表的空间。

（2）单击工具箱中的"子窗体/子报表"控件，在报表主体节中要放置子报表的位置单击，显示"子报表向导"第一个对话框。

（3）选择子报表的数据来源。选择"使用现有的表和查询"单选项，如图 5.24 所示，单击"下一步"按钮。

（4）确定子报表包含的字段。选择"出版社信息表"，将"出版社编号"、"出版社名称"和

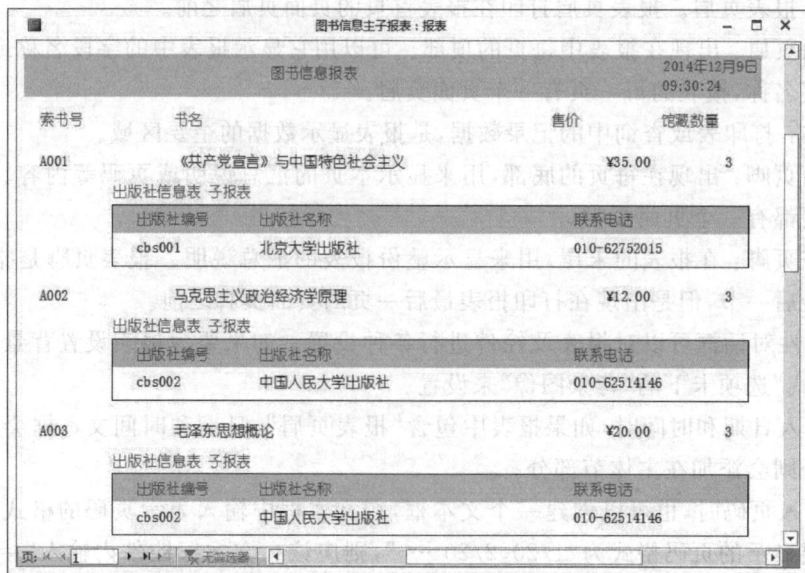

图 5.23　图书信息主子报表

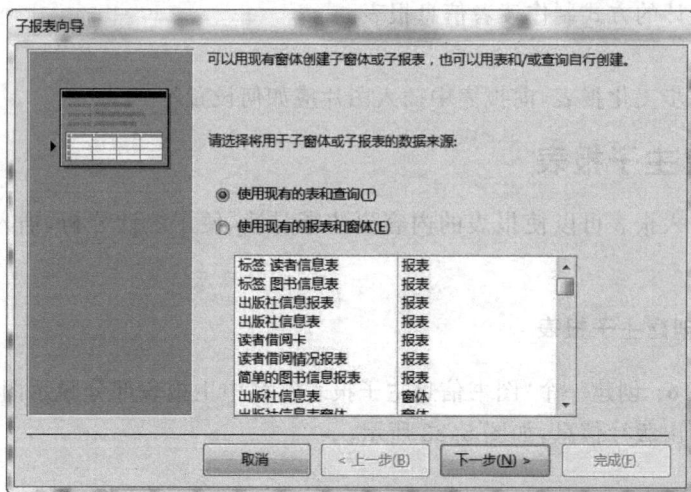

图 5.24　选择子报表的数据来源对话框

"联系电话"移动到选定字段中,如图 5.25 所示,单击"下一步"按钮。

（5）确定主窗体链接到子窗体的字段,选择默认的按钮,显示"子报表向导"第三个对话框,确定主报表和子报表的链接字段,在这里选择"从列表中选择"选项,如图 5.26 所示,单击"下一步"按钮。

（6）为子报表指定名称。输入"出版社信息表子报表",如图 5.27 所示。单击"完成"按钮,将报表另存为"图书信息主子报表"。添加子报表后的设计视图如图 5.28 所示。

相关知识点细述：

（1）无论选择何种对象作为子报表,该字段一定要与主报表中的字段存在一对多或一对一的关系。

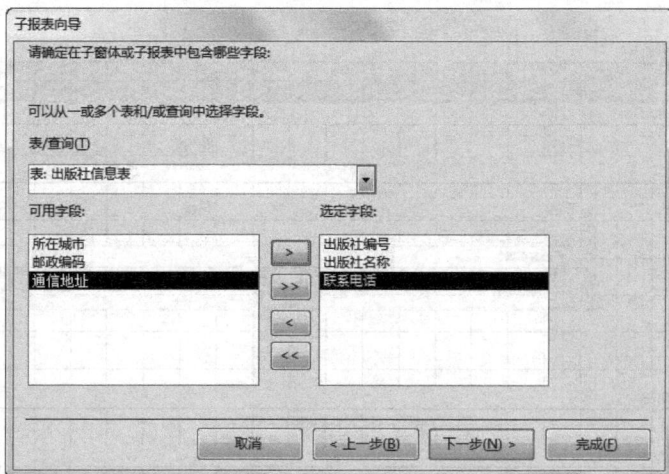

图 5.25 确定子报表包含的字段

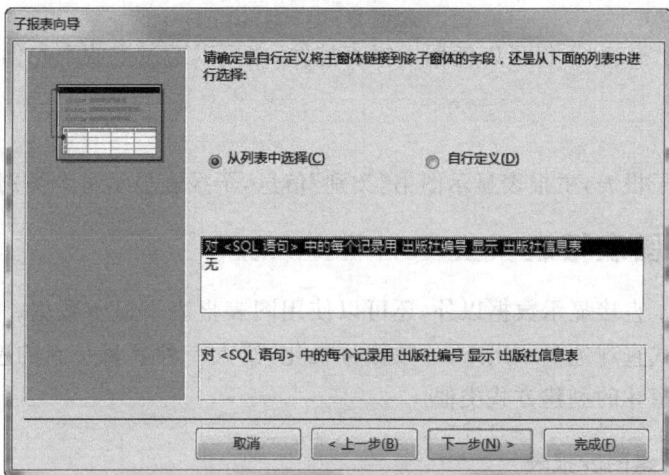

图 5.26 确定主窗体链接到子窗体的字段

图 5.27 确定子报表的名称

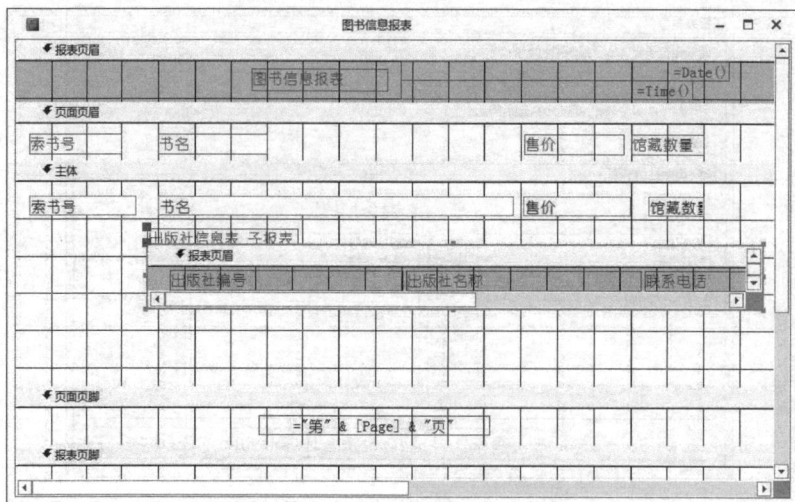

图 5.28   主子报表的设计视图

(2) 创建主子报表,不仅可以使用子报表控件,也可以通过拖放事先创建好的报表作为子报表。

边学边练:

创建一个主子报表,主报表显示图书"类别"信息,子报表显示每个类别中的记录。

5.2.3   创建图表报表

在报表中除了直接显示数据以外,还可以使用图表报表来显示数据。图表报表可以将数据以图形的形式直观地展示出来,让数据可视化,给人一种耳目一新的感觉,图表报表的创建方式与图形窗体的创建方式类似。

任务 5-7   创建图表报表

任务实例 5.7:创建一个如图 5.29 所示的读者性别比例报表。

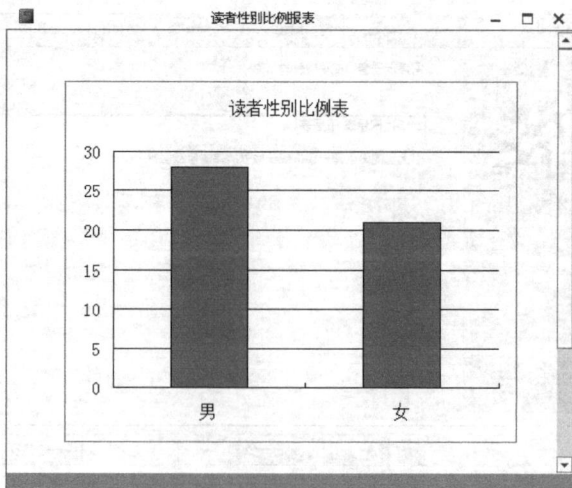

图 5.29   读者性别比例表

任务分析：

◆ 方法：使用"图表"工具。

◆ 数据源：读者信息表。

◆ 报表名称：读者性别比例表。

任务解决过程：

(1) 新建报表。在数据库窗口下，单击"创建"选项卡"报表"组中"报表设计"按钮。

(2) 单击工具箱的图表控件，在"主体"节中合适的位置画一个矩形框，如图 5.30 所示。

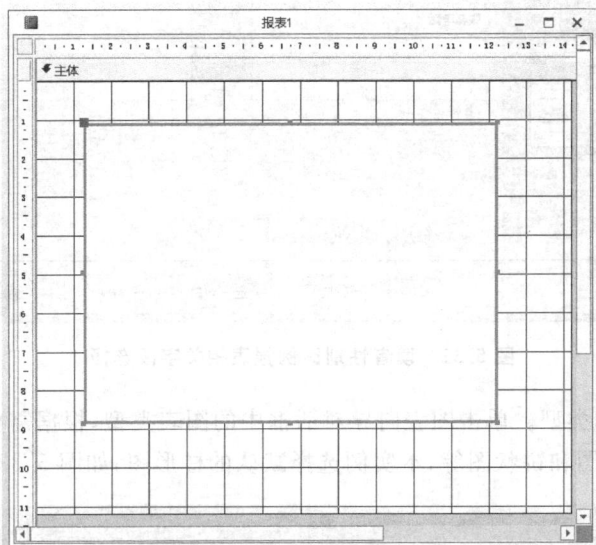

图 5.30 读者性别比例报表设计视图

(3) 确定报表的记录源。在图表向导对话框中，记录源选择"读者信息表"，如图 5.31 所示。

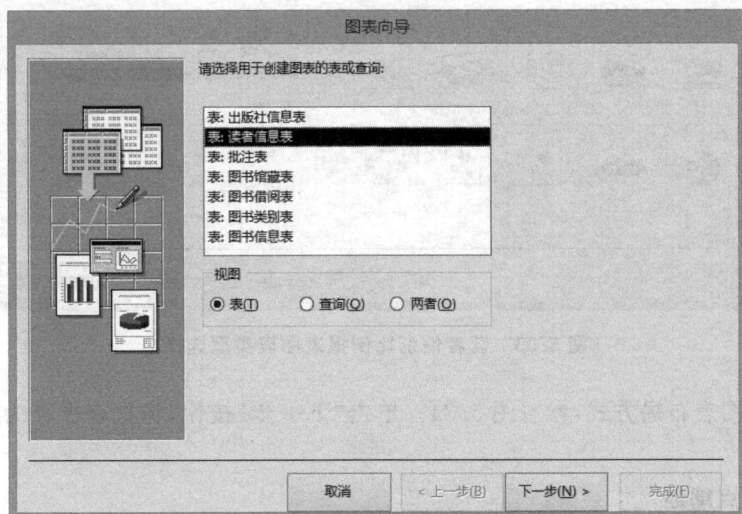

图 5.31 读者性别比例报表数据源选择

（4）确定报表的相关字段。将可用字段列表中的"读者编号"和"性别"字段分别拖动到用于图表的字段中,按照图 5.32 所示进行相应的调整。

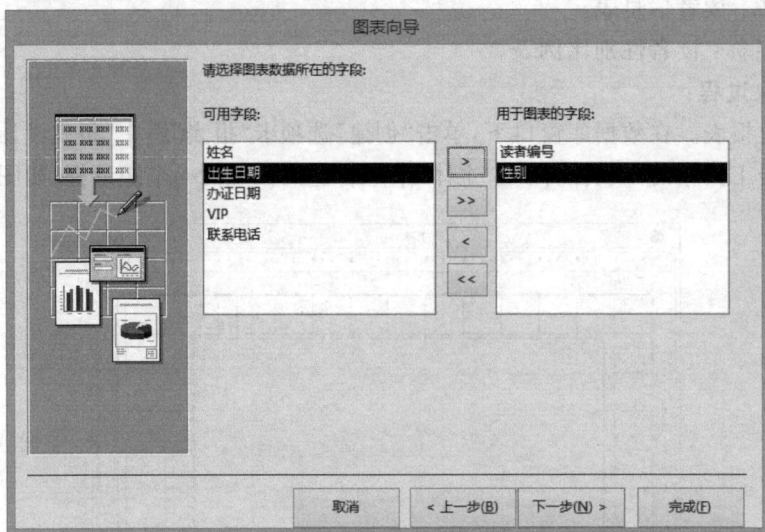

图 5.32　读者性别比例报表相关字段选择

（5）选择图表的类型。单击图表向导对话框中的图表类型,根据需要选择图表类型,主要包括柱形图、折线图和饼状图等,本实例选择默认的柱形图,如图 5.33 所示。

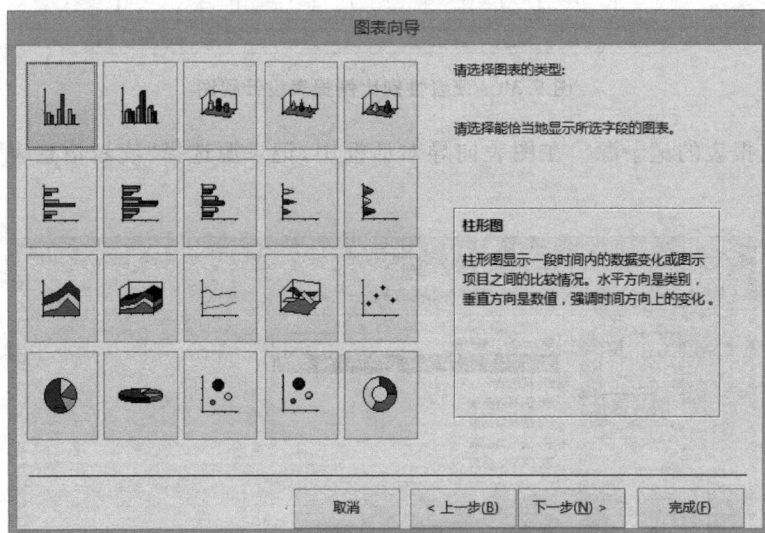

图 5.33　读者性别比例报表图表类型选择

（6）选择图表布局方式,参看图 5.34。单击"下一步"按钮,将报表保存为"读者性别比例报表"。

相关知识点细述:

图表报表,将数据用图表形式显示,可以更直观地表示出数据之间的关系。图表报表的创建方式与图表窗体的创建方式类似。

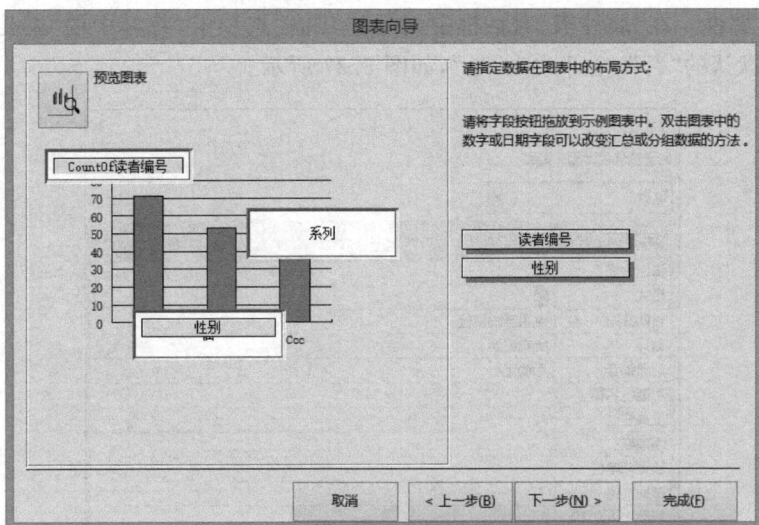

图 5.34 读者性别比例报表图表布局选择

5.2.4 创建弹出式模式报表

在窗体章节中,我们讲述过模式对话框,同样,也可以创建模式报表。所谓模式报表,就是在完成既定操作以前,不能进行其他操作的报表。本节介绍的弹出式报表,使用灵活,可以减少错误的发生,增强数据的保密性等。

任务 5-8 创建弹出式模式报表

任务实例 5.8:创建一个"图书馆藏模式报表",如图 5.35 所示。

任务分析:

◆ 方法:使用"报表设计"工具。

◆ 数据源:图书馆藏表。

◆ 报表名称:图书馆藏模式报表。

任务解决过程:

(1)新建报表。在数据库窗口下,单击"创建"选项卡"报表"组中的"报表设计"按钮,添加数据源中相关字段,如图 5.36 所示。

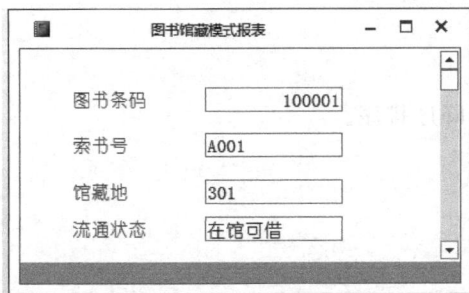

图 5.35 图书馆藏模式报表

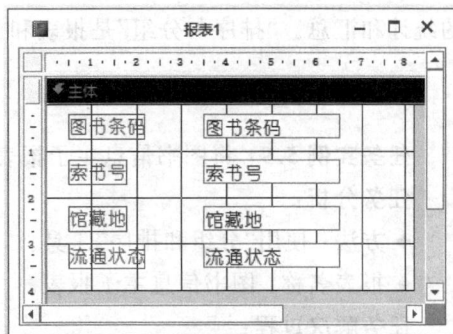

图 5.36 图书馆藏模式报表设计

(2) 设置属性。在"属性表"对话框中,找到"其他"选项卡,将其中的"弹出方式"和"模式"属性值由默认的"否",全部改为"是",如图 5.37 所示。

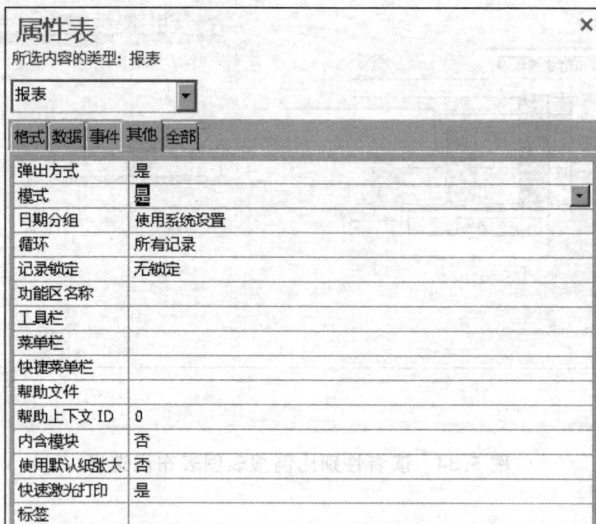

图 5.37   图书馆藏模式报表属性值设定

(3) 保存报表。将报表切换到报表视图中,可以看到,报表可以移动到屏幕的任何地方,并且只能操作报表中的内容,其余的内容不能操作。

相关知识点细述:

模式,在完成既定操作以前是不能进行其他操作的。弹出式模式报表,是始终显示在其他数据库对象的上方的,而不管其他对象是否处于活动的状态。

5.3   报表的排序与分组

报表中记录的显示是按输入的前后次序排列的,也可以按照指定的顺序来排列报表中的记录。而将同一类记录排列在一起,称为分组。

5.3.1   报表记录的排序

排序可以使数据的规律性和变化非常清晰。分组可以将数据归类,便于产生组内数据的统计和汇总。"排序与分组"是报表和窗体最大的区别。

任务 5-9   排列报表中的记录

任务实例 5.9:将图书信息主子报表按索书号降序排序。

任务分析:

◆ 方法:使用"分组和排序"工具。

◆ 报表名称:图书信息主子报表。

任务解决过程:

(1) 打开"图书信息主子报表"的设计视图,单击"报表设计工具"中的"设计"选项卡中的"分组和排序"按钮 ，显示"分组、排序和汇总"对话框，如图 5.38 所示，单击"添加排序"按钮。

（2）单击"排序依据"，选择"索书号"字段，在"排序次序"栏中选择"降序"，如图 5.39 所示，然后关闭对话框。

（3）单击工具栏上的"打印预览"视图按钮，即可看到数据按索书号由高到低显示。

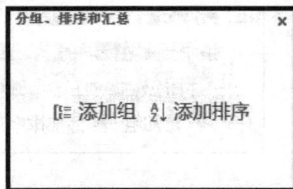

图 5.38　排序与分组对话框

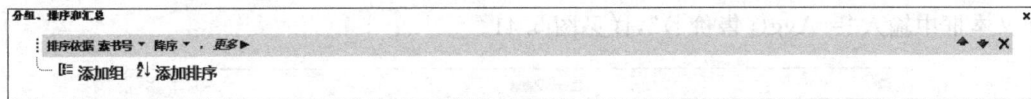

图 5.39　排序与分组对话框

相关知识点细述：

（1）在报表中设置多个排序字段时，先按第一排序字段值排列，第一字段值相同的记录再按第二字段值排序，以此类推。

（2）使用报表向导创建报表时也可以设置排序和分组，但是这样生成的报表最多只能按照 4 个字段排序，而且不能按照字段表达式排序，使用"分组、排序和汇总"最多可按 10 个字段或表达式进行排序与分组。

（3）如果想删除一条排序依据，可以在"分组、排序和汇总"对话框中选中一行，然后按后面的 X 键即可完成。

边学边练：

将图书信息报表按价格降序排列。

请思考：

能否将报表中同一类的数据排列在一起？

5.3.2　报表数据的分组和计算

分组是将字段值相同的记录集中在一起，分组后还可以为每个组设置文字说明和汇总数据。可以提高报表的可读性和信息的利用率。

任务 5-10　将报表中的数据分组计算

任务实例 5.10：对图书信息报表按类别分类统计馆藏数量和平均价格。

任务分析：

◆ 方法：使用"分组和排序"工具。

◆ 报表名称：图书信息报表。

任务解决过程：

（1）打开"图书信息报表"的设计视图，单击 按钮，显示"分组与排序"对话框。在"分组形式"中选择分组字段"类别码"和"升序"。在"更多"栏中的"有页眉节"和"有页脚节"均选择"是"，如图 5.40 所示。

（2）在组页脚进行分组计算。将字段列表中的"类别码"拖拽到"组页眉"。在"类别码页脚"添加两个文本框作为计算控件，在第一个文本框关联的标签中输入"此类图书数量"，

图 5.40　排序与分组对话框

在文本框中输入"＝Sum([馆藏数量])"。在第二个文本框关联的标签中输入"平均价格"，在文本框中输入"＝Avg([售价])"，详见图 5.41。

图 5.41　图书信息报表的设计视图

（3）对报表进行统计计算。在"报表页脚"节中添加两个文本框作为计算控件，在第一个文本框关联的标签中输入"图书总数量"，在文本框中输入"＝Sum([馆藏数量])"，在第二个文本框关联的标签中输入"总平均价格"，在文本框中输入"＝Avg([售价])"，详见图 5.42。

图 5.42　图书信息报表的设计视图馆藏总量计算

(4) 单击工具栏上的"打印预览"视图按钮,最后一页的结果如图 5.43 所示。

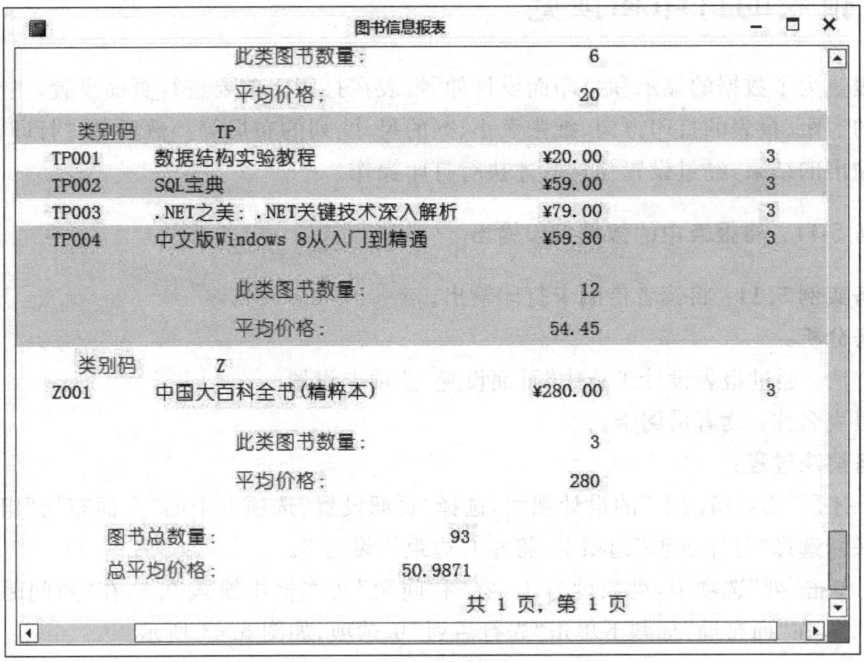

图书信息报表			
此类图书数量:	6		
平均价格:	20		
类别码	TP		
TP001	数据结构实验教程	¥20.00	3
TP002	SQL宝典	¥59.00	3
TP003	.NET之美：.NET关键技术深入解析	¥79.00	3
TP004	中文版Windows 8从入门到精通	¥59.80	3
此类图书数量:	12		
平均价格:	54.45		
类别码	Z		
Z001	中国大百科全书(精粹本)	¥280.00	3
此类图书数量:	3		
平均价格:	280		
图书总数量:	93		
总平均价格:	50.9871		
共 1 页, 第 1 页			

图 5.43　报表打印预览的最后一页

相关知识点细述:

(1) 在排序与分组对话框中,组属性中的不同属性有各自的含义。

◆ 组页眉和组页脚:决定选定的字段是否包含组页眉和组页脚,选择"是"表示添加组页眉和组页脚。选择"否",表示不添加或删除已添加的组页眉和组页脚。

◆ 分组形式:决定按何种方式组成新组。此处设置为"按整个值",表示以"类别码"字段的不同值划分组。

(2) 在报表设计中可以使用计算控件来进行各种类型的计算并输出显示。在报表中创建的计算控件放的位置不同,产生的计算结果也会不一样。

◆ 如果是对一个记录进行统计计算,计算控件文本框应该放在报表的"主体"节中。

◆ 如果是对分组记录进行统计计算,计算控件文本框应该放在报表的"组页眉"或"组页脚"中。

◆ 如果是对所有记录进行统计计算,计算控件文本框应该放在报表的"报表页眉"或"报表页脚"中。

边学边练:

将图书信息报表按出版社编号进行分组,统计各出版社出版书的数目和平均价格。

请思考:

报表设计好以后,如何打印出来?

5.4　报表的打印和预览

报表是为了数据的显示和打印而设计的,报表在打印之前要进行页面设置,主要包括设置报表的边距、报表的打印方向、纸张大小、列的尺寸、列的布局等。然后通过打印预览查看要打印输出的结果,经过设置预览后才执行打印操作。

任务 5-11　将报表中的数据打印输出

任务实例 5.11:将读者借阅卡打印输出。

任务分析:

◆ 方法:通过报表设计工具中"页面设置"选项卡设置。

◆ 报表名称:读者借阅卡。

任务解决过程:

(1)打开"读者借阅卡"的设计视图,选择"页面设置"选项卡中的"页面布局"组的"页面设置"按钮,选择"打印选项"选项卡,将左右边距均设为 8。

(2)单击"列"选项卡,列数设为 3。在"行间距"文本框中输入 0.5,在"列间距"文本框中输入 0.5,在"列布局"标题下单击"先行后列"单选项,如图 5.44 所示。

图 5.44　报表页面设置

(3)单击"页"选项卡,在"打印方向"标题下单击"横向"单选项。

(4)单击"设计"选项卡的"视图按钮"下的"打印预览"按钮,显示结果如图 5.45 所示。

(5)单击"打印预览",即可打印报表。

相关知识点细述:

(1)页面设置下有三个选项卡,"页边距"用来设置纸张 4 个边距留白的大小位置。

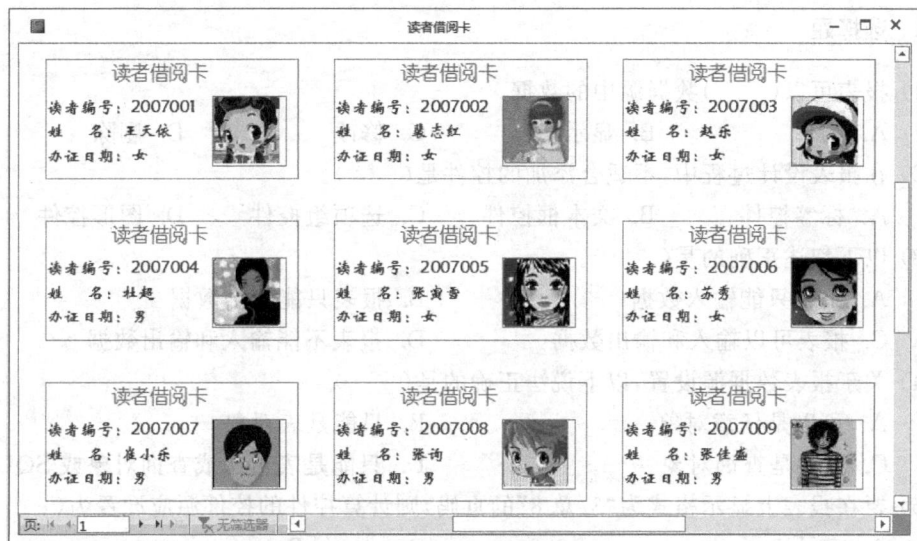

图 5.45 设置多列报表结果

"页"用于选择纸张大小,纸张方向。"列"用于指定报表的列数、列尺寸和列布局等。

(2) 预览报表可以使用"打印预览",查看打印的全部数据。

本章小结

报表是将信息格式化呈现的有效方法。报表不仅可以浏览打印,还可以排序汇总,方便数据的输出。创建报表有多种方法:使用创建选项卡报表组中的"报表"、"报表向导"、"标签"和"报表设计"都可以创建出不同样式的报表。我们创建报表时,往往使用报表向导或自动创建报表快速创建一个报表,然后在设计视图中修改达到预计的效果。

报表有 4 种视图方式:设计视图、打印预览视图、报表视图和布局视图;表格式报表、图表报表和标签报表,每一个报表都是由报表页眉、页面页眉、报表主体节、页面页脚和报表页脚 5 个部分组成的。报表页眉、报表页脚和页面页眉、页面页脚可以添加或删除。在报表设计中还可以添加当前日期和时间、添加页码等;报表中的数据可以排序或分组统计计算;可以创建多列报表以及预览和打印报表。

习题 5

一、思考题

(1) 报表的数据来源是什么?

(2) 报表的三种视图各是什么?

(3) 报表主要包括哪几种节?

(4) 报表中使用什么控件作为计算控件?

(5) 叙述"打印预览"和"版面预览"的区别。

二、选择题

(1) 报表可以(　　)数据源中的数据。

　　A. 编辑　　　　　　B. 显示　　　　　　C. 修改　　　　　　D. 删除

(2) 在报表设计过程中,不适合添加的控件是(　　)。

　　A. 标签控件　　　B. 文本框控件　　　C. 选项组控件　　　D. 图形控件

(3) 以下叙述正确的是(　　)。

　　A. 报表只能输入数据　　　　　　　　B. 报表只能输出数据

　　C. 报表可以输入和输出数据　　　　　D. 报表不能输入和输出数据

(4) 关于报表数据源设置,以下说法正确的是(　　)。

　　A. 可以是任意对象　　　　　　　　　B. 只能是表对象

　　C. 只能是查询对象　　　　　　　　　D. 只能是表对象或查询对象或 SQL 语句

(5) 要在报表上显示格式为"3/总 8"的页码,则计算控件的控件源应设置为(　　)。

　　A. /总[Pages]　　　　　　　　　　　B. =/总[Pages]

　　C. [page]&"/总"&[Pages]　　　　　　D. =[page]& "/总"& [Pages]

三、填空题

(1) 在报表每一页的底部都输出信息,需要设置的区域是_____。

(2) 要设置只在报表最后一页主体内容之后输出的信息,需要在_____设置信息。

(3) 一个主报表最多只能包含_____级子窗体或子报表。

(4) 要实现报表的分组统计,其操作区域是_____。

(5) 在报表设计中,可以通过添加_____控件来控制另起一页输出显示。

实验 5　创建和使用报表

一、实验目的与要求

1. 实验目的

◆ 熟识各类报表的特点。

◆ 学会使用各类向导创建相应类型的报表。

◆ 学会使用设计视图创建各类报表。

◆ 学会灵活运用各种控件。

◆ 学会报表的预览及打印。

2. 实验要求

◆ 应用不同的向导创建相应类型的报表。

◆ 在报表的设计视图中设计各种类型的报表。

◆ 在设计视图中添加各种控件,并设置控件属性。

◆ 对报表进行编辑与外观设计。

◆ 在报表中添加计算控件。

二、实验示例

1. 操作要求

例：打开"实验素材\实验 5\示例"文件夹，在此文件夹下存在一个数据库 Example5.accdb，里面已经设计好表对象 tBorrow、tReader 和 tBook，查询对象 qBookBorrow，报表对象 rBookBorrow，按照以下要求进行报表设计，参考效果如文件 Example5_R.accdb 所示。

(1) 创建表格式报表：快速创建表格式报表 rReader，显示表 tReader 中所有记录的数据，修改报表页眉节的标题内容为"读者信息"。

(2) 创建带有分组的报表：使用报表向导创建报表 rBook，显示来自 tBook 表的全部字段，按照"出版单位"分组，按照"单价"降序排序，汇总平均单价，设置标题标签显示"出版社图书情况"，字体为黑体，字号为 20，适当调整控件大小及位置，使数据显示完全。

(3) 创建标签报表：使用标签报表向导创建报表 rLabel，显示数据表 tBook 中的"总编号"、"分类号"、"书名"、"作者"、"出版单位"等信息，标签型号为 Avery 厂商的 J8361，字体为黑体，字号为 11 号，字体粗细为半粗，文本颜色为黑色，按照"总编号"字段排序，设计结果如图 5.46 所示。

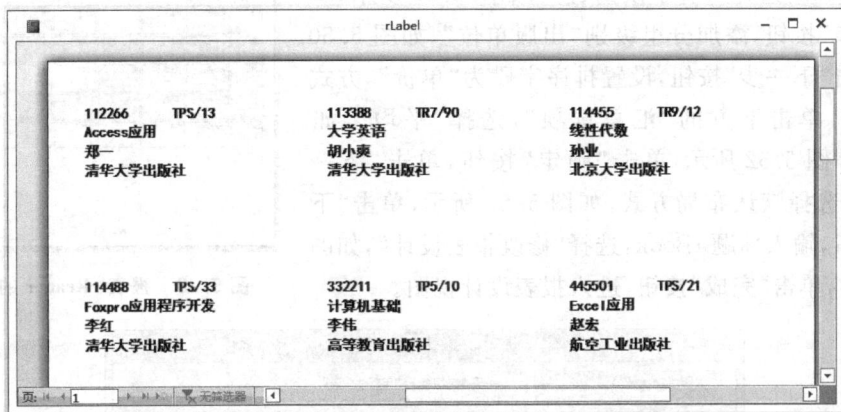

图 5.46 报表 rLabel 的设计结果

(4) 在设计视图中修改报表：在已经存在的报表 rBookBorrow 的组页脚节添加文本框，名称为 T1，要求统计个人借书册数，附加的标签名称为 L1，显示内容为"借阅册数："，在报表页脚节添加计算控件，显示系统当前日期，修改后的报表效果如图 5.47 所示。

2. 操作步骤

(1) 快速创建报表。

① 打开数据库 Example5.accdb，在表对象中选择 tReader，单击"创建"选项卡"报表"栏的"报表"命令，可以看到快速创建的报表，单击"保存"按钮，输入报表名称 rReader。

② 在报表的布局视图，单击显示报表标题的标签控件，修改内容为"读者信息"，切换到

图 5.47   报表 rBookBorrow 的效果

打印预览视图,效果如图 5.48 所示。

(2)创建带有分组的报表。

① 用向导创建报表:在数据库窗口中单击"创建"选项卡"报表"栏的"报表向导"命令,在向导窗口中选择数据源 tBook,选择所有字段到右栏,如图 5.49 所示,单击"下一步"按钮,添加分组级别"出版单位",如图 5.50 所示,单击"下一步"按钮,设置排序字段为"单价",方式为"降序",单击下方的"汇总选项",选择"平均",如图 5.51 和图 5.52 所示,单击"确定"按钮,单击"下一步"按钮,选择默认布局方式,如图 5.53 所示,单击"下一步"按钮,输入标题 rBook,选择"修改报表设计",如图 5.54 所示,单击"完成"按钮,进入报表设计视图。

图 5.48   报表 rReader 的效果

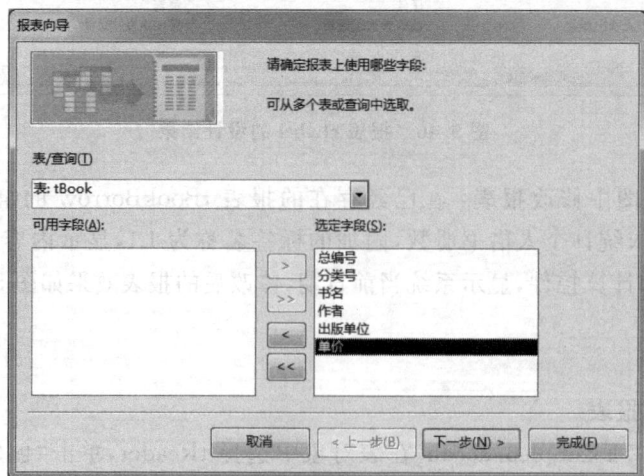

图 5.49   选择报表的数据来源和字段

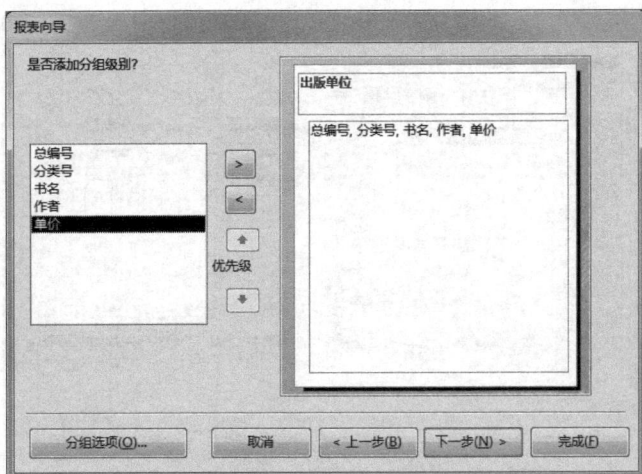

图 5.50　确定报表的分组字段

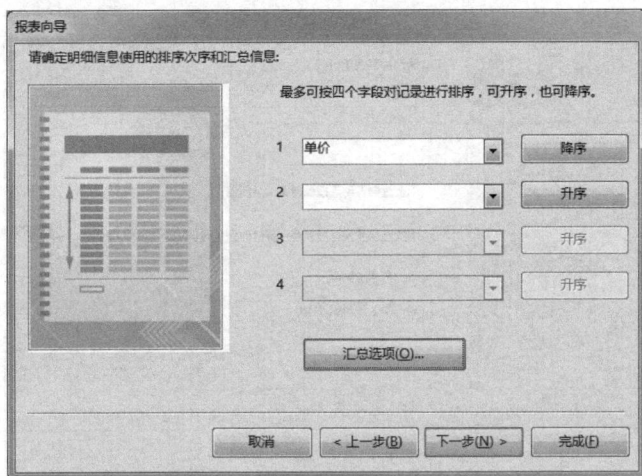

图 5.51　确定报表的排序方式

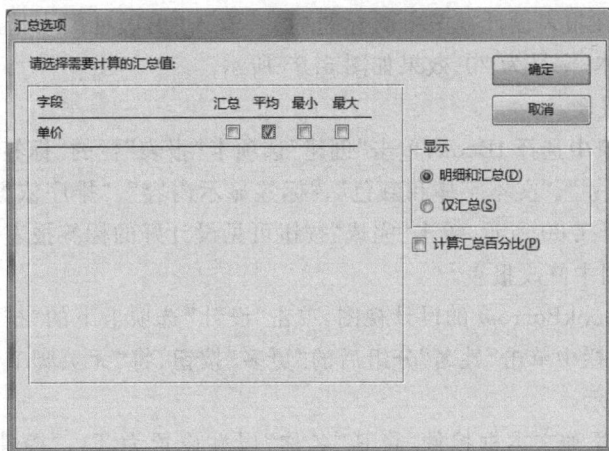

图 5.52　确定汇总选项

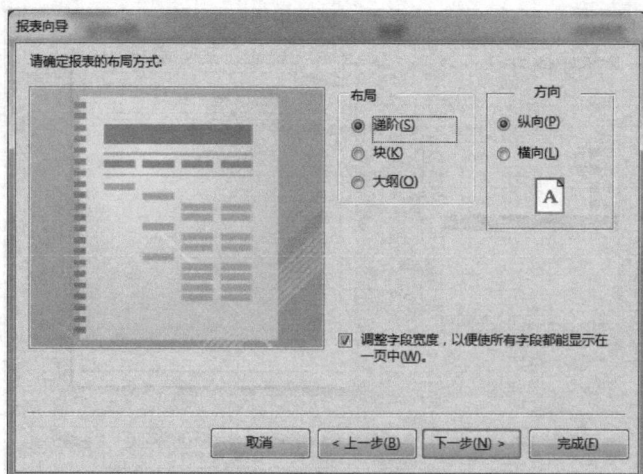

图 5.53　确定报表布局方式

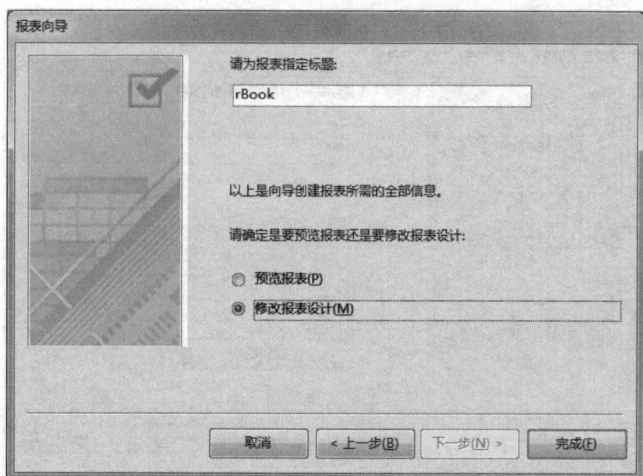

图 5.54　确定报表标题

② 修改报表：在报表设计视图中的标题标签，输入"出版社图书情况"，在"格式"选项卡中设置字体为黑体，字号为 20，效果如图 5.55 所示。

(3) 创建标签报表。

在数据库表对象中选择 tBook，单击"创建"选项卡"报表"栏的"标签"命令，然后依据向导分别设定"标签尺寸"、"文本字体和颜色"、"标签显示内容"、"排序依据"和"报表名称"等内容，如图 5.56～图 5.60 所示，单击"完成"按钮可见设计好的标签报表，如图 5.46 所示。

(4) 在设计视图中修改报表。

① 打开报表 rBookBorrow 的设计视图，单击"设计"选项卡下的"排序与分组"命令，在"分组、排序和汇总"栏中单击"姓名"分组后的"更多"按钮，将"无页脚节"选项修改为"有页脚节"，如图 5.61 所示。

② 在组页脚节添加文本框控件，将其"名称"属性设置为 T1，"控件来源"属性设置为"=Count([书名])"，将标签的"名称"属性设置为 L1，"标题"属性设置为"借阅册数："。

出版社图书情况

出版单位		单价	总编号	分类号	书名	作者
北京大学出版社						
		20.8	114455	TR9/12	线性代数	孙业
汇总 '出版单位' = 北京大学出版社 (1 明细记录)						
平均值		20.8				
电子工业出版社						
		23.6	445503	TP3/12	数据库FoxPro	张学丰
汇总 '出版单位' = 电子工业出版社 (1 明细记录)						
平均值		23.6				
高等教育出版社						
		28.5	445506	TP3/12	数据库概论	王珊
		20	665544	TS7/21	高等数学	刘明
		18	332211	TP5/10	计算机基础	李伟
汇总 '出版单位' = 高等教育出版社 (3 项明细记录)						
平均值		22.17				

图 5.55　修改后的报表设计视图

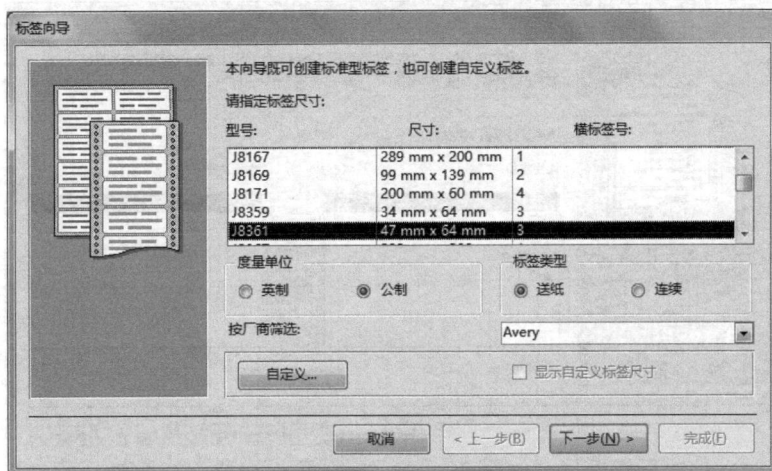

图 5.56　确定标签尺寸

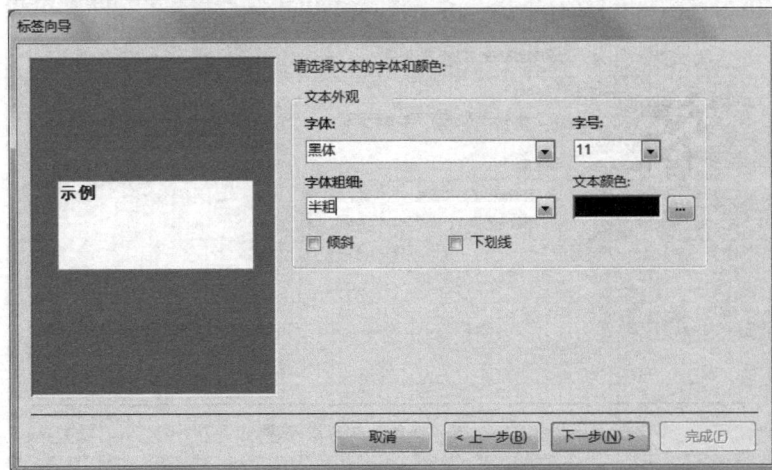

图 5.57　确定文本的字体和颜色

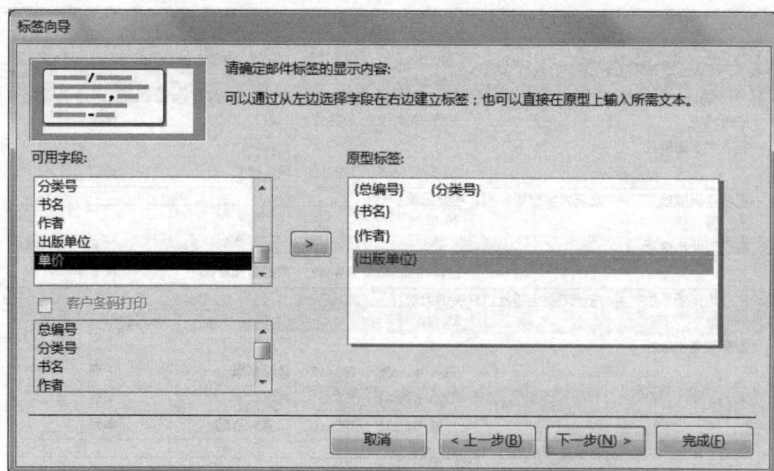

图 5.58　确定原型标签的显示内容

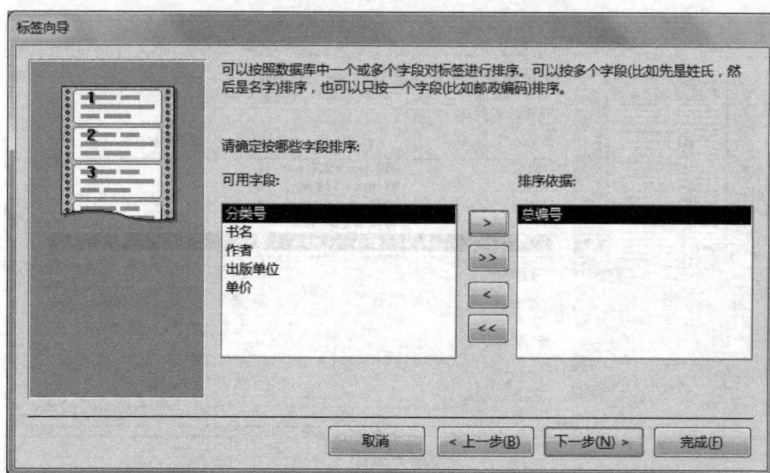

图 5.59　确定排序依据

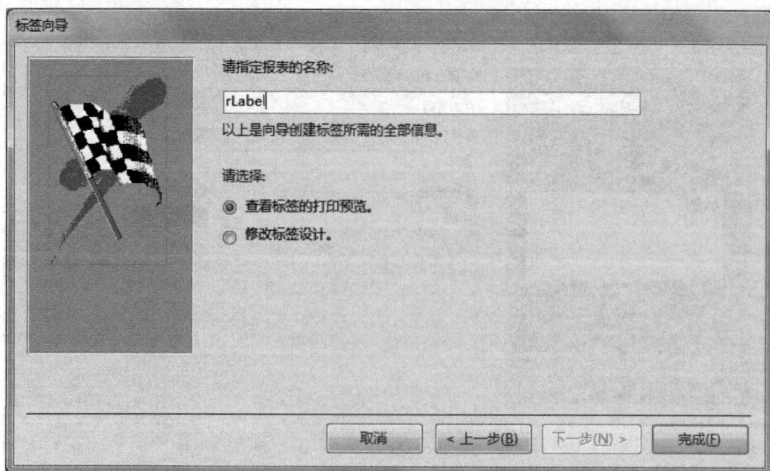

图 5.60　确定标签报表名称

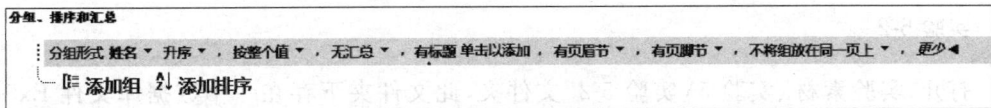

图 5.61　"分组、排序和汇总"栏

③ 调整报表页脚节高度,在报表页脚节添加文本框控件,"控件来源"属性设置为"＝Date()",删除附加的标签控件,报表设计视图如图 5.62 所示。

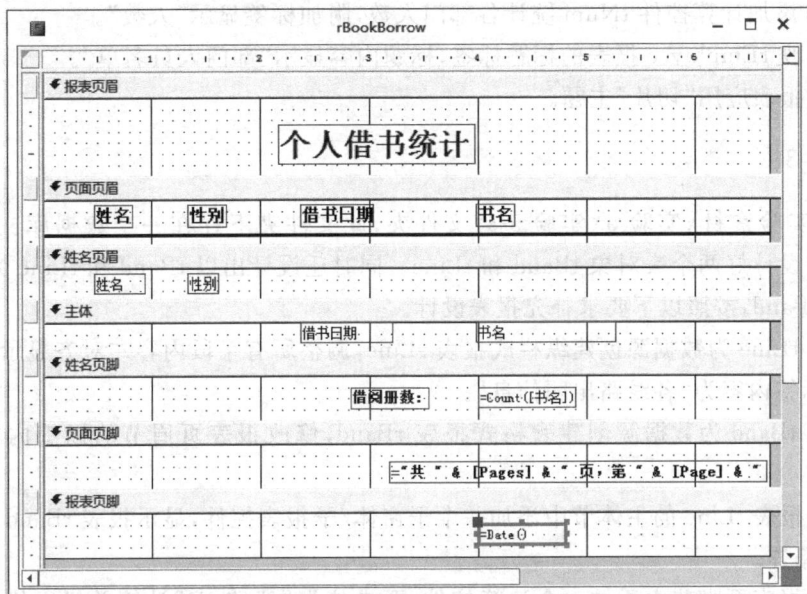

图 5.62　报表 rBookBorrow 的设计视图

④ 保存报表,报表的打印预览视图效果如图 5.47 所示。

三、实验内容

实验 5-1

打开"实验素材\实验 5\实验 5-1"文件夹,此文件夹下存在一个数据库文件 Ex5-1.accdb,已经设计好表对象 tStudent 和查询对象 qStudent,按照以下要求完成设计。

(1) 以 qStudent 为数据源快速创建表格式报表 rStudent。

(2) 在报表页眉节修改标题标签,显示"获奖学生名单"。

(3) 在报表的页面页脚节修改显示页码的计算控件,计算控件位置在距上边 0.2cm、距左边 11.5cm,高度 0.6cm,宽度 4cm,并命名为 tPage,页码显示格式为"当前页-总页数",如 1-10、2-10、…、10-10 等。

(4) 调整报表页脚节高度为 2cm。

(5) 在报表页脚节添加一个计算控件,计算并显示学生的平均年龄。计算控件命名为 tAvg,附加的标签命名为 lAvg。

(6) 将报表中的记录按照"姓名"升序排序。

实验 5-2

打开"实验素材\实验 5\实验 5-2"文件夹,此文件夹下存在一个数据库文件 Ex5-2. accdb,已经设计好表对象 tEmployee 和报表对象 rEmployee,按照以下要求完成设计。

(1) 在报表 rEmployee 的主体节添加文本框,名称为"职务",与页面页眉节的职务标签对齐,显示表对象 tEmployee 中"职务"字段的内容。

(2) 将报表 rEmployee 的记录按照"所属部门"进行分组,并按"性别"字段值降序排序,在组页脚节添加计算控件 tNum 统计各部门人数,附加标签显示"人数"。

(3) 修改 rEmployee 报表的标题标签,标题内容显示"部门人员名单"。

(4) 对报表应用"切片"主题。

实验 5-3

打开"实验素材\实验 5\实验 5-3"文件夹,此文件夹下存在一个数据库文件 Ex5-3. accdb,已经设计好两个表对象 tBand 和 tLine。同时还设计出以 tBand 和 tLine 为数据源的报表对象 rBand,按照以下要求补充报表设计。

(1) 以 tLine 为数据源创建纵栏式报表 rLine,调整所有字段内容左对齐显示,修改报表页眉节的标签内容为"各线路出团信息"。

(2) 以 tBand 为数据源创建表格式报表 rBand,修改报表页眉节的标签内容为"出团信息"。

(3) 在报表 tLine 的主体节中添加一个子窗体/子报表控件,显示报表 rBand 的内容,以"线路 ID"相连。

(4) 在报表页脚节中添加一个计算控件,要求依据"线路 ID"计算并显示线路个数,计算控件命名称为 tNum。

实验 5-4

打开"实验素材\实验 5\实验 5-4"文件夹,此文件夹下存在一个数据库文件 Ex5-4. accdb,其中有"档案表"和"工资表"两张表。

(1) 使用"工资表"创建"员工工资报表",按照"年月"分组,记录按照"职工号"降序排序,统计全体员工的"平均每月津贴"。

(2) 将"员工工资报表"纸张方向修改为横向,在其主体节添加两个名称为"应发工资"和"实发工资"的计算字段,设置为货币格式,其中:应发工资=基本工资+津贴+补贴,实发工资=基本工资+津贴+补贴+住房基金+失业保险,效果如图 5.63 所示。

(3) 使用"档案表"创建标签报表"员工卡",插入的图片使用素材文件夹中的 pic. jpg,效果如图 5.64 所示。

实验 5-5

将实验 4-5 完成的"人事管理系统. accdb"的数据库文件复制到"实验素材\实验 5\实验 5-5"文件夹中,并按下述要求完成报表设计。

(1) 基于"雇员信息表"和"部门信息表"创建报表"部门员工信息报表",按部门名称分

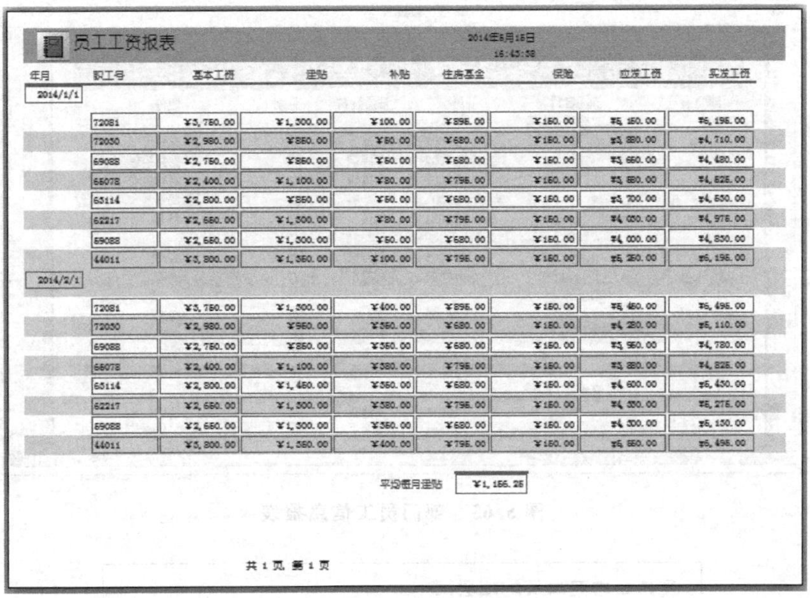

员工工资报表　2014年5月15日 16:45:58

年月	职工号	基本工资	津贴	补贴	住房基金	保险	应发工资	实发工资
2014/1/1								
	72081	¥3,750.00	¥1,300.00	¥100.00	¥895.00	¥150.00	¥5,150.00	¥6,195.00
	72030	¥2,980.00	¥850.00	¥50.00	¥680.00	¥150.00	¥3,880.00	¥4,710.00
	69088	¥2,750.00	¥850.00	¥50.00	¥680.00	¥150.00	¥3,650.00	¥4,480.00
	65078	¥2,400.00	¥1,100.00	¥80.00	¥795.00	¥150.00	¥3,580.00	¥4,525.00
	63114	¥2,800.00	¥850.00	¥50.00	¥680.00	¥150.00	¥3,700.00	¥4,530.00
	62217	¥2,650.00	¥1,300.00	¥80.00	¥795.00	¥150.00	¥4,030.00	¥4,975.00
	59088	¥2,650.00	¥1,300.00	¥50.00	¥680.00	¥150.00	¥4,000.00	¥4,830.00
	44011	¥3,800.00	¥1,350.00	¥100.00	¥795.00	¥150.00	¥5,250.00	¥6,195.00
2014/2/1								
	72081	¥3,750.00	¥1,300.00	¥400.00	¥895.00	¥150.00	¥5,450.00	¥6,495.00
	72030	¥2,980.00	¥950.00	¥350.00	¥680.00	¥150.00	¥4,280.00	¥5,110.00
	69088	¥2,750.00	¥850.00	¥350.00	¥680.00	¥150.00	¥3,950.00	¥4,780.00
	65078	¥2,400.00	¥1,100.00	¥380.00	¥795.00	¥150.00	¥3,880.00	¥4,825.00
	63114	¥2,800.00	¥1,450.00	¥350.00	¥680.00	¥150.00	¥4,600.00	¥5,430.00
	62217	¥2,650.00	¥1,300.00	¥380.00	¥795.00	¥150.00	¥4,330.00	¥5,275.00
	59088	¥2,650.00	¥1,300.00	¥350.00	¥680.00	¥150.00	¥4,300.00	¥5,130.00
	44011	¥3,800.00	¥1,350.00	¥400.00	¥795.00	¥150.00	¥5,550.00	¥6,495.00

平均每月津贴 ¥1,156.25

共 1 页，第 1 页

图 5.63 “员工工资报表”效果

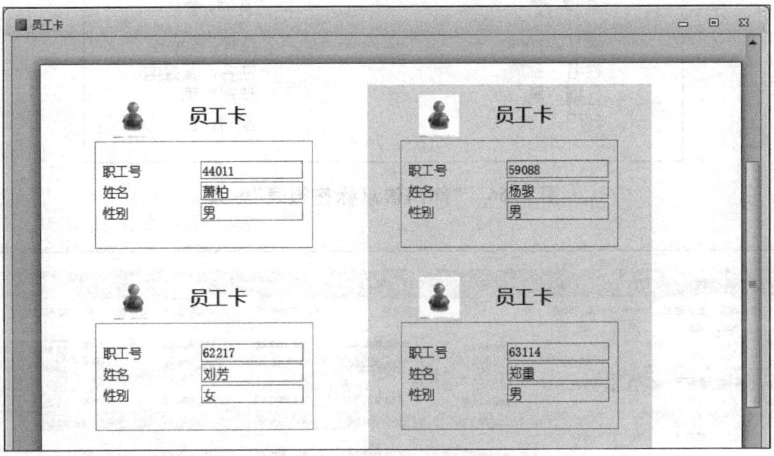

图 5.64 标签报表“员工卡”效果

组，按员工编号升序排序，如图 5.65 所示。

(2) 使用“标签向导”基于“部门信息表”创建一个报表，名称为“部门信息标签报表”，标签尺寸为 C2166，在页面页眉节添加一个标签控件，效果如图 5.66 所示。

(3) 基于“雇员信息表”和“工资信息表”创建一个报表，显示“雇员信息表”的“雇员编号”、“雇员姓名”、“性别”、“部门编号”等字段及“工资信息表”的“年月”、“基本工资”、“其他应发金额”、“基本扣除金额”、“其他应扣金额”等字段，“通过雇员信息表”查看，按“年月”升序排序，“横向”报表，报表名为“雇员工资报表”。

(4) 在设计视图中修改“雇员工资报表”，调整控件位置使信息显示完全，添加“实发工资”项(注：实发工资＝基本工资＋其他应发金额－基本扣除金额－其他应扣金额)，效果如图 5.67 所示。

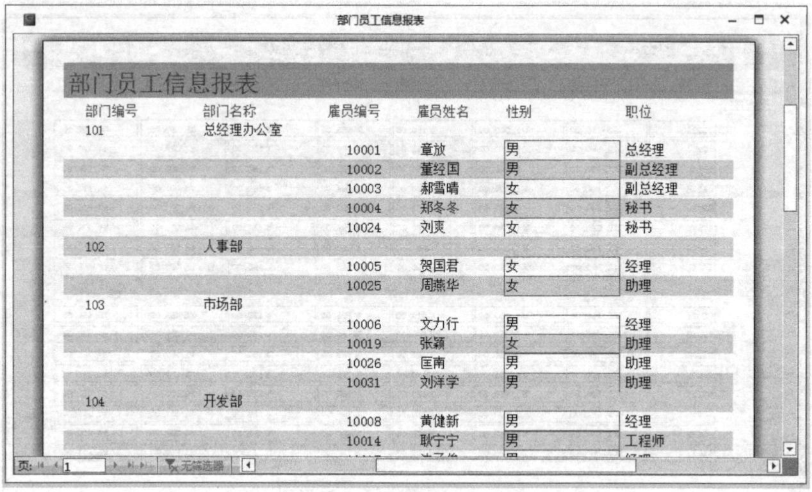

图 5.65 部门员工信息报表

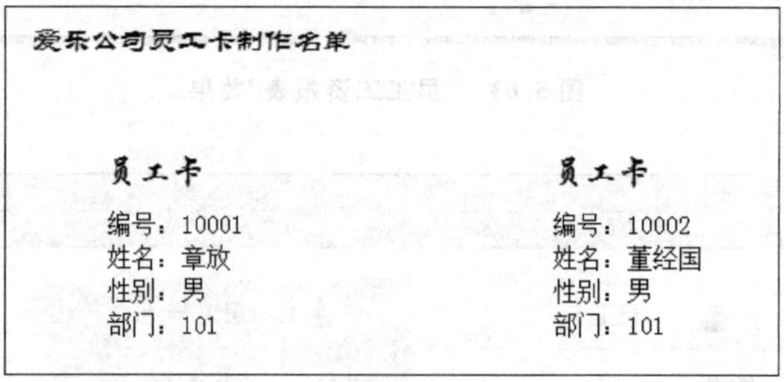

图 5.66 “部门信息标签报表”效果

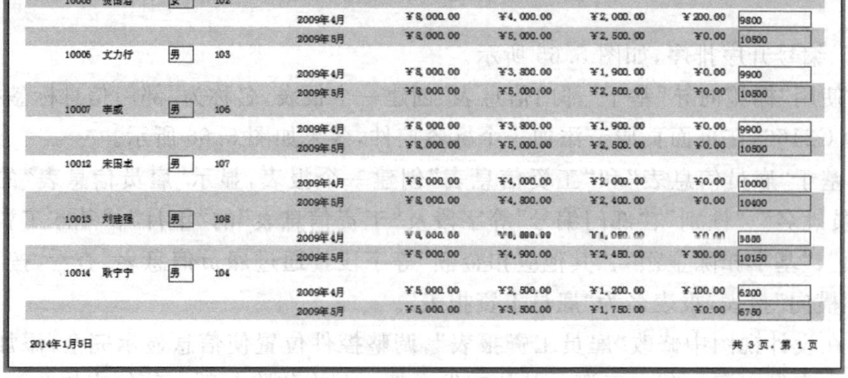

图 5.67 “雇员工资报表”效果

实验 5-6

将实验 4-6 完成的"十字绣销售管理系统.accdb"数据库文件复制到"实验素材\实验 5\实验 5-6"文件夹中,并按下述要求完成报表设计。

(1) 基于"十字绣基本信息表"创建一个报表,显示"类别编号"、"厂商"、"货品编号"、"货品名称"图片和"售价"等字段信息,先按"厂商"分组,再按"类别编号"分组,按"货品编号"升序排序,报表名为"各类十字绣信息报表",调整控件位置合理,如图 5.68 所示。

(2) 创建"员工销售业绩报表",效果如图 5.69 所示,其中,金额为计算所得,金额＝单价×数量。

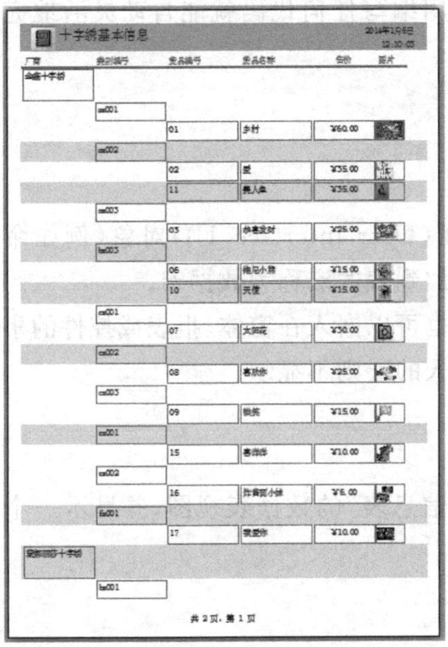

图 5.68 "各类十字绣信息报表"效果

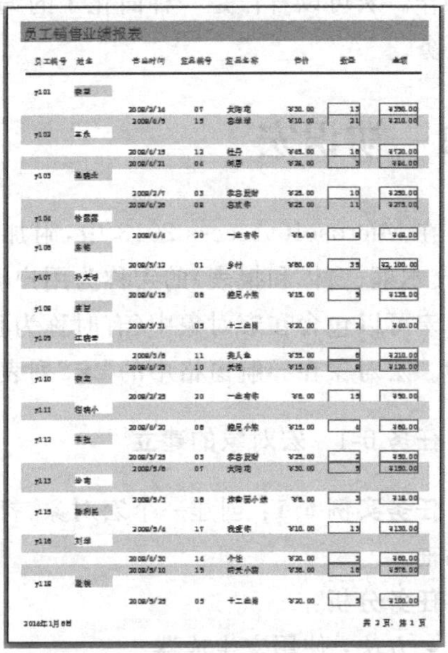

图 5.69 "员工销售业绩报表"效果

(3) 创建标签报表"商品标签",效果如图 5.70 所示。

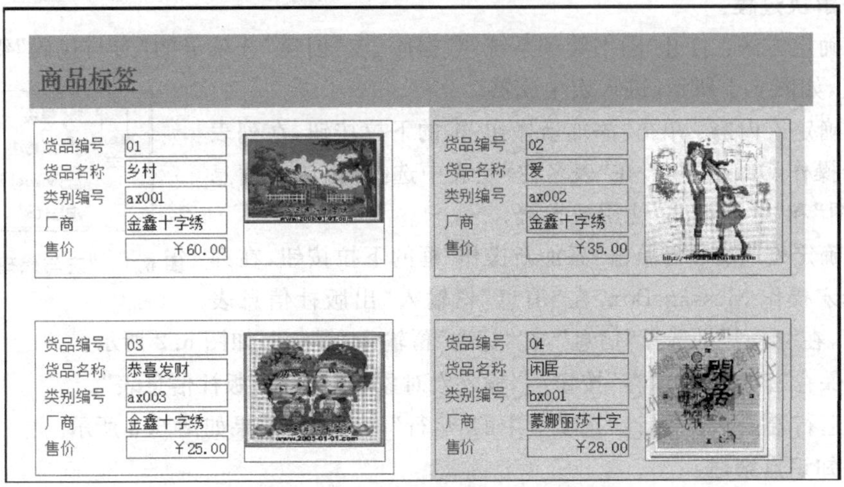

图 5.70 "商品标签"报表效果

第 6 章
创建和使用宏

与表、查询、窗体和报表一样,宏也是 Access 中的一类对象,每个宏中包含一个或多个宏操作。宏可以看作是一种简化了的编程方法,不用编写任何代码就能自动灵活地完成一些任务。

6.1 初识宏

在 Microsoft Access 2013 中,附加到用户界面(User Interface,UI)对象(例如命令按钮、文本框、窗体和报表)的宏称为用户界面宏。附加到表的宏称为数据宏。

宏可以包含在宏对象中(有时称为独立的宏),也可以嵌入在窗体、报表或控件的事件属性中。宏对象在导航窗格中的"宏"列表下显示;嵌入的宏则不显示。

任务 6-1 宏对象的建立

任务实例 6.1:创建一个宏对象,打开"出版社信息表"的数据表视图,并显示一个提示对话框。

任务分析:

◆ 方法:使用宏生成器。

◆ 宏操作:OpenTable、MessageBox。

◆ 宏名:打开出版社信息表。

任务解决过程:

(1)确定方法:打开"图书管理系统"数据库,在"创建"选项卡的"宏与代码"组中,单击"宏"按钮,如图 6.1 所示,进入宏生成器。

(2)确定宏内容:单击"添加新操作"框的下拉按钮,在列表中选择宏操作 OpenTable,在"表名称"列表中选择"出版社信息表","视图"和"数据模式"使用缺省值。

图 6.1 "宏与代码"组命令

(3)确定宏内容:再单击"添加新操作"框的下拉按钮,在列表中选择宏操作 MessageBox,在"消息"栏输入"出版社信息表已打开!",在"类型"栏选择"信息",在"标题"栏输入"提示",如图 6.2 所示。

(4)保存宏:单击"保存"按钮🔲,输入宏对象名"打开出版社信息表"。

(5)运行宏:单击"设计"选项卡中的"运行"按钮❗,结果如图 6.3 所示。

相关知识点细述:

(1)宏生成器:即宏的设计视图,分为左右两部分,左栏是"添加新操作"窗口,用于添

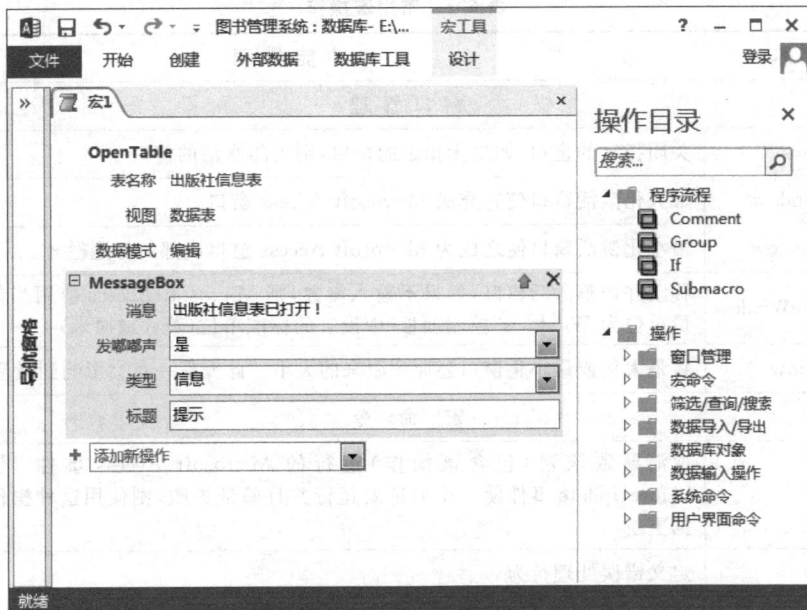

图 6.2 输入宏内容

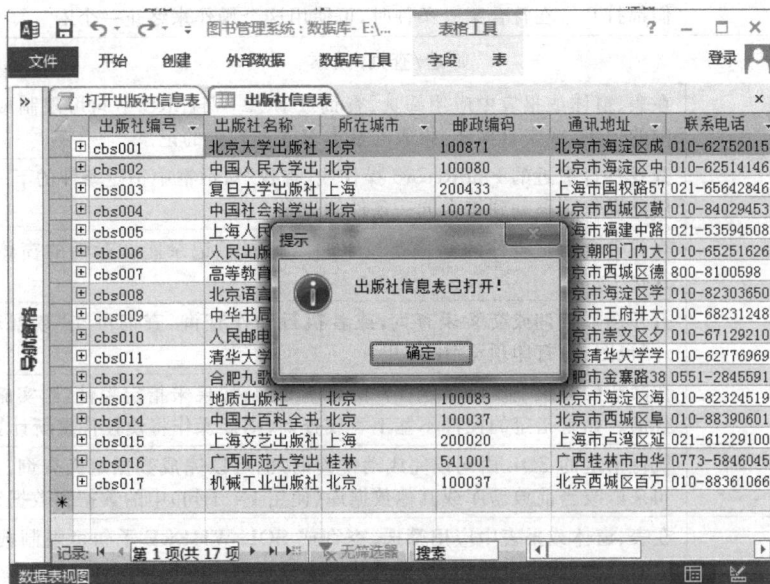

图 6.3 运行宏"打开出版社信息表"结果

加宏操作以及设置操作参数,右栏是"操作目录"列表,包括程序流程、操作和在此数据库中等项目,其中操作项将支持的宏操作分成 8 类供选择。

(2)宏操作:从"添加新操作"的下拉列表和"操作目录"列表都可以选择相应的宏操作,也可以将数据库对象列表中的某个对象拖拽到"添加新操作"处自动选择。Microsoft Access 2013 中共有 86 个宏操作,单击"设计"选项卡"显示/隐藏"栏的"显示所有操作"按钮后可在操作列表中全部看到,常用的宏操作如表 6.1 所示。

表 6.1 常用宏操作

操作名称	功 能 说 明
	窗 口 管 理
CloseWindows	关闭指定的窗口,如果无指定的窗口,则关闭激活的窗口
MaximizeWindow	最大化激活窗口使它充满 Microsoft Access 窗口
MiniimizeWindow	最小化激活窗口使之成为 Microsoft Access 窗口底部的标题栏
MoveAndSizeWindow	移动并调整激活窗口,如果不输入参数,则 Microsoft Access 使用当前设置。度量单位为 Windows"控制面板"中设置的标准单位(英寸或厘米)
RestoreWindow	将最大化或最小化窗口还原到原来的大小。此操作一直会影响到激活的窗口
	宏 命 令
CancelEvent	取消导致该宏(包含该操作)运行的 Microsoft Access 事件。例如,如果 BeforeUpdate 事件使一个验证宏运行并且验证失败,则使用这种操作可取消数据更新
OnError	定义错误处理行为
RunMacro	执行一个宏。可用该操作从其他宏中执行宏、重复宏,基于某一条件执行宏,或将宏附加于自定义菜单命令
StopMacro	终止当前正在运行的宏。如果回应和系统消息的显示被关闭,此操作也会将它们都打开。在符合某一条件时,可使用这个操作来终止一个宏
	筛选/查询/搜索
ApplyFilter	在表、窗体或报表中应用筛选、查询或 SQL WHERE 字句可限制或排序来自表中的记录,或来自窗体、报表的基本表或查询中的记录
FindNextRecord	查找符合最近的 FindRecord 操作或"查找"对话框中指定条件的下一条记录。使用此操作可移动到符合同一条件的记录
FindRecord	查找符合指定条件的第一条或下一条记录。记录能在激活的窗体或数据表中查找
OpenQuery	打开选择查询或交叉表查询,或者执行动作查询,查询可在"数据表"视图、"设计"视图或"打印预览"中打开
Requery	在激活的对象上实施指定控件的重新查询;如果未指定控件,则实施对象的重新查询。如果指定的控件不基于表或查询,则该操作将使控件重新计算
RunSQL	执行指定的 SQL 语句以完成动作查询,也可以完成数据定义查询。可以用该语句来修改当前数据库或其他数据库(使用 IN 子句)中的数据和数据定义
SetFilter	在表、窗体或报表中应用筛选、查询或 SQL WHERE 子句可限制或排序来自表中的记录,或来自窗体、报表的基本表或查询中的记录
SetOrderBy	对表中的记录或来自窗体、报表的基本表或查询中的记录应用排序
	数据库对象
CopyObject	将指定的数据库对象复制到不同的 Microsoft Access 数据库,或复制到具有新名称的相同数据库。使用此操作可迅速创建类似对象,也可将对象复制到其他数据库中
DeleteObject	删除指定对象;未指定对象时,删除导航窗格中当前选中的对象。Access 不显示消息来要求确认删除

操作名称	功 能 说 明
GoToControl	将焦点移到激活数据表或窗体上指定的字段或控件上
GoToRecord	在表、窗体或查询结果集中的指定记录成为当前记录
OpenForm	在"窗体"视图、"设计"视图、"打印预览"或"数据表"视图中打开窗体
OpenReport	在"设计"视图或"打印预览"中打开报表,或立即打印该报表
OpenTable	在"数据表"视图、"设计"视图或"打印预览"中打开表
PrintObject	打印当前对象
PrintPreview	当前对象的"打印预览"
RenameObject	重命名指定对象;如果未指定对象,则指定重命名导航窗格中当前选中的对象。此操作与 CopyObject 操作不同,CopyObject 操作是用新名称创建对象的一个副本
SaveObject	保存指定对象;未指定对象时,保存激活对象
SelectObject	选择指定的数据库对象,然后可以对此对象进行某些操作。如果对象未在 Access 窗口中打开,请在导航窗格中选中它
SetProperty	设置控件属性
SetValue	为窗体、窗体数据表或报表上的控件、字段或属性设置值
数据输入操作	
DeleteRecord	删除当前记录
SaveRecord	保存当前记录
系 统 命 令	
Beep	使计算机发出嘟嘟声。使用此操作可表示错误情况或重要的可视化变化
CloseDatabase	关闭当前数据库
PrintOut	打印激活的数据库对象。可以打印数据表、报表、窗体以及模块
QuitAccess	退出 Microsoft Access。可以从几种保存选项中选择一种
RunApplication	启动另一个 Microsoft Windows 或 MS-DOS 应用程序,如 Microsoft Excel 或 Word。指定的应用程序将在前台运行,同时宏也将继续运行
SetWarnings	关闭或打开所有的系统消息。可防止模式警告终止宏的执行(尽管错误消息和需要用户输入的对话框仍然显示)。这与在每个消息框中按 Enter(一般为"确定"或"是")效果相同

（3）编辑宏：在宏生成器中可以根据需要对宏操作进行编辑。

◆ 移动宏操作：在操作列表中选中要移动的宏操作,单击操作名称右侧绿色的"上移"按钮 ↑ 或"下移"按钮 ↓,调整至合适位置。

◆ 复制宏操作：在操作列表中选中被复制的宏操作,从快捷菜单中单击"复制"命令,然后在复制到的位置单击快捷菜单中的"粘贴"命令。

◆ 删除宏操作：在操作列表中选中要删除的宏操作,单击操作名称右侧的"删除"按钮 ✕。

（4）运行宏：宏可以通过三种方式运行，根据实际情况选择合适的方式。

◆ 直接运行：在宏生成器中，单击"设计"选项卡"工具"栏中的"运行"按钮 ，或者在数据库对象列表中直接双击宏对象名称，都能让独立宏直接运行。

◆ 在宏或 VBA 模块中运行：如果在某个宏中包含 RunMacro 的宏操作，就可以在此宏中运行另一个宏；如果在某个 VBA 模块的语句中包含形如"DoCmd.RunMacro 宏名"的代码，则能够运行指定的宏。

◆ 通过响应事件属性运行：可以将宏直接嵌入在窗体、报表或控件的事件属性中，也可以先建立独立宏，然后将它绑定到相应的事件属性中。

（5）调试宏：宏运行前，可以单击"设计"选项卡"工具"栏中的"单步"按钮，进入宏的调试模式，限定每次执行一个宏操作。执行每个宏操作后，将出现一个对话框，显示关于操作的信息，以及由于执行操作而出现的任何错误代码，如图 6.4 所示。但是，由于"单步执行宏"对话框中没有错误的说明，因此建议与错误处理子宏配合使用。对话框上各按钮的功能如下。

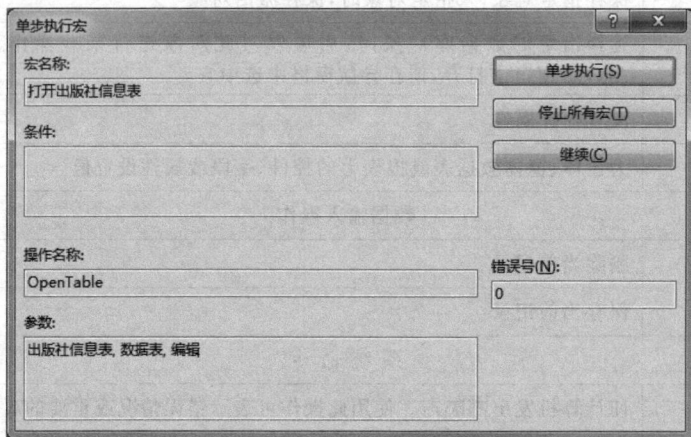

图 6.4 "单步执行宏"对话框

◆ 若要查看关于宏中的下一个操作的信息，请按"单步执行"按钮。

◆ 若要停止当前正在运行的所有宏，请单击"停止所有宏"按钮。下一次运行宏时，单步执行模式仍然有效。

◆ 若要退出单步执行模式并继续运行宏，请单击"继续"按钮。

边学边练：

创建一个宏"打开读者权限查询"，能够启动读者权限查询的设计视图，并显示提示信息。

6.2 创建宏

本节将根据宏的复杂程度，分别介绍基本宏、条件宏、宏组以及特殊的自动运行宏的创建方法。

6.2.1 基本宏

基本宏是指只包含一系列最基本操作的简单宏。运行基本宏时,根据排列顺序从前往后依次执行所有宏操作。

任务 6-2 创建基本宏

任务实例 6.2:(假设数据库中已有两个窗体:纵栏表式窗体"出版社信息"和主子窗体"各出版社图书",如果没有请先自行创建。)在"出版社信息"窗体内添加一个标题为"查看图书信息"的命令按钮 cmd1,使得单击该按钮时执行宏"查看图书",打开"各出版社图书"窗体并显示"出版社信息"窗体当前出版社的图书情况。

任务分析:

◆ 方法:使用宏生成器创建宏,在控件的事件属性中引用宏。

◆ 宏操作:OpenForm、GotoControl、FindRecord。

◆ 宏名:查看图书。

任务解决过程:

(1) 创建宏:①打开"图书管理系统"数据库,在"创建"选项卡的"宏与代码"组中,单击"宏"按钮;②在宏生成器中依次添加宏操作 OpenForm、GotoControl 和 FindRecord,并设置操作参数,如图 6.5 所示;③保存宏,名称为"查看图书"。

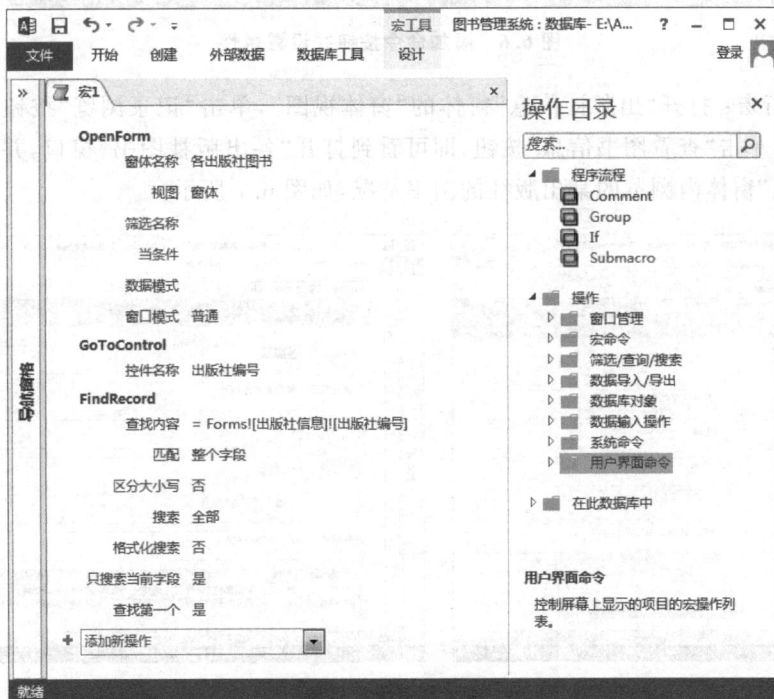

图 6.5 "查看图书"宏

(2) 绑定宏:①添加命令按钮:打开"出版社信息"窗体的"设计视图",在窗体页脚节添加一个命令按钮 cmd1,按钮上显示"查看图书信息";②设置事件属性:在命令按钮的"事件"属性表中设置"单击"事件为宏"查看图书",如图 6.6 所示;③单击"保存"按钮保存窗体。

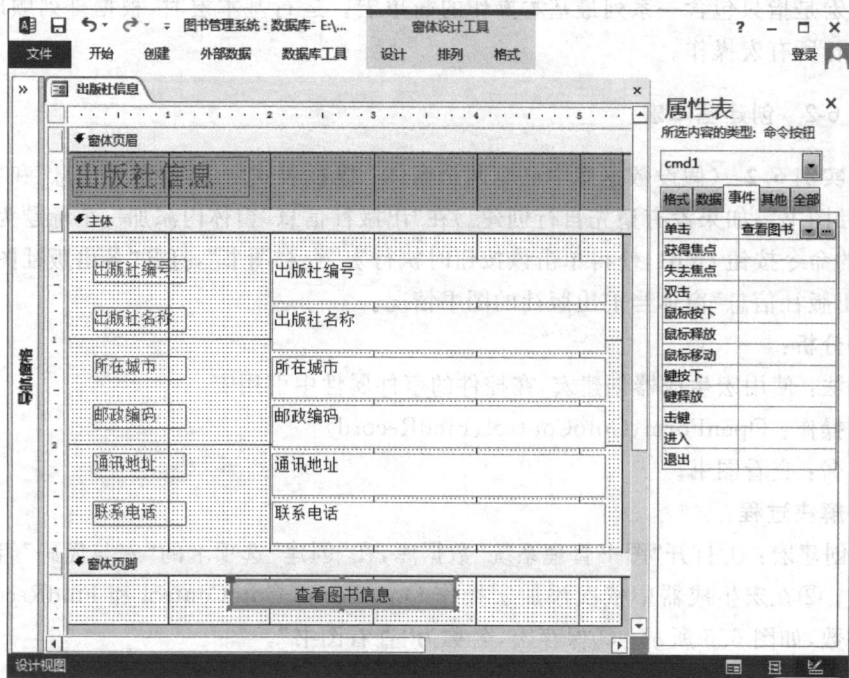

图 6.6   添加命令按钮并设置属性

（3）运行宏:打开"出版社信息"窗体的"窗体视图",单击"记录浏览"按钮查看不同的出版社信息,单击"查看图书信息"按钮,即可看到打开"各出版社图书"窗口,并显示出正在"出版社信息"窗体内浏览的某出版社的图书情况,如图 6.7 所示。

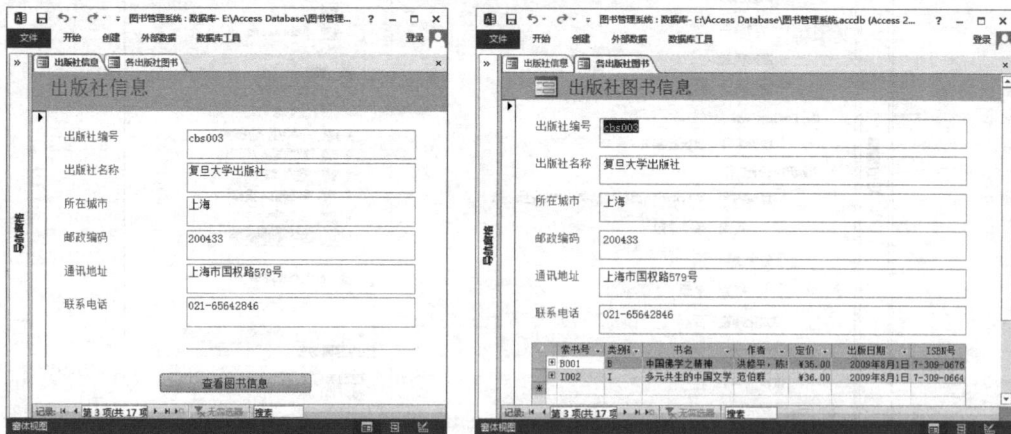

图 6.7   运行结果

相关知识点细述:

（1）在宏的操作参数中若需指定当前窗体或报表的对象,直接写出对象名即可,但若需引用其他窗体或报表对象的值,则需使用对象完整的引用格式,其形式如下:

[Forms]![窗体名]![对象名]
[Reports]![报表名]![对象名]

（2）为了将"各出版社图书"窗体上显示的记录定位到与"出版社信息"窗体显示的相同出版社上，需要先通过 GoToControl 宏操作将光标移动到"各出版社图书"窗体的"出版社编号"文本框上，然后通过宏操作 FindRecord 查找与窗体"出版社信息"上的"出版社编号"内容相同的记录并显示该记录。

边学边练：

在"出版社信息"窗体页脚节添加一个标题为"关闭"的命令按钮 cmd2，使得单击该按钮时运行宏"关闭出版社信息窗体"，实现退出该窗体的功能。

请思考：

关闭对象和退出 Access 应用程序分别用什么宏操作实现？

6.2.2 条件宏

如果宏的某个宏操作需要满足一定条件才被执行，那么可以通过创建条件宏来实现。通常使用表达式来判断执行条件是否满足，这个条件表达式写在 If 块中，结果为 True/False 或是/否。

任务 6-3 创建条件宏

任务实例 6.3：创建一个如图 6.8 所示的"登录"窗体，窗体上的文本框名称为 txtPassword，命令按钮的名称为 cmdOK，当单击"确定"按钮时运行宏"验证密码"，功能是检验文本框内输入的密码是否为 abc，如果正确则打开"导航窗体"并退出登录，如果错误则清空文本框，提示有误。

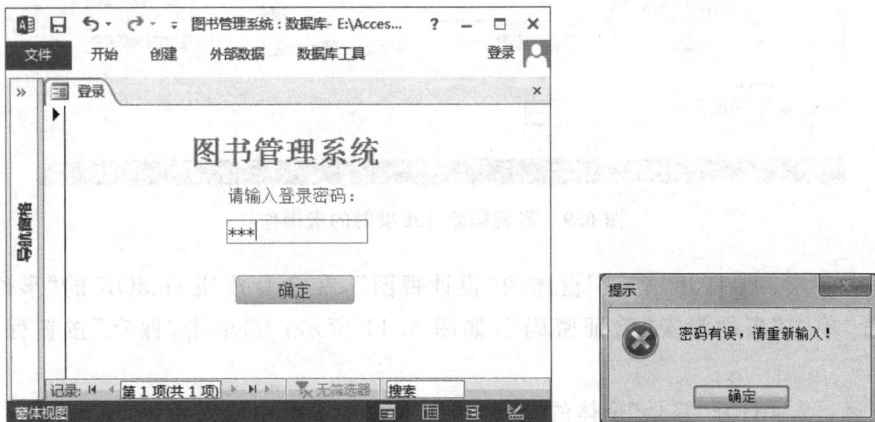

图 6.8 "登录"窗体及错误提示框

任务分析：

◆ 方法：使用宏生成器创建条件宏，在控件的事件属性中引用宏。

◆ 宏操作：If 块、OpenForm、CloseWindows、SetValue、MessageBox。

◆ 宏名：验证密码。

任务解决过程：

（1）创建窗体：①打开"图书管理系统"数据库，选择"创建"选项卡"窗体"栏的"窗体设计"命令；②在窗体设计视图中添加一个标签控件，输入"图书管理系统"；③再添加一个文本框控件，文本框名称修改为 txtPassword，附带的标签输入"请输入登录密码："，设置文本框的"输入掩码"属性为"密码"；④再添加一个命令按钮，标题为"确定"，控件名称为cmdOK；⑤保存窗体，名称为"登录"。

（2）创建宏：①在"创建"选项卡的"宏与代码"组中，单击"宏"按钮；②在宏的生成器中，从"添加新操作"的列表中选择 If 块，输入条件表达式：［txtPassword］＝"abc"，在 Then后面的"添加新操作"列表中依次添加 OpenForm 和 CloseWindow 操作，并设置参数，如图 6.9所示；③单击下方的 添加 Else，在 Else 块的"添加新操作"列表中依次添加 SetValue、Messagebox和 GotoControl 操作，并设置参数，如图 6.10 所示；④保存宏，名称为"验证密码"。

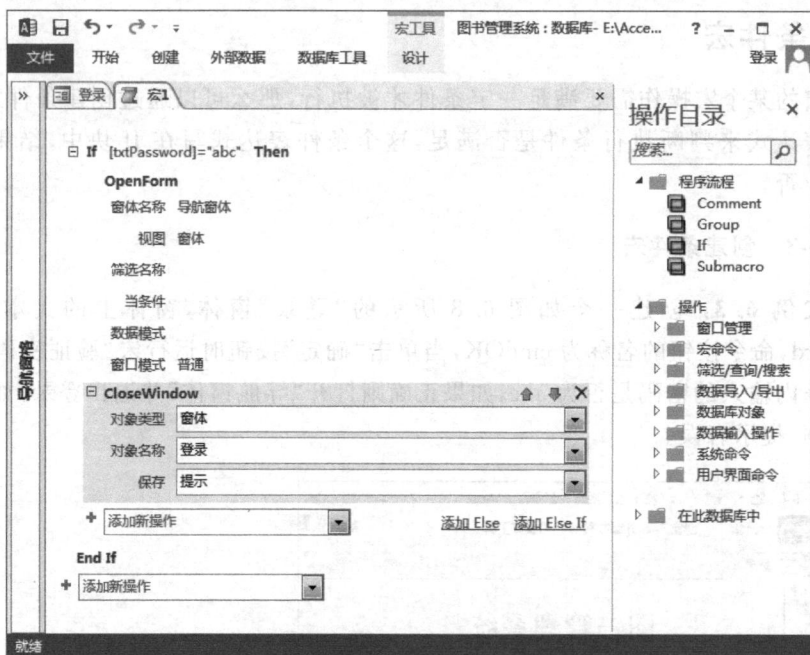

图 6.9　当密码验证正确时的宏操作

（3）绑定宏：①打开"登录"窗体的"设计视图"，在命令按钮 cmdOK 的"事件"属性表中设置"单击"事件为宏"验证密码"，如图 6.11 所示；②单击"保存"按钮保存窗体的修改。

（4）运行宏：打开"登录"窗体的"窗体视图"，在文本框中输入密码，单击"确定"按钮，分别查看密码正确和密码错误时的结果。

相关知识点细述：

（1）若仅当条件判断为 True 时有操作，则只需设置 If…Then…End If 结构；若条件判断为 False 时也有操作，则需"添加 Else"，形成 If…Then…Else…End If 结构；若在 If 块中还需继续判断其他条件，则需"添加 Else If"，或形成 If 结构的嵌套，If 块最多可以嵌套10 级。

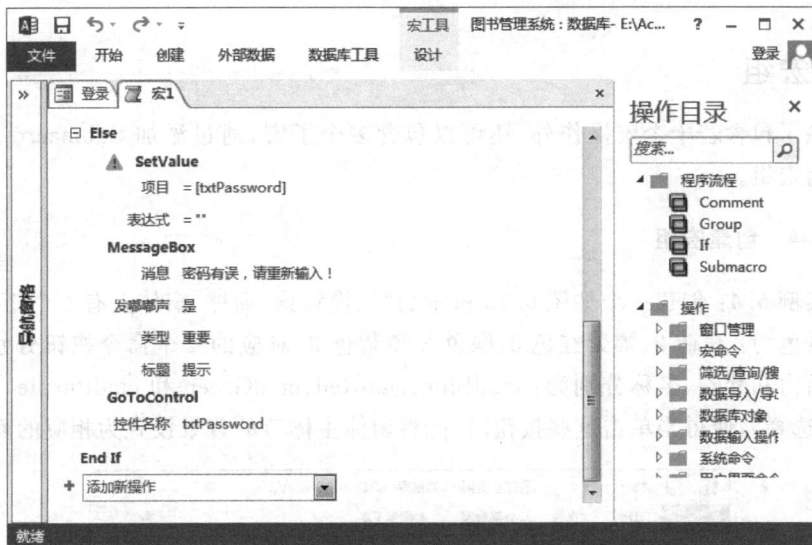

图 6.10 当密码验证错误时的宏操作

（2）默认的操作列表中并未完全列出支持的 86 个宏操作，如本例中要添加 SetValue 操作在初始列表中不可见，需先在"设计"选项卡"显示/隐藏"栏中单击"显示所有操作"命令，才能在列表中选此操作。

边学边练：

创建一个如图 6.12 所示的"查询系统窗体"和条件宏"查询选项"，在窗体中选择不同的选项后单击"确定"按钮，打开对应的查询。

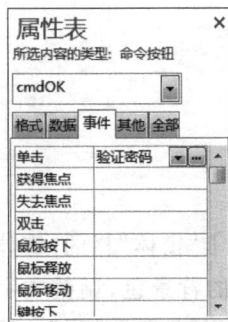

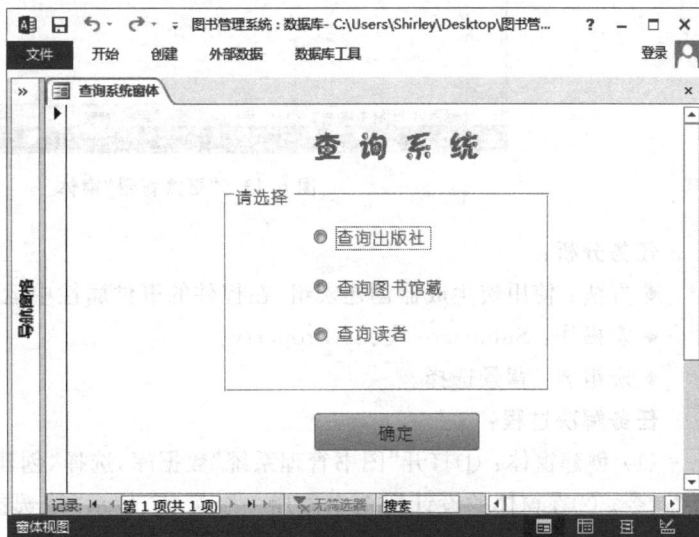

图 6.11 设置单击事件
属性为宏

图 6.12 查询系统窗体

请思考：

本例中如果不添加 Else 块，而是在 End If 后再添加一个 If 块，该如何实现同样的功能？

6.2.3　宏组

宏内除了包含若干个宏操作外,还可以包含多个子宏,通过添加 Submacro 块实现,这样的宏称为宏组。

任务 6-4　创建宏组

任务实例 6.4：创建一个如图 6.13 所示的"更换背景"窗体,窗体上有 4 个矩形控件,分别设置背景色为：浅蓝 2、褐紫红色 2、绿色 2 和紫色 2,对应的 4 个命令按钮分别显示：清凉、甜美、活力和梦幻,名称分别为：cmdBlue、cmdRed、cmdGreen 和 cmdPurple。创建一个宏组"背景选择",使得当单击这些按钮时,能将窗体主体节的背景设置为相应的颜色。

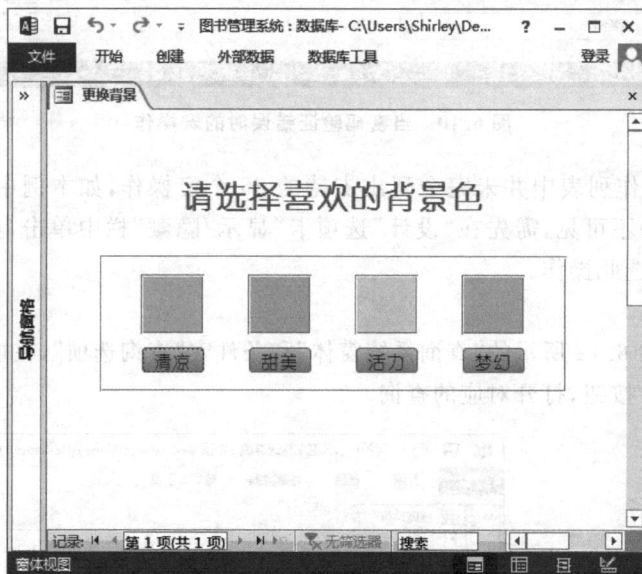

图 6.13　"更换背景"窗体

任务分析：

◆ 方法：使用宏生成器创建宏组,在控件的事件属性中运行宏。

◆ 宏操作：Submacro 块、SetProperty。

◆ 宏组名：背景选择。

任务解决过程：

(1) 创建窗体：①打开"图书管理系统"数据库,选择"创建"选项卡"窗体"栏的"窗体设计"命令；②在窗体的设计视图中添加一个标签,显示"请选择喜欢的背景色,调整文字大小"；③添加 4 个矩形控件,调整大小相同、排列整齐,设置"背景样式"属性为"常规","背景色"分别为浅蓝 2、褐紫红色 2、绿色 2 和紫色 2；④再添加 4 个命令按钮控件,名称分别为：cmdBlue、cmdRed、cmdGreen 和 cmdPurple,标题属性分别为清凉、甜美、活力和梦幻；⑤保存窗体,名称为"更换背景"。

(2) 创建宏组：①在"创建"选项卡的"宏与代码"组中,单击"宏"按钮；②在宏的生成器中,从"添加新操作"的列表中选择 Submacro 块,输入子宏的名称"浅蓝 2",在下一行的"添加新操作"列表中添加 SetProperty 操作,设置"控件名称"参数为"主体","属性"参数为"背景色","值"参数为♯D6DFEC;③类似步骤②依次添加三个子宏:褐紫红色 2、绿色 2 和紫色 2;④保存宏组,名称为"背景选择",如图 6.14 所示。

图 6.14 "背景选择"宏组

(3)绑定宏:①打开"更换背景"窗体的"设计视图",从左至右依次设置 4 个命令按钮的"单击"事件属性为:背景选择.浅蓝 2、背景选择.褐紫红色 2、背景选择.绿色 2 和背景选择.紫色 2,如图 6.15 所示;②单击"保存"按钮保存窗体的修改。

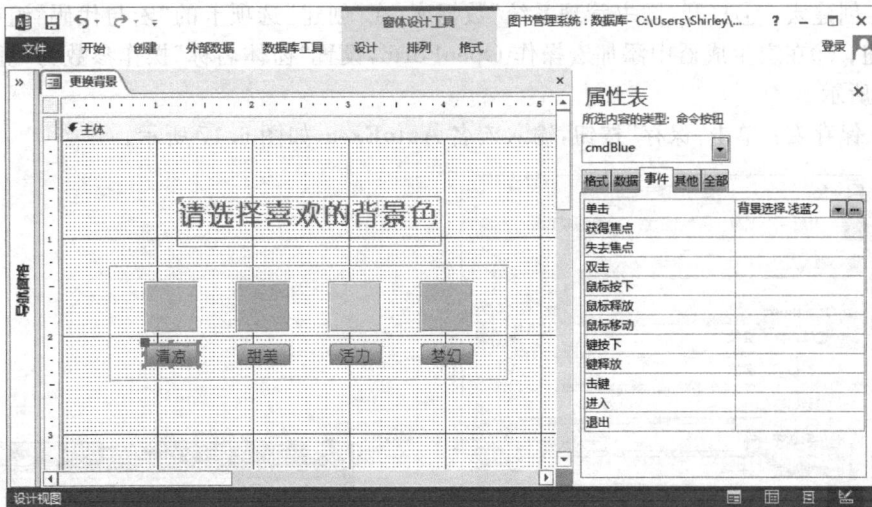

图 6.15 设置命令按钮的单击事件属性

(4) 运行宏：打开"更换背景"窗体的"窗体视图"，单击某一按钮，观察窗体背景色变化。

相关知识点细述：

(1) 宏组中有子宏，也可以有其他宏操作，但是子宏必须始终是宏中最后的块，宏操作只能添加在若干个子宏之前。如果第一个子宏前有宏操作，则运行宏组时只运行子宏前的若干行；如果第一个子宏前没有其他宏操作，则运行宏组时只运行第一个子宏。

(2) 若引用宏组内各个子宏，需要使用的引用格式形如：**宏组名.宏名**。

(3) Access 中对颜色的表示，除了可以使用本例中的表达方法，也可以使用 RGB(r，g，b)函数，其中的参数分别表示红、绿、蓝分量，取值范围为 0～255，例如本例中的浅蓝 2 可以用 RGB(214,223,236)描述。

边学边练：

在例 6.3 边学边练创建的"查询系统窗体"中增加一个新按钮"关闭"，将宏"查询选项"修改为宏组，在窗体中选择不同的选项后单击"关闭"按钮，关闭对应的查询。

6.2.4 自动运行宏

Access 数据库被打开时，系统会自动查找数据库内名为 AutoExec 的自动运行宏，如果存在将自动执行该宏。

任务 6-5   创建自动运行宏

任务实例 6.5：创建一个自动运行宏，使得打开"图书管理系统"数据库时自动打开"登录"窗体。

任务分析：

◆ 方法：使用宏生成器创建自动运行宏。
◆ 宏操作：OpenForm。
◆ 宏名：AutoExec。

任务解决过程：

(1) 创建宏：①打开"图书管理系统"数据库，在"创建"选项卡的"宏与代码"组中，单击"宏"按钮；②在宏生成器中添加宏操作 OpenForm，设置"窗体名称"操作参数为"登录"，如图 6.16 所示。

(2) 保存宏：单击"保存"按钮，输入宏名 AutoExec，如图 6.17 所示。

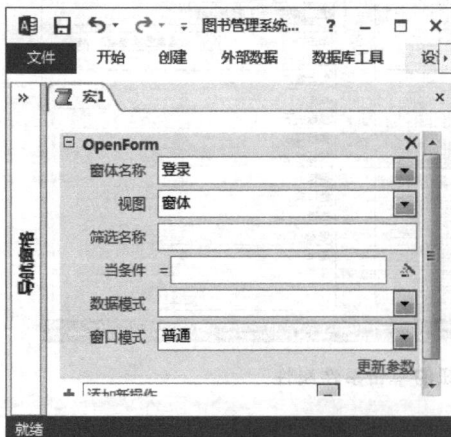

图 6.16   自动运行宏的操作   图 6.17   保存自动运行宏

（3）运行宏：关闭数据库后重新进入，可看到通过自动运行宏打开的登录窗体。

相关知识点细述：

每次打开数据库时，命名为 AutoExec 的宏都会被自动执行，如果希望跳过这项自动操作，可以在启动数据库的同时按下 Shift 键，启动完成后再释放 Shift 键，AutoExec 宏就能够不被自动执行。

6.3 宏的其他操作

本节介绍将宏转换为 VBA 代码的方法，以及使用宏导出数据的方法。

6.3.1 宏转换为 VBA 代码

宏提供了 Visual Basic for Applications（VBA）编程语言中的一部分命令。如果想查看宏对应的 VBA 代码，或者认为宏提供的功能无法满足需求，可以轻松地将独立的宏对象转换为 VBA 代码，然后利用 VBA 提供的扩展功能集继续编程。

任务 6-6 宏转换为 VBA 代码

任务实例 6.6：将已经创建的宏对象"打开出版社信息表"转换为 VBA 代码。

任务分析：

◆ 方法：在宏生成器中完成宏向 VBA 的转换。

任务解决过程：

（1）打开宏：打开"图书管理系统"数据库，在宏的对象列表中右键单击宏对象"打开出版社信息表"，打开宏生成器。

（2）转换宏：①在宏工具"设计"选项卡的"工具"组中，单击"将宏转换为 Visual Basic 代码"按钮；②在弹出的"转换宏"对话框中选择是否添加错误处理和宏注释，如图 6.18 所示；③单击"转换"按钮。进入 VBE 环境，并显示由宏转变的程序代码，如图 6.19 所示。

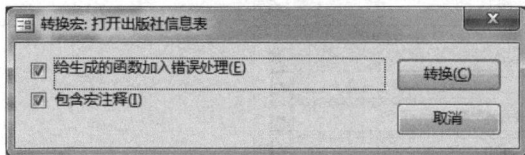

图 6.18 "转换宏"对话框

边学边练：

将宏"背景选择"转换为 VBA 代码，查看宏组对应的 VBA 代码的写法。

6.3.2 导出数据

在 Microsoft Access 2013 中，用户可以使用宏来实现数据的导入和导出操作。

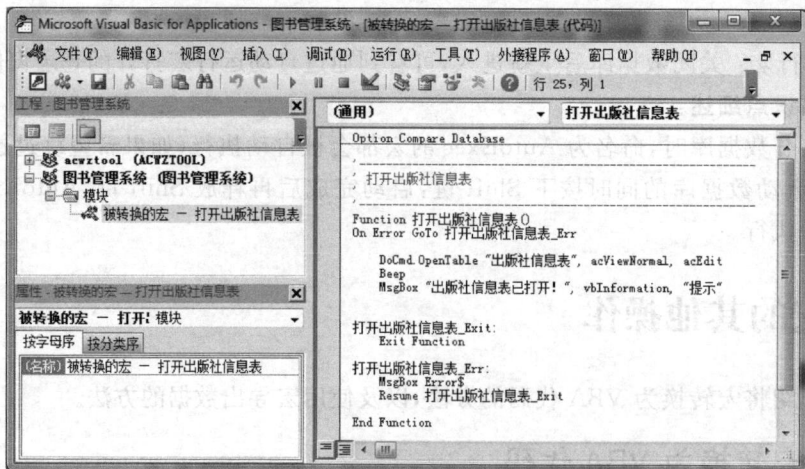

图 6.19　VBE 界面及转换的 VBA 代码

任务 6-7　使用宏导出数据

任务实例 6.7：创建一个宏"导出查询"，将数据库中的查询对象"普通读者借书情况查询"导出为 PDF 文件"普通读者借书情况"。

任务分析：

◆ 方法：使用宏生成器。

◆ 宏操作：ExportWithFormatting。

◆ 宏名：导出查询。

任务解决过程：

（1）创建宏：①打开"图书管理系统"数据库，在"创建"选项卡的"宏与代码"组中，单击"宏"按钮；②在宏生成器中添加宏操作 ExportWithFormatting，参数设置如图 6.20 所示。

（2）保存宏：单击"保存"按钮，输入宏名"导出查询"，如图 6.21 所示。

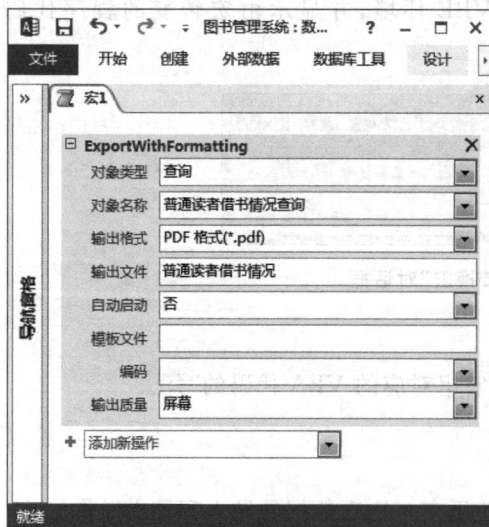

图 6.20　"导出查询"宏内容

图 6.21　保存宏对象

（3）运行宏：单击"运行"按钮，在默认的数据库文件夹中可以看到导出的 PDF 文件，打开后如图 6.22 所示。

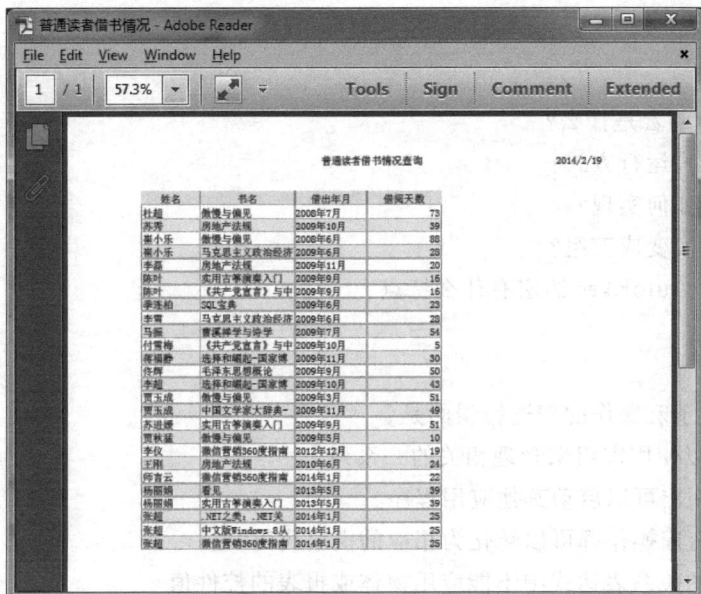

图 6.22　导出的 PDF 文件

边学边练：

创建一个宏"导出表"，将表对象"读者信息表"导出为 Excel 文件"读者信息"。

本章小结

宏是一种简化了的编程语言，包含一个或多个宏操作，每个操作都对应着一段 VBA 代码。利用宏可以不用编写任何代码自动灵活地完成数据库的常规任务。本章主要介绍了宏对象的创建、调试和运行的方法。

在 Microsoft Access 2013 中，宏可以分为独立宏和嵌入宏。独立宏在数据库导航窗格的宏对象列表中可见，而嵌入宏是嵌入在窗体、报表或控件的事件属性中的，在宏的对象列表中不显示。

根据复杂程度，本章分别介绍了基本宏、条件宏、宏组和特殊宏。基本宏是指包含一个或多个基本宏操作的宏，运行基本宏时从前向后依次自动执行所有操作。条件宏是指包含若干 If 块的宏，运行宏时根据 If 块中的条件表达式的值决定执行哪些宏操作。宏组是指包含 SubMacro 子宏块的宏，每个子宏能被独立引用执行，格式为宏组名.宏名。还有一类特殊的宏，是命名为 AutoExec 的自动运行宏，每次启动数据库时都会自动运行此宏。

宏的创建是在宏生成器中完成的，可使用"单步"命令进行调试。宏对象可以在 Access 数据库窗口的对象列表内直接运行，也可以将宏对象作为窗体或报表对象的事件运行。

如果使用宏不能完全满足需求，可将宏转换为 VBA 代码后继续编程。使用宏还能实现数据的导入导出。

习题 6

一、思考题

(1) Access 的宏是什么?

(2) 宏有几种运行方式?

(3) 条件宏如何实现?

(4) 怎样将宏变成宏组?

(5) 名称为 AutoExec 的宏有什么特点?

二、选择题

(1) 下列关于宏操作的叙述错误的是(　　)。

    A. 可以使用宏组来管理相关的一系列宏

    B. 使用宏可以启动其他应用程序

    C. 所有宏操作都可以转化为相应的模块代码

    D. 宏的关系表达式中不能应用窗体或报表的控件值

(2) 下列哪个叙述不正确(　　)。

    A. 单击"运行"命令按钮能执行宏

    B. 在窗体或报表内的对象事件中能运行宏

    C. 在宏中不能运行宏

    D. 在 VBA 代码中能执行宏

(3) 打开查询的宏操作是(　　)。

    A. OpenTable　　　　　　　　　　B. OpenReport

    C. OpenForm　　　　　　　　　　D. OpenQuery

(4) 将光标移动到指定对象中的宏操作是(　　)。

    A. OpenObject　　　　　　　　　　B. GotoControl

    C. FindControl　　　　　　　　　　D. OpenControl

(5) 在宏的表达式中要引用报表 exam 上控件 Name 的值,其表示形式是(　　)。

    A. Reports![Name]　　　　　　　　B. Reports![exam]![Name]

    C. [exam]![Name]　　　　　　　　D. Reports [exam] [Name]

三、填空题

(1) 能将数据库中的数据导出的宏操作是_____。

(2) 在宏操作中,要引用"读者信息"窗体的"姓名"对象的值,其表示形式是_____。

(3) 打开数据库时,按下_____键,将不执行自动运行宏 AutoExec。

(4) 在宏生成器中,添加_____块实现条件宏。

(5) 能将选中的宏转换为 VBA 程序代码的命令是_____。

实验 6　宏的设计

一、实验目的与要求

1. 实验目的

◆ 理解宏的概念、作用及分类。
◆ 掌握创建操作序列宏、宏组、条件操作宏的方法。
◆ 掌握各类宏的运行方法和调试方法。

2. 实验要求

◆ 创建操作序列宏、宏组和条件宏。
◆ 使用调试工具调试宏。
◆ 运行宏。

二、实验示例

1. 操作要求

例：打开"实验素材\实验 6\示例"文件夹，此文件夹下存在一个数据库 Example6. accdb，数据库中已经设计好"档案"表、"工资表"、"登录窗体"、"员工基本信息"窗体和"员工工资报表"等对象，请按照如下要求完成操作，效果参见 Example6_R. accdb。

(1) 创建宏"身份验证"，使得单击"登录窗体"的"登录"按钮时，能够判断用户名和密码是否为"xyz"和 "000"，如果是，则打开"员工基本信息"窗体，如果不是则给出提示，如图 6.23 所示。

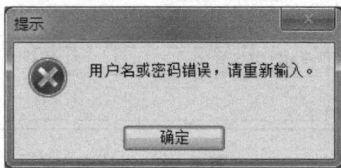

图 6.23　错误提示

(2) 创建宏"关闭"，实现"登录窗体"的"关闭"按钮动作。

(3) 创建宏"打印员工工资"，使得在窗体"员工基本信息"中单击"打印该员工工资"按钮，能够打开"员工工资报表"的打印预览视图，并且显示当前员工工资。

(4) 创建自动运行宏：使得打开数据库后能够直接看到"登录窗体"。

2. 操作步骤

(1) 创建宏：①打开数据库 Example6. accdb，在"创建"选项卡的"宏与代码"组中，单击 "宏"按钮，在宏的设计视图中编辑宏操作，保存宏，输入宏名"身份验证"，如图 6.24 所示；②打开"登录窗体"的设计视图，选中"登录"按钮，在其单击事件属性的列表中选择宏"身份验证"，如图 6.25 所示。

(2) 创建宏：①在"创建"选项卡的"宏与代码"组中，单击"宏"按钮，在宏的设计视图中编辑宏操作，保存宏，输入宏名"关闭"，如图 6.26 所示；②打开"登录窗体"的设计视图，选中"关闭"按钮，在其单击事件属性的列表中选择宏"关闭"，如图 6.27 所示。

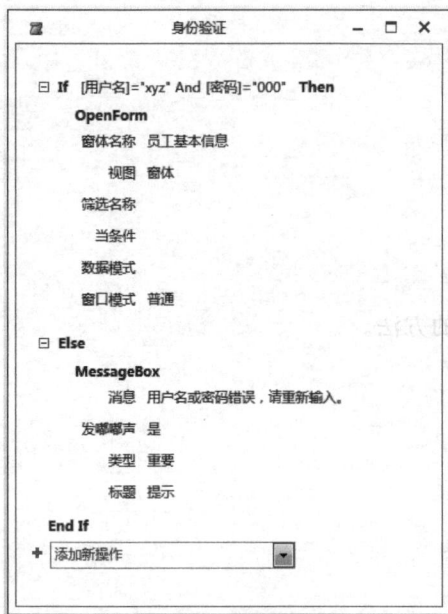

图 6.24 "身份验证"宏

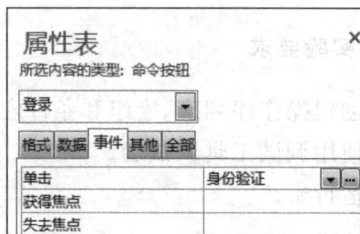

图 6.25 设置"登录"按钮单击事件为"身份验证"宏

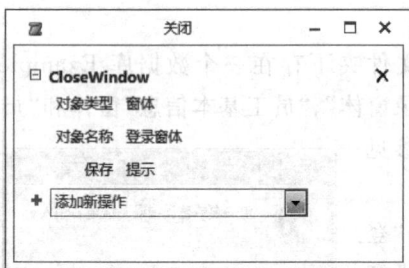

图 6.26 "关闭"宏

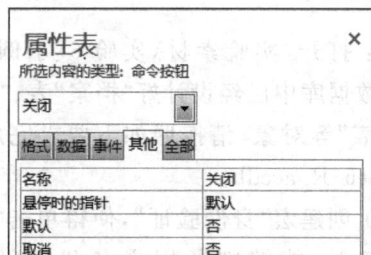

图 6.27 设置"关闭"按钮单击事件为"关闭"宏

（3）创建宏：①在"创建"选项卡的"宏与代码"组中，单击"宏"按钮，在宏的设计视图中编辑宏操作，保存宏，输入宏名"打印员工工资"，如图 6.28 所示；②打开"员工基本信息"的设计视图，选中"打印该员工工资"按钮，在其单击事件属性的列表中选择宏"打印员工工资"，如图 6.29 所示。

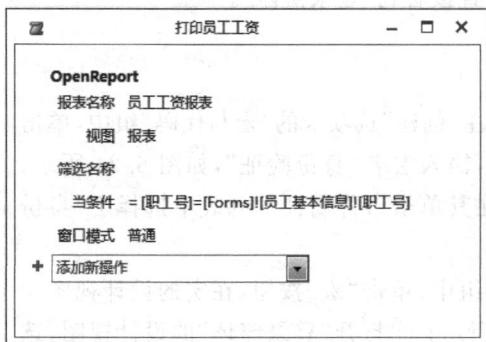

图 6.28 "打印员工工资"宏

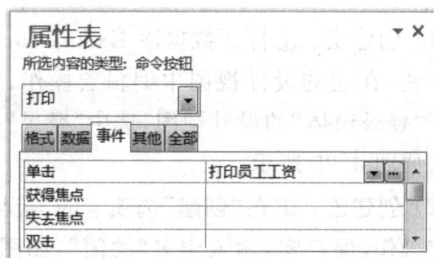

图 6.29 设置"打印"按钮单击事件为"打印员工工资"宏

    （4）创建宏：在"创建"选项卡的"宏与代码"组中，单击"宏"按钮，在宏的设计视图中编辑宏操作，保存宏，输入宏名 AutoExec，如图 6.30 所示。

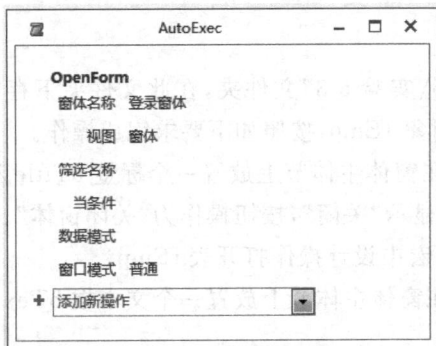

图 6.30　自动运行宏

三、实验内容

实验 6-1

    打开"实验素材\实验 6\实验 6-1"文件夹，此文件夹下存在一个数据库文件 Ex6-1.accdb，数据库中已经设计好"产品定额储备"表、"产品定额储备查询"和"库存情况"窗体，请按照如下要求完成操作。

    （1）创建宏：创建一个宏，名为"打开"，使其能打开"产品定额储备"表。

    （2）创建宏：创建一个宏，名为"删除"，使其能删除"产品定额储备查询"。

    （3）创建宏：创建一个宏，名为"关闭"，使其能关闭"库存情况"窗体。

    （4）编辑窗体：在"库存情况"窗体主体节放置三个命令按钮 cmdOpen、cmdDel 和 cmdClose，左边距均为 3.3cm，宽度均为 3.8cm，高度均为 0.8cm，三个按钮间的垂直间距相同，显示文本分别为"打开表"、"删除查询"和"关闭"，单击三个按钮时分别运行之前建立的三个宏。

实验 6-2

    打开"实验素材\实验 6\实验 6-2"文件夹，此文件夹下存在一个数据库文件 Ex6-2.accdb，已经设计好表对象 tStudent 和报表对象 rStudent，请按如下要求完成设计。

    （1）创建"学生信息窗体"：在窗体页眉节添加一个名称为 L1 的标签，标题为"请选择"，20 号，华文楷体，黑色，加粗；在窗体的主体节添加一个文本框和两个命令按钮，文本框名称为 tTime，格式为隶书，20 号，居中；第一个命令按钮名称为 C1，标题为"打开 702 班学生表"，第二个命令按钮名称为 C2，标题为"打开学生报表"。

    （2）创建宏"显示时间"：使得打开"学生信息窗体"，即可在文本框内显示系统日期和时间，且每秒显示一次。

    （3）创建宏组：第一个宏命名为 Macro1，要求实现打开 tStudent 表，并筛选出字段"班级"是 702 的所有记录，第二个宏命名为 Macro2，要求实现打开报表 rStudent，保存宏组名为"学生"。

（4）运行宏：单击"学生信息窗体"的 C1 按钮能够运行宏 Macro1；单击 C2 按钮能够运行宏 Macro2。

实验 6-3

打开"实验素材\实验 6\实验 6-3"文件夹，在此文件夹下存在一个数据库文件 Ex6-3.accdb，里面已经设计好表对象 tEmp，按照如下要求完成操作。

（1）创建窗体 fError，在窗体主体节上放置一个标签 bTitle 和一个命令按钮 cmdClose，标签显示"登录错误"，按钮显示"关闭"，按钮操作为"关闭窗体"。

（2）创建宏 macro1，在宏中设计操作打开表 tEmp。

（3）创建窗体 fMain，在窗体主体节上放置一个文本框 bText 和一个命令按钮 cmdOK，按钮上显示"确定"。

（4）创建宏 macro2，使得单击窗体 fMain 的"确定"按钮后，验证文本框中的输入的密码是否是 1234，如果密码错误，打开 fError 窗体，如果正确关闭本窗体，并运行宏 macro1。

实验 6-4

打开"实验素材\实验 6\实验 6-4"文件夹，在此文件夹下存在一个数据库文件 Ex6-4.accdb。里面已经设计了表对象 tStudent 和 tGrade，同时还设计出窗体对象 fGrade 和 fStudent。请在此基础上按照以下要求补充 fStudent 窗体的设计。

（1）设计宏"关闭系统"，使得单击窗体 fStudent 上的"退出"按钮能够退出 Access 应用程序。

（2）设计宏"检索成绩"，使得使用窗体 fStudent 浏览某学生信息时，单击"检索学生成绩"按钮就能打开 fGrade 窗体，并显示出该学生的全部成绩。

实验 6-5

将实验 5-5 完成的"人事管理系统.accdb"的数据库文件复制到"实验素材\实验 6\实验 6-5"文件夹中，并按下述要求完成数据库操作，结果文件保存在 6-5 文件夹中。

（1）创建一个自动运行宏，自动打开"人事管理系统主界面"窗体。

（2）创建一个条件宏 M1，使得在"人事管理系统主界面"窗体上选择某个选项后，再单击"显示"按钮运行宏 M1 打开相应内容，如果选择"查询部门信息"则打开"部门员工一览"窗体，如果选择"查询员工信息"则打开"雇员信息"窗体，如果选择"查询工资信息"则打开"工资检索条件"窗体。

（3）创建一个宏 M2，实现单击"人事管理系统主界面"窗体上的"退出"按钮时关闭该窗体。

（4）创建一个宏组 M3，包含的第一个宏名为"预览部门员工报表"，实现打开"部门员工信息报表"的打印预览视图功能，第二个宏名为"预览雇员工资报表"，实现打开"雇员工资报表"的打印预览视图并能显示指定员工信息，第三个宏名为"预览员工卡报表"，实现打开"员工卡标签报表"的打印预览视图功能。

（5）在"部门员工一览"窗体页脚节添加命令按钮"打印部门员工报表"，在"雇员信息窗体"主体节添加命令按钮"查看该员工工资"和"预览所有员工信息报表"，单击时分别运行宏组 M3 中相应的宏,效果如图 6.31 和图 6.32 所示。

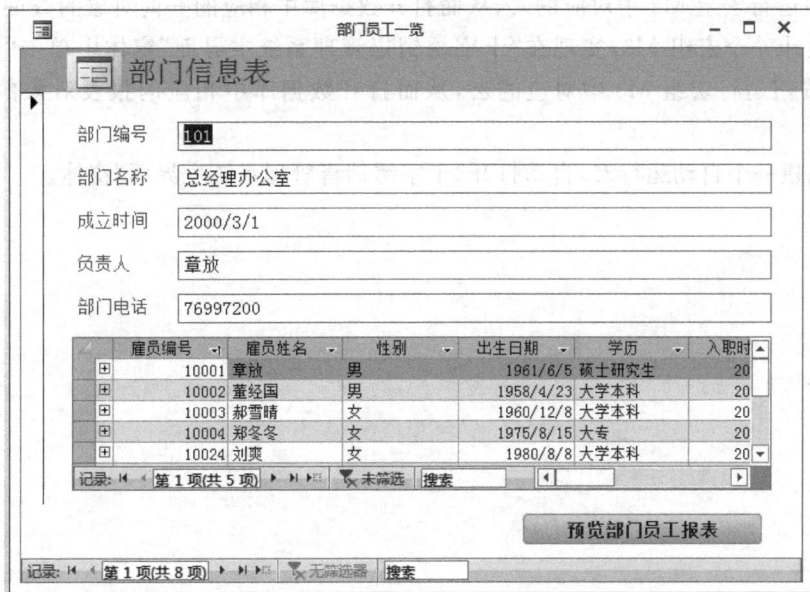

图 6.31　"部门员工一览"窗体效果

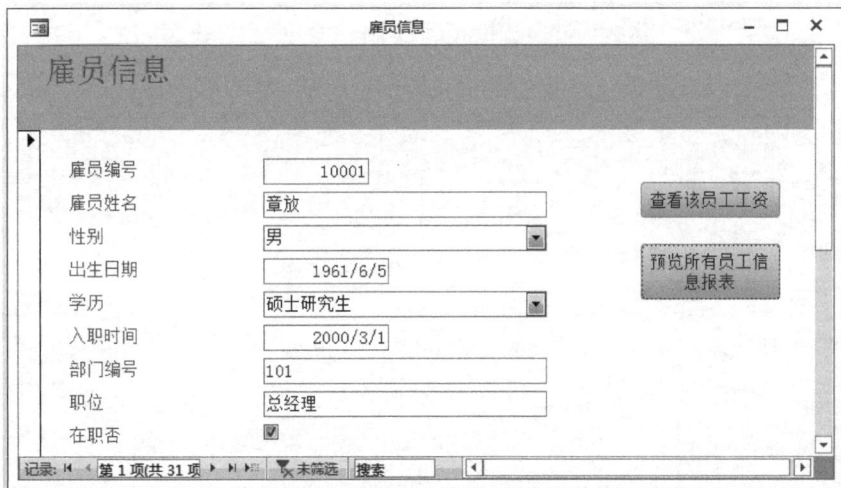

图 6.32　"雇员信息窗体"效果

实验 6-6

将实验 5-6 完成的"十字绣销售管理系统.accdb"的数据库文件复制到"实验素材\实验 6\实验 6-6"文件夹中,并按下述要求完成数据库操作,结果文件保存在 6-6 文件夹中。

(1) 设计一个宏组 M1,实现在"十字绣销售管理系统主界面"窗体中单击"数据浏览"栏的命令按钮运行宏组 M1 中对应的宏,从而打开数据库中相应的窗体对象的窗体视图。

(2) 设计一个宏组 M2,实现在"十字绣销售管理系统主界面"窗体中单击"数据查询"栏的命令按钮运行宏组 M2 中对应的宏,从而打开数据库中相应的查询对象的查询视图。

(3) 设计一个宏组 M3,实现在"十字绣销售管理系统主界面"窗体中单击"数据报表"栏的命令按钮运行宏组 M3 中对应的宏,从而打开数据库中相应的报表对象的打印预览视图。

(4) 创建一个自动运行宏,自动打开"十字绣销售管理系统主界面"窗体。

第 7 章

模　　块

模块是 Microsoft Access 中功能最全面的一类对象。相对前面各章介绍的对象,模块能够完成更为复杂的任务。熟练运用模块功能,能够大大提高 Access 数据库应用系统的处理能力。本章将介绍模块的分类及创建方法。

7.1　初识模块

7.1.1　模块开发语言及环境

模块是用 VBA(Visual Basic for Application)语言编写的程序代码段。VBA 语言内嵌在 Microsoft Office 各个应用软件中,利用程序开发环境 VBE(Visual Basic Environment)编写,与微软公司的 VB(Visual Basic)语言完全兼容,但 VBA 依附于宿主程序环境,只能开发与 Office 相关的程序,不能像 VB 一样开发独立的应用程序。

1. VBE 界面的构成

此前在第 6 章,我们曾将一个宏转换为了一个模块对象,如图 7.1 所示,该窗口即为 VBE 环境界面,显示的代码就是用 VBA 语言编写的。

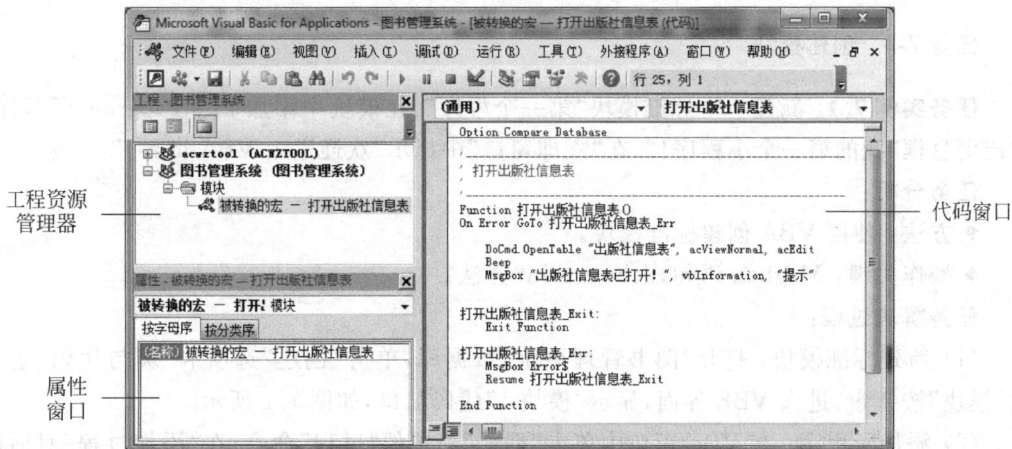

图 7.1　VBA 语言及 VBE 环境

默认的 VBE 中包括菜单、工具栏和三个窗口——工程资源管理器、属性窗口和代码窗口,作用如下。

◆ 工程资源管理器：该窗口用一个树形结构列出当前数据库的所有工程模块。双击某个模块名称，右侧的代码窗口中立即显示此模块的 VBA 程序代码。

◆ 属性窗口：该窗口用来显示和设置当前选定的模块的所有属性，属性有两种排序方式——按字母排序和按分类排序。

◆ 代码窗口：该窗口是模块代码的编写及显示窗口，每个模块对应一个代码窗口。

2．进入 VBE 窗口的方式

Microsoft Access 提供了多种进入 VBE 窗口的方式，如下所述。

方式 1：在 Access 程序窗口中，单击"数据库工具"选项卡"宏"组中的 Visual Basic 按钮 ，直接进入 VBE。

方式 2：在 Access 程序窗口中，单击"创建"选项卡"宏与代码"组中的"模块"按钮 ，通过新建一个模块进入 VBE。

方式 3：在导航窗格中，通过双击已经建立的某个模块对象进入 VBE。

方式 4：在窗体或报表的设计视图，通过设置对象的事件属性为"事件过程"，然后单击生成器按钮 进入 VBE。

7.1.2 创建模块

Microsoft Access 将模块分为两种类型：标准模块和类模块。

标准模块通常用来保存通用声明和通用过程，作为独立的模块对象显示在导航窗格的模块列表中。标准模块具有全局特性，内部定义的变量或过程可被其他模块调用。其生命周期随应用程序的运行而开始，随应用程序的关闭而结束。

类模块一般与类对象关联，用来响应对象事件，不具有独立性，从属于相关联的对象，如窗体类模块或报表类模块。类模块内部定义的变量或过程不能被其他模块调用。其生命周期随类对象的运行而开始，随类对象的关闭而结束。

任务 7-1 创建模块

任务实例 7.1：新建一个标准模块"第一个程序"，在模块中添加 FirstProgram 子程序，弹出消息框"我的第一个小程序！"，在"立即窗口"中显示"欢迎进入 VBA 世界！"。

任务分析：

◆ 方法：使用 VBA 创建标准模块。

◆ 操作关键：Msgbox 语句，debug. print 方法。

任务解决过程：

（1）新建标准模块：打开"图书管理系统"数据库，单击"创建"选项卡"宏与代码"组中的"模块"按钮 ，进入 VBE 界面，显示"模块 1"代码窗口，如图 7.2 所示。

（2）添加子程序：在 VBE 窗口中单击"插入"菜单的"过程"命令，在"添加过程"对话框中输入过程名称：FirstProgram，选择类型为"子程序"，范围为"公共的"，单击"确定"按钮，如图 7.3 所示。

（3）输入代码：在模块 1 代码窗口的子程序内输入代码，如图 7.4 所示。

（4）保存模块：单击工具栏的"保存"按钮，输入模块名"第一个程序"。

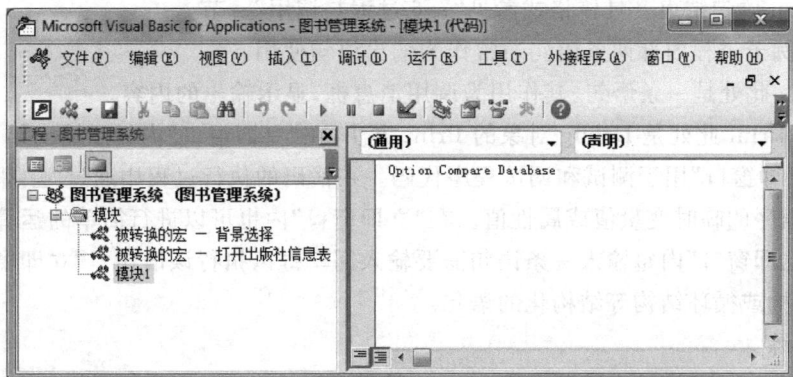

图 7.2　VBE 窗口

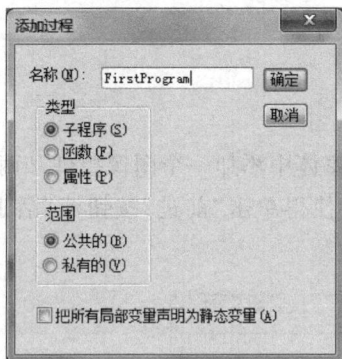

图 7.3　添加过程对话框

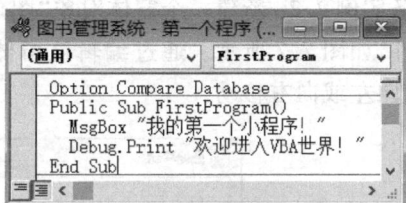

图 7.4　FirstProgram 代码

（5）运行程序：在 FirstProgram 子程序代码内的任意位置单击鼠标，单击工具栏的"运行"按钮▶（或单击"运行"菜单的"运行子过程/用户窗体"命令），MsgBox 语句运行结果如图 7.5 所示，单击 OK 按钮，然后在"视图"菜单下单击"立即窗口"命令，即可在"立即窗口"对话框中可见 Debug. Print 语句的运行结果，如图 7.6 所示。

图 7.5　MsgBox 语句运行结果

图 7.6　Debug. Print 语句运行结果

相关知识点细述：

（1）模块的代码包含一个声明区域和若干过程，本例中显示的是系统自动添加到所有模块的声明语句 Option Compare Database，用于设置字符串的比较方法，即根据数据库的排列顺序来比较字符串的大小。

（2）模块代码窗口中可以添加的过程有三种：子程序、函数和属性，常用的是前两种。子程序以关键字 Sub 开始，以 End Sub 语句结束。函数过程以关键字 Function 开始，以

End Function 语句结束。具体格式参见"7.6 过程与调用"一节。

（3）本例子过程内部两条语句通常作为输出语句使用。

MsgBox 此处是一条语句,其作用为调用消息框,显示输出的内容。

Debug. Print 此处是 Debug 对象的 Print 方法,在"立即窗口"内显示输出结果。

（4）"立即窗口"用于测试和调试程序代码。在代码的执行过程中通过"立即窗口"能够显示、更改程序的临时变量值或属性值。在"立即窗口"内也可以进行简单的运算、调用函数或过程。"立即窗口"内每输入一条语句需要输入回车键以执行该语句。"立即窗口"内不能执行选择结构或循环结构等结构化的语句。

边学边练：

在"第一个程序"模块内添加一个新的子程序 GoodMorning(),分别使用 MsgBox 语句和 Debug. Print 方法输出"早安北京!"。

请思考：

VBA 中的 MsgBox 语句对应宏的哪个命令?

任务 7-2　创建类模块

任务实例 7.2：新建一个窗体对象"图像移动",在窗体中添加一个图像控件和两个命令按钮控件,如图 7.7 所示。通过编辑该窗体的类模块,使得单击"前进"按钮或"后退"按钮时,图像向左或向右移动。

图 7.7　图像移动窗体

任务分析：

◆ 方法：使用窗体设计创建窗体,使用 VBA 编辑窗体类模块。

◆ 操作关键：通过对象的事件过程进入窗体类模块,设置对象属性。

任务解决过程：

（1）新建窗体：打开"图书管理系统"数据库,单击"创建"选项卡"窗体"栏的"窗体设计"按钮,在新建窗体的设计视图内添加一个"图像"控件和两个命令按钮控件,保存窗体名为"图像移动"。

（2）设置对象属性：①单击"窗体设计工具"的"设计"选项卡"工具"栏的"属性表"命令,显示属性表对话框;②选中窗体对象,设置属性如图 7.8 所示;③选中图像控件,设置属性如图 7.9 所示；④分别设置两个命令按钮控件属性，如图 7.10 所示。

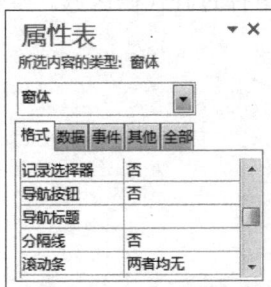

图 7.8　图像移动窗体属性

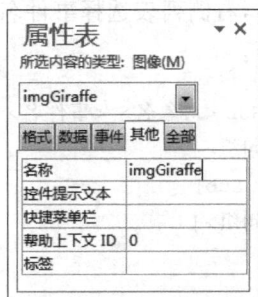

图 7.9　图像控件属性

(a)

(b)

图 7.10　命令按钮控件属性

（3）编辑窗体类模块：①单击"前进"命令按钮，在其"单击"事件属性中选择"事件过程"，单击生成器按钮 ⏷ ，进入类模块的 VBE 界面；②在类模块"Form_图像移动"的代码窗口输入两段代码，如图 7.11 所示；③保存修改。

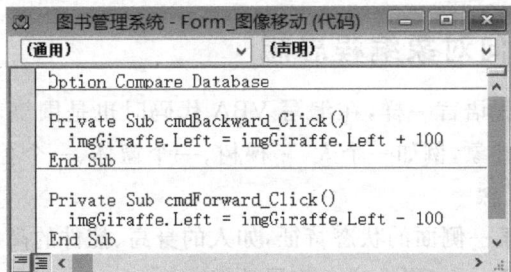

图 7.11　类模块"Form_图像移动"的代码窗口

（4）运行窗体：打开"图像移动"的窗体视图，单击"前进"或"后退"命令按钮，窗体内的图像将随之左移或右移。

相关知识点细述：

（1）类模块的命名：在某窗体或某报表内首次将对象的某个事件属性设置为"事件过程"时，系统会自动创建该窗体或报表的类模块，名称为"Form_窗体名"或"Report_报表名"。

（2）类模块代码中的子程序：与标准模块不同，类模块代码中的子程序通常都是对象的事件过程，在程序运行时响应用户对对象的操作，例如本例中的 Sub cmdForward_

Click(),就是响应 cmdForward 命令按钮对象的"单击"事件。可在代码窗口顶端左侧列表中选择对象名,右侧列表选择事件名,系统将自动生成事件过程代码区域。事件过程子程序的语法格式为:

```
Private Sub <对象名>_<事件名>([<参数列表>])
     [<语句组>]
     [Exit Sub]
     [<语句组>]
End Sub
```

(3) 对象属性的引用:在 VBA 代码中可对数据库对象的属性进行引用或赋值,通用格式是:<对象>.<属性>,如本例中的 imgGiraffe. Left。注意,在程序语法中所有的标点符号均为英文半角符号。

边学边练:

在本例的窗体中再添加两个命令按钮,名称分别为 cmdExpand 和 cmdContract,按钮上分别显示"放大"和"缩小",编辑窗体的类模块代码,使得当单击新添加的两个按钮时,能分别实现图像的放大或缩小。(提示:考虑使用图像控件的 Top、Left、Width、Height 等属性。)

请思考:

如果在本例中的窗体上,想实现图像近大远小的效果,应怎样编写代码呢?

7.2　VBA 程序设计基础

Access 是一种面向对象的数据库,支持面向对象的开发技术,通过 VBA 程序设计可以完成复杂的技术实现。

7.2.1　VBA 的面向对象编程思想

同其他面向对象编程语言一样,在编写 VBA 代码时也是围绕着对象展开的。对象是对现实世界各种事物的抽象,例如一个人、一棵树、一个窗体、一个控件,在描述对象时会用到属性、方法和事件等概念。

◆ 属性:描述对象某一侧面的状态特征,如人的身高、控件的高度等。设置属性值的语法格式为:<对象>.<属性>=<属性值>。

◆ 方法:描述对象能够执行的动作,如人说话、控件获得焦点等。引用对象方法的语法格式为:<对象>.<方法>(<参数列表>)。

◆ 事件:描述对象能够识别或响应的施加在对象上的动作,例如推人、单击按钮控件等。通常编写对象的事件过程代码来实现这些动作产生的结果。事件过程的代码格式可见 7.1 节。

7.2.2　VBA 程序的书写规则

1. 代码语句的书写规则

VBA 代码中一条语句通常写在一行,如果语句过长,可将一条语句分多行书写,在未完

行的行末用续行符(_)标注,如果语句过短,可将多条语句写在同一行,但语句之间要用冒号
(:)分隔,如下所示。

```
a=10 : b=20 : c=30
Dim Num As Integer, Name As String * 8, Sex As Boolean, _
    Birthday As Date
```

当键入一行代码并回车后,如果该行显示为红色字体或显示错误信息提示,则说明该行
语句有语法错误,应找出问题所在并更正。书写代码时一般不用区分字母大小写,但是描述
具体的某个字符串数据时有大小写区别。

2. 注释语句的书写规则

注释语句用来为程序代码添加注释信息,养成良好的注释习惯,能够增强程序的可读
性,便于维护。VBA 中注释语句通常显示为绿色字体,有两种形式,如下所示。

◆ 使用单引号"'"注释,可以单独成行,也可以写在某行代码之后

```
'<注释语句>
```

◆ 使用 Rem 注释,可以单独成行,也可以添加在某行代码后,与代码之间用冒号(:)
隔开

```
Rem <注释语句>
```

7.2.3 VBA 语法规则

使用任何编程语言编写程序代码都要遵循该语言的语法规则,VBA 的语法规则与 VB
语言很像,本节将介绍一些基本的语法。

任务 7-3　认识模块代码的语法规则

任务实例 7.3:新建一个窗体,根据输入的半径计算球的体积,窗体名为"计算球的
体积"。

任务分析:
◆ 方法:使用设计视图创建窗体,编写命令按钮的事件过程代码。
◆ 操作关键:常量、变量的声明;文本框焦点的定位;函数的使用;计算球体积的表达
式;赋值语句。

任务解决过程:

(1) 新建窗体:打开"图书管理系统"数据库,单击"创建"选项卡"窗体"栏的"窗体设
计"按钮,在新建窗体的设计视图内添加一个标签控件、两个文本框控件、一个直线控件和一
个命令按钮控件,三个标签内分别输入"计算球的体积"、"球的半径"和"球的体积",命令按
钮内输入"计算",保存窗体名为"计算球的体积",如图 7.12 所示。

(2) 定义控件名称:①选中第一个文本框控件,在其"属性表"的"其他"选项卡中设置
"名称"属性为 txtR;②同样的方法设置第二个文本框名称为 txtV;③设置命令按钮的名称
为 cmdCalculate。

图 7.12 "计算球的体积"窗体设计视图

（3）编辑按钮事件过程代码：①单击命令按钮，在其"单击"事件属性中选择"事件过程"，单击生成器按钮[...]，进入 VBE 界面；②在类模块"Form_计算球的体积"的代码窗口输入代码，如图 7.13 所示；③保存修改。

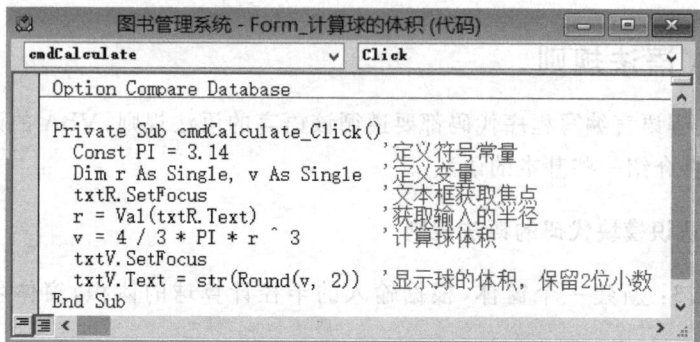

图 7.13 "计算"按钮的单击事件过程代码

（4）运行窗体：打开"计算球的体积"窗体的"窗体视图"，在第一个文本框内输入球的半径值，单击"计算"按钮，则该球的体积显示在第二个文本框中，如图 7.14 所示。

相关知识点细述：

（1）数据类型

与在表中定义字段类似，在 VBA 中定义各种数据量时通常要指定数据类型，大部分字段数据类型在 VBA 中都有对应，具体请见表 7.1。

（2）常量

常量是指程序运行中值不能被改变的数据量，通常用来代替程序中经常出现的或不易被记住的常数。

VBA 中的常量有三种类型——符号常量、系统常量和内部常量，其中符号常量是允许

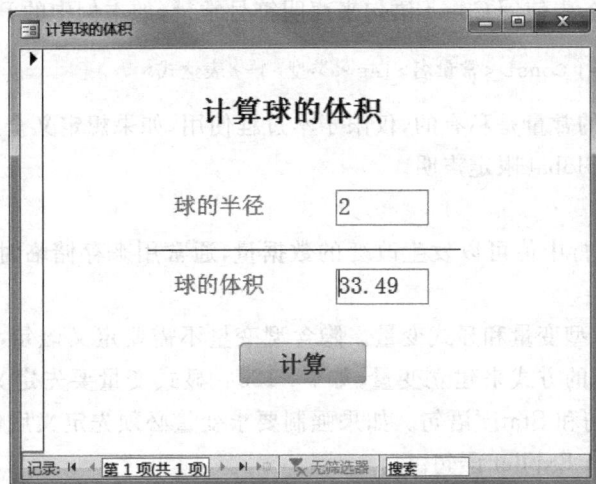

图 7.14 计算面积窗体效果

表 7.1 VBA 常用数据类型

关键字	数据类型	声明字符	存储空间	说　明
Byte	字节型		1 字节	0 到 255
Boolean	布尔型		2 字节	True 或 False
Integer	整型	%	2 字节	−32768～32767
Long	长整型	&	4 字节	−2147483648 到 2147483647
Single	单精度浮点型	!	4 字节	负数：−3.402823E38～−1.401298E−45； 正数：1.401298E−45～3.402823E38
Double	双精度浮点型	#	8 字节	负数：−1.79769313486231E308～ 　　　−4.94065645841247E−324 正数：4.94065645841247E−324～ 　　　1.79769313486232E308
Currency	货币型	@	8 字节	−922,337,203,685,477.5808～ 922,337,203,685,477.5807
Decimal	小数型		14 字节	
String	字符型(定长)	$	字符串长度	1～65,400
String	字符型(变长)		10 字节加字符串长度	0～20
Date	日期型		8 字节	100 年 1 月 1 日～9999 年 12 月 31 日
Object	对象型		4	用来引用对象
Variant	变体型(数字)		16 字节	用变体型表示数值，最大可达 Double 的范围
Variant	变体型(字符)		22 字节加字符串长度	用变体型表示数值，最大可达 Double 的范围

用户自定义的。VBA 中使用 Const 语句来声明符号常量,如本例中的 PI,声明语句格式为:

```
[Public|Private] Const <常量名>[As <类型>]=<表达式>
```

用 Private 限定的常量是私有的,仅限于本过程使用,如果想定义全局常量,可在标准模块中使用 Public 或 Global 限定声明。

(3) 变量

变量是指程序运行中值可以发生改变的数据量,通常用来存储临时获得的值或数据库对象。

变量可分为隐含型变量和显式变量。隐含型变量不需要定义语句,在程序内部通常借助将值指定给变量名的方式来建立变量,如 $s=123$。显式变量要先定义后使用,最常用的声明语句是 Dim 语句和 Static 语句。如果强制要求变量必须先定义后使用,则可在模块的声明区域加入 Option Explict 语句。

Dim 语句和 Static 语句格式如下:

```
Dim <变量名>[As <类型>]
Static <变量名>[As <类型>]
```

Dim 语句格式的说明:

① 定义变量的数量:在一条 Dim 语句中可以声明一个变量,也可以同时声明多个变量,每个变量在声明时都必须定义自己的类型。

② 变量名命名规则:变量名中可以包含字母和数字,但必须以英文字母开头,最大长度不超过 255 个字符,不能包含除了下划线(_)之外的其他标点符号,也不能使用 VBA 中的关键字,通常采用大小写结合的方式,但大小写不敏感。

③ 变量类型:可以使用的变量类型如表 7.1 所示,Dim 语句定义时可省略变量类型,也可用字符代替类型关键字,具体示例如下。

```
Dim a As String        '声明一个变长字符变量 a
Dim b                   '若省略变量类型,则相当于声明一个变体类型变量 b
Dim c%                  '声明整型变量 c,用字符代替了类型名
Dim d, e As String * 6  '声明一个变体类型变量 d,一个定长 6 字符变量 e
```

④ 变量作用域:根据声明语句的位置和使用的关键字,变量作用域可分为 3 种形式,对应着不同的变量有效范围。

◆ 局部变量:在过程内部使用 Dim 或 Static 语句定义,变量的作用域仅限于本过程。

◆ 模块级变量:在模块的声明区域使用 Dim 或 Private 语句定义,变量的作用域为整个模块,可被本模块内的所有过程引用。

◆ 全局变量:在标准模块的声明区域使用 Public 语句定义,变量的作用域为全局模块,可被任意模块的任一过程引用。

⑤ 静态变量:使用 Static 声明的变量是静态变量,与 Dim 语句声明的变量的区别在于——运行过程中每次调用,静态变量都不会初始化,能够保留原值。

(4) 函数

VBA 中使用函数能够实现更多的计算功能,除了第 3 章表 3.2～表 3.5 介绍的各类函

数之外,还有一些函数在 VBA 中也很常用,如类型转换函数、输入输出函数等。类型转换函数如表 7.2 所示,输入输出函数将在 7.3 节介绍。

表 7.2 类型转换函数

函数格式	功能说明	示 例	结 果
Val(string)	字符串转换成数字函数	Val("123")	123
Str(number)	数字转换成字符串函数	Str(-9.8)	"-9.8"
Asc(string)	字符转换成对应的 ASCII 码函数	Asc("ABC")	65
Chr(number)	ASCII 码转换成对应的字符函数	Chr(100)	"d"
CDate(string)	字符串转换成日期时间函数	CDate("2008-08-08")	♯2008-08-08♯

本例中,Val(txtR. Text)就是使用 Val 函数将文本框返回的文本转换为数值,以便赋值给变量 r,同理,Str(Round(v, 2))将四舍五入的体积数据 v 转换为字符型,以便显示在体积文本框内。

(5) 表达式

表达式是用各种运算符将常量、变量及函数值连接在一起构成的式子。本例中,计算球的体积用到了表达式 4/3 * PI * r^3。表达式中能使用的运算符如表 3.6~表 3.10 所示。

(6) 语句

VBA 程序代码是由大量的语句构成的,一条语句能够完成某项操作的一个命令。前面已经介绍了声明语句、注释语句,除此之外还有一些执行语句。执行语句能够执行赋值操作、调用过程或者实现各种流程的控制。本例中的带有赋值号"="的语句都是赋值语句,作用是将"="右侧的表达式的值赋给左侧的变量或控件属性。

边学边练:

创建一个"除法计算"窗体,如图 7.15 所示,单击"计算"按钮能够根据输入的被除数和除数计算出商和余数,单击"取消"按钮清空所有文本框。

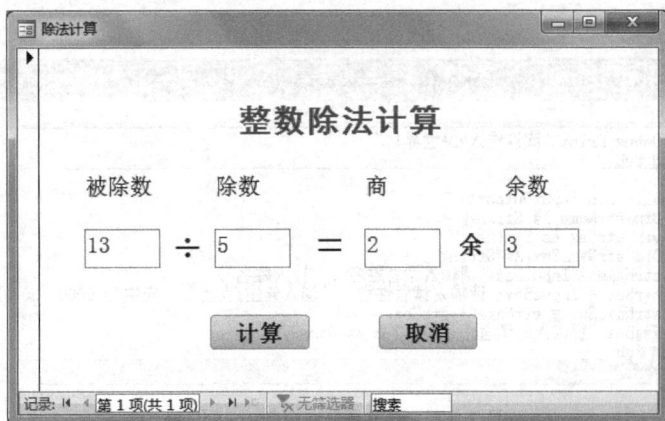

图 7.15 除法计算窗体

请思考:

在图 7.13 所示的代码中,如果不使用 Val 函数和 Str 函数,是否能得到预期的效果呢?

7.3　VBA 中的输入输出函数

VBA 程序运行过程中，可以使用输入函数 InputBox 获取数据，使用输出函数 MsgBox 显示输出数据。

7.3.1　输入函数 InputBox()

如果需要使用一个对话框接收用户输入的数据，则可以选择使用 InputBox 函数，它能将输入的数据以文本形式保存。

任务 7-4　使用 InputBox 函数

任务实例 7.4：在之前建立的"第一个程序"标准模块中添加一个子过程，用输入函数接收用户输入的读者姓名和性别，并用输出语句显示出输入的内容。

任务分析：

◆ 方法：编辑已有标准模块，编写过程代码。

◆ 操作关键：输入函数 InputBox，输出语句 MsgBox。

任务解决过程：

（1）打开已建模块：打开"图书管理系统"数据库，在"模块"对象列表中双击"第一个程序"对象，进入该模块的代码窗口。

（2）添加子程序：在 VBE 代码窗口中单击"插入"菜单的"过程"命令，在"添加过程"对话框中输入过程名称：InputOutput，选择类型为"子程序"，范围为"公共的"，单击"确定"按钮，如图 7.16 所示。

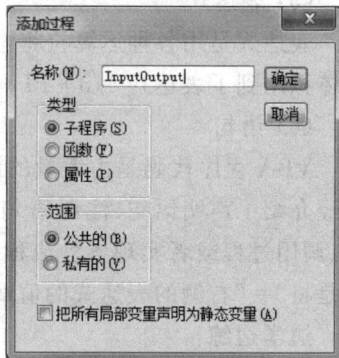

图 7.16　添加过程对话框

（3）输入代码：在新添加的子程序内输入代码，如图 7.17 所示。

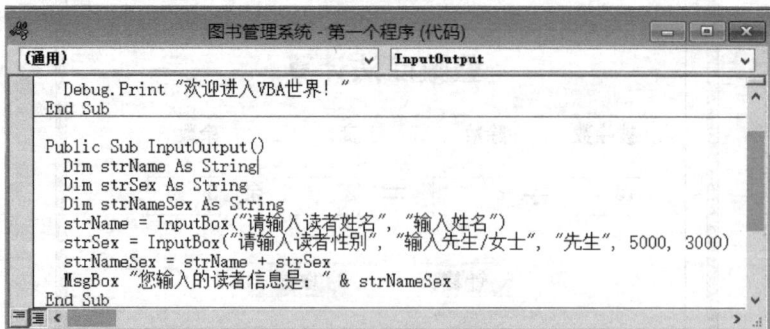

图 7.17　子过程 InputOutput 代码

（4）保存模块：单击工具栏的"保存"按钮保存。

（5）运行程序：在 InputOutput 子程序代码内的任意位置单击鼠标，单击工具栏的"运行"按钮▶，两个 InputBox 函数的运行结果如图 7.18 所示，单击"确定"按钮，MsgBox 语句运行结果如图 7.19 所示,单击 OK 按钮。

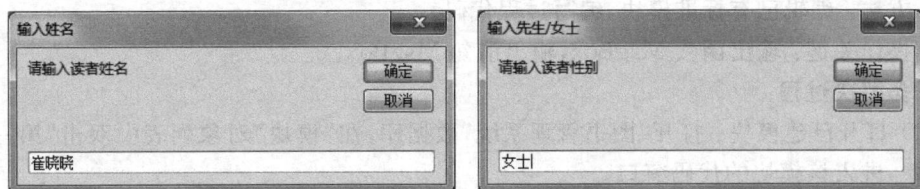

图 7.18　使用 InputBox 函数显示的输入框

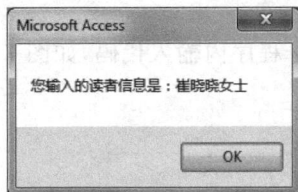

图 7.19　MsgBox 语句运行结果

相关知识点细述：

(1) 输入函数 InputBox 的语法格式,如下

```
InputBox(Prompt[, Title][, Default][, Xpos][, Ypos][, Helpfile, Context])
```

格式说明：

◆ Prompt：必要参数,输入框中显示的提示文本。

◆ Title：可选参数,输入框标题栏显示的标题文本。若省略,则显示应用程序的名称。

◆ Default：可选参数,输入框内的默认输入文本。若省略,则无默认值。

◆ Xpos 与 Ypos：可选参数,成对出现,输入框的左边距和上边距。若省略,则输入框显示在水平居中、垂直距屏幕上边约 1/3 的位置。

◆ Helpfile 与 Context：可选参数,成对出现,指定对话框的帮助文件及帮助主题的上下文编号。

(2) 输入框内的按钮作用：在输入框中,如果单击"确定"按钮,则 InputBox 函数会将用户输入的数据返回到程序中;如果单击"取消"按钮,则 InputBox 函数会返回一个空字符串("")。

(3) 返回值的类型：默认情况下,InputBox 函数的返回值是字符串。如果返回值需要参与算术运算,则一般用 Val 函数先将其转换为数值型数据。

(4) 每执行一次 InputBox 函数,只能输入一个数据。

7.3.2　输出函数 MsgBox()

如果需要在一个对话框中显示信息,并根据单击对话框上的不同按钮执行不同的操作,就可以使用 MsgBox 函数。注意,MsgBox 函数形式与语句形式的区别是函数有返回值。

任务 7-5　使用 MsgBox 函数

任务实例 7.5： 在之前建立的"第一个程序"标准模块中添加一个子过程,显示一个带有"确定"和"取消"按钮的输出框,单击按钮后,输出 MsgBox 函数返回值。

任务分析:

◆ 方法:编辑已有标准模块,编写过程代码。

◆ 操作关键:输出函数 MsgBox,输出语句 MsgBox。

任务解决过程:

(1) 打开已建模块:打开"图书管理系统"数据库,在"模块"对象列表中双击"第一个程序"对象,进入该模块的代码窗口。

(2) 添加子程序:在 VBE 代码窗口中单击"插入"菜单的"过程"命令,在"添加过程"对话框中输入过程名称:Msg,选择类型为"子程序",范围为"公共的",单击"确定"按钮,如图 7.20 所示。

(3) 输入代码:在新添加的子程序内输入代码,如图 7.21 所示。

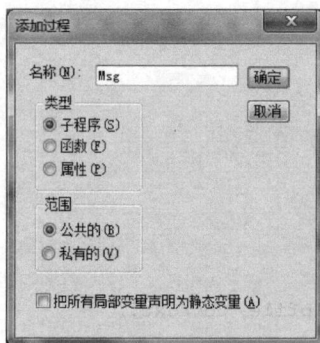

图 7.20　添加过程对话框

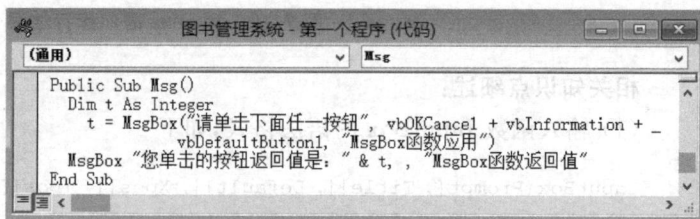

图 7.21　子过程 Msg 代码

(4) 保存模块:单击工具栏的"保存"按钮保存。

(5) 运行程序:在 Msg 子程序代码内的任意位置单击鼠标,单击工具栏的"运行"按钮 ▶,MsgBox 函数的运行结果如图 7.22 所示,单击"确定"或"取消"按钮后,MsgBox 语句结果如图 7.23 所示。

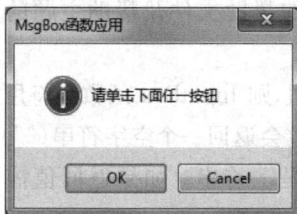

图 7.22　MsgBox 函数结果

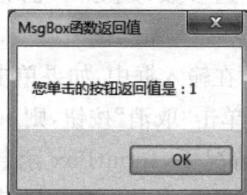

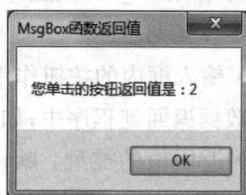

图 7.23　单击输出框的"确定"、"取消"按钮分别显示的结果

相关知识点细述:

(1) 输出函数 MsgBox 的语法格式如下所示。

```
MsgBox(Prompt[, Buttons][, Title][, Helpfile, Context])
```

格式说明:

◆ Prompt:必要参数,输出框中显示的文本。

◆ Buttons:可选参数,输出框内显示的按钮数目及形式、图标的样式、缺省按钮及消息框的强制回应等。如省略,则缺省值为 0。

◆ Title：可选参数，输出框标题栏中的标题文本。

◆ Helpfile 与 Context：可选参数，成对出现，指定对话框帮助文件及帮助主题的上下文编号。

（2）Buttons 参数的取值如表 7.3 所示。在程序代码中可以使用这些常数名称，如本例中的 vbOKCancel＋vbInformation＋vbDefaultButton1，也可以使用对应的常数值，即 1＋64＋0，或者 65。

表 7.3　**MsgBox 函数 Buttons 参数设置值**

VBA 常数	值	描　述
对话框中显示的按钮的类型与数目		
vbOKOnly	0	只显示"确定"(OK)按钮
VbOKCancel	1	显示"确定"(OK)及"取消"(Cancel)按钮
VbAbortRetryIgnore	2	显示"异常终止"(Abort)、"重试"(Retry)及"忽略"(Ignore)按钮
VbYesNoCancel	3	显示"是"(Yes)、"否"(No)及"取消"(Cancel)按钮
VbYesNo	4	显示"是"(Yes)及"否"(No)按钮
VbRetryCancel	5	显示"重试"(Retry)及"取消"(Cancel)按钮
图标的样式（根据系统设置，可能伴有声音）		
VbCritical	16	显示 Critical Message 图标
VbQuestion	32	显示 Warning Query 图标
VbExclamation	48	显示 Warning Message 图标
VbInformation	64	显示 Information Message 图标
默认按钮		
vbDefaultButton1	0	第一个按钮是缺省按钮
vbDefaultButton2	256	第二个按钮是缺省按钮
vbDefaultButton3	512	第三个按钮是缺省按钮
vbDefaultButton4	768	第四个按钮是缺省按钮
对话框的强制返回性		
vbApplicationModal	0	应用程序强制返回；应用程序一直被挂起，直到用户对消息框作出响应才继续工作
vbSystemModal	4096	系统强制返回；全部应用程序都被挂起，直到用户对消息框作出响应才继续工作
对话框特殊设置		
vbMsgBoxHelpButton	16384	将"帮助"按钮添加到消息框
vbMsgBoxSetForeground	65536	指定消息框窗口作为前景窗口
vbMsgBoxRight	524288	文本为右对齐
vbMsgBoxRtlReading	1048576	指定文本应为在希伯来和阿拉伯语系统中的从右到左显示

（3）MsgBox 函数的返回值：返回值对应着单击了输出框上哪个按钮，如表 7.4 所示。本例中若单击了"确定"按钮，则函数返回值是 1，单击了"取消"按钮，则函数返回值是 2。

（4）MsgBox 语句：如果不关心 MsgBox 函数的返回值，也可以采用 MsgBox 语句输出,其格式如下。

表 7.4 MsgBox 函数返回值与说明

常　数	值	描　述
vbOK	1	用户单击"确定"(OK)按钮
vbCancel	2	用户单击"取消"(Cancel)按钮
vbAbort	3	用户单击"异常终止"(Abort)按钮
vbRetry	4	用户单击"重试"(Retry)按钮
vbIgnore	5	用户单击"忽略"(Ignore)按钮
vbYes	6	用户单击"是"(Yes)按钮
vbNo	7	用户单击"否"(No)按钮

```
MsgBox Prompt[, Buttons][, Title][, Helpfile, Context]
```

参数意义与 MsgBox 函数相同,独立成句,无返回值。

无论是语句形式还是函数形式,如果省略最后的若干个参数,则参数间的逗号可以一同省略,如果省略中间的若干个参数,则参数间的逗号不能省略,如本例中的 MsgBox 语句写法。

7.4 VBA 程序流程控制

前面章节依次介绍了 VBA 中的常量变量、函数、表达式和语句,程序就是由若干条语句组合到一起的语句块。VBA 中的程序可分为三种基本结构:顺序结构、选择结构、循环结构。顺序结构是指语句按排列的顺序由上到下依次执行,程序代码的主体通常是顺序结构。如果需要改变语句的执行顺序,则可以使用选择结构(分支结构)或循环结构。

7.4.1 选择结构

选择结构,也称为分支结构,依据程序结构中的判断条件是否成立,从而选择执行不同的语句块。常用的选择结构有两种: If 语句和 Select…Case 语句。另外,还有三种函数也能体现选择结构: IIf 函数、Switch 函数和 Choose 函数。

1. If 语句

If 语句的简单形式可以实现双分支结构,复杂形式或者嵌套形式可以实现多分支结构。

任务 7-6 使用 If 语句实现选择结构

任务实例 7.6:新建一个标准模块"选择结构",输入借书日期和还书日期,判断是否超期,如果超期给出罚款提示(假设允许借阅 30 天,超期一天罚款 0.5 元)。

任务分析:
◆ 方法:创建标准模块,编写过程代码。
◆ 操作关键:使用 If 语句实现双分支结构。

任务解决过程:
(1) 创建标准模块:打开"图书管理系统"数据库,单击"创建"选项卡"宏与代码"组中的"模块"按钮🔧,进入 VBE 界面。

(2) 添加子程序:在 VBE 窗口中单击"插入"菜单的"过程"命令,在"添加过程"对话框中输入过程名称:Overdue,选择类型为"子程序",范围为"公共的",单击"确定"按钮。

(3) 输入代码:在新添加的子程序内输入代码,如图 7.24 所示。

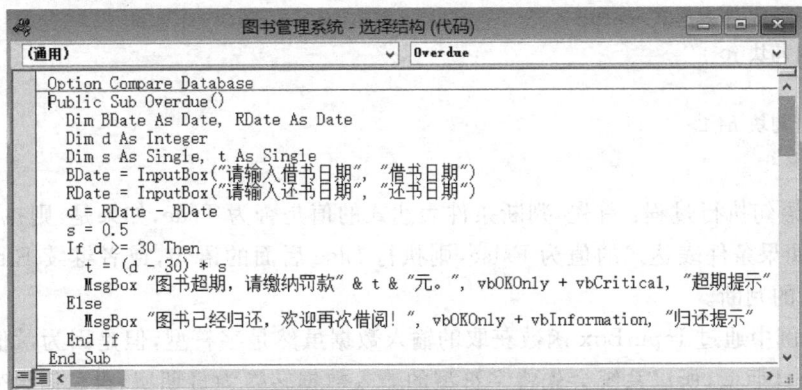

图 7.24 Overdue 子程序代码

(4) 保存模块:单击"保存"按钮,输入模块名"选择结构"。

(5) 运行程序:在 Overdue 子程序代码内的任意位置单击鼠标,单击"运行"按钮▶,分别在两个输入框中输入日期值,如图 7.25 所示,未逾期提示结果如图 7.26 所示,逾期罚款提示结果如图 7.27 所示。

图 7.25 在输入框中分别输入借书日期和还书日期

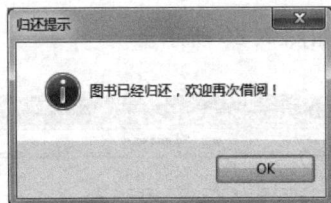

图 7.26 未逾期提示　　　　**图 7.27 逾期罚款提示**

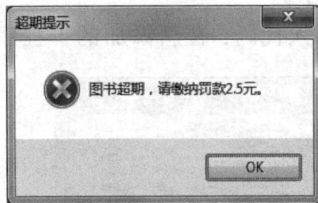

相关知识点细述:

(1) If 语句格式:

格式 1:适用于只有一个判断条件,且每个分支只有一条语句或无语句时。

If <条件表达式>Then <语句 1>[Else <语句 2>]

格式 2:适用于具有一个或多个判断条件,每个分支任意多条语句时。

```
If <条件表达式 1>Then
    <语句块 1>
[ElseIf <条件表达式 2>Then
    <语句块 2>]
    …
[ElseIf <条件表达式 n>Then
    <语句块 n>]
Else
    <语句块 n+1>
End If
```

(2) If 语句执行过程：首先,判断条件表达式的值是否为 True,如果是,则执行 Then 后面的语句,如果条件表达式的值为 False,则执行 Else 后面的语句,或者继续 ElseIf 后面的条件表达式的判断。

(3) 本例中通过 InputBox 函数获取的输入数据虽然是字符型,但是因为赋值号左侧的变量类型是日期型,所以系统会先将字符型的输入数据转换为日期型,再赋值给变量。

任务实例 7.7：在标准模块"选择结构"中编写代码,实现下面的分段函数。

$$y = \begin{cases} 1 & x > 0 \\ 0 & x = 0 \\ -1 & x < 0 \end{cases}$$

任务分析：
◆ 方法：编辑已有的标准模块,编写过程代码。
◆ 操作关键：使用单 If 语句或 If 语句嵌套实现多分支结构。

任务解决过程：

(1) 打开标准模块：打开"图书管理系统"数据库,在"模块"对象列表中双击"选择结构"对象,进入该模块的代码窗口。

(2) 添加子程序：在 VBE 窗口中单击"插入"菜单的"过程"命令,在"添加过程"对话框中输入过程名称：SignFunc,选择类型为"子程序",范围为"公共的",单击"确定"按钮,如图 7.28 所示。

(3) 输入代码：在新添加的子程序内输入代码,如图 7.29 所示。

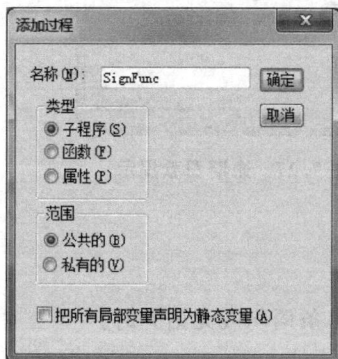

图 7.28 添加子程序 SignFunc

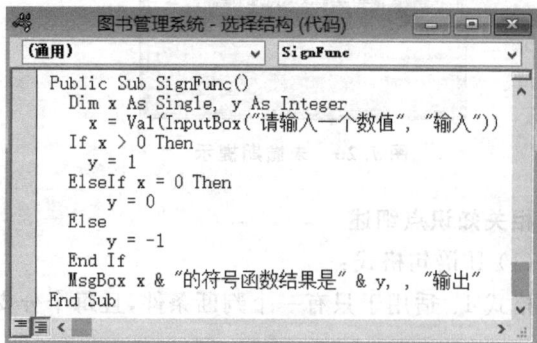

图 7.29 SignFunc 子程序代码

(4) 保存模块：单击"保存"按钮保存修改。

(5) 运行程序：在 SignFunc 子程序代码内的任意位置单击鼠标，单击"运行"按钮 ▶，在输入框中输入一个数值，单击"确定"按钮后可见其符号函数结果，如图 7.30 所示。

图 7.30 SignFunc 子程序运行结果

相关知识点细述：

(1) If 语句的嵌套可实现多重条件的判断，可在 Then 分句添加另一重 If 语句，也可在 Else 分句添加。格式如下。

```
If <条件表达式 1>Then
    [If <条件表达式 2>Then
        <语句块 1>
    Else
        <语句块 2>
    End If]
Else
    [If <条件表达式 3>Then
        <语句块 3>
    Else
        <语句块 4>
    End If]
End If
```

(2) 在使用 If 语句嵌套时，注意 If 和 End If 必须成对出现，且不能交叉对应。

边学边练：

请在本例的基础上继续编写 SignFunc 子程序的代码，根据 y 值判断 x 是正数、负数还是 0。

请思考：

程序代码中的所有语句都会被执行吗？

2. Select Case 语句

实现选择结构的多分支形式，还可以使用 Select Case 语句，根据表达式的值选择满足的 Case 情况执行相应的语句。当条件比较多时，使用 Select Case 语句比使用 If 语句更简便，代码的可读性更强。

任务 7-7 使用 Select Case 语句实现选择结构

任务实例 7.8：在"选择结构"模块中编写代码，根据输入的标点符号判断类型。

任务分析：

◆ 方法：编辑已有模块，编写代码。

◆ 操作关键：使用 Select Case 语句实现多分支结构。

任务解决过程：

（1）打开标准模块：打开"图书管理系统"数据库，在"模块"对象列表中双击"选择结构"对象，进入该模块的代码窗口。

（2）添加子程序：在 VBE 窗口中单击"插入"菜单的"过程"命令，在"添加过程"对话框中输入过程名称：Character，选择类型为"子程序"，范围为"公共的"，单击"确定"按钮。

（3）输入代码：在新添加的子程序内输入代码，如图 7.31 所示。

图 7.31 Character 子程序

（4）保存模块：单击"保存"按钮保存修改。

（5）运行程序：在 Character 子程序代码内的任意位置单击鼠标，单击"运行"按钮 ▶，在输入框中输入一个字符，单击"确定"按钮后可见判断结果，如图 7.32 所示。

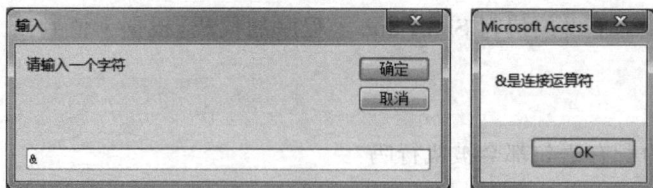

图 7.32 Character 子程序运行结果

相关知识点细述：

（1）Select Case 语句的语法格式：

```
Select Case <变量或表达式>
    Case <表达式 1>
        <语句块 1>
    Case <表达式 2>To <表达式 3>
```

```
        <语句块 2>
    Case Is <关系运算符><表达式 4>
        <语句块 3>
    ...
    [Case Else
        <语句块 n+1>]
End Select
```

（2）Select Case 语句执行过程：首先，确定 Select Case 后的变量或表达式的值，然后从上至下依次判断该值是否与 Case 后的表达式匹配，找到第一个符合的 Case 情况，即可执行该 Case 语句下面的语句块，完成后直接转到 End Select 语句结束该语句结构。

（3）Case 子句后面的表达式可以是值、范围或关系判断。每一种形式可多次使用，且前后次序无关。但是 Case Else 一定是列在最后。

边学边练：

编写带有 Select Case 语句的程序，实现将百分制成绩转换为五分制。

请思考：

Select Case 语句中每个 Case 后的情况描述范围可以出现重复吗？

3．Iif 函数、Switch 函数和 Choose 函数

VBA 中有一些函数也能够实现选择结构，常见的有 Iif 函数、Switch 函数和 Choose 函数。

任务 7-8　使用函数实现选择结构

任务实例 7.9：在"立即窗口"中练习 Iif 函数、Switch 函数和 Choose 函数的应用。

任务分析：

◆ 方法：使用"立即窗口"。

◆ 操作关键：使用 Iif 函数、Switch 函数和 Choose 函数实现多分支结构。

任务解决过程：

（1）打开"立即窗口"：打开"图书管理系统"数据库，在"模块"对象列表中双击任意对象，进入 VBE 界面，单击"视图"菜单的"立即窗口"命令。

（2）IIF 函数：在立即窗口中输入如下命令，按回车键后可见函数结果，如图 7.33 所示。

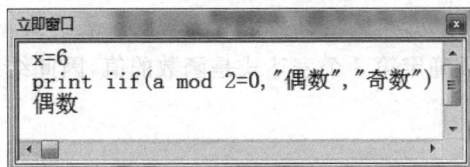

图 7.33　Iif 函数应用

（3）Switch 函数：在立即窗口中输入如下命令，按回车键后可见函数结果，如图 7.34 所示。

（4）Choose 函数：在"立即窗口"中输入如下命令，按回车键后可见函数结果，如图 7.35 所示。

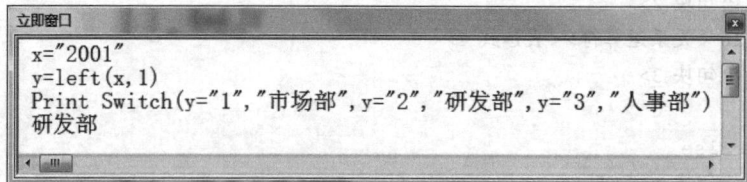

图 7.34　Switch 函数应用

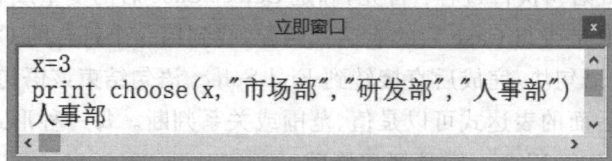

图 7.35　Choose 函数应用

相关知识点细述：

(1) IIf 函数可以看作 If 语句的简写，能够实现双分支结构，语法格式如下：

```
IIf(<条件表达式>,<表达式 1>,<表达式 2>)
```

函数功能：首先判断<条件表达式>是否为真值，如果是真值，则<表达式 1>作为函数值返回，如果是假值，则<表达式 2>作为函数值返回。

本例使用 IIf 函数判断 x 的奇偶性。

(2) Switch 函数能够实现多分支结构，语法格式如下：

```
Switch(<条件 1>,<表达式 1>[,<条件 2>,<表达式 2>]…[,<条件 n>,<表达式 n>])
```

函数功能：依次判断各个条件是否满足，当找到第一个满足的<条件 m>，则将其后成对出现的<表达式 m>函数值返回。

本例使用 Switch 函数判断工号 x 的值符合第 2 个条件，因此判定为"研发部"。

(3) Choose 函数也能够实现多分支结构，语法格式如下：

```
Choose(<索引式>,<表达式 1>[,<表达式 2>,…[,<表达式 n>]])
```

函数功能：根据<索引式>的值，确定其后表达式列表中的第几项作为函数值返回。当找到第一个满足的<条件 m>，则将其后成对出现的<表达式 m>函数值返回。

本例使用 Choose 函数确定第 3 个表达式是函数的值，因此结果显示"人事部"。

7.4.2　循环结构

循环结构用来实现某一段程序的重复执行，根据条件判断是否继续循环。常用的循环结构有三种：For … Next 循环，Do … Loop 循环和 While … Wend 循环。

1. For … Next 循环语句

For 循环一般适用于循环次数确定的情况。For 循环的嵌套使用也很常见。

任务 7-9 使用 For…Next 语句实现循环结构

任务实例 7.10：新建一个标准模块"循环结构"，使用 For 循环完成 1～100 的累加功能。

任务分析：

◆ 方法：创建标准模块，编写过程代码。

◆ 操作关键：使用 For … Next 语句实现循环结构。

任务解决过程：

(1) 创建标准模块：打开"图书管理系统"数据库，单击"创建"选项卡"宏与代码"组中的"模块"按钮，进入 VBE 界面，将模块名称改为"循环结构"。

(2) 添加子程序：在 VBE 窗口中单击"插入"菜单的"过程"命令，在"添加过程"对话框中输入过程名称：Add，选择类型为"子程序"，范围为"公共的"，单击"确定"按钮。

(3) 输入代码：在新添加的子程序内输入代码，如图 7.36 所示。

(4) 保存模块：单击"保存"按钮保存修改。

(5) 运行程序：在 Add 子程序代码内的任意位置单击鼠标，单击"运行"按钮，结果如图 7.37 所示。

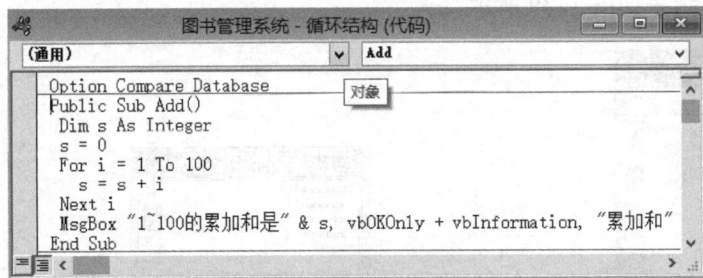

图 7.36 Add 子程序代码   图 7.37 Add 子程序运行结果

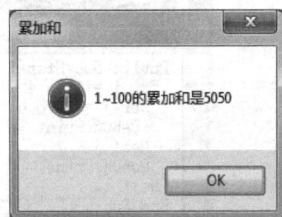

相关知识点细述：

(1) For … Next 语句格式：

```
For <循环变量>= <初值>To <终值>[Step <步长>]
    [<语句块>]
Next [<循环变量>]
```

(2) For … Next 语句执行过程：首先将初值赋值给循环变量，第一次执行语句块，然后执行 Next 语句，循环变量增加一个步长值，返回到 For 语句，判断循环变量是否落在[初值，终值]或[终值，初值]的闭区间内，如果满足条件，则第二次执行语句块，如果不满足条件，则结束 For 循环结构，程序跳转到 Next 子句之后继续执行下面的语句。

(3) 步长，即循环变量的增幅，可以为正数，也可以为负数。步长参数可以省略，默认值是 1。

(4) 循环体内的语句块，可以包含 Exit For 语句，允许中途结束循环。

(5) 本例的功能为：$y=1+2+\cdots+100$，而循环变量 i 将依次取值 $1,2,\cdots,101$。

边学边练：

编写带有 For … Next 循环语句的程序，实现 1~100 所有奇数的累加和。

请思考：

本例中的循环体一共被执行了多少次，为什么循环变量 i 的值最后会变化为 101。

任务实例 7.11： 在"循环结构"模块中添加代码，使用 For 循环嵌套实现 4 行 6 列的星阵。

任务分析：

◆ 方法：编辑已有模块，编写过程代码。

◆ 操作关键：使用 For … Next 语句的嵌套。

任务解决过程：

（1）打开模块：打开"图书管理系统"数据库，在模块列表中双击"循环结构"对象名，进入代码窗口。

（2）添加子程序：在 VBE 窗口中单击"插入"菜单的"过程"命令，在"添加过程"对话框中输入过程名称：Star，选择类型为"子程序"，范围为"公共的"，单击"确定"按钮。

（3）输入代码：在新添加的子程序内输入代码，如图 7.38 所示。

（4）保存模块：单击"保存"按钮保存修改。

（5）运行程序：单击"视图"菜单的"立即窗口"命令，在 Star 子程序代码内的任意位置单击鼠标，单击"运行"按钮 ▶，结果如图 7.39 所示。

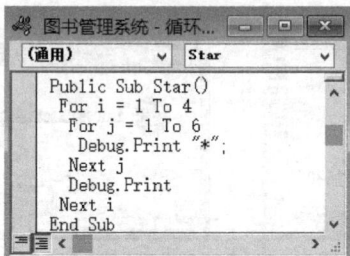

图 7.38　Star 子程序代码

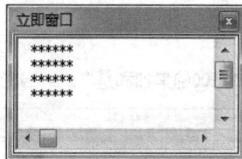

图 7.39　Star 子程序运行结果

相关知识点细述：

（1）For … Next 语句可以有多层嵌套，每一层次均要有本层的循环变量控制是否执行本层循环体，每层的 For 和 Next 也是成对出现，不能交叉的。本例的循环变量 i 控制的是星阵的行数，循环变量 j 控制的是星阵的列数。

（2）Debug.Print 在任务实例 7.1 中曾经介绍过，能够在立即窗口中显示输出结果。它有几种不同的写法，如下：

Debug.Print a　下一次输出的内容将在本行的下一行显示；

Debug.Print a，　　下一次输出的内容将在本行的下一个输出区段显示；

Debug.Print a；　下一次输出的内容将在本行紧随本次输出内容显示；

因此，本例中外层循环变量每次取一个值，内层循环的所有 * 显示在同一行，内层循环执行完毕，使用 Debug.Print 语句换行。

边学边练：

编写带有 For 循环嵌套的程序，实现九九乘法表。

请思考：

如果本例输出的是一个直角三角形星阵，该怎样修改代码？

2．Do … Loop 循环语句

Do … Loop 循环一般适用于循环次数不确定的情况，它有两种形式：Do While|Until … Loop 和 Do … Loop While|Until。

任务 7-10　使用 Do … Loop 语句实现循环结构

任务实例 7.12：在"循环结构"模块中添加代码，使用 Do While … Loop 循环完成求取图书均价的功能。

任务分析：

◆ 方法：编辑已有模块，编写过程代码。

◆ 操作关键：使用 Do While … Loop 语句实现循环结构。

任务解决过程：

（1）打开模块：打开"图书管理系统"数据库，在模块列表中双击"循环结构"对象名，进入代码窗口。

（2）添加子程序：在 VBE 窗口中单击"插入"菜单的"过程"命令，在"添加过程"对话框中输入过程名称：AvgPrice，选择类型为"子程序"，范围为"公共的"，单击"确定"按钮。

（3）输入代码：在新添加的子程序内输入代码，如图 7.40 所示。

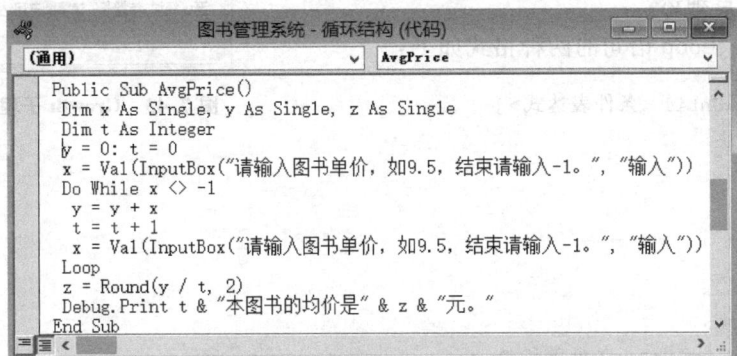

```
图书管理系统 - 循环结构 (代码)

(通用)                            AvgPrice

Public Sub AvgPrice()
Dim x As Single, y As Single, z As Single
Dim t As Integer
y = 0: t = 0
x = Val(InputBox("请输入图书单价，如9.5，结束请输入-1。","输入"))
Do While x <> -1
  y = y + x
  t = t + 1
  x = Val(InputBox("请输入图书单价，如9.5，结束请输入-1。","输入"))
Loop
z = Round(y / t, 2)
Debug.Print t & "本图书的均价是" & z & "元。"
End Sub
```

图 7.40　AvgPrice 子程序代码

（4）保存模块：单击"保存"按钮保存修改。

（5）运行程序：在 AvgPrice 子程序代码内的任意位置单击鼠标，单击"运行"按钮▶，结果显示在"立即窗口"，如图 7.41 所示。

任务实例 7.13：在"循环结构"模块中添加代码，使用 Do … Loop Until 循环完成计算功能：假设现有图书馆藏 3000 册，预计每年增加 10％，计算多少年后图书可达 5000 册。

```
立即窗口

5本图书的均价是33.8元。
```

图 7.41　AvgPrice 子程序运行结果

任务分析：

◆ 方法：编辑已有模块，编写过程代码。

◆ 操作关键：使用 Do … Loop Until 语句实现循环结构。

任务解决过程：

（1）打开模块：打开"图书管理系统"数据库，在模块列表中双击"循环结构"对象名，进入代码窗口。

（2）添加子程序：在 VBE 窗口中单击"插入"菜单的"过程"命令，在"添加过程"对话框中输入过程名称：Growth，选择类型为"子程序"，范围为"公共的"，单击"确定"按钮。

（3）输入代码：在新添加的子程序内输入代码，如图 7.42 所示。

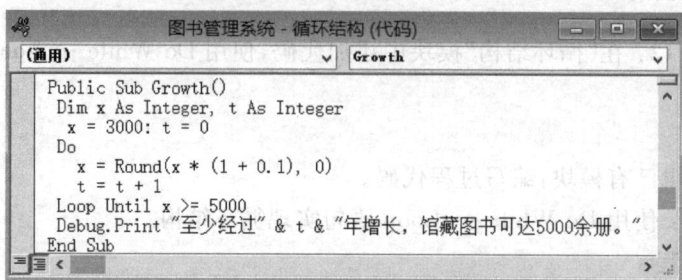

```
Public Sub Growth()
Dim x As Integer, t As Integer
 x = 3000: t = 0
Do
   x = Round(x * (1 + 0.1), 0)
   t = t + 1
Loop Until x >= 5000
Debug.Print "至少经过" & t & "年增长，馆藏图书可达5000余册。"
End Sub
```

图 7.42　Growth 子程序代码

（4）保存模块：单击"保存"按钮保存修改。

（5）运行程序：在 Growth 子程序代码内的任意位置单击鼠标，单击"运行"按钮 ▶，结果显示在立即窗口，如图 7.43 所示。

相关知识点细述：

（1）Do … Loop 语句的两种格式如下：

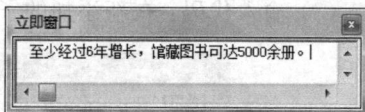

图 7.43　Growth 子程序运行结果

```
Do [While|Until <条件表达式>]
    <语句块>
Loop
```

或者：

```
Do
    <语句块>
Loop [While|Until <条件表达式>]
```

（2）Do … Loop 语句的执行过程：若循环结构使用 While 关键字，则当（While）条件表达式为真值时执行循环体；若循环结构使用 Until 关键字，则直到（Until）条件为 True 时结束循环（即当条件表达式为假值时执行循环体）。

（3）两种 Do … Loop 结构的区别是：第一种格式先判断后执行，循环体可能一次都不被执行；第二种格式先执行后判断，循环体至少被执行一次。

边学边练：

使用 Do 循环实现阶乘运算（提示：3!＝1×2×3）。

请思考：

使用其他 Do 循环格式如何实现任务实例 7.12 和 7.13 的功能？

3．While … Wend 循环语句

While … Wend 循环语句是为了兼容 QBasic 和 QuickBASIC 提供的,较少使用,功能与 Do While … Loop 语句类似,当条件表达式为真值时执行循环体,语句格式如下:

```
While <条件表达式>
    <语句块>
Wend
```

例如,实现 1～100 的累加的代码如下:

```
Dim i As Integer, y As Integer
i=1: y=0
While i <=100
    y=y+i
    i=i+1
Wend
Debug.Print i, y
```

7.5　数组

数组能够表达一组相同类型的数据,例如一组成绩、一组书名等。数组可以看作是一组同名变量,这些变量用数组下标加以区分。相比使用单个变量描述一组数据,使用数组描述更方便、整齐。

任务 7-11　使用数组

任务实例 7.14：输入 6 个读者的年龄,统计出其最大年龄、最小年龄和平均年龄,并显示在窗体上。

任务分析：

◆ 方法：创建窗体,编写窗体类模块。

◆ 操作关键：使用数组定义年龄,使用 For 循环。

任务解决过程：

(1) 新建窗体：打开"图书管理系统"数据库,单击"创建"选项卡"窗体"栏的"窗体设计"按钮,在新建窗体的设计视图内添加两个"标签"控件、三个文本框控件和两个命令按钮控件,保存窗体名为"读者年龄统计",如图 7.44 所示。

(2) 设置对象属性：①选中窗体对象,在属性表中取消导航按钮和记录选择器；②分别设置两个标签的名称为 lblTitle 和 lblAge,三个文本框的名称为 txtMaxAge、txtMinAge 和 txtAvgAge,两个命令按钮的名称分别为 cmdInput 和 cmdOutput,在 lblAge 标签中输入"您输入的年龄是:"。

(3) 编辑窗体类模块：①单击"输入读者年龄"命令按钮,在其"单击"事件属性中选择"事件过程",单击生成器按钮██,进入类模块的 VBE 界面；②输入类模块"Form_读者年龄统计"的代码,如图 7.45 所示；③保存修改。

图 7.44   读者年龄统计窗体

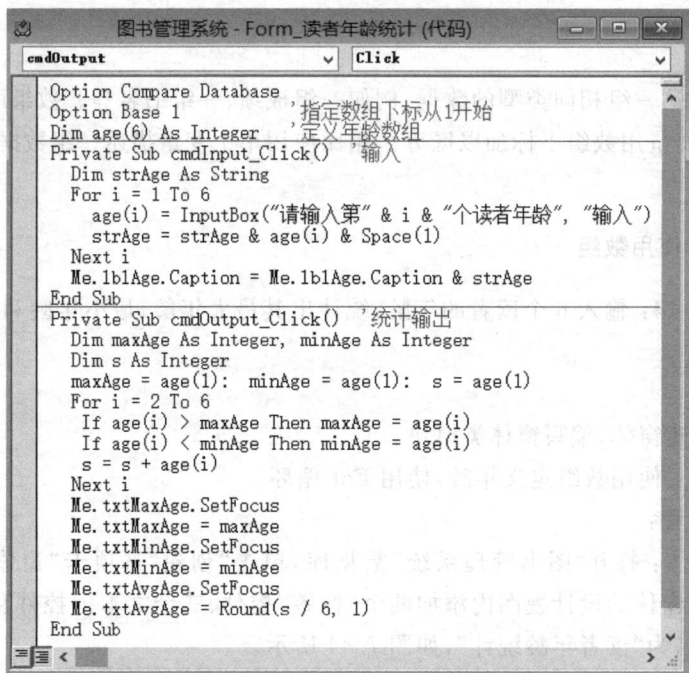

图 7.45   类模块"Form_读者年龄统计"代码窗口

（4）运行窗体：打开"读者年龄统计"的窗体视图，单击"输入读者年龄"按钮输入数据，然后单击"年龄统计"按钮计算，结果如图 7.46 所示。

相关知识点细述：

（1）只有一个下标的数组是一维数组，语句格式如下：

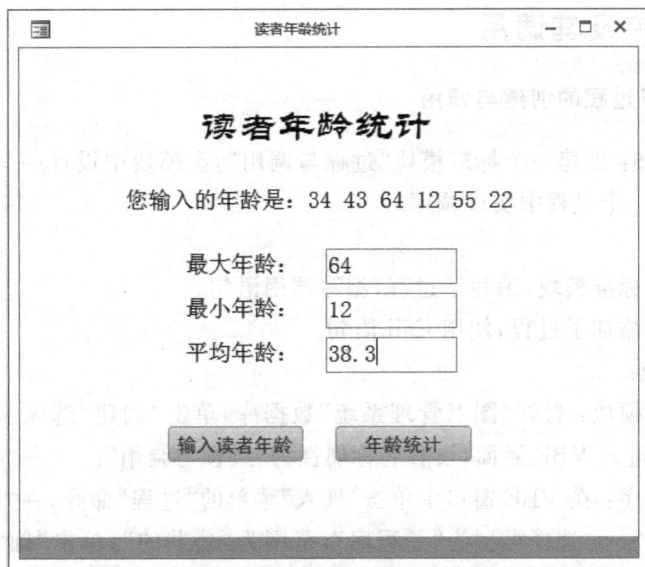

图 7.46　读者年龄统计运行结果

Dim <数组名>([<下界>To] <上界>) As <数据类型>

[下界,上界]限定了数组下标的变化范围,下界可以省略,默认为 0,如果通用声明有 Option Base 语句,则下界默认值是此声明语句中的数值。Option Base 语句格式为:

Option Base 1|0

如本例中定义的 age(6)数组包含的元素是:age(1),age(2),…,age(6),如果通用声明区域未使用 Option Base 语句声明,则应使用 Dim age(5) As Integer 或者 Dim age(1 to 6) As Integer 定义。

(2) 数组数据的输入、使用或输出,一般搭配循环语句实现,最常用的是 For 循环,如本例。

(3) 数组还有二维或多维的形式,语句格式如下:

Dim <数组名>([<下界>To] <上界>[, [<下界>To] <上界>] …) As <数据类型>

边学边练:
输入 10 个学生成绩,统计其中的最高分和最低分。
请思考:
要用数组表示一个 3 行 4 列的矩阵,应该如何定义?

7.6　过程与调用

如前所述,Access 模块中包含若干个过程,过程有三种类型:子程序、函数过程和属性过程。在一个过程内部可以使用调用语句调用其他过程,本节重点介绍子程序和函数过程的定义与调用。

7.6.1 子程序及其调用

任务 7-12 子过程的创建与调用

任务实例 7.15：新建一个标准模块"过程与调用"，在模块中设计一个实现对两个数排序的子程序，在另一个过程中实现调用。

任务分析：

◆ 方法：创建标准模块，编写子过程，编写调用语句。

◆ 操作关键：添加子过程，使用 Call 语句。

任务解决过程：

(1) 新建标准模块：打开"图书管理系统"数据库，单击"创建"选项卡"宏与代码"组中的"模块"按钮 ❀，进入 VBE 界面，设置名称属性为"过程与调用"。

(2) 添加子程序：在 VBE 窗口中单击"插入"菜单的"过程"命令，在"添加过程"对话框中输入过程名称：Sort，选择类型为"子程序"，范围为"公共的"，单击"确定"按钮，在"过程与调用"代码窗口中输入 Sort 子程序代码，如图 7.47 所示。

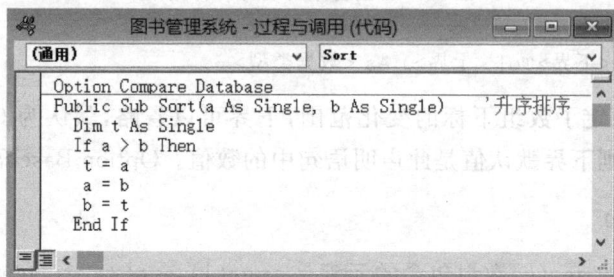

```
图书管理系统 - 过程与调用 (代码)
(通用)                          Sort
Option Compare Database
Public Sub Sort(a As Single, b As Single)    '升序排序
    Dim t As Single
    If a > b Then
    t = a
    a = b
    b = t
    End If
```

图 7.47 Sort 子程序代码

(3) 调用子程序：添加一个子过程，名为 PriceSort，代码如图 7.48 所示。

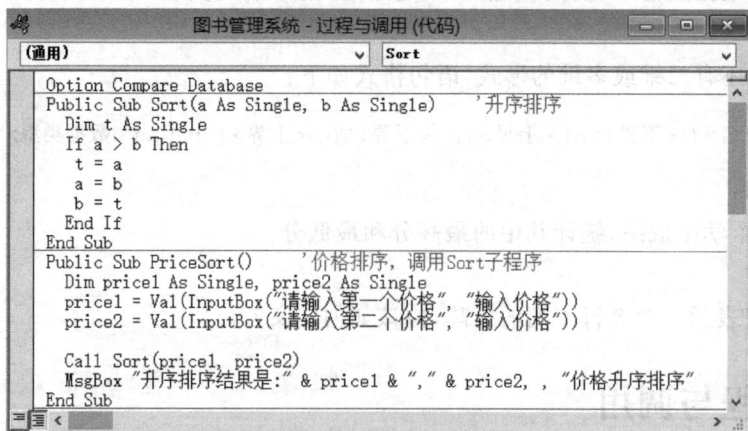

```
图书管理系统 - 过程与调用 (代码)
(通用)                          Sort
Option Compare Database
Public Sub Sort(a As Single, b As Single)    '升序排序
    Dim t As Single
    If a > b Then
    t = a
    a = b
    b = t
    End If
End Sub
Public Sub PriceSort()    '价格排序，调用Sort子程序
    Dim price1 As Single, price2 As Single
    price1 = Val(InputBox("请输入第一个价格", "输入价格"))
    price2 = Val(InputBox("请输入第二个价格", "输入价格"))

    Call Sort(price1, price2)
    MsgBox "升序排序结果是:" & price1 & "," & price2, , "价格升序排序"
End Sub
```

图 7.48 PriceSort 子程序代码

(4) 保存模块：单击工具栏的"保存"按钮，确认模块名为"过程与调用"。

(5) 运行程序：在 PriceSort 子程序代码内的任意位置单击鼠标，单击工具栏的"运行"

按钮▶,结果如图 7.49 所示。

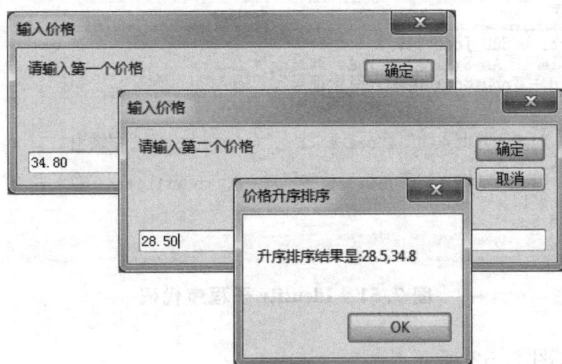

图 7.49 调用子程序结果

7.6.2 函数过程及其调用

任务 7-13 子过程的创建与调用

任务实例 7.16：在"过程与调用"模块中,设计一个函数过程,实现根据身份证号判断性别的功能。

任务分析：

◆ 方法：编辑已有模块,编写函数过程及调用语句。

◆ 操作关键：添加函数过程。

任务解决过程：

(1) 设计函数过程：打开"图书管理系统"数据库中的"过程与调用"模块,在 VBE 窗口中单击"插入"菜单的"过程"命令,在"添加过程"对话框中输入过程名称：MorF,选择类型为"函数",范围为"公共的",单击"确定"按钮,输入代码,如图 7.50 所示。

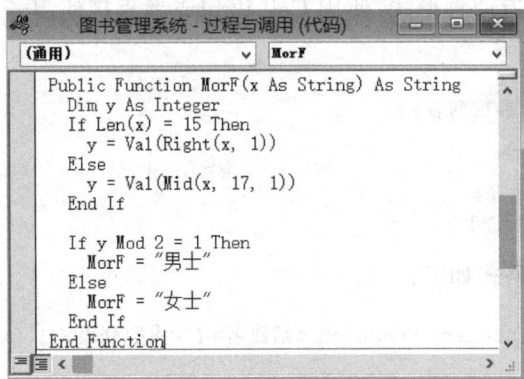

图 7.50 MorF 函数过程代码

(2) 调用函数过程：添加一个子过程,名为 Identity,代码如图 7.51 所示。

(3) 保存模块：单击"保存"按钮,保存修改。

(4) 运行程序：在 Identity 子程序代码内的任意位置单击鼠标,单击工具栏的"运行"按

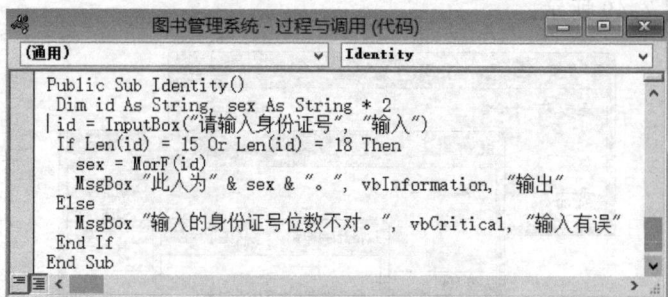

图 7.51　Identity 子程序代码

钮 ▶,可出现的结果如图 7.52 所示。

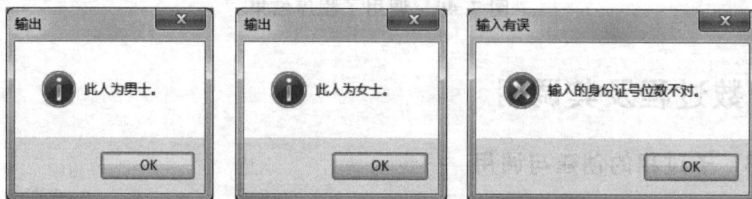

图 7.52　Identity 子程序结果

相关知识点细述:

(1) 子程序语句格式如下:

```
[Public|Private] [Static] Sub <子程序名>([<参数列表>])
    [<语句组>]
    [Exit Sub]
    [<语句组>]
End Sub
```

子程序的调用语句有两种形式,使用 Call 语句或者直接使用子程序名,注意前者有括号,后者没有,如下:

```
Call <子程序名>([<参数列表>])
```

或者

```
<子程序名>[<参数列表>]
```

(2) 函数过程语句格式如下:

```
[Public|Private] [Static] Function <函数名>([<参数列表>]) [As <类型>]
    [<语句组>]
    [Exit Function]
    [<语句组>]
    <函数名>= <表达式>
End Function
```

函数过程的使用与内部函数使用一样,需将值赋给变量,格式如下:

```
<变量名>= 函数名([<参数列表>])
```

（3）属性过程格式如下：

```
[Public|Private] [Static] Property {Get|Let|Set} <属性名>[(<参数>)] [As <类型>]
    [<语句组>]
    [Exit Property]
    [<语句组>]
End Property
```

（4）过程调用时会发生参数传递，在被调用的子程序或函数过程名后定义的参数是形参，而在调用语句中所用的参数是实参，实参的数据和类型应该与形参的数据和类型相匹配。当形参用传值(ByVal)定义时，参数传递是单向的，仅从实参传给形参；而当形参用传址(ByRef)定义且实参是简单变量时，参数传递是双向的，被调用过程内对形参的改变还会返回给实参。默认情况下，参数的传递形式都是 ByRef。

边学边练：

使用函数过程及过程调用实现任务实例 7.3。

请思考：

VBA 中的子程序和函数过程都有哪些区别？

7.7 DoCmd 对象

VBA 中提供了很多可以与 Access 应用程序配合使用的对象，如 DoCmd、Application、Forms、Reports 等，可以通过"对象浏览器"查阅，如图 7.53 所示。

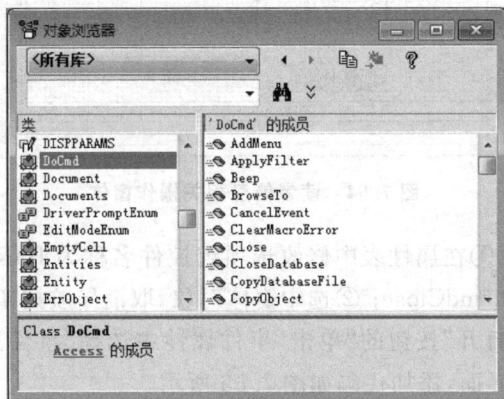

图 7.53 对象浏览器

使用 DoCmd 对象的方法能够从 VBE 环境运行 Microsoft Office Access 操作。此类操作用于执行诸如关闭窗口、打开窗体以及设置控件值等任务。

DoCmd 对象的大多数方法都具有参数，有些参数是必需的，有些参数则是可选的。如果忽略可选参数，那么这些参数会采用适合特定方法的默认值。

本节主要介绍 DoCmd 对象的常用方法。

任务 7-14   使用 DoCmd 对象

任务实例 7.17：使用 DoCmd 的方法实现读者相关对象的打开及关闭操作。

任务分析：

◆ 方法：创建窗体，编写类模块代码。

◆ 操作关键：使用 DoCmd 方法。

任务解决过程：

(1) 新建窗体：打开"图书管理系统"数据库，单击"创建"选项卡"窗体"栏的"窗体设计"按钮，在设计视图内添加一个"选项组"控件和两个命令按钮控件，选项组内有 4 个选项，对应值分别为 1、2、3、4，如图 7.54 所示，保存窗体名为"读者信息相关操作"。

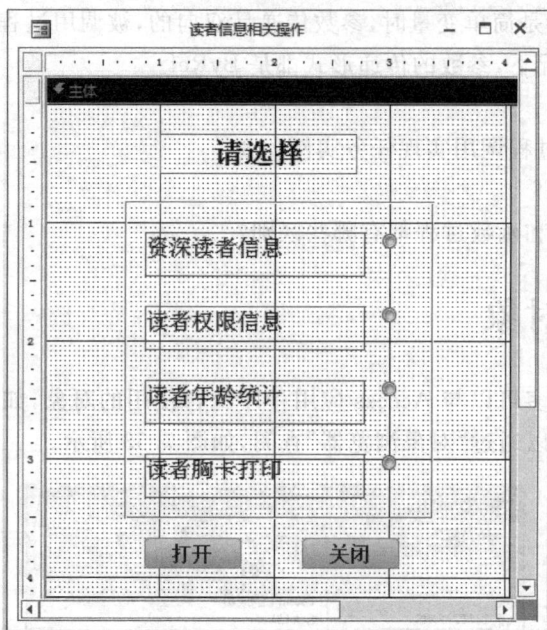

图 7.54   读者信息相关操作窗体

(2) 设置对象属性：①在属性表中修改选项组控件名称为 fraReader，两个命令按钮的名称分别为 cmdOpen 和 cmdClose；②选中窗体对象，取消导航按钮和记录选择器。

(3) 添加代码：在"打开"按钮的"单击"事件属性中选择"事件过程"，单击生成器按钮，进入类模块的 VBE 界面，添加代码如图 7.55 所示。

相关知识点细述：

(1) DoCmd 对象的打开方法：能够打开 Access 各类对象

① 打开表对象

```
DoCmd.OpenTable TableName [, View] [, DataMode]
```

② 打开查询对象

```
DoCmd.OpenQuery QueryName [, View] [, DataMode]
```

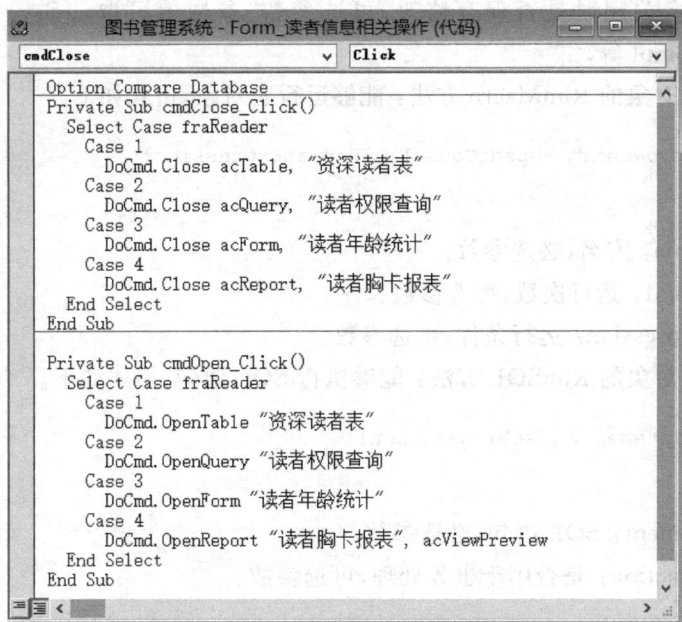

```
图书管理系统 - Form_读者信息相关操作 (代码)

cmdClose              ∨    Click                    ∨

Option Compare Database
Private Sub cmdClose_Click()
  Select Case fraReader
    Case 1
      DoCmd.Close acTable, "资深读者表"
    Case 2
      DoCmd.Close acQuery, "读者权限查询"
    Case 3
      DoCmd.Close acForm, "读者年龄统计"
    Case 4
      DoCmd.Close acReport, "读者胸卡报表"
  End Select
End Sub

Private Sub cmdOpen_Click()
  Select Case fraReader
    Case 1
      DoCmd.OpenTable "资深读者表"
    Case 2
      DoCmd.OpenQuery "读者权限查询"
    Case 3
      DoCmd.OpenForm "读者年龄统计"
    Case 4
      DoCmd.OpenReport "读者胸卡报表", acViewPreview
  End Select
End Sub
```

图 7.55　Form_读者信息相关操作代码

③ 打开窗体对象

```
Docmd.OpenForm FormName [, View] [, FilterName] [, WhereCondition] [, DataMode]
[, WindowMode] [, OpenArgs]
```

④ 打开报表对象

```
DoCmd.OpenReport ReportName [, View] [, FilterName] [, WhereCondition]
[, WindowMode] [, OpenArgs]
```

参数含义:

◆ TableName| QueryName| FormName| ReportName: 对象名,必选参数。

◆ View: 视图模式,可选参数。

◆ DataMode: 编辑模式,可选参数。

◆ FilterName: 用于筛选或排序记录的查询名称,可选参数。

◆ WhereCondition: 记录显示条件,可选参数。

◆ WindowMode: 指定窗体的打开模式,可选参数。

◆ OpenArgs: 设置 OpenArgs 属性,可选参数。

(2) DoCmd 对象的关闭方法: 能够关闭 Access 各类对象,格式如下。

```
DoCmd.Close [ObjectType, ObjectName] [, Save]
```

参数含义:

◆ ObjectType: 对象类型,可选参数,参数值可取 actable| acQuery| acForm| acReport| acMacro| acModule 等。

◆ ObjectName: 对象名,可选参数,与 ObjectType 配合使用。

◆ Save：指定关闭时是否保存修改，可选参数，参数值可取 acSaveYes | acSaveNo | acSavePrompt 等。

（3）DoCmd 对象的 RunMacro 方法：能够运行宏对象，格式如下。

```
RunMacro MacroName [, RepeatCount] [, RepeatExpression]
```

参数含义：

◆ MacroName：宏名，必选参数。

◆ RepeatCount：运行次数，可选参数。

◆ RepeatExpression：运行条件，可选参数。

（4）DoCmd 对象的 RunSQL 方法：能够执行 SQL 语句，格式如下。

```
RunSQL SQLStatement, [UseTransaction]
```

参数含义：

◆ SQLStatement：SQL 语句，必选参数。

◆ UseTransaction：是否用于事务处理，可选参数。

7.8　数据库编程

在 VBA 中可以编写代码访问或操作本地或外部数据库。VBA 提供了三种数据访问接口：ODBC（Open Database Connectivity，开放式数据库互联）、DAO（Data Access Objects，数据访问对象）和 ADO（ActiveX Data Objects，ActiveX 数据对象）。

ODBC 是微软公司开放服务结构中有关数据库的一个组成部分，它建立了一组规范，并提供了一组对数据库访问的标准 API（应用程序编程接口），用于访问多种数据库管理系统的数据。由于 ODBC 是基于过程而不是面向对象的，因此具有一定的局限性。

DAO 是微软第一个面向对象的数据库接口，它提供了一个访问数据库的对象模型，允许开发者通过 ODBC 操纵本地或远程数据库的数据，实现对数据库的操作。

ADO 是对当前微软所支持的数据库进行操作的最有效和最简单直接的方法，是一种功能强大的数据访问编程模式。ADO 是一种面向对象的编程接口，使用 ADO 对象以及 ADO 的附加组件可以创建或修改表和查询、检验数据库或者访问外部数据源。它的主要优点是易于使用、速度快、内存支出低和占用磁盘空间少。

7.8.1　使用 DAO 访问数据库

任务 7-15　使用 DAO 访问数据库

任务实例 7.18：通过 DAO 访问"人事管理系统"数据库中的图书馆人员信息，结果显示在新窗体"图书馆职员信息窗体"中。

任务分析：

◆ 方法：新建窗体，在窗体的 Load 事件中访问并显示外部数据库数据。

◆ 操作关键：使用 DAO 对象。

任务解决过程：

（1）新建窗体：打开"图书管理系统．accdb"数据库，利用"窗体设计"创建新窗体，添加一个标签控件和 5 个文本框控件，文本框的"控件来源"属性分别设置为：职工编号、职工姓名、性别、部门名称和入职日期，如图 7.56 所示，窗体保存名为"图书馆职员信息窗体"。

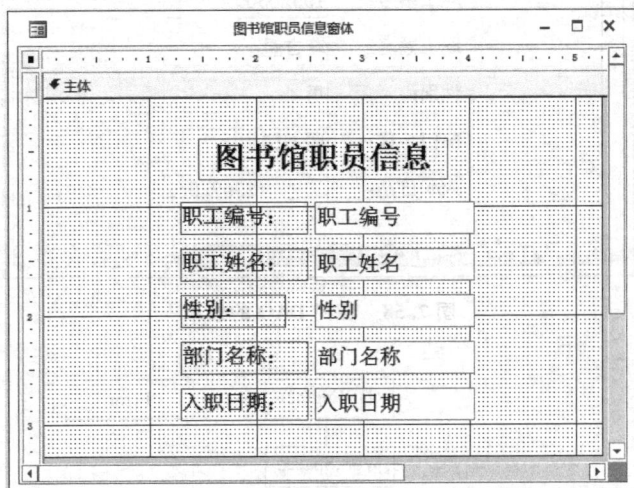

图 7.56　图书馆职员信息窗体

（2）添加程序代码：在窗体对象的"加载"属性中选择"事件过程"，进入 VBE 环境，添加窗体的 Load 事件代码，如图 7.57 所示。

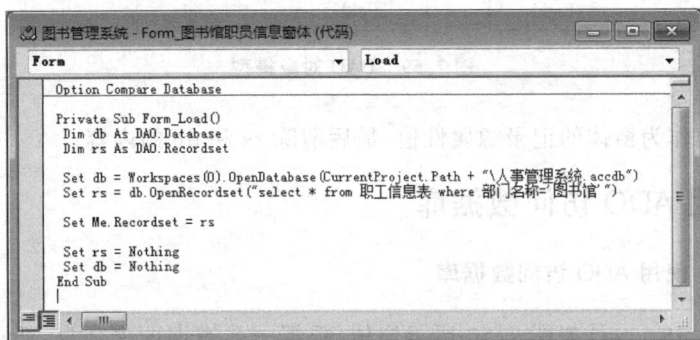

图 7.57　在窗体 Load 事件过程中使用 DAO

（3）运行窗体：打开"图书馆职员信息窗体"的"窗体视图"，窗体加载过程中连接外部数据库"人事管理系统"，并显示"职工信息表"中图书馆职员的信息，结果如图 7.58 所示。

相关知识点细述：

（1）DAO 对象模型如图 7.59 所示，顶层是 DBEngine（数据引擎）对象，其下的 Workspaces（工作区集合）对象保存用户的会话区，默认的工作区对象是 Workspaces(0)，在工作区内可以建立与外部数据库的连接。

（2）本例中，首先定义了 Database 对象 db 和 Recordset 对象 rs，然后使用工作区的 OpenDatabase 方法建立和外部数据库"人事管理系统"的连接，接着通过 db 对象打开记录集，该记录集是 SQL 语句"select * from 职工信息表 where 部门名称='图书馆'"的结果集，

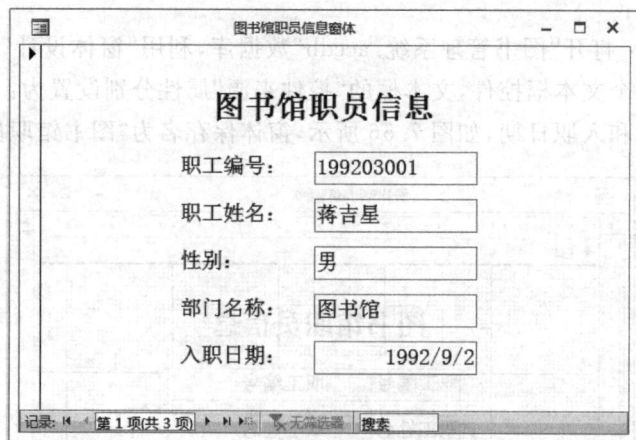

图 7.58　应用 DAO 的结果

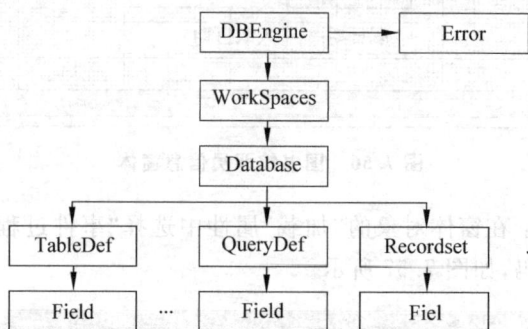

图 7.59　DAO 对象模型

并且将此结果集作为窗体的记录源属性值,最后清除 rs 和 db 的内容。

7.8.2　使用 ADO 访问数据库

任务 7-16　使用 ADO 访问数据库

任务实例 7.19:设计如图 7.60 所示窗体,根据书名查询图书信息,要求使用 ADO 访问数据库。

任务分析:

◆ 方法:新建窗体,设计按钮的单击事件。

◆ 操作关键:使用 ADO 对象。

任务解决过程:

(1) 新建窗体:打开"图书管理系统.accdb"数据库,进入设计视图,添加一个标签控件、一个命令按钮控件和 8 个文本框控件,设置标签控件名称为:lblInfo,在标签内输入空格,设置命令按钮的名称为:cmdQuery,设置第一个文本框的名称为:txtKeyword,后面 7 个文本框的名称分别设置为:Text1、Text2、…、Text7,如图 7.61 所示,窗体保存名为"图书在馆可借查询"。

图 7.60 "图书在馆可借查询"窗体

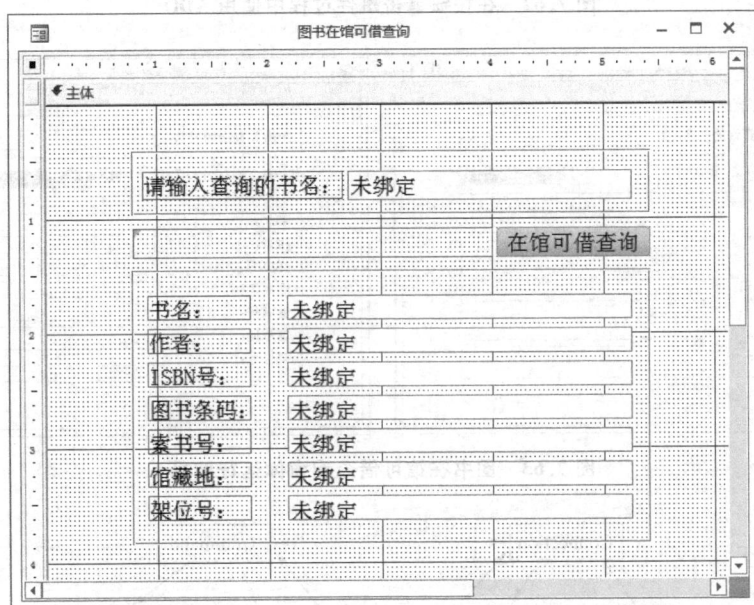

图 7.61 图书在馆可借查询窗体设计视图

（2）添加程序代码：在命令按钮的"单击"属性中选择"事件过程"，进入 VBE 环境，添加代码，如图 7.62 所示。

（3）运行窗体：打开"图书在馆可借查询窗体"的"窗体视图"，输入要检索的书名，单击"在馆可借查询"按钮，则可出现如图 7.60 或图 7.63 所示的结果。

相关知识点细述：

（1）ADO 对象模型如图 7.64 所示。

图 7.62　在按钮单击事件过程中使用 ADO

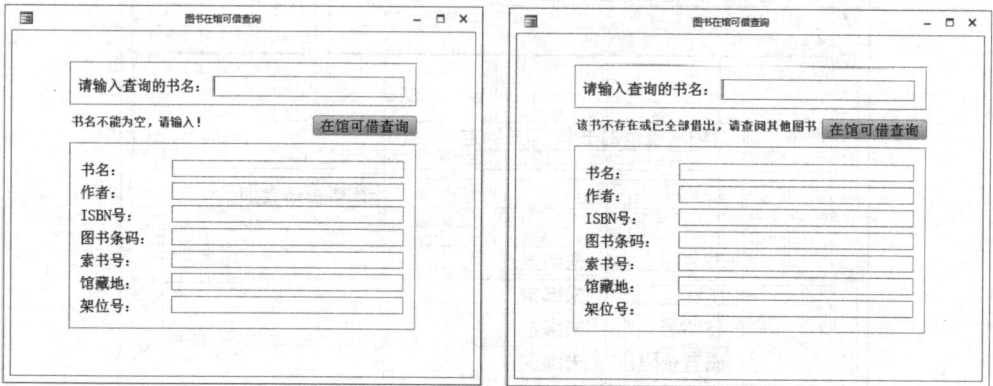

图 7.63　图书在馆可借查询窗体运行结果

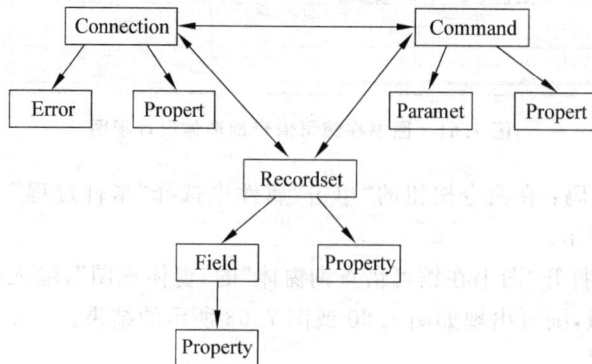

图 7.64　ADO 模型

（2）本例中，首先定义了 Connection 对象 cn 和 Recordset 对象 rs，然后建立与当前数据库的连接，随后判断输入的查询条件不为空时，使用 rs 对象的 Open 方法得到记录集，即 SQL 语句的结果集，继续判断结果集是否为空，如果不是，则将结果显示在文本框内，如果是空集，则显示未查到，最后清除 rs 和 cn 的内容。

本章小结

模块是 Microsoft Access 中功能最全面的一类对象，能够完成更为复杂的任务。模块分为标准模块和类模块，标准模块通常用来保存通用声明和通用过程，作为独立的模块对象显示在导航窗格的模块列表中。类模块一般与类对象关联，用来响应对象事件，不具有独立性，从属于相关联的对象，如窗体类模块或报表类模块。

编写模块代码使用的是 VBA 语言，体现面向对象的编程思想。VBA 中对常量、变量、数组、函数、表达式、语句、结构等元素的定义及使用规定了一套语法规则。每个模块都是由一个声明区域和若干个过程组成的，过程包括子程序、函数过程和属性过程，过程之间可以互相调用。

使用 VBA 还可以对本地数据库或外部数据库进行操作，如本章介绍的 VBA 内特殊的对象 DoCmd，以及使用 DAO、ADO 对象等。

习题 7

一、思考题

（1）模块对象的作用是什么？有哪些分类？分别适用什么情况？

（2）常量与变量的区别是什么？

（3）VBA 中的过程有几种类型？格式和作用上有什么区别？

（4）VBA 中能实现哪些结构？分别能够解决什么类型的问题？

（5）DoCmd 对象的常用方法有哪些？

二、选择题

（1）VBA 中定义变量的关键字是（　　）。

A. Const　　　　　B. Dim　　　　　C. Globle　　　　　D. Private

（2）VBA 中的输入函数是（　　）。

A. Msgbox　　　　B. Sign　　　　　C. Round　　　　　D. Inputbox

（3）声明一个数组 a（6），默认情况下该数组包括（　　）个变量。

A. 5　　　　　　　B. 6　　　　　　　C. 7　　　　　　　D. 8

（4）Sub 过程与 Function 过程最根本的区别是（　　）。

A. Sub 过程的过程名不能返回值，而 Function 过程能通过过程名返回值

B. Sub 过程可以使用 Call 语句或直接使用过程名调用，而 Function 过程不可以

C. 两种过程参数的传递方式不同

D. Function 过程可以有参数，Sub 过程不可以

(5) 在窗体中添加一个命令按钮(名称为 Command1)，然后编写如下代码：

```
Private Sub Command1_Click()
    a=0: b=2: c=6
    MsgBox a=b+c
End Sub
```

窗体打开运行后，如果单击命令按钮，则消息框的输出结果为(   )。

A. 8   B. a=8   C. 0   D. False

三、填空题

(1) VBA 的全称是_____。

(2) VBA 中的三种流程控制结构是顺序结构、_____和_____。

(3) 实现数据库操作的 DAO 技术，其模型采用的是层次结构，其中处于最顶层的对象是_____。

(4) 在窗体上添加一个命令按钮(名为 Command1)，然后编写如下事件过程：

```
Private Sub Command1_Click()
    Dim b As Integer, k As Integer
    For k=1 to 6
        b= 23+k
    Next k
    MsgBox b+k
End Sub
```

打开窗体后，单击命令按钮，消息框的输出结果是_____。

(5) 在窗体中添加一个名称为 Command1 的命令按钮，然后编写如下事件代码：

```
Private Sub Command1_Click()
    Dim a As String
    a=InputBox("请输入一个数", "提示")
    b=Len (a)
    MsgBox b
End Sub
```

窗体打开运行后，单击命令按钮，输入 3.14，则消息框的输出结果是_____。

实验 7   模块的设计

一、实验目的与实验要求

1. 实验目的

◆ 掌握 VBA 的语法规则和编程思想。

◆ 掌握模块的创建与设计方法。

2. 实验要求

◆ 创建各类模块。
◆ 完成 VBA 语句的编写。

二、实验示例

1. 操作要求

例：打开"实验素材\实验 7\示例"文件夹，此文件夹下存在一个数据库 Example7. accdb，已经设计好表对象 tStudent、查询对象 qStudent 和窗体对象 fStudent，同时，给出窗体对象 fStudent 上按钮的单击事件代码，按照以下要求完成相应设计，参考效果如文件 Example7_R. accdb 所示。

（1）创建报表：使用向导创建一个名为 rStudent 的报表，显示表 tStudent 中的"学号"、"姓名"、"班级"和"年龄"字段，按"班级"分组，按"学号"升序排序。

（2）修改查询：设置"班级"字段条件为引用窗体对象 fStudent 上组合框的值。

（3）编写 VBA 语句：使得在窗体 fStudent 上单击"打开学生信息报表"按钮（名称为 cmdOpenPage）打开报表 rStudent 的打印预览视图；单击"刷新"按钮（名称为 cmdRefresh），按所选班级显示学生信息（提示：动态设置窗体记录源为查询 qStudent），效果如图 7.65 所示。

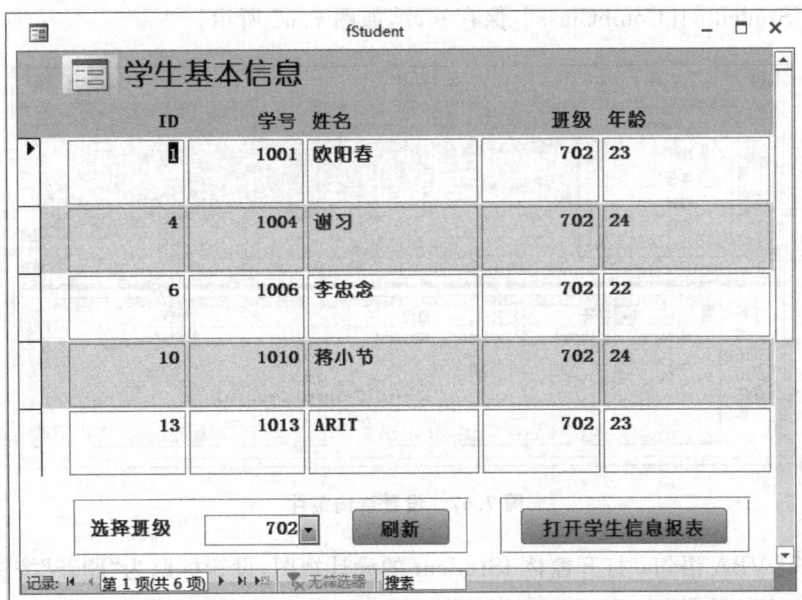

图 7.65 窗体 fStudent 的效果

注：已给事件过程，只需在"****Add****"与"****Add****"之间的空行内补充语句、完成设计。

2. 操作步骤

(1) 创建报表：打开数据库 Example7. accdb，单击"创建"选项卡"报表"栏的"报表向导"命令，按照向导分别选择数据源、设置分组级别、设置排序规则以及确定报表标题，报表效果如图 7.66 所示。

rStudent			
班级	学号	姓名	年龄
701			
	1002	刘丽	25
	1007	王储	24
	1009	李崩龙	22
	1012	CORIE	24
	1016	张罗	24
702			
	1001	欧阳春	23
	1004	谢习	24
	1006	李忠念	22
	1010	蒋小节	24
	1013	ARIT	23
	1018	刘莲花	24
703			
	1005	黄珏	23

图 7.66　报表 rStudent 效果

(2) 修改查询：打开查询 qStudent 的设计视图，在"班级"字段的"条件"栏输入：[Forms]![fStudent]![CombClass]，保存修改，如图 7.67 所示。

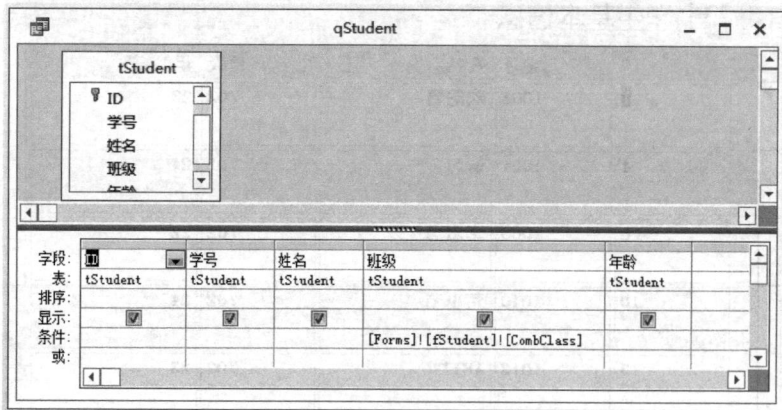

qStudent	— □ ×

tStudent

ID
学号
姓名
班级
年龄

字段:	ID	学号	姓名	班级	年龄
表:	tStudent	tStudent	tStudent	tStudent	tStudent
排序:					
显示:	☑	☑	☑	☑	☑
条件:				[Forms]![fStudent]![CombClass]	
或:					

图 7.67　设置查询条件

(3) 编写 VBA 语句：打开窗体 fStudent 的设计视图，设置标题为"刷新"按钮的"单击"事件属性为"事件过程"选项，单击右侧的 按钮，进入 VBE 代码界面，在两行 Add1 之间填写 VBA 语句：Me. RecordSource＝"qStudent"；设置标题为"打开学生信息报表"按钮的"单击"事件属性为"事件过程"选项，进入 VBE 界面，在两行 Add2 之间填写 VBA 语句：DoCmd. OpenReport "rStudent"，acViewPreview，如图 7.68 所示，保存修改。

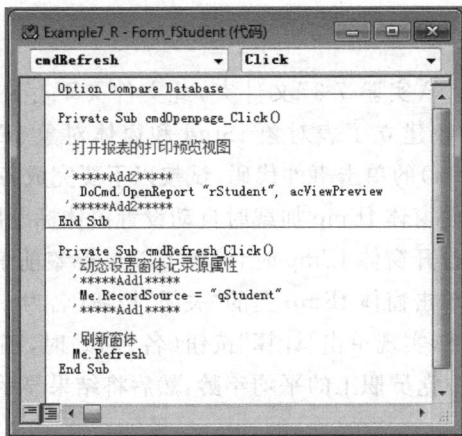

图 7.68 编写 VBA 语句

三、实验内容

实验 7-1

打开"实验素材\实验 7\实验 7-1"文件夹,此文件夹下存在一个数据库文件 Ex7-1.accdb,已经设计好表对象 tAddr 和 tUser、窗体对象 fEdit 和 fEuser,请按照如下要求完成窗体的操作。

(1) 编辑 VBA 代码,使窗体 fEdit 加载时自动设置窗体标题属性为系统当前日期。

(2) 编辑 VBA 代码,使窗体 fEdit 打开后标签控件 Lremark 的文字颜色改为红色(红色代码为 255)。

(3) 将窗体边框改为"对话框边框"样式,取消窗体中的水平和垂直滚动条、记录选择器、分隔线和导航按钮。

(4) 在窗体中有"修改"和"保存"两个命令按钮,名称分别为 CmdEdit 和 CmdSave,其中"保存"命令按钮在初始状态下为不可用,当单击"修改"按钮后,应使"保存"按钮变为可用。

实验 7-2

打开"实验素材\实验 7\实验 7-2"文件夹,此文件夹下存在一个数据库文件 Ex7-2.accdb,在数据库文件中已经建立了一个表对象 tStud 、窗体对象 fEmp、报表对象 rEmp 和宏对象 mEmp,试按以下要完成各种操作。

(1) 编写代码,加载窗体 fEmp 时在窗体标题栏显示"职工信息输出"。

(2) 编写代码,打开窗体 fEmp 时在标签 bTitle 中显示"请单击下面的按钮"。

(3) 补充已有代码,在 fEmp 窗体上单击"输出"命令按钮(名为 btnP)时弹出一个输入对话框,提示文本为"请输入大于 0 的整数值"。

输入 1 时,相关代码关闭窗体(或程序);

输入 2 时,相关代码实现预览输出报表对象 rEmp;

输入>=3 时,相关代码调用宏对象 mEmp 以打开数据表 tEmp。

实验 7-3

打开"实验素材\实验 7\实验 7-3"文件夹,此文件夹下存在一个数据库文件 Ex7-3. accdb,在数据库文件中已经建立了表对象 tStud 和窗体对象 fEmp,同时,给出窗体对象 fEmp 上"计算"按钮(名为 bt)的单击事件代码,试按以下要完成各种操作。

(1) 编辑 VBA 代码,使窗体 fEmp 加载时自动设置窗体标题属性为"信息输出"。

(2) 编辑 VBA 代码,打开窗体 fEmp 时,设置 bTitle 标签前景色为红色。

(3) 编辑 VBA 代码,单击窗体 fEmp 上的"关闭"按钮(名为 cQuit)时关闭当前窗体。

(4) 补充窗体代码设计,实现单击"计算"按钮(名为 bt)时,事件过程使用 ADO 数据库技术计算出表对象 tEmp 中党员职工的平均年龄,然后将结果显示在窗体的文本框 tAge 内并写入外部文件中。

注意:不允许修改数据库中表对象 tEmp 未涉及的字段和数据;不允许修改窗体对象 fEmp 中未涉及的控件和属性。代码设计只允许在*****Add*****与*****Add*****之间的空行内填补一行语句、完成设计,不允许增删和修改其他位置已存在的语句。程序必须运行并生成外部文件(out. dat)。

实验 7-4

打开"实验素材\实验 7\实验 7-4"文件夹,此文件夹下存在一个数据库文件 Ex7-4. accdb。已经设计了表对象 tStudent,窗体对象 fStudent 和报表对象 rStudent,按照以下要求完成设计。

(1) 在窗体 fStudent 的 Form_Load 事件过程中设置窗体的记录源为表 tStudent。

(2) 在窗体 fStudent 中有一个"改变颜色"命令按钮(名称为 bChangeColor),设置该按钮的 VBA 代码,使得单击该按钮,bTitle 标签的背景色变为绿色。

(3) 在窗体 fStudent 中有一个"退出"命令按钮(名称为 bQuit),单击该按钮后,应关闭 fStudent 窗体,请按照相应 VBA 代码中的指示将代码补充完整。

(4) 在报表 rStudent 的主体节依据"政治面貌"字段设置复选框控件"团员否",当政治面貌为"团员"时,复选框为选中打钩状态,否则复选框为未选中空白状态。

实验 7-5

将实验 6-5 完成的"人事管理系统. accdb"的数据库文件复制到"实验素材\实验 7\实验 7-5"文件夹中,并按下述要求完成数据库操作,结果文件保存在 7-5 文件夹中。

(1) 在"部门员工一览"窗体页脚节添加一个按钮 cmd1,标题为"预览全员信息",编写 VBA 语句,单击按钮时打开"员工卡标签报表"的打印预览视图。

(2) 在"雇员信息窗体"上添加一个按钮 cmd2,标题为"计算工龄",编写 VBA 语句,根据入职时间计算工龄,单击按钮时显示消息,效果如图 7.69 所示。

(3) 在"工资检索条件"窗体上添加一个按钮 cmd3,标题为"返回",编写 VBA 语句,使得单击按钮时关闭该窗体并回到主

图 7.69　计算工龄消息框

界面。

实验 7-6

将实验 6-6 完成的"十字绣销售管理系统.accdb"的数据库文件复制到"实验素材\实验7\实验 7-6"文件夹中,并按下述要求完成数据库操作,结果文件保存在 7-6 文件夹中。

(1)新建一个窗体,添加三个文本框、两个命令按钮和一条直线,三个文本框的名称分别为 Price、Quantity、SumPrice,两个命令按钮的名称分别为 Calculate 和 Clear,调整属性取消"滚动条"、"记录选定器"及"导航按钮",保存名为"计算窗体",如图 7.70 所示。

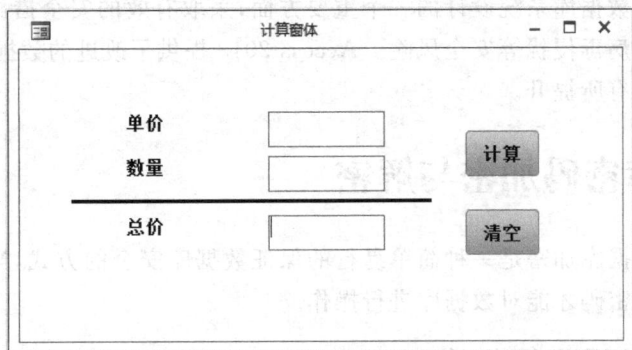

图 7.70 "计算窗体"效果

(2)编写 VBA 语句,使得打开"计算窗体"时文本框内容均为空。

(3)编写 VBA 语句,使得单击"计算"按钮时能够在 SumPrice 中显示 Price 和 Quantity 的乘积。

(4)编写 VBA 语句,使得单击"清空"按钮时能够将所有文本框内容清除。

(5)在"十字绣商品信息窗体"中添加一个名为 Calculate 的命令按钮,编写 VBA 语句,使得单击该按钮时能打开"计算窗体"。

(6)编写"十字绣销售管理系统主界面"窗体中"数据更新"栏内命令按钮的 VBA 代码,实现单击该按钮能够运行相应查询,并打开"员工基本信息表"查看更新结果。

第 8 章

数据库安全

数据库安全是数据库系统设计的一个重要方面,采取有效的安全措施可以防止非授权用户的非法操作和病毒侵扰等安全风险。Access 2013 提供了改进的数据库安全模型,在安全性和操作性上都有所提升。

8.1 数据库密码加密与解密

通过密码对数据库加密是一种简单易行的保证数据库安全的方式,当用户打开数据库时需要输入正确的密码才能对数据库进行操作。

8.1.1 设置数据库访问密码

任务 8-1 创建数据库密码

任务实例 8.1:为"图书管理系统"数据库设置访问密码:Access 2013。

任务分析:

◆ 方法:使用"用密码进行加密"命令。

◆ 操作关键:用独占方式打开数据库。

任务解决过程:

(1) 以独占方式打开数据库:启动 Access 2013,在 Backstage 视图单击"打开",在"打开"对话框中选择"图书管理系统"数据库,单击"打开"按钮上的下拉按钮,在选项中选择"以独占方式打开",如图 8.1 所示。

(2) 创建密码:单击"文件"选项卡的"信息"命令,选择"用密码进行加密",如图 8.2 所示,在"设置数据库密码"对话框中输入密码:Access 2013,单击"确定"按钮,如图 8.3 所示。

相关知识点细述:

(1) 在"设置数据库密码"对话框中的"密码"和"验证"文本框中的密码要一致,否则系统会有错误提示。

(2) 设置密码后,以后再正常打开数据库时,会显示"要求输入密码"对话框,如图 8.4 所示,输入正确的密码后就可以操作数据库了。

(3) Access 2013 中使用的加密功能加密算法比早期版本更强,只适用于 accdb 文件格式的数据库,如果要对早期版本的 Access 数据库(mdb 文件)进行编码或应用密码,系统将使用 Access 2003 中的编码和密码功能。

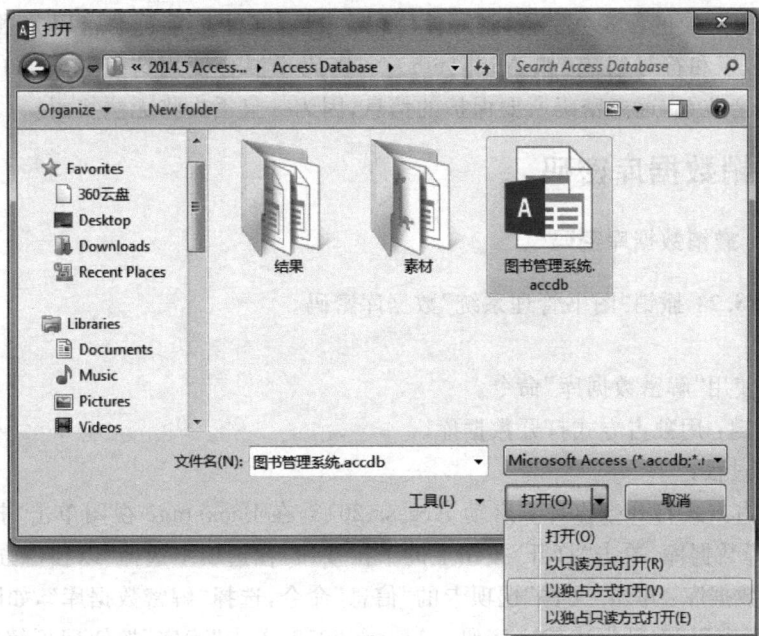

图 8.1　以独占方式打开数据库

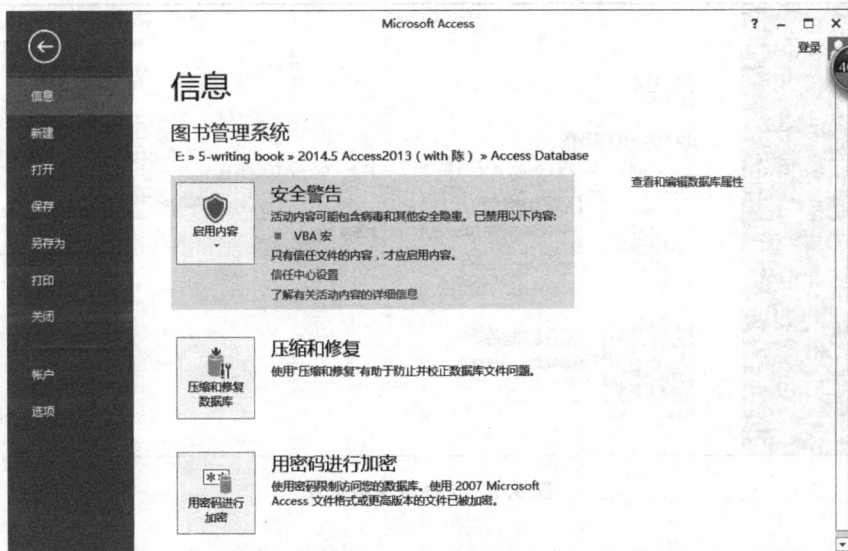

图 8.2　选择用密码进行加密

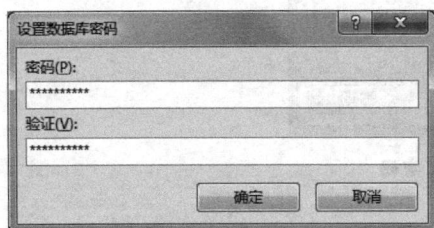

图 8.3　输入密码

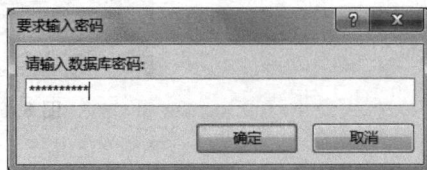

图 8.4　"要求输入密码"对话框

(4) 密码应至少包含 8 个字符,最好使用包含 14 个或更多字符的密码。强密码由大写及小写字母、数字和符号组成,如 A6dh!et5。弱密码不混合使用这些元素,如 123456。密码应保存在安全位置,远离密码所要保护的信息,因为一旦丢失将无法找回。

8.1.2　撤销数据库密码

任务 8-2　撤销数据库密码

任务实例 8.2:撤销"图书管理系统"数据库密码。

任务分析:

◆ 方法:使用"解密数据库"命令。

◆ 操作关键:用独占方式打开数据库。

任务解决过程:

(1) 以独占方式打开数据库:启动 Access 2013,在 Backstage 视图单击"打开",在"打开"对话框选择数据库,单击"打开"按钮上的下拉按钮,在选项中选择"以独占方式打开"。

(2) 解密数据库:单击"文件"选项卡的"信息"命令,选择"解密数据库",如图 8.5 所示,在"撤销数据库密码"对话框中输入密码:Access 2013,单击"确定"按钮即可解密,如图 8.6 所示。

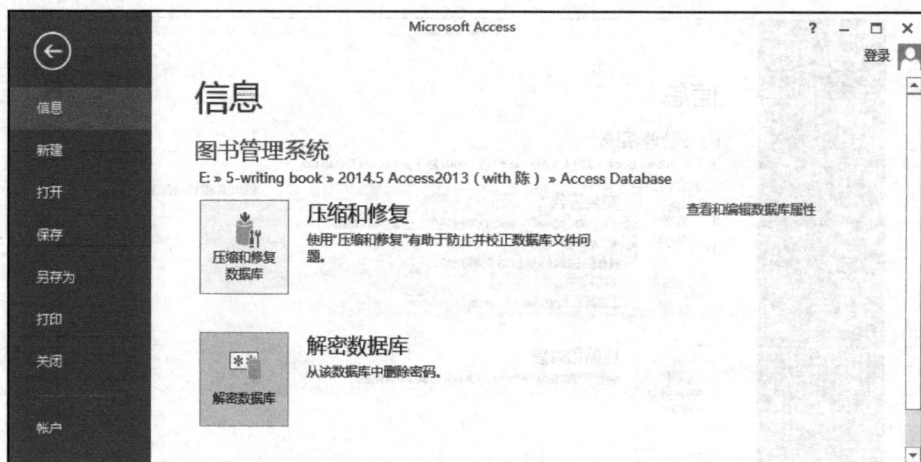

图 8.5　选择解密数据库

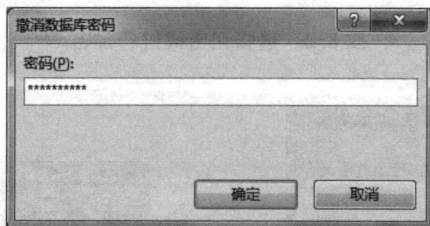

图 8.6　撤销数据库密码

8.2　数据库的备份与还原

　　数据库在使用过程中可能会遭遇各种未知的软硬件问题，或者对数据库进行了某些错误操作，这些情况下数据库可能会受到损坏，无法继续使用。为了发生故障时能最大程度挽救数据，应做好数据库的日常备份，以便随时还原数据库。

8.2.1　数据库备份

任务 8-3　备份数据库

任务实例 8.3：备份"图书管理系统"数据库，名为"图书管理系统 2014"。

任务分析：

◆ 方法：使用"备份数据库"命令。

任务解决过程：

（1）备份数据库：在"图书管理系统"数据库打开状态下，单击"文件"选项卡的"另存为"选项，在右侧选择"数据库另存为"，文件类型选择"高级"下的"备份数据库"，单击"另存为"按钮，如图 8.7 所示。

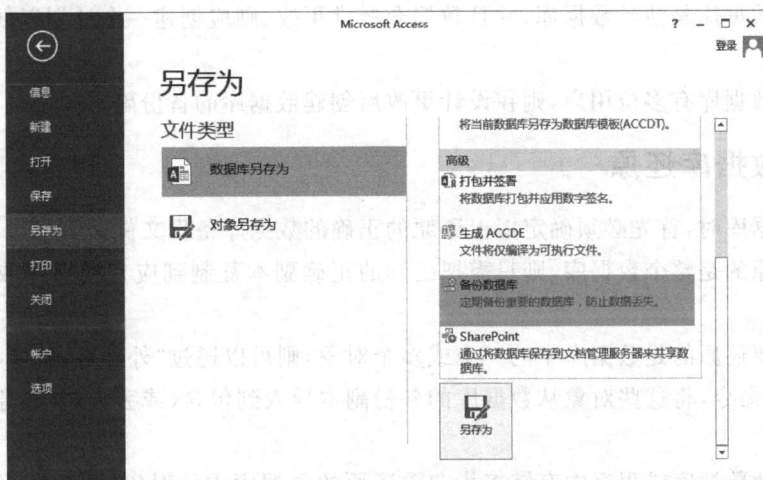

图 8.7　选择备份数据库命令

　　（2）保存：在"另存为"对话框中输入备份的数据库名称"图书管理系统 2014"，如图 8.8 所示，在与原数据库同一文件夹下可以看到新备份的数据库文件。

相关知识点细述：

（1）备份数据库时，Access 首先会保存并关闭在设计视图中打开的对象，然后使用指定的名称和位置保存数据库文件的副本。

（2）备份数据库时，可以根据需要更改备份的名称，建议使用默认的文件名，因为在从备份还原数据或对象时，通常需要知道备份来自哪个数据库以及创建备份的时间，默认名称包含了这些要素。

（3）应养成定期备份的习惯，可以根据数据库的使用频率决定备份的频率，规则如下。

图 8.8　输入备份数据库名称

- ◆ 如果数据库是存档数据库，或者只用于引用而很少更改，那么只需在每次设计或数据发生更改时执行备份即可。
- ◆ 如果数据库是活动数据库，并且数据会经常更改，则应创建一个计划以便定期备份数据库。
- ◆ 如果数据库有多位用户，则在设计更改后创建数据库的备份副本。

8.2.2　数据库还原

还原数据库时，首先必须确定用于还原的正确的数据库备份文件。

如果还原的是整个数据库，则只需把已知的正确副本复制到应替换损坏或丢失数据库的位置。

如果需要还原的是数据库中的一个或多个对象，则可以通过"外部数据"选项卡"导入和链接"组中的命令，将这些对象从数据库的备份副本导入到包含(或丢失)要还原的对象的数据库中。

如果其他数据库或程序中有链接指向要还原的数据库中的对象，则必须将数据库还原到正确的位置。否则，指向这些数据库对象的链接将失效，必须更新。

8.3　数据库的压缩和修复

在数据库的操作过程中需要不断添加和删除数据或数据库对象，随之而来的是数据库文件越来越大，会影响数据库性能或损坏数据库文件，删除数据也不能有效减小文件规模，这种情况下最有效的方式是对数据库进行压缩和修复。

任务 8-4　压缩和修复数据库

任务实例 8.4：压缩和修复"图书管理系统"数据库。

任务分析：

◆ 方法：使用"压缩和修复"命令。

任务解决过程：

（1）打开数据库：打开"图书管理系统"数据库。

（2）压缩和修复数据库：单击"文件"选项卡的"消息"选项，在右侧选择"压缩和修复数据库"命令，如图 8.9 所示。

图 8.9　压缩和修复数据库

相关知识点细述：

（1）在压缩数据库之前应备份数据库，数据库真正压缩前系统会对文件进行检查，若检测到数据库损坏，会要求修复数据库。

（2）压缩过程并不压缩数据，而是通过消除未使用的空间来缩小数据库文件，帮助提高数据库的性能。

（3）可以将压缩和修复过程设置为每次关闭数据库时自动运行，在"文件"选项卡上单击"选项"，在"Access 选项"对话框中单击"当前数据库"，在"应用程序选项"下方，选择"关闭时压缩"，如图 8.10 所示。

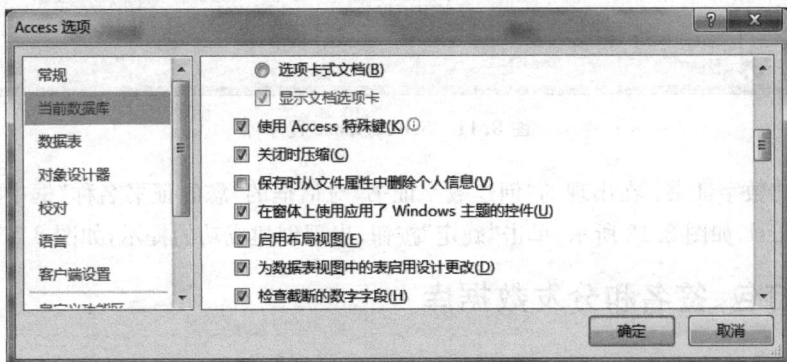

图 8.10　设置自动压缩

8.4　数据库的打包、签名和分发

在 Access 2007 之前的版本中,使用 Visual Basic 编辑器将安全证书应用于各个数据库组件,而在 Access 2013 中可以使用对数据库进行打包和签名的方式保证分发的数据库的安全性。在创建 accdb 文件或 accde 文件后,应用"打包并签署"工具将该文件打包,对其应用数字签名,然后将签名包放置在指定的 Access 部署(accdc)文件中,其他用户可以从该包中提取数据库,并直接在该数据库中工作,而不是在包文件中工作。

8.4.1　创建自签名证书

任务 8-5　创建自签名证书

任务实例 8.5:创建一个自签名证书 test。

任务分析:

◆ 方法:使用 SelfCert. exe。

任务解决过程:

(1) 运行 SelfCert. exe 程序:在 Office 2013 程序文件夹中找到并双击 SelfCert. exe 文件,如图 8.11 所示。提示:Office 2013 的默认文件夹为驱动器:\Program Files\Microsoft Office\Office15。

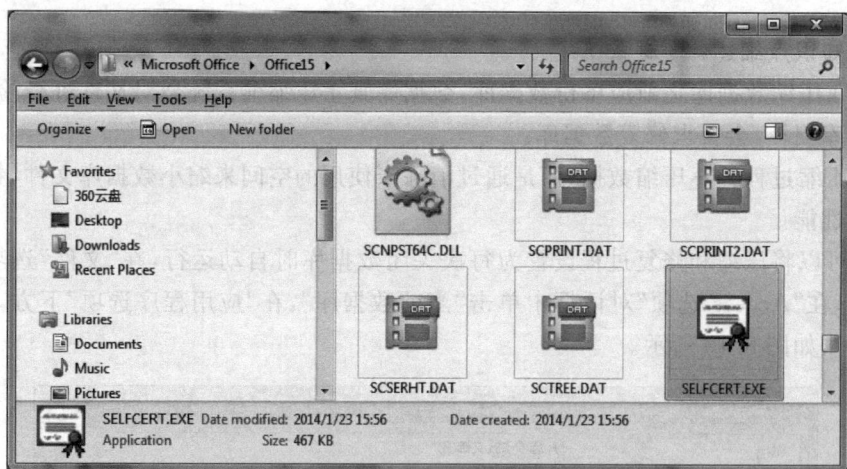

图 8.11　SelfCert. exe 程序

(2) 创建数字证书:在出现的"创建数字证书"对话框的"您的证书名称"框中输入新测试证书的名称 test,如图 8.12 所示,单击"确定"按钮,出现创建成功的提示,如图 8.13 所示。

8.4.2　打包、签名和分发数据库

任务 8-6　创建签名包

任务实例 8.6:使用自签名为"图书管理系统"数据库创建签名包"图书管理系统. accdc"。

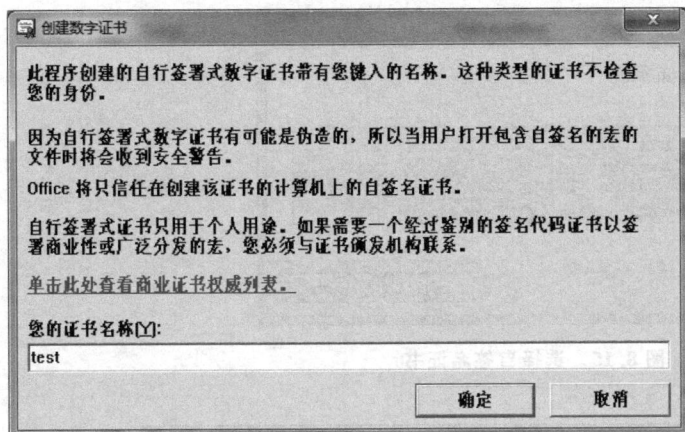

图 8.12 创建数字证书

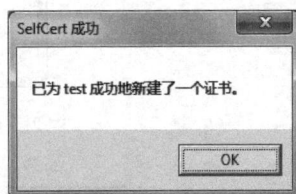

图 8.13 创建证书成功提示

任务分析：

◆ 方法：使用"打包并签署"命令。

任务解决过程：

（1）打开要打包和签名的数据库：打开"图书管理系统"数据库。

（2）打包并签署：单击"文件"选项卡的"另存为"选项，在右侧选择"数据库另存为"，文件类型选择"高级"下的"打包并签署"，单击"另存为"按钮，如图 8.14 所示。

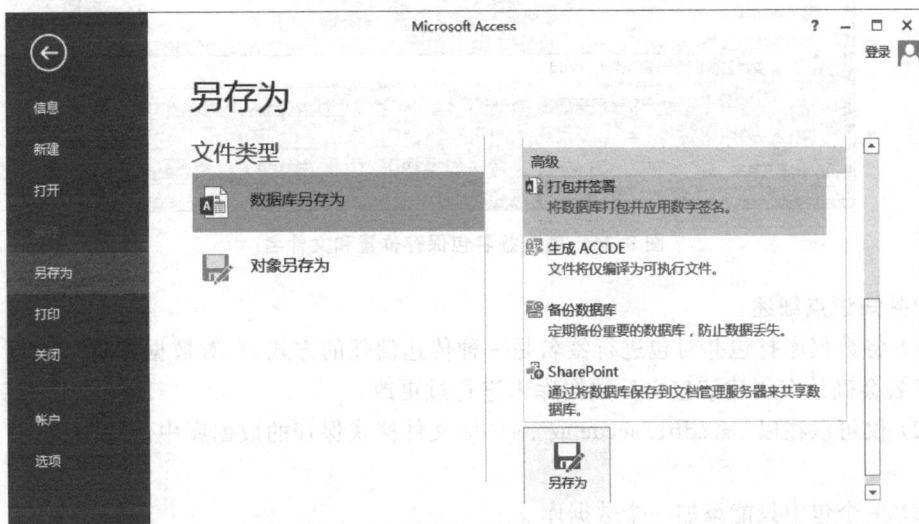

图 8.14 选择"打包并签署"命令

（3）选择数字证书：在选择证书对话框选取数字证书 test，单击"确定"按钮，如图 8.15 所示。

（4）创建签名包：在出现的"创建 Microsoft Office Access 签名包"对话框中选择一个保存位置，在"文件名"框中为签名包输入名称"图书管理系统.accdc"，然后单击"创建"按钮，如图 8.16 所示，Access 将创建 accdc 包文件并将其放置在选择的位置。

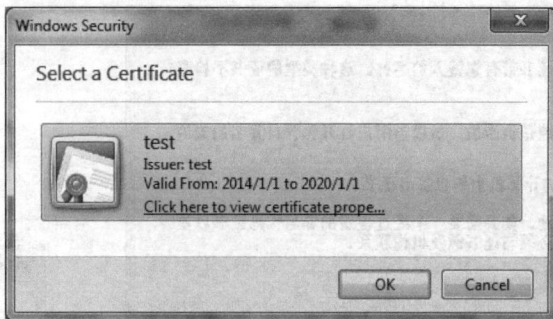

图 8.15   选择自签名证书

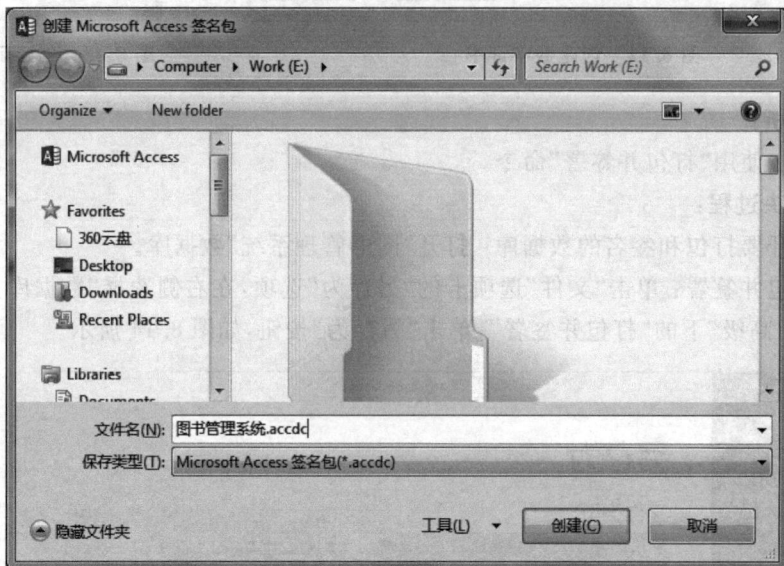

图 8.16   确定签名包保存位置和文件名

相关知识点细述：

（1）将数据库打包并对包进行签名是一种传达信任的方式，在对数据库打包并签名后，数字签名会确认在创建该包之后数据库未进行过更改。

（2）仅可以在以 .accdb、.accdc 或 .accde 文件格式保存的数据库中使用"打包并签署"工具。

（3）一个包中只能添加一个数据库。

（4）该过程将对包含整个数据库的包（而不仅仅是宏或模块）进行签名。

（5）该过程将压缩包文件，以便缩短下载时间。

（6）可以从位于 Windows SharePoint Services 3.0 服务器上的包文件中提取数据库。

8.4.3   提取并使用签名包

任务 8-7   提取并使用签名包

任务实例 8.7：提取并使用签名包"图书管理系统.accdc"。

任务分析：

◆ 方法：打开包文件。

任务解决过程：

(1) 打开包文件：启动 Access 2013，在"文件"选项卡上，单击"打开"命令，在"打开"对话框中选择"Microsoft Office Access 签名包(＊.accdc)"作为文件类型，选取"图书管理系统.accdc"签名包文件，单击"打开"，如图 8.17 所示。

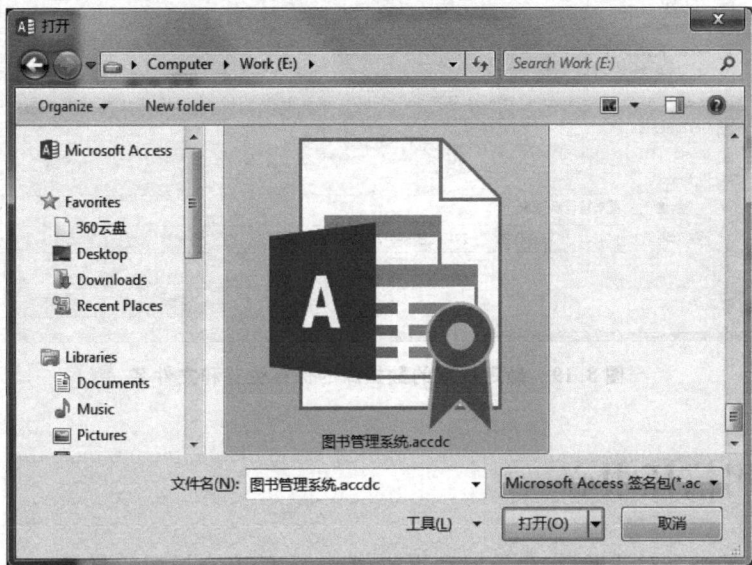

图 8.17 选择签名包文件

(2) 选择信任文件：如果尚未选择信任安全证书，则会出现"Microsoft Access 安全声明"对话框，单击"信任来自发布者的所有内容"按钮，如图 8.18 所示。

(3) 选择提取位置：在出现的"将数据库提取到"对话框中确定"保存位置"和"文件名"，单击"确定"按钮即可提取出数据库，如图 8.19 所示。

相关知识点细述：

(1) 如果使用自签名证书对数据库包进行签名，然后在打开该包时单击了"信任来自发布者的所有内容"，则将始终信任使用自签名证书进行签名的包。

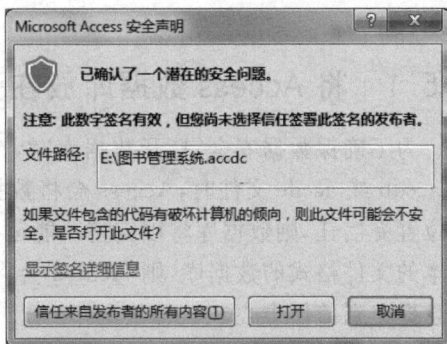

图 8.18 信任来自发布者的所有内容

(2) 如果将数据库提取到一个受信任位置，则每当打开该数据库时其内容都会自动启用。但如果选择了一个不受信任的位置，则默认情况下该数据库的某些内容将被禁用。

(3) 从包中提取数据库后，签名包与提取的数据库之间将不再有关系。

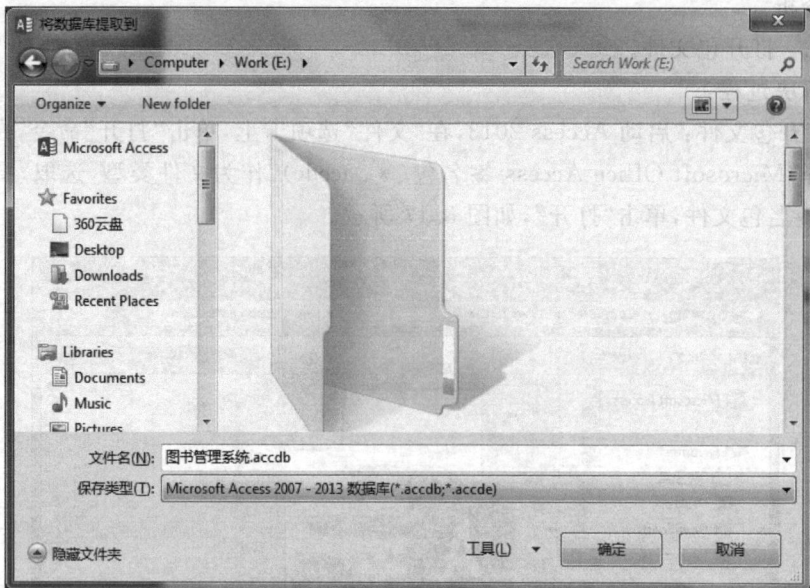

图 8.19　确定提取的数据库的保存位置和文件名

8.5　使用信任中心

　　信任中心是一个对话框,它为设置和更改 Access 的安全设置提供了一个集中的位置。使用信任中心可以为 Access 创建或更改受信任位置并设置安全选项。在 Access 实例中打开新的和现有的数据库时,这些设置将影响它们的行为。信任中心包含的逻辑还可以评估数据库中的组件,确定打开数据库是否安全,或者信任中心是否应禁用数据库,并判断是否启用它。

8.5.1　将 Access 数据库放在受信任位置

　　为了确保数据安全,打开数据库时,Access 和信任中心都将执行一组安全检查。在打开 accdb 或 accde 文件时,Access 会将数据库的位置提交到信任中心。如果信任中心确定该位置受信任,则数据库将以完整功能运行,否则将有部分功能被禁用。如果打开具有早期版本的文件格式的数据库,则 Access 会将文件位置和有关文件的数字签名(如果有)的详细信息提交到信任中心。

任务 8-8　将数据库放在受信任位置

任务实例 8.8：将"图书管理系统"数据库放在受信任位置。
任务分析：
◆ 方法：使用"信任中心"命令。
任务解决过程：
　　(1) 打开信任中心：启动 Access 2013,在"文件"选项卡上单击"选项"命令,在出现的"Access 选项"对话框的左侧单击"信任中心",然后在右侧的"Microsoft Office Access 信任中心"下单击"信任中心设置",如图 8.20 所示。

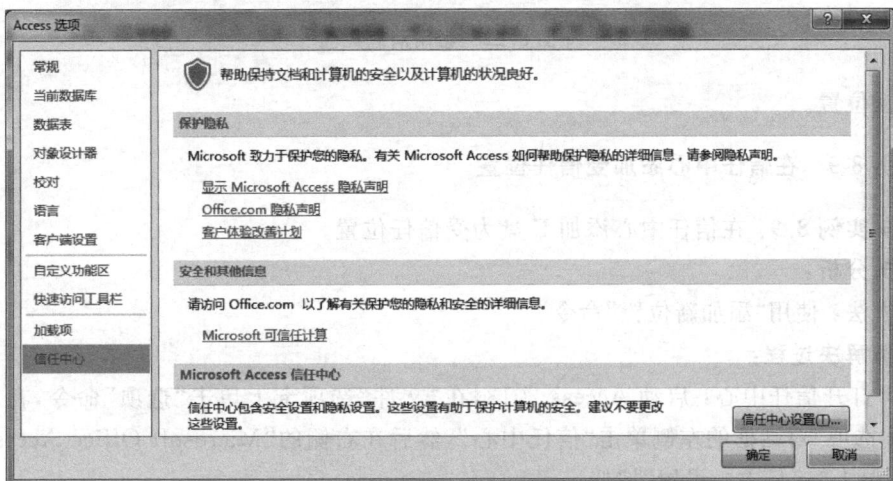

图 8.20　打开"信任中心"

（2）查看受信任位置：在弹出的信任中心对话框中单击"受信任位置",记录一个或多个受信任位置的路径,如图 8.21 所示。

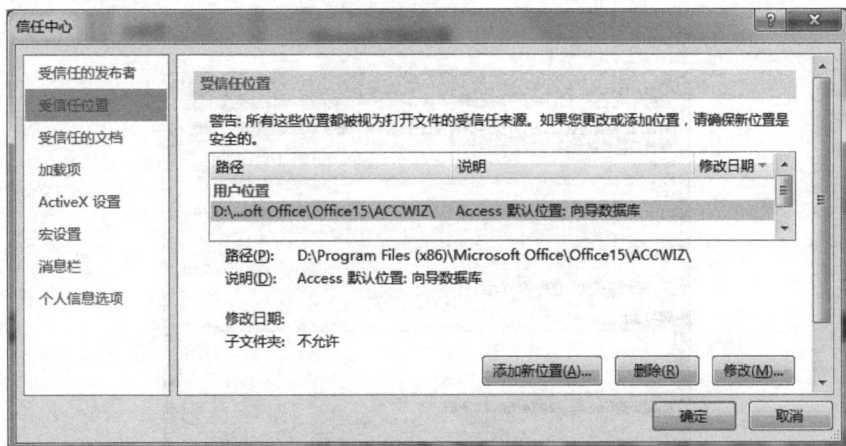

图 8.21　查看受信任位置

（3）将数据库放在受信任位置：将"图书管理系统"数据库文件移动或复制到受信任位置。

　　相关知识点细述：

（1）Access 组件中的动作查询、宏、VBA 代码以及一些表达式（返回单个值的函数）会造成安全风险,在不受信任的数据库中将禁用这些组件。

（2）如果信任中心禁用数据库内容,则在打开数据库时将出现消息栏,如图 8.22 所示。

8.5.2　添加受信任位置

将信任的数据库都移动到默认受信任位置时会造成管理混乱,Access 系统也支持自定

> ⚠️ 安全警告　部分活动内容已被禁用。单击此处了解详细信息。　　启用内容　　✕

图 8.22　禁用消息栏

义受信任位置。

任务 8-9　在信任中心添加受信任位置

任务实例 8.9：在信任中心添加 E 盘为受信任位置。

任务分析：

◆ 方法：使用"添加新位置"命令。

任务解决过程：

（1）打开信任中心：启动 Access 2013，在"文件"选项卡上单击"选项"命令，在出现的"Access 选项"对话框的左侧单击"信任中心"，然后在右侧的"Microsoft Office Access 信任中心"下单击"信任中心设置"按钮。

（2）添加受信任位置：在信任中心对话框左侧单击"受信任位置"选项，在右侧单击"添加新位置"按钮，如图 8.21 所示。

（3）设置新的受信任位置：在"Microsoft Office 受信任位置"对话框中设置路径为 E:\，勾选"同时信任此位置的子文件夹"，如图 8.23 所示，单击"确定"按钮，效果如图 8.24 所示。

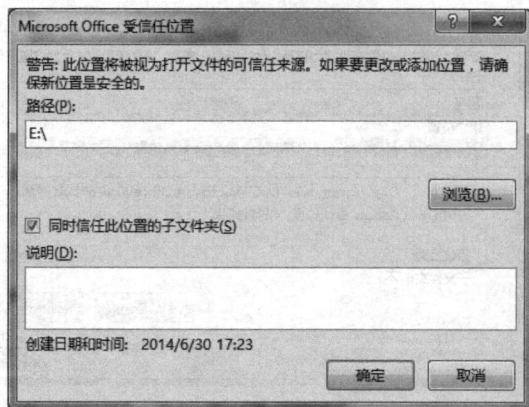

图 8.23　添加新路径

8.5.3　启用禁用内容

默认情况下，如果不信任数据库且没有将数据库放在受信任位置，则打开数据库时，Access 将禁用数据库中所有可执行内容，并显示消息栏，如图 8.22 所示，单击"启用内容"后才能使用所有数据库功能。如果任何情况都不需禁用，则可在信任中心进行相应内容的启用，但同时也会使数据库处于更大的安全风险中。

任务 8-10　打开数据库时启用禁用内容

任务实例 8.10：在信任中心启用所有宏。

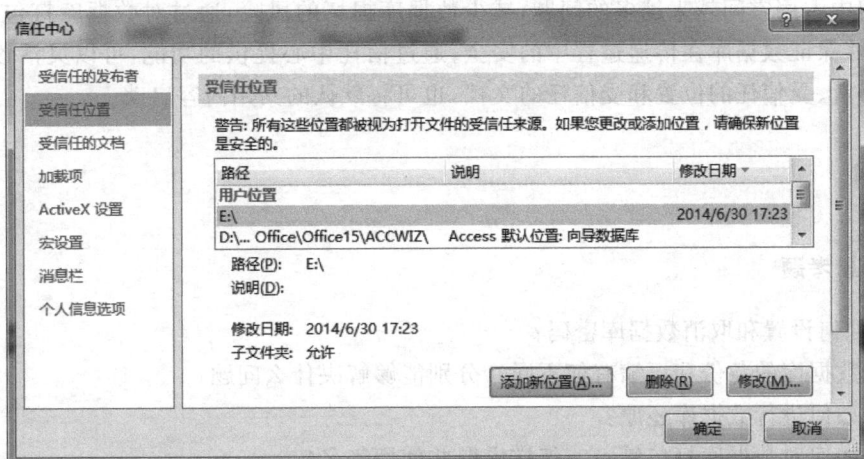

图 8.24　添加受信任位置效果

任务分析：

◆ 方法：使用"信任中心"命令。

任务解决过程：

(1) 打开信任中心：启动 Access 2013，在"文件"选项卡上单击"选项"命令，在出现的"Access 选项"对话框的左侧单击"信任中心"，然后在右侧的"Microsoft Office Access 信任中心"下单击"信任中心设置"按钮。

(2) 启用所有宏：在信任中心对话框左侧单击"宏设置"选项，右侧单击"启用所有宏"选项，如图 8.25 所示，单击"确定"按钮后，打开数据库时将不再禁用宏。

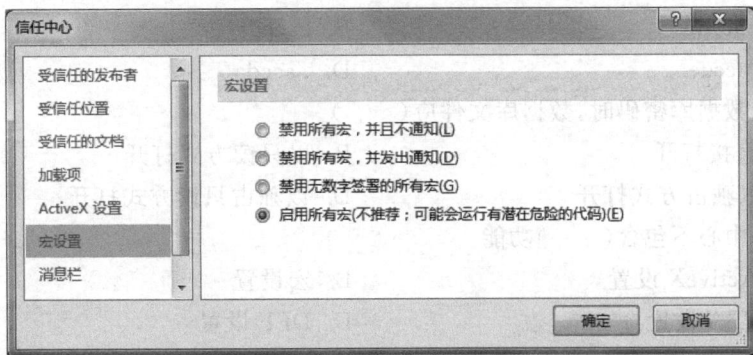

图 8.25　在信任中心启用所有宏

本章小结

本章主要介绍了保证数据库系统安全可靠运行的措施，Access 2013 提供了改进的数据库安全模型，令用户操作简单易行。

通过设置数据库密码，能够防止未授权用户使用数据库；通过对数据库进行备份，可以在遇到意外情况时通过数据库还原将损失降到最小；通过数据库的压缩和恢复，能够解决数据库使用中占用空间越来越多的问题,减少数据库损坏的风险;通过对数据库打包、签名和分发,能够保证数据库在传递过程中的安全;通过信任中心提供的功能,可以灵活设置受信任的发布者、受信任的位置和受信任的文档,也可将默认的禁用内容启动。

习题 8

一、思考题

(1)如何设置和取消数据库密码?

(2)数据库的备份和压缩有何不同?分别能够解决什么问题?

(3)如何进行数据库还原?

(4)如何对数据库打包签名?怎样提取并使用签名包?

(5)信任中心具有哪些功能?

二、选择题

(1)以下密码中哪个是强密码(　　)。

    A. 83Qi＄9％0　　　　　　　　　　B. 987654

    C. Office15　　　　　　　　　　　D. apple

(2)以下哪种措施不能保证数据库的安全性(　　)。

    A. 定期备份数据库　　　　　　　B. 压缩数据库

    C. 启用所有宏　　　　　　　　　D. 设置密码

(3)以下(　　)文件不能使用"打包并签署"工具。

    A. .accdb　　　　　　　　　　　B. .accdc

    C. .accde　　　　　　　　　　　D. .accda

(4)设置数据库密码时,数据库文件应(　　)。

    A. 直接打开　　　　　　　　　　B. 以只读方式打开

    C. 以独占方式打开　　　　　　　D. 以独占只读方式打开

(5)信任中心不包含(　　)功能。

    A. ActiveX 设置　　　　　　　　B. 宏设置

    C. VBA 设置　　　　　　　　　　D. DEP 设置

三、填空题

(1)数据库还原时,如果需要还原的是数据库中的一个或多个对象,则可以通过"外部数据"选项卡_____组中的命令。

(2)如果需要关闭数据库时自动运行"压缩和修复",则可以在"Access 选项"对话框中选择_____命令。

(3)创建自签名证书,需要在 Office 2013 程序文件夹中运行_____程序。

(4)签名包文件的后缀名是_____。

(5)在 Access 的文件选项卡中,选择_____命令,能够进入"信任中心"。

第 9 章
Access数据库应用系统开发实例

通过前面章节的学习,我们已经基本掌握了基于 Access 来创建表、查询、窗体、报表、宏等各种数据库对象的方法。在这一章里,我们将以基本的数据库应用系统开发流程为引导,综合应用前面所学的数据库对象的设计方法,构建起一个满足某一领域具体的应用需求,能够发挥关系数据库优势的数据库应用系统实例,从而完成对各章内容的回顾及整合。

9.1 数据库应用系统开发的整体流程

数据库应用系统的开发过程一般包括需求分析、概念模型设计、逻辑模型设计、物理模型设计、系统实施、系统运行和维护 6 个阶段。但根据应用系统的规模和复杂程度,在实际开发过程中往往需要有一些灵活处理,不一定完全刻板地遵守完全相同的过程,但是,总体应当符合"分析→设计→实现"这一基本流程。表 9.1 中概要列出了数据库应用系统开发各阶段的主要任务。

表 9.1 数据库应用系统开发整体流程

基本环节	阶 段	主 要 任 务
分析	需求分析	准确了解和分析用户对系统的需要和要求,弄清系统要达到的目标和实现的功能
设计	概念模型设计	对用户需求进行综合、归纳和抽象,形成一个独立于具体的 DBMS 的概念模型
	逻辑模型设计	将概念模型转换为某一 DBMS(我们选择 Access)所支持的数据模型,并将其性能进行优化
	物理模型设计	为逻辑数据模型选取一个最适合应用环境的物理结构,包括数据存储结构和存取方法
实现	系统实施	运用 DBMS 所提供的数据操作语言和设计视图,根据数据库的逻辑设计和物理设计的结果建立数据库,创建各种数据库对象,组织数据入库并进行数据库应用系统的试运行
	系统运行和维护	在数据库系统运行过程中,要不断地对系统结构性能进行评价、调整和修改

9.2 系统分析

9.2.1 需求分析

某公司主营 IT 项目开发,若干名员工分属不同的部门,参与不同的项目。公司希望能够有一套简单的管理信息系统,能够方便快捷地对员工及项目信息进行有效的管理,帮助管理人员方便地掌握每个项目的人员分配情况,这就是我们在开发实例"某公司管理信息系统"里需要完成的功能。本系统主要包括员工管理和项目管理两部分主要内容。

9.2.2 分析功能目标

在数据库应用系统设计中,需要根据实际需要确定范围和边界,不可求大求全,也不可漫无边际,应在开发周期、开发人力、开发成本的可控范围内,完成既定目标。本章"某公司管理信息系统"实例,仅仅涉及公司员工信息及项目信息的管理。

根据系统的职责范围和需求,确定系统中管理人员的业务活动内容如下。

(1) 管理人员使用该系统可以查询、添加、修改、删除员工的个人信息和统计信息。

(2) 管理人员使用该系统可以查询各项目的信息及每位员工承担项目的信息。

(3) 管理人员使用该系统可以添加新项目,对原有项目信息进行编辑和统计,并生成统计报表。

(4) 管理人员使用该系统可以进行项目分工安排。

9.2.3 规划功能模块

某公司管理信息系统的系统功能模块图如图 9.1 所示。

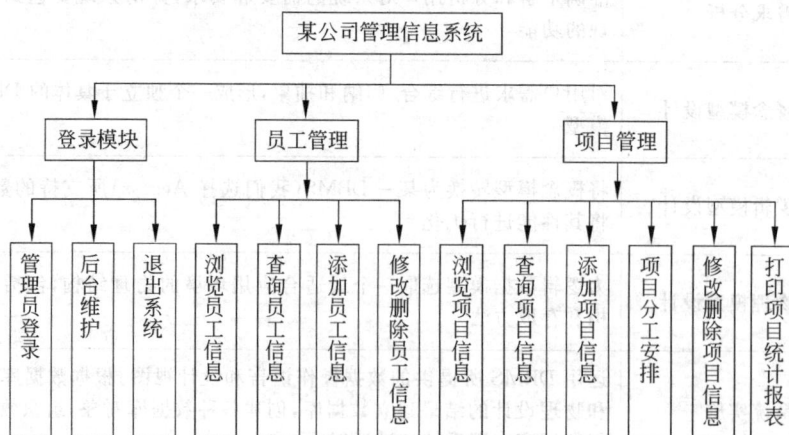

图 9.1 系统功能模块图

9.3　系统设计

9.3.1　概念模型设计

任务实例 9.1：某公司管理信息系统概念模型设计。

任务分析：

完成现实世界中某公司管理信息的具体描述，将其用概念模型的方式反映出来，为进一步转化入数据世界做基础准备工作。概念模型的设计需要分步骤进行，首先进行业务规则分析，从而确定实体集及属性；继而分析出每条业务规则的实体集之间的联系，形成局部 E-R 图；最后汇总形成整体的概念化 E-R 模型。

任务解决过程：

(1) 分析业务规则。具体分析该公司管理信息系统中所涉及的业务规则，得到以下业务规则描述。

◆ 规则一：每个部门有多名员工，每名员工仅属于一个部门(部门与员工：一对多关系)。

◆ 规则二：每个项目由多名员工参与，每名员工可以参与多个项目(项目与员工：多对多关系)。

(2) 确定实体集及属性。根据以上的业务规则描述，分析并确定出三个实体集，即部门、员工和项目。每个实体集的属性设计如下。

◆ 部门(部门编号，部门名称)

◆ 员工(员工编号，姓名，性别，出生日期，职务，聘用日期，简历，照片)

◆ 项目(项目编号，项目名称，项目来源，项目投资金额，项目开始日期，项目完成日期)

(3) 分析实体集之间的联系，形成局部 E-R 图。部门与员工之间的联系如图 9.2 所示，员工与项目之间的联系如图 9.3 所示。

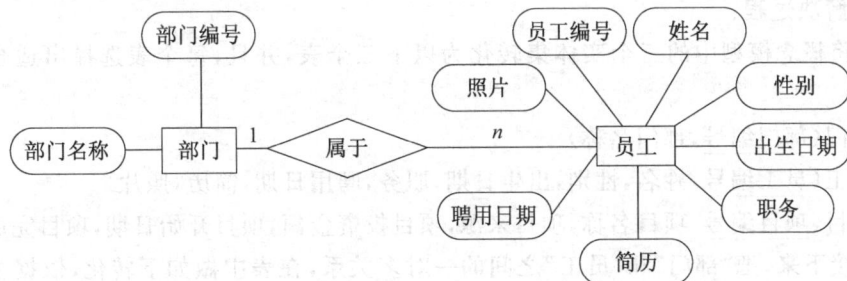

图 9.2　"部门"-"员工"之间的联系

(4) 汇总形成整体 E-R 模型图，如图 9.4 所示。

9.3.2　逻辑模型设计

任务实例 9.2：某公司管理信息系统逻辑模型设计。

任务分析：

如果想把任务实例 9.1 完成的 E-R 概念模型转化到基于 Access 的关系数据库的世界，

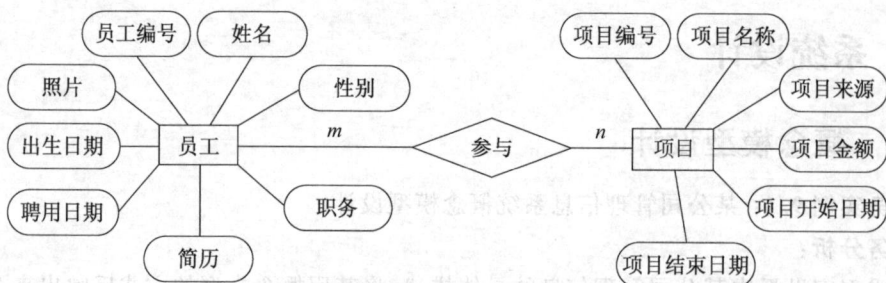

图 9.3 "员工"-"项目"之间的联系

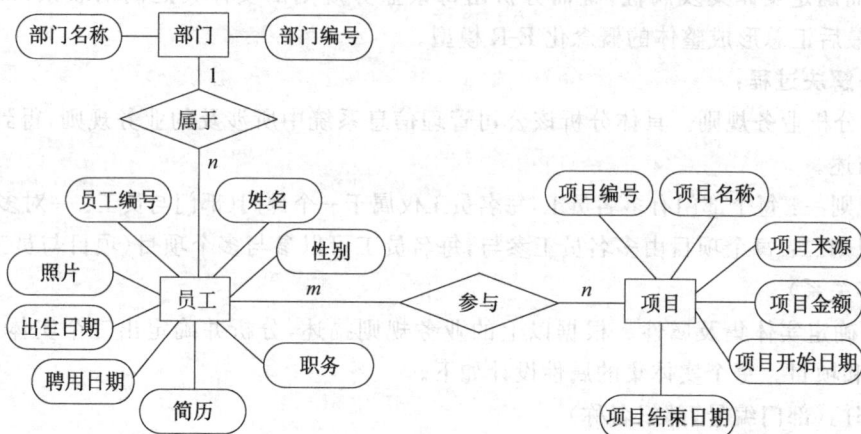

图 9.4 整体 E-R 模型

就需要按照概念模型向关系模型的转换方法,把每个实体集转化为关系数据库中的一个表,然后再把实体集与实体集的联系转化到表中。

任务解决过程:

(1) 将概念模型中的三个实体集转化为以下三个表,并且,每个表选择出适合的主键如下。

◆ 部门(部门编号,部门名称)

◆ 员工(员工编号,姓名,性别,出生日期,职务,聘用日期,简历,照片)

◆ 项目(项目编号,项目名称,项目来源,项目投资金额,项目开始日期,项目完成日期)

(2) 接下来,把"部门"和"员工"之间的一对多关系,在表中做如下转化,依据主表的主键在子表中放置外键。

◆ 部门(部门编号,部门名称)

◆ 员工(员工编号,姓名,性别,出生日期,职务,聘用日期,简历,照片,部门编号)

◆ 项目(项目编号,项目名称,项目来源,项目投资金额,项目开始日期,项目完成日期)

(3) 最后,把"员工"和"项目"之间的多对多关系转换为一个新的表。

◆ 部门(部门编号,部门名称)

◆ 员工(员工编号,姓名,性别,出生日期,职务,聘用日期,简历,照片,部门编号)

◆ 项目(项目编号,项目名称,项目来源,项目投资金额,项目开始日期,项目完成日期)

◆ 员工参与项目(编号,员工编号,项目编号,工作内容)

9.3.3　物理模型设计

任务实例 9.3：某公司管理信息系统物理模型设计

任务分析：

为了在所选择的 DBMS 中给任务实例 9.2 设计的逻辑模型建立一个最合适的物理存储环境,需要为实体的每一个属性设置恰当的数据类型、字段长度、字段属性等,这就是物理模型设计阶段要完成的工作。

任务解决过程：

根据已经设计好的逻辑模型,设计出 Access 中建立的表及表中的字段、字段属性。部门表,员工表,项目表和员工参与项目表分别如表 9.2～表 9.5 所示。

表 9.2　部门表

字段名称	数据类型	字段长度	是否主键
部门编号	短文本	6	是
部门名称	短文本	20	

表 9.3　员工表

字段名称	数据类型	字段长度	是否主键
员工编号	短文本	8	是
姓名	短文本	6	
性别	短文本	1	
出生日期	日期/时间	长日期	
职务	短文本	6	
照片	OLE 对象		
简历	备注　长文本		
聘用时间	日期/时间	长日期	
部门编号	短文本	6	

表 9.4　项目表

字段名称	数据类型	字段长度	是否主键
项目编号	短文本	10	是
项目名称	短文本	100	
项目开始日期	日期/时间	长日期	
项目完成日期	日期/时间	长日期	
项目投资金额	数字	长整型	
项目来源	短文本	255	

表 9.5   员工参与项目表

字段名称	数据类型	字段长度	是否主键
编号	自动编号	长整型	是
员工编号	短文本	8	
项目编号	短文本	10	
工作内容	短文本	255	

9.4   系统实现

9.4.1   数据表及关系的实现

任务实例 9.4：创建表及表的关系。

任务分析：

在任务实例 9.3 基于 Access 的物理模型设计,利用 Access 的表设计器及关系视图,将物理模型转化为数据世界的表及表的关系。

任务解决过程：

(1) 创建表：选择"创建"选项卡的"表设计"命令,打开表的设计视图,分别设置每一个字段的字段名称、数据类型、字段属性,并为每张表选择主键。完成后的表对象如图 9.5 所示。

(2) 建立关系：选择"数据库工具"选项卡下的"关系"命令,打开关系视图,通过主键和外键的关联,建立表和表之间的关系。完成后的关系视图如图 9.6 所示。

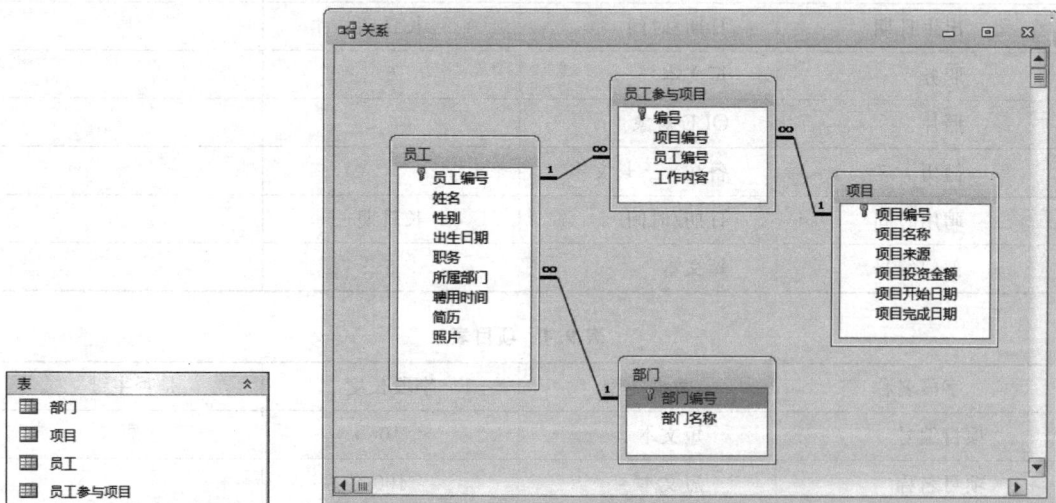

图 9.5   创建的表对象

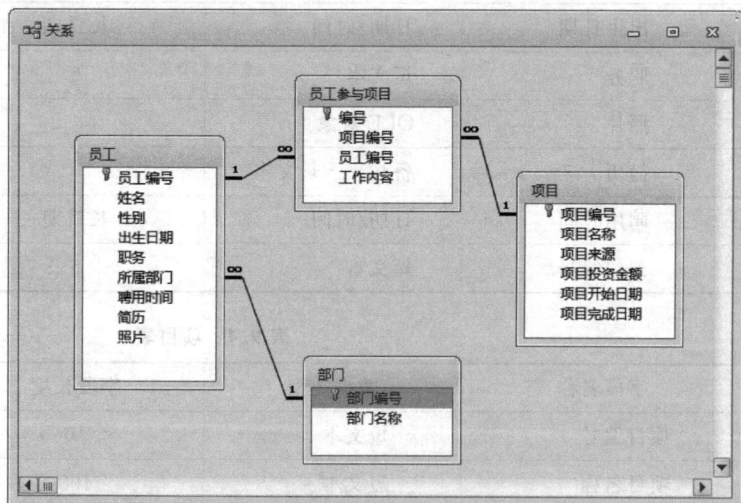

图 9.6   完成后的关系视图

9.4.2   功能界面的实现

任务实例 9.5：创建"主界面"窗体。

任务分析：

为"某公司管理信息系统"设计一个简洁的"主界面"窗体，为用户提供进入各个子功能窗体的入口。

任务解决过程：

(1) 创建空白窗体：选择"创建"选项卡下的"窗体设计"命令，打开一个空白窗体，为窗体设置"图片"属性平铺一张背景图片，边框样式设为"细边框"，并设置"自动居中"、"不可移动"、"记录选择器"为"否"，"导航按钮"为"中"等格式属性。

(2) 添加控件：分别添加"标签"和"命令按钮"控件，实现如图 9.7 所示的窗体。单击各"命令按钮"可分别进入下一级窗体。

图 9.7　"主界面"窗体

(3) 设置启动窗体：选择"文件"下的"选项"中的"当前数据库"选项卡中的"显示窗体"右侧下拉列表中的"主界面"窗体，将主界面窗体设置为启动时自动显示的窗体。

任务实例 9.6：创建"员工信息浏览"窗体。

任务分析：

"员工信息浏览"窗体用于将后台"员工"表中的内容展示给用户，用户可以方便地按照向前、向后的顺序浏览员工信息。

任务解决过程：

(1) 设置有记录源的窗体：创建空白窗体，并且设置窗体的"记录源"属性为"员工"表。在空白窗体中选择"添加现有字段"，使各显示的控件对应于数据表中希望显示给用户的字段。

(2) 添加命令按钮：加入"转到下一项记录"、"转至前一项记录"、"转至第一项记录"、"转到最后一项记录"等动作按钮，方便用户记录导航。

(3) 窗体属性修改：提供给一般用户使用的信息浏览窗体，应该不允许添加新记录，不允许编辑记录的内容，不允许删除记录，否则会使无权限用户损坏后台数据表中的内容，因此，可以依据权限的需求，调整窗体的数据属性。另外也可以通过"边框样式"、"自动居中"等格式属性美化窗体的外观。完成后的"员工信息浏览"窗体如图 9.8 所示。

任务实例 9.7：创建"添加新员工"窗体。

图 9.8   "员工信息浏览"窗体

任务分析：

"添加新员工"窗体应该是一个等待数据输入的窗体，窗体中的文本框控件应处于空值或默认值状态，等待用户全新输入或选择，并且尽可能使输入更快捷。

任务解决过程：

（1）设置有记录源的窗体：创建空白窗体，并且设置窗体的"记录源"属性为"员工"表。在空白窗体中选择"添加现有字段"，使各输入控件对应于数据表中的字段。

（2）窗体属性的修改：将窗体的"数据输入"属性设置为"是"，并设置"允许添加"，不"允许编辑"，不"允许删除"。并可以通过"细边框"，不显示"记录选择器"等格式属性设置窗体的外观。

（3）添加命令按钮：在窗体中，添加具体"添加新记录"和"撤销记录"动作的命令按钮，使用户通过单击命令按钮，完成需要完成的动作。完成后的"添加新员工"窗体如图 9.9 所示。

任务实例 9.8：创建"员工信息编辑"窗体。

任务分析：

信息编辑包括修改和删除两种动作，在这种窗体中，应该能够方便地定位到需要修改的员工记录，等待修改或删除。

任务解决过程：

（1）设置有记录源的窗体：创建空白窗体，并且设置窗体的"记录源"属性为"员工"表。在空白窗体中选择"添加现有字段"，显示数据表中的各字段内容。

（2）窗体属性的修改：有管理权限的用户才能够具有修改和删除的权力。这种窗体的数据属性中，应该设置不允许"数据输入"，不"允许添加"，但"允许编辑"，允许"删除"。并通过"细边框"，不显示"记录选择器"等格式属性美化窗体外观。

（3）添加命令按钮：在窗体中，添加具体"查找记录"、"保存记录"、"删除记录"动作的

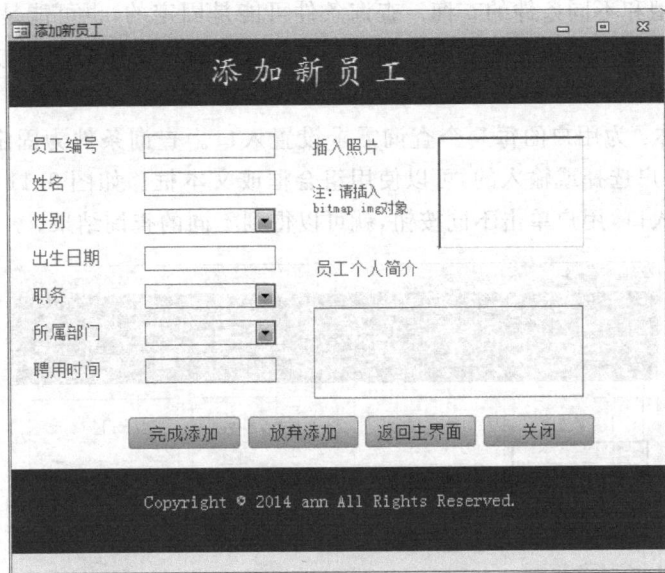

图 9.9　"添加新员工"窗体

命令按钮,使用户通过单击命令按钮,完成需要完成的动作。完成后的"员工信息编辑"窗体如图 9.10 所示。

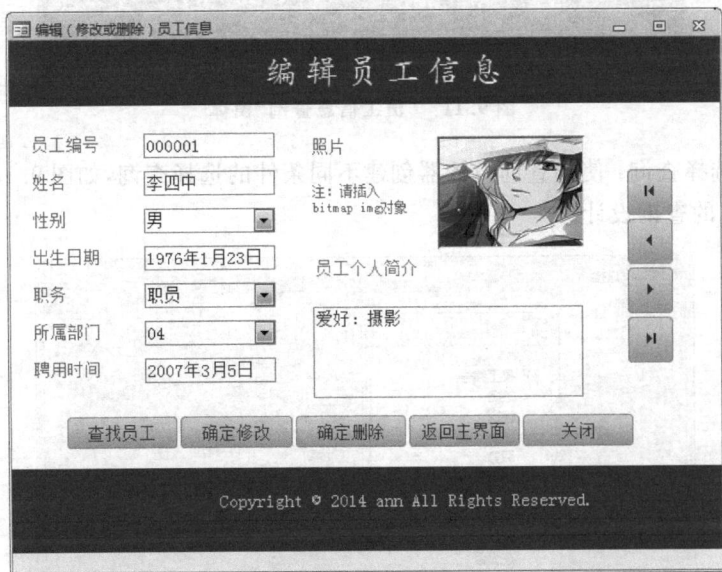

图 9.10　"编辑员工信息"窗体

9.4.3　查询功能的实现

任务实例 9.9:创建"员工信息查询"功能。

任务分析:

"查询"是数据库应用系统提供的最主要的功能。为了满足用户不同的查询需求,就需要创建起不同类型和不同条件的查询。查询条件可能是固定的,也可能是灵活的、可变的。这就需要我们站在用户的角度去考虑查询本身以及查询所在窗体的设计,方便用户的使用。

任务解决过程:

(1) 创建窗体:为用户的每一个查询需求设置入口。查询条件为固定的,可以使用按钮,查询条件为用户选择或输入的,可以使用组合框或文本框。如图 9.11 所示为多种固定查询条件的查询入口,用户单击不同按钮,就可以得到不同的查询结果。

图 9.11　"员工信息查询"窗体

(2) 创建选择查询:使用查询设计器创建不同条件的选择查询,如图 9.12 是职务为"主管"的员工信息的查询设计。

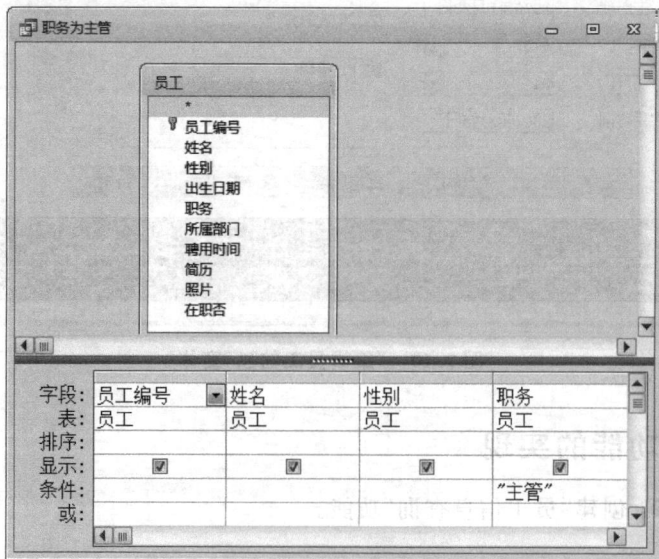

图 9.12　创建选择查询

（3）为按钮添加单击事件，打开对应的查询。

任务实例 9.10：创建"员工信息统计"功能。

任务分析：

查询不仅能够对数据表中存储的原始数据按不同查询条件进行查询，还能够把原始数据加工、统计、运算后显示给用户。带有计算、汇总功能的查询就能够完成这样的功能。

任务解决过程：

（1）创建窗体：为用户的每一个总计查询需求设置入口。"员工统计信息"窗体如图 9.13 所示。

图 9.13　"员工统计信息"窗体

（2）创建带有分组总计功能的选择查询：如图 9.14 所示即为以员工编号和姓名作为分组字段，对其参与的项目数量进行计数统计的选择查询。

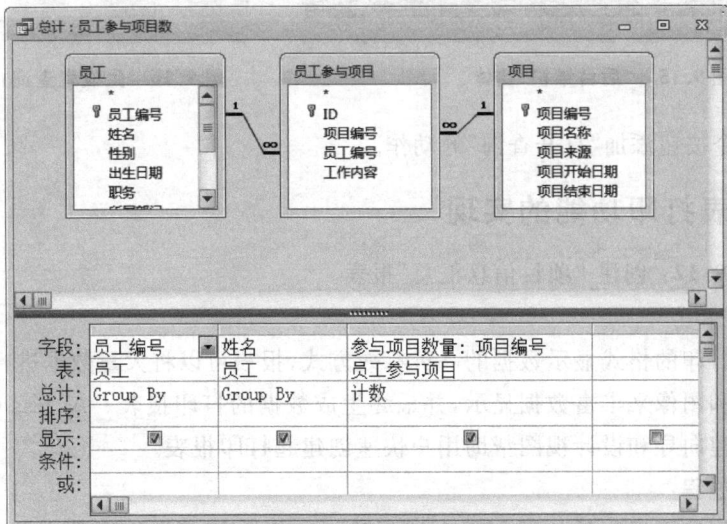

图 9.14　带有分组总计功能的选择查询

（3）为按钮添加单击事件，打开对应的查询。

任务实例 9.11：创建"后台维护"功能。

任务分析：

操作查询包括"生成表查询"、"追加查询"、"更新查询"、"删除查询"4 种操作。可以批量更新、删除数据表中符合条件的记录，也可以完成备份数据表、合并数据表等数据操作。

任务解决过程：

（1）创建"后台维护"窗体，如图 9.15 所示。

（2）创建每个维护功能对应的操作查询。以"备份在职员工表"为例，只需创建一个"生成表查询"，将在职员工的所有字段信息放入一张新的表中。查询的设计视图如图 9.16 所示。

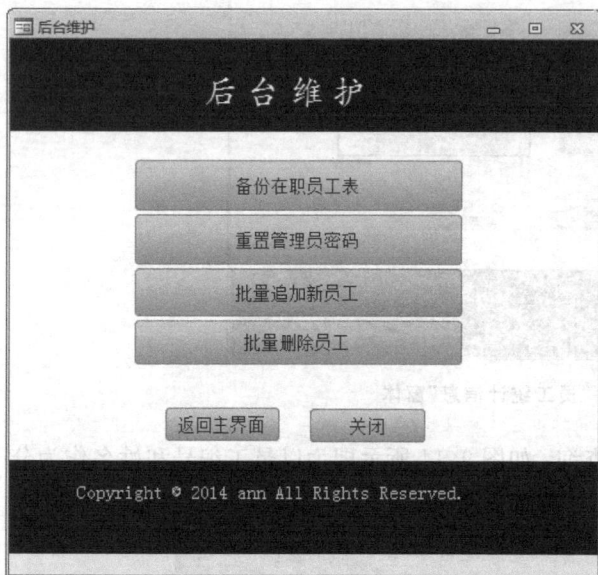

图 9.15   "后台维护"窗体

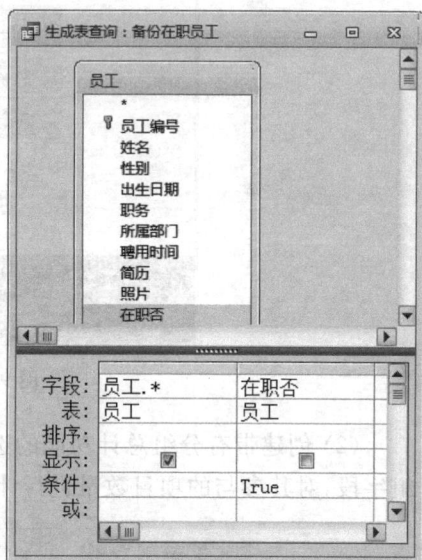

图 9.16   生成表查询：备份在职人员

（3）为命令按钮添加"打开查询"的动作。

9.4.4   报表打印功能的实现

任务实例 9.12：创建"项目信息汇总"报表。

任务分析：

报表是以打印的格式显示数据的一种有效方式，报表可以将大量数据进行排序和汇总，可以嵌入图片和图像来丰富数据显示，并最终生成数据的打印报表。Access 中提供了非常方便的报表创建向导和设计视图帮助用户快速创建起打印报表。

任务解决过程：

本任务实例使用报表的快速创建方法创建。选择"项目"表作为数据源，依次选择"创建"→"报表"→"报表"，即可快速创建起用于打印的项目信息汇总报表，如图 9.17 所示。

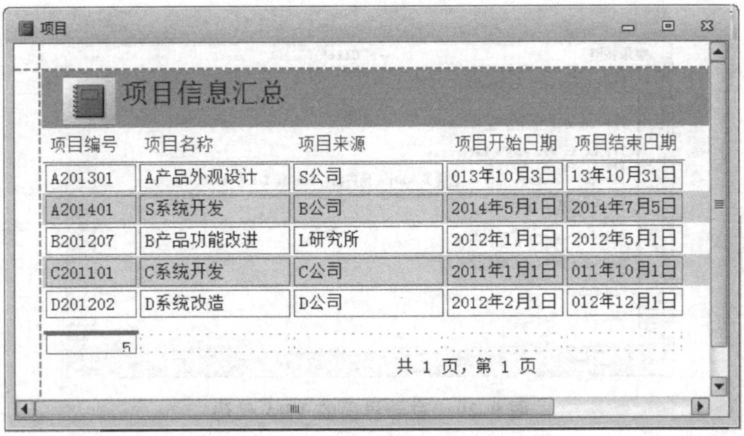

图 9.17 "项目信息汇总"报表

9.4.5 界面操作流程的实现

任务实例 9.13：实现"系统登录验证"功能。

任务分析：

如果系统的登录用户名和密码来源于一个数据表，登录时，能够通过验证用户名和密码的合法与否，就需要编写 VBA 程序来实现验证的功能。

任务解决过程：

(1) 创建"管理员"表：将合法的用户名和密码信息存储在表中。最简单的"管理员"表可按图 9.18 所示创建。

(2) 创建"登录界面"窗体：添加"用户名"和"密码"文本框，并添加"登录"和"退出"命令按钮，完成后的界面如图 9.19 所示。

图 9.18 "管理员"表

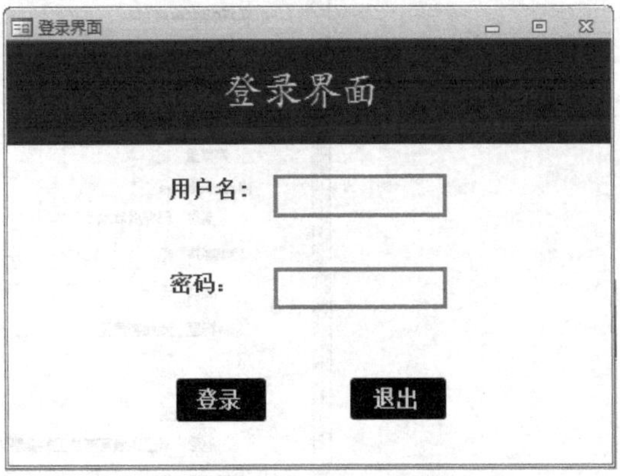

图 9.19 登录界面

(3) 为"登录按钮"编写 VBA：能够从"管理员"表中查询出用户名的对应密码并验证，密码正确则进入"主界面"窗体，不正确则显示"用户名或密码错误"的消息。代码编写如图 9.20 所示。

任务实例 9.14：实现"添加新员工"窗体的控制流程。

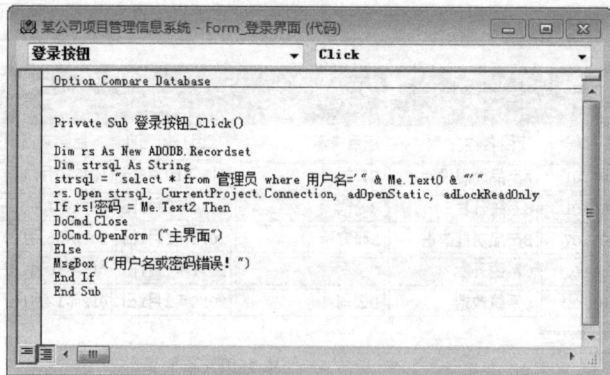

图 9.20　登录界面的 VBA 代码

任务分析：

在任务实例 9.7 中，已实现了"添加新员工"窗体。但是在用户输入了新员工信息，并单击"完成添加"后，如果没有信息校验和给用户的反馈信息，用户使用起来就会非常不便。本任务希望增加对"员工编号"和"姓名"非空的校验，并能够在完成添加后提供"已完成添加"的确认信息。

任务解决过程：

为窗体"添加新员工"上面的"完成添加"命令按钮设置单击事件时嵌入的宏。当"员工编号"和"姓名"两个文本框为空值时，提示用户"请正确填写新员工的信息！"，否则，将用户填写的信息写入，并为用户提供确认信息"已完成添加"。宏的设计如图 9.21 所示。完成后的效果如图 9.22 和图 9.23 所示。

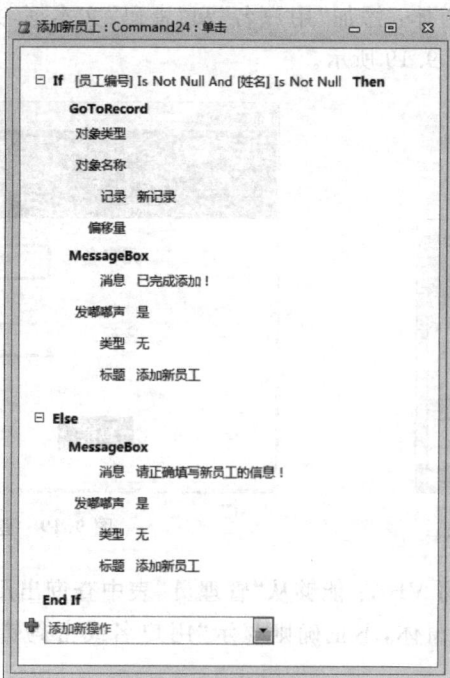

图 9.21　"添加新员工"按钮的宏设计

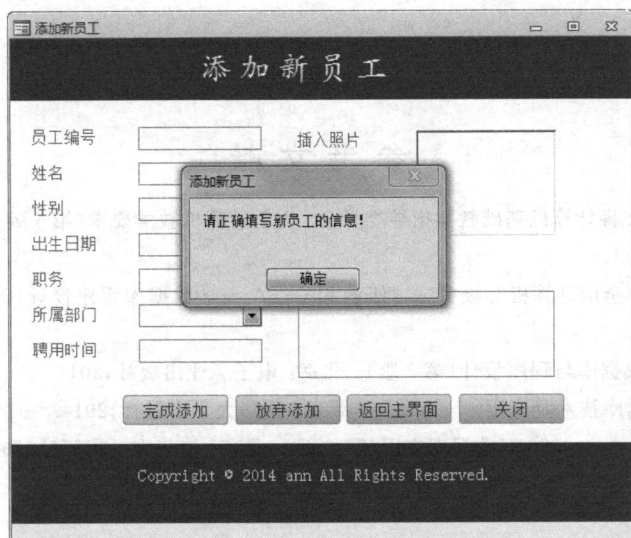

图 9.22　"添加新员工"按钮的效果 1

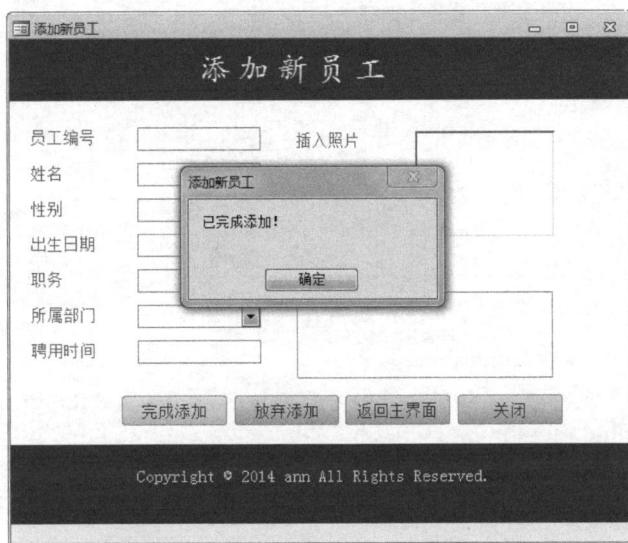

图 9.23　"添加新员工"按钮的效果 2

9.5　小结

　　本章以"某公司管理信息系统"为实例,全程展现了数据库应用系统的分析、设计与实现的全过程。在 Access 中,不仅可以运用关系数据库的理论,将现实世界需要管理的实体集及其关系存储到数据世界中,而且可以通过窗体、报表、宏、模块程序等方式构建方便易用的应用系统。虽因篇幅所限未能将每一个功能完整地展现,但是读者可以举一反三,将这些任务实例所实现的功能扩展至其他界面、其他功能、其他领域。

参 考 文 献

[1] 教育部高等学校文科计算机基础教学指导委员会. 大学计算机教学要求(第 6 版—2011 年). 北京：高
    等教育出版社,2011.
[2] 教育部考试中心. 全国计算机等级考试二级教程——Access 数据库程序设计(2013 版). 北京：高等
    教育出版社,2013.
[3] 卢湘鸿. Access 数据库与程序设计(第 2 版). 北京：电子工业出版社,2011.
[4] 孙凤芝主编. 数据库技术及应用——Access. 北京：清华大学出版社,2014.
[5] 科教工作室编著. Access 2010 数据库应用(第二版). 北京：清华大学出版社,2011.